普通高等教育"十二五"规划教材

Visual Basic 程序设计教程
（第二版）

主　编　何振林　胡绿慧

副主编　罗　奕　张　勇　罗　维　庞燕玲

中国水利水电出版社

www.waterpub.com.cn

内 容 提 要

全书共 10 章，着重介绍 Visual Basic 编程的基础知识和基本方法，同时加强了结构化程序设计和常用算法的训练，并深入浅出地介绍了面向对象的程序设计方法。主要内容有第 1 章 "Visual Basic 程序设计概述"；第 2 章 "数据类型、运算符和函数"；第 3 章 "程序的控制结构及应用"；第 4 章 "数组及应用"；第 5 章 "常用标准控件"；第 6 章 "过程与函数"；第 7 章 "菜单与界面设计"；第 8 章 "图形操作"；第 9 章 "文件操作"；第 10 章 "数据库应用" 等。

本书内容全面，实例丰富，共有 126 个实例，所有实例程序都上机调试通过，特别适合作为各类高等学校计算机类、信息类专业的 Visual Basic 程序设计教材，也适合作为高等学校非计算机类各专业的参考教材，还可以供从事计算机应用开发的各类人员学习参考。

全书安排有 343 道选择题、173 道填空题（共 275 个空）和 198 道判断题，充分满足参加全国二级 Visual Basic 程序设计考试人员的需求。

本书配有电子教案，读者可以从中国水利水电出版社网站和万水书苑上下载，网址为：http://www.waterpub.com.cn/softdown/和 http://www.wsbookshow.com。

图书在版编目（C I P）数据

Visual Basic程序设计教程 / 何振林，胡绿慧主编
. -- 2版. -- 北京：中国水利水电出版社，2014.1（2016.1 重印）
普通高等教育"十二五"规划教材
ISBN 978-7-5170-1375-4

Ⅰ. ①V… Ⅱ. ①何… ②胡… Ⅲ. ①
BASIC语言－程序设计－高等学校－教材 Ⅳ. ①TP312

中国版本图书馆CIP数据核字(2013)第265106号

策划编辑：寇文杰　　　责任编辑：李 炎　　　封面设计：李 佳

书　　名	普通高等教育"十二五"规划教材 Visual Basic 程序设计教程（第二版）	
作　　者	主 编 何振林 胡绿慧 副主编 罗 奕 张 勇 罗 维 庞燕玲	
出版发行	中国水利水电出版社 （北京市海淀区玉渊潭南路 1 号 D 座 100038） 网址：www.waterpub.com.cn E-mail: mchannel@263.net（万水） 　　　　sales@waterpub.com.cn 电话：（010）68367658（发行部）、82562819（万水）	
经　　售	北京科水图书销售中心（零售） 电话：（010）88383994、63202643、68545874 全国各地新华书店和相关出版物销售网点	
排　　版	北京万水电子信息有限公司	
印　　刷	三河市铭浩彩色印装有限公司	
规　　格	184mm×260mm　16 开本　25.75 印张　650 千字	
版　　次	2011 年 1 月第 1 版　2011 年 1 月第 1 次印刷 2014 年 1 月第 2 版　2016 年 1 月第 3 次印刷	
印　　数	6001—9000 册	
定　　价	49.00 元	

编　委　会

前　言

Visual Basic 6.0（本书简称 VB）是由美国 Microsoft 公司推出的一种简单易学、语法简洁、功能强大、界面丰富、应用广泛、以广为流行的 BASIC 语言为基础开发出的新一代的、面向对象的、可视化的、以事件驱动为运行机制的程序设计语言。其特点如下：

- VB 继承了 BASIC 简单易用的特点；
- VB 采用可视化技术，操作直观，特别适用于 Windows 环境下快速编程；
- VB 采用面向对象技术，编程模块化、事件化；
- 可以使用大量的 VB 控件、模块简化编程，没有复杂的程序流程；
- VB 可以调用 Windows 中的 API 函数及 DLL 库；
- VB 有很好的出错管理机制，方便程序错误的查找和改正；
- VB 程序由许多小程序组成，并与其他程序有良好的沟通性，如各种数据库；
- VB 是少数的几个有中文版的编程工具之一。

VB 不仅是计算机专业人员喜欢的开发工具，而且是非专业人员易于学习掌握的一种程序设计语言，也是目前在开发 Windows 应用程序中使用人数最多的一种面向对象的计算机高级语言。因此，近年来全国很多高校将 VB 作为非计算机专业学生掌握的第一门程序设计语言。

英文"Visual"的意思是"可视的"。在 VB 中引入了控件（对象）的概念后，"可视的"Baisc 就是一种最直观的编程方法，用户在设计应用程序时，无需编程，就可以完成许多步骤和程序的编写。在 Windows 中控件的身影无处不在，各种各样的按钮、文本框，都是控件的种类，VB 把这些控件模块化，并且每个控件都有若干属性用来控制控件的外观和工作方法。这样读者就可以像在画板上一样，随意点几下鼠标，一个按钮就完成了，这些在以前的编程语言下要经过相当复杂的工作才能完成。

为了配合教育部计算机基础教学新一轮的"1+X"课程体系改革，编者在结合多年 VB 教学与研发实践的基础上，针对非计算机专业学生初学计算机程序设计的特点，吸取了多所院校任课老师使用本教材的经验和众多学生的宝贵意见。对第一版教材经重新设计、组织，编写了《Visual Basic 程序设计教程（第二版）》这本书。

全书共分 10 章，包括：第 1 章"Visual Basic 程序设计概述"；第 2 章"数据类型、运算符和函数"；第 3 章"程序的控制结构及应用"；第 4 章"数组及应用"；第 5 章"常用标准控件"；第 6 章"过程与函数"；第 7 章"菜单与界面设计"；第 8 章"图形操作"；第 9 章"文件操作"；第 10 章"数据库应用"。

VB 的编程过程就像搭积木一样，没有逻辑性很强的语句和流程，光是看书本中的概念和编程语句是理解不了的，只有动手去摆放 VB 应用程序中的那些控件、窗口，去设置一下它们的属性，如大小、颜色、字体，才能掌握 VB 的编程。

全书共有 126 个实例，这些实例通过循序渐进地详细讲解，让读者能够深入了解本书各章节的全部知识点，掌握 VB 程序设计思想的精髓，学习 VB 程序设计中的各种方法和技巧。其目的就是让读者动手做和多看编程实例。

VB 是非常强大和复杂的，实现的功能多种多样，设计的技巧也是不胜枚举，如果只是靠书本来学习 VB，是不可能成为 Visual Basic 的编程高手的，必须要多找些资料来学习，特别是看优秀的编程实例。书后，我们给读者列出十余种参考书。当然，为了提高自己的能力，读者更方便地是通过互联网来查找这方面的资料。

书中，章节标题上标有"*"者，表示选学内容，或者可以在学习后续章节后，再回过头来阅读，便于对内容有更好的理解。

本书可作为大中专院校开设"Visual Basic 程序设计"课程的教材，也可供自学"Visual Basic 程序设计"的读者参考。

书中有多种类型的习题，数量较多，安排有 343 道选择题、173 道填空题（共 275 个空）和 198 道判断题，可充分满足参加全国二级 Visual Basic 程序设计考试人员的需求。

本书由何振林、胡绿慧主编，罗奕、张勇、罗维、庞燕玲任副主编，参加编写的还有孟丽、赵亮、肖丽、王俊杰、刘剑波、杨霖、钱前、何剑蓉、张庆荣、刘平等。

本书在编写过程中，参考了大量的资料和论文，在此对这些资料和论文的作者表示感谢，同时在这里也特别感谢为本书的写作提供帮助的人们。

本书的编写得到了中国水利水电出版社以及有关兄弟院校的大力支持，在此一并表示感谢。

由于时间仓促及作者的水平有限，虽经多次教学实践和修改，书中难免存在错误和不妥之处，恳请广大读者批评指正。

编　者
2013 年 10 月

目 录

第 1 章　Visual Basic 程序设计概述

本章学习目标

- 掌握 VB 的启动和退出方法。
- 掌握 VB 的集成开发环境的使用方法。
- 学会用标签、文本框和命令按钮三种基本控件设计简单的 VB 程序。
- 掌握利用集成开发环境开发应用程序的步骤。

本章以 VB 6.0 为基础介绍程序设计以及程序设计的有关知识，使读者对程序设计有一个初步的了解。

1.1　一个例子：求圆的周长和面积

【例 1-1】下面我们设计一个应用程序，程序运行时，用户可通过键盘在程序界面中输入任意圆的半径，单击"计算"按钮后，可计算出该圆的周长和面积，如图 1-1 所示。运行界面如图 1-2 所示。

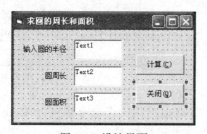

图 1-1　设计界面

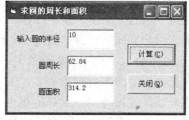

图 1-2　运行界面

程序设计操作步骤如下：

1. 建立新工程

（1）新建一个工程。为了建立应用程序，首先应建立一个新的工程。新建一个工程有如下两种方法：

方法一：启动 VB 时，系统显示"新建工程"对话框，如图 1-3 所示。在对话框的"新建"选项卡中选择"标准 EXE"，然后单击"打开"按钮，即可建立新的工程，进入 VB 的集成开发环境，如图 1-4 所示。

方法二：在 VB 的"文件"菜单中选择"新建工程"命令，亦可建立新的工程，进入 VB 的集成开发环境。

进入 VB 的集成开发环境后，就可以开始设计工程，即进行应用程序设计。设计工程直接面对的是窗体，窗体是应用程序的运行背景。用户通过窗体来建立用户界面，用户界面由对象组成，建立用户界面实际上就是在窗体上画出代表各个对象的控件。因此程序设计的主要工作就是在窗体设计器中完成窗体的设置。

图1-3　"新建工程"对话框　　　　　　　　　图1-4　VB 集成开发环境

（2）添加控件。用户通过工具箱选择并画出控件。单击工具箱中的"标签"图标**A**，然后在窗体的适当位置画出标签控件，标签内自动标有"Label1"、"Label2"等字样，本题需要3个标签。

单击工具箱中的"文本框"图标，然后在窗体的适当位置画出文本框控件，文本框内自动标有"Text1"字样，本题要用到3个文本框。

单击工具箱中的"命令按钮"图标，在窗体的适当位置分别画出2个命令按钮。画完后，按钮内自动标有"Command1"和"Command2"字样。

（3）调整控件的大小和位置。如果对绘制好的程序界面不满意，还可以调整，改变界面中的控件大小和位置。调整方法和在 Word 中调整图片的大小和位置的方法一样。标签、文本框、命令按钮以及窗体等都可以调整大小和位置。多余的控件可以删除，还可以通过"格式"菜单"锁定控件"命令锁定控件。

设置完用户界面后，窗体的结构如图1-5所示。

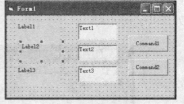

图1-5　应用程序界面

2. 设置界面上各控件对象属性

用户界面由8个控件对象和1个窗体对象构成。每个对象都有默认的属性，如 Caption 属性，窗体对象为"Form1"，第一个命令按钮为"Command1"等。为了使界面符合用户的要求，应当对每个对象的属性进行修改。

（1）设置窗体 Form1 的属性。单击窗体的空白区域，使窗体成为活动对象，在属性窗口中找到标题属性 Caption，将其值改为"求圆的周长和面积"。

（2）设置窗体 Label1、Label2 和 Label3 的属性。单击 Label1 标签，在属性窗口中将 Caption 属性值改为"输入圆的半径"；同样地将 Label2 和 Label3 的 Caption 值分别改为"圆周长"、"圆面积"。

（3）设置文本框 Text1 属性。文本框用来输入圆半径，单击 Text1 文本框，在属性窗口中将 Text 属性值"Text1"清除。同样地，将 Text2 和 Text3 文本框的 Text 属性值"Text2"和"Text3"也清除，并且设置 Text2 和 Text3 的 Locked 属性值为"False"。

（4）设置命令按钮属性。单击 Command1 命令按钮，在属性窗口中把 Caption 属性的缺省值"Command1"改为"计算(&C)"，将 Command2 按钮的 Caption 属性值改为"关闭(&Q)"。如果字体太小，还可通过 Font 属性进行字体大小、样式等的设置。

至此窗体与控件属性设置完毕，设置属性后的用户程序界面如图1-2所示。

3. 编写程序代码

代码即命令或语句，编写代码是 VB 程序设计必不可少的工作。代码窗口是编写应用程序代码的地方。在代码窗口中有"对象"下拉列表框、"过程"下拉列表框和"代码区"。"对象"下拉列表框中列出了当前窗体及其所包含的全体对象名。其中，无论窗体的名称改为什么，作为窗体的对象名（Name 属性名）总是 Form。"过程"下拉列表框中列出了所选对象的所有事件名。"代码区"是代码编辑区，能够非常方便地进行代码的编辑和修改。另外，它还有自动列出成员特性，自动列举适当的选择、属性值、方法或函数原型等性能。

代码编写步骤如下：

（1）在"对象"下拉列表框中，选定一个对象名 Command1。然后，在"过程"下拉列表框中选中 Click 事件。也可以双击 Command1（计算(C)）按钮，直接进入事件过程 Command1_Click 代码编辑状态，如图 1-6 所示。

该过程的代码如下：

```
Rem 例 1-1 程序代码
Private Sub Command1_Click()
    Const PI As Single = 3.142
    Dim r As Single, p As Single, a As Single
    Rem r,p,a 分别表示圆的半径，周长和面积
    r = Val(Text1.Text)
    p = 2 * PI * r    '计算圆周长
    a = PI * r ^ 2
    Text2 = Round(p, 2) '保留周长 p 两位小数，并显示在文本框 Text2 中
    Text3 = Round(a, 2)
End Sub
```

图 1-6　设置完成后的事件代码窗口

（2）设置 Command2（关闭(Q)）的单击事件，其代码如下：

```
Private Sub Command2_Click()
    End       '卸载窗口，结束程序的运行
End Sub
```

4. 调试、运行程序

现在就可以运行我们的第一个应用程序了。从"运行"菜单中选择"启动"，或单击工具栏上的"启动 ▶"按钮，或按 F5 键都可启动该程序，如图 1-2 所示。

如果对显示效果不满意，可返回窗体设计窗口，进行控件、代码等的修改。单击标题栏上的"关闭"按钮可关闭该窗口结束运行，单击工具栏上的"结束 ■"按钮也可结束程序运行，返回窗体设计窗口。

5. 保存程序

设计好的应用程序在调试正确以后需要保存工程，即以文件的方式保存到磁盘上。这可通过"文件"菜单中的"保存工程"或"工程另存为"命令，也可直接单击工具栏上的"保存工程 💾"按钮，系统将打开"文件另存为"对话框。

由于一个工程可能含有多种文件，如工程文件和窗体文件，这些文件集合在一起才能构成应用程序。保存工程时，系统会出现保存不同类型文件的提示框，这样就有选择存放位置的问题。因此，建议你在保存工程时将同一工程所有类型的文件存放在同一文件夹中，以便修改和管理程序文件。

在"工程另存为"对话框中，注意保存类型，保存窗体文件（*.frm）到指定文件夹中。窗体文件存盘后系统会弹出"工程另存为"对话框，如图 1-7 所示，保存类型为工程

图 1-7　"工程另存为"对话框

文件 （*.vbp），默认工程文件名为"工程 1.vbp"，保存工程文件到指定文件夹中。

1.2　可视化编程的基本概念

使用 VB 编写应用程序，设计用户界面是可视的，编写代码是面向对象的，这样大大降低了编程难度。"可视化编程"是在一个便于理解的可视化的编程环境中，仅用鼠标即可完成基本操作，无需为处理数据而编写复杂的程序的一种编程方式；而传统的编程则是面向问题的编程方法，它需要很细致地描述过程的每一步。

面向对象的程序设计、可视化程序设计方法、事件驱动编程机制都是要学习的新概念。本节仅介绍 VB 可视化编程相关的几个概念。

1.2.1　对象、事件和方法

1. 对象（Object）

所谓对象就是现实生活中客观存在的一个实体，如一个人、一台电脑等都可看作一个对象。对象是具有某些特征的具体事物的抽象。每个对象都具有能描述其特征的属性。一个人有性别、年龄、体重等，又有脾气、习惯等行为。在自然界中，对象是以类（Class）划分的，如人类、家畜、汽车、电视等。在 VB 中，窗体（Form）和控件都被称为对象。工具箱内是 VB 系统设计好的标准控件类，当在窗体上画一个控件时，就将标准控件类转换成一个特定的对象，即创建了一个控件对象。在 VB 中，一个按钮、一个文本框等都可以看成一个对象。

在 VB 中，对象有表面特征，如颜色、大小、位置等；也有行为特征，如用鼠标单击某一对象显示了信息。然而对计算机内部而言，对象既包含数据又包含对数据操作的方法和能响应的事件。对象是将数据、方法和事件封装起来的一个逻辑实体。

一个对象的数据是按特定结构存储的数据，方法是规定好的操作，事件是对象能够识别的事情。因此可以说对象是一些属性、方法和事件的集合。

2. 属性（Properties）

任何一个对象都具某些外观或内在的特征、性质和状态，我们说对象具有属性（数据）。比如一匹马，它有一些我们能看见的外貌特征，如大小、颜色等，也有一些我们看不见的内在特征，如产地、年龄等。一匹马和一头牛，它们有共同的特征也有不同的特征。

在 VB 中，每个对象都有一些外观和行为，它们是描述对象的数据。这些外观和行为称为属性。属性描述了对象应具有的特征、性质和状态，不同的对象有不同的属性。有些属性是大部分对象都具备的，如标题、名称、大小、位置等；有些属性则是某一个对象所特有的。不同的属性使对象具有不同的外观和行为。在实际使用中，不必设置每一个对象的所有属性，许多属性可以采用缺省（默认）值。

通过修改对象的属性能够控制对象的外观和操作。而有些属性在运行时是只读的。对象属性的设置一般有两条途径：

（1）通过属性窗口设置。选定对象，在属性窗口中找到相应属性，直接进行设置。这种方法的特点是简单明了，缺点是不能在属性窗口设置所有需要的属性。

（2）通过代码设置。对象的属性也可以在代码中通过编程来设置，一般格式为：

　　　对象名.属性名 = 属性值

例如，设置标签 Label1 的标题为"输入圆的半径"，代码为：

```
Label1.Caption = "输入圆的半径"
```

对象的大多数属性都可以通过以上两种方式进行设置，而有些属性只能使用程序代码或属性窗口其中之一进行设置。

3. 事件（Event）

在现实生活中，常有事情发生，发生的事情和对象又有联系。如马是一个对象，骑士鞭打跑动的马是一个事件。同样在 VB 中，也有许多对象的事件，如单击（Click）事件，加载（Load）表单事件等。事件（Event）就是对象上所发生的事情。事件只能发生在程序运行时，而不会发生在设计阶段。对于不同的对象，可以触发许多不同的事件。

在 VB 中，对象有如下几个特点：

● 　事件是 VB 中预先设置好的，能够被对象识别的动作。

● 　不同的对象能够识别不同的事件。

在 VB 中每一个事件都有一个固定的名称，系统为对象预先定义好了一系列事件，并为每一个事件起了一个名字，它是 VB 的保留字，不能写错或用作其他用处，如 Activate、Click、DblClick、Load、MouseDown 等。

不同类型的对象所识别的事件可能不同，当事件由用户触发（如 Click，称为用户事件）或由系统触发（如 Activate，称为系统事件）时，对象就会对该事件作出响应。

4. 事件过程（Event Procedure）

当马在遭受骑士鞭打时，会加快步伐。这是因为在马的头脑中存储了要对鞭打做出反应的指令，正是这些指令指挥了马的行为方式。同样当事件被触发（由用户或系统）时，对象就会对该事件做出响应。如单击应用程序的"关闭"按钮 ⊠，计算机将会执行一系列相应的操作，这些操作就是对象对事件做出的响应。响应某个事件所执行的程序代码称为事件过程（Event Procedure）。对用户而言，事件过程得到所需的结果；对计算机而言，事件过程是执行代码。因此有的事件过程可由用户编写，有的则由系统确定。

编写事件过程的一般方法：

● 　双击要编写事件过程的对象（也可双击该对象属性窗口中相应的事件过程名），打开如图 1-8 所示的事件代码编辑器。

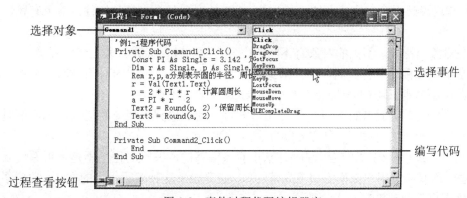

图 1-8　事件过程代码编辑器窗口

● 　在"过程"下拉列表框中找到所需的事件，例如 KeyPress 事件。

● 　编写对象该事件所响应的动作程序，如 End，表示单击该对象时，可关闭窗体。

由此可见，事件过程的一般格式如下：

```
Private Sub 对象名_事件名()
    事件代码
End Sub
```

事件过程是与对象名和事件名连在一起的（在对象名和事件名中间有一个下划线符号"_"，表示对象上发生了什么事件后，应用程序要处理这个事件。

通常 VB 的对象可以响应一个或多个对象事件，所以一个对象能够建立一个以上的事件过程，即可以使用一个或多个事件过程对事件做出响应。

5. 方法（Method）

方法（Method）就是对象所具有的能力、可执行的动作，如人的吃饭、思维、走、跑等。VB 的方法与事件过程类似，是一种特殊的过程和函数。它用于完成某种特定功能而不是响应某个事件，如 Print（打印对象）、Show（显示窗体）、Move（移动）方法等。每个方法完成某个功能，用户无法看到其实现的步骤和细节，更不能修改，用户能做的工作只是按照约定直接调用它们。

方法与事件过程有相同之处，即它们都要完成一定的操作，都和对象发生联系，如果对象不同，允许使用的方法也不同。但方法与事件过程不同，如：

● 事件过程是对某个事件的响应，而方法不能响应某个事件。

● 用户必须考虑响应事件的过程，但不必考虑方法的实现过程，方法是系统预先设置好的，程序员不能修改。

● 为了使对象响应事件，用户必须编写事件过程的代码，但对方法的使用只能按照 VB 的约定直接调用。

在程序中，调用对象方法的格式如下：

对象名.方法名(参数名表)

调用某对象的一个方法，如"Picture1.Line (1000,500)-(2000,800),vbRed"表示调用了图片框 Picture1 的 Line（画线）方法，该方法将在图片框中绘制一条红色直线。

综上所述，我们可以把属性看成是对象的特征，把事件看成是对象的响应，把方法看成是对象的行为，属性、事件和方法构成了对象的三要素。

1.2.2　VB 应用程序的工作方式

在 VB 程序设计中，对象是系统中的实体。VB 的对象包含表单和控件，对象有属性、事件和方法。

属性是对象的特征，不同的对象有不同的属性，如名称、标题、大小和位置等。

事件是由系统预先设置好的，它是对象可以识别的动作。不同的对象可以识别不同的动作，大多数对象都能识别 Click 单击事件、DblClick 双击事件等。

方法是系统为对象设计好的过程，使用方法可以使对象完成相应的任务，不同的对象可以使用的方法不同，如窗体可以使用 Cls 方法。

在编写事件过程代码中，应用程序是基于对象编写的，编写的程序不是告诉系统要执行的全部步骤，而是响应用户操作的简单具体动作。正是由于这种编写程序的方法，决定了运行程序时要采用事件驱动机制。

VB 应用程序的工作方式如下：

（1）启动应用程序，加载和显示窗体。

（2）窗体或窗体上的控件接收事件。事件可以由用户引发（例如键盘操作），可以由系统引发（例如定时器事件），也可以由代码间接引发，如当代码加载窗体的 Load 事件时。

（3）如果相应的事件过程中存在代码，则执行该代码。

（4）重复（2）和（3），直到接收到结束命令为止。

注意：有些事件的发生可能伴随其他事件发生。例如，在发生 DblClick 事件时，将伴随发生 MouseDown、MouseUp 和 Click 事件。

用 VB 进行程序设计，除了设计界面外就是编写代码。对于简单的程序，编写的代码主要是事件过程中的代码。

VB 采用了面向对象的程序设计方法和事件驱动的编程机制，在运行程序时，程序是按用户的要求执行相应的任务。

面向对象的程序设计的优点是：

- 无须过多考虑程序的整体结构，易于组织应用程序。
- 由于对象是封装的，编程时可以很容易地重复使用代码。
- 程序是模块化的，便于应用程序的维护。
- 用可视化工具进行辅助设计，简化了应用程序的设计。
- 预先设置了对象的属性、方法和事件，提高了编程效率。

应用程序代码易于分层组织，整个工程包括若干模块，每个模块又包含若干个过程。过程内部采用结构化程序设计，增加了程序的易读性。

1.3　VB 集成开发环境

VB 集成开发环境（Integrated Development Environment，IDE）是提供设计、运行和测试应用程序所需的各种工具的一个工作环境。这些工具互相协调、互相补充，大大减少了应用程序的开发难度。

VB 集成开发环境主窗口如图 1-9 所示，包括标题栏、菜单栏和工具栏等；同时还包含工具箱、窗体窗口、工程资源管理器窗口、属性窗口和窗体布局窗口等几个子窗口；在主窗口内还可以根据需要打开不同的子窗口，如代码窗口、对象浏览器窗口等。

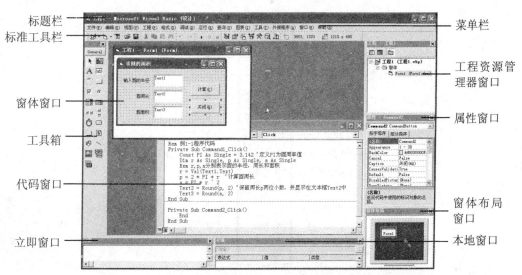

图 1-9　VB 集成开发环境

1.3.1 主窗口

主窗口也称设计窗口，由标题栏、菜单栏和工具栏等组成。

标题栏是窗口顶部的水平条，它显示应用程序的名称等。

启动 VB 后，标题栏显示的信息为"工程 1-Microsoft Visual Basic[设计]"，方括号中的设计表明当前的工作状态是"设计阶段"。VB 有三种工作模式：设计（Design）模式、运行（Run）模式和中断（Break）模式，进入不同的模式，方括号中的文字将做相应的变化。

菜单栏位于标题栏的下方，VB 的菜单栏提供了开发、调试和保存应用程序所需要的工具，包含文件、编辑、视图、工程、格式、调试、运行、查询、图表、工具、外接程序、窗口和帮助等菜单项，每个菜单项又包含若干个菜单命令，以执行不同的操作。

工具栏在菜单栏之下，或以垂直条状紧贴在左边框上，如果将它从菜单栏下面拖开，则它能"悬"在窗口中。工具栏在编程环境下提供对常用命令的快速访问。单击工具栏上的按钮，则执行该按钮所代表的操作。按照缺省规定，启动 VB 之后显示"标准"工具栏，如图 1-10 所示。

图 1-10 "标准"工具栏

在工具栏的右侧分别显示了窗体的当前位置和大小，其单位是 twip（缇）。

twip 是一个与屏幕分辨率无关的计量单位，1 英寸等于 1400twip。这种计量单位可以确保在不同屏幕上保持正确的相对位置和比例关系。

除了"标准"工具栏外，还有"编辑"、"窗体编辑器"、"调试"等专用工具栏。要显示或隐藏工具栏，可以选择"视图"菜单中的"工具栏"命令或在工具栏上单击鼠标右键进行所需工具栏的选取。

1.3.2 工具箱窗口

工具箱窗口，如图 1-11 所示。由 21 个工具图标组成。这些图标是 VB 应用程序的构件，称为图形对象或控件。

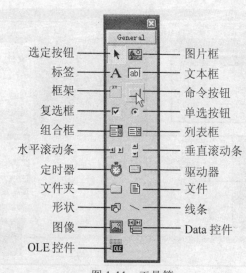

图 1-11 工具箱

每个 VB 控件都有自己的属性、事件和方法的对象，通常分为以下 2 种类型。

1. 标准控件（也称内部控件）

在默认状态下工具箱中显示的控件都是内部控件，共有 20 个。这些控件被封装在 VB 的可执行文件中，不能从工具箱中删除，如命令按钮、文本框、单选按钮、复选框等。

2. ActiveX 控件

如果在程序设计时不够使用，用户也可通过"工程"菜单的"部件"命令将未在 Windows 中注册过的其他控件装入到工具箱，这些控件称为 ActiveX 控件。

ActiveX 控件单独保存在.ocx 类型的文件中，其中包括各种版本 VB 提供的控件，以及仅在专业版和企业版中提供的控件，如公共对话框、动画控件等。另外还有许多软件厂商提供的 ActiveX 控件。

此外，用户可将 Excel 工作表或 PowerPoint 幻灯片等作为一个对象添加到工具箱中，编程时可根据需要随时创建。

1.3.3　窗体窗口

窗体窗口，如图 1-12 所示，也称窗体设计器窗口，简称窗体（Form），具有标准窗口的一切功能，可被移动、改变大小及缩成图标等，同时具有控制菜单、标题栏、最大化/还原按钮、最小化按钮、关闭按钮以及边框。

图 1-12　窗体设计器窗口

窗体是一块"画布"，在窗体上可以直观地建立应用程序。在设计程序时，窗体是程序员的"工作台"；在运行程序时，每个窗体对应于一个窗口。

窗体是 VB 中的对象，具有自己的属性、事件和方法。

窗体是 VB 进行可视化程序设计的主要场所，是应用程序的主要构成部分，用户通过与窗体上的控件交互，可控制应用程序的运行，得到各种运行结果。窗体是应用程序最终面向用户的窗口，各种图形、图像、数据等都通过窗体或窗体中的控件显示出来。每个窗体窗口必须有一个唯一的窗体名字，打开一个新的工程文件时，VB 自动建立一个空的窗体，系统默认命名为 Form1、Form2、……。

在设计状态的窗体由网格点构成，方便用户对控件的定位，网格点间距可以通过"工具"菜单的"选项"命令，在"通用"选项卡的"窗体设置网格"中输入"宽度"和"高度"来改变；运行时可通过属性控制窗体的可见性（窗体的网格始终不显示）。一个应用程序至少有一个窗体窗口，用户可在应用程序中拥有多个窗体窗口。

除了一般的窗体外还有一种多文档窗体（Multiple Document Interface，MDI），它可以包含子窗体，每个子窗体都是独立的（详见第 7 章）。

1.3.4　工程资源管理器窗口

工程资源管理器窗口，如图 1-13 所示。简称工程窗口，由标题栏、工具按钮和列表窗口组成，其显示各类文件的方式与 Windows 资源管理器显示文件夹的方式相仿，用来管理当前工程中所包含的各类文件，允许打开多个工程。

图 1-13　工程资源管理器窗口

在工程管理器窗口中，标题栏显示工程的名称，工程文件的扩展名为.vbp。工具按钮有"查看代码"、"查看对象"和"切换文件夹"3 个。单击"查看代码"按钮可打开代码编辑器查看代码，单击"查看对象"按钮可打开窗体设计器查看正在设计的窗体，单击"切换文件夹"按钮则可隐藏或显示包含在对象文件夹中的个别项目列表。列表窗口列出已加载工程中包含的所有文件。

在工程资源管理器窗口内包含以下几类文件。

1. 工程文件和工程组文件

文件名显示在工程文件窗口的标题栏内，每个工程对应一个工程文件（*.vbp）。当一个程序包括两个以上的工程时，这些工程就构成一个工程组，工程组文件的扩展名是.vbg。

2. 窗体文件

窗体文件的扩展名是.frm，每个窗体对应一个窗体文件，窗体及其控件的属性和其他信息（包括代码）都存放在该窗体文件中。一个应用程序可以有多个窗体（最多 255 个）。

执行"工程"菜单中的"添加窗体"命令，或单击工具栏中的"添加窗体"按钮，可以增加一个窗体；而执行"工程"菜单中的"删除"命令，可以删除当前窗体。

3. 标准模块文件

标准模块文件即程序模块文件，其扩展名是.bas，它是为合理组织程序而设计的。标准模块是一个纯代码性质的文件，主要用于大型应用程序。

4. 类模块文件

VB 提供了大量预定义的类，同时也允许用户根据需要定义自己的类。用户通过类模块来定义自己的类，每个类都用一个文件来保存，其扩展名为.cls。

5. 资源文件

资源文件由一系列独立的字符串、位图及声音文件（.wav，.mid）组成，其扩展名为.res。资源文件中存放的是各种"资源"，是一种可以同时存放文本、图片、声音等多种资源的文件。

1.3.5　属性窗口

属性是指对象的特征，如大小、标题或颜色等。属性窗口，如图 1-14 所示，用于显示和设计对象的属性，由标题栏、对象列表框、属性列表框和属性说明栏组成。属性窗口分为四部分，分别为对象框、属性显示方式、属性列表和对当前属性的简单解释。属性窗口中的属性显示方式分为两种，即按字母顺序和按分类顺序，分别通过单击相应的标签来实现。属性默认按字母顺序排列，可以通过窗口右部的垂直滚动条找到对象的任意属性。属性窗口只有在设计阶段才能激活。

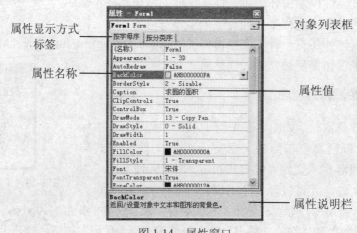

图 1-14　属性窗口

1.3.6　窗体布局窗口

如图 1-9 所示的"VB 集成开发环境"右下角的界面是窗体布局窗口。其中有一个表示屏幕的小图像，用来布置应用程序中各窗体的位置，使用鼠标拖动（或右击，使用快捷菜单）窗体布局窗口中的小窗体图标，可方便地调整程序运行时窗体显示的位置。

1.3.7　代码窗口

代码窗口，如图 1-8 所示，又称代码编辑器，专门用于设计程序代码，各种通用过程和事件过程代码均在此窗口上显示和编辑。打开代码窗口可以使用选择"视图"菜单中的"代码窗口"命令，双击窗体的任何地方，右击鼠标，选择快捷菜单中的"查看代码"命令，单击工程窗口中的"查看代码"按钮等几种方法。

代码窗口主要包括：

（1）"对象"下拉列表框，显示所选对象的名称。

（2）"过程"下拉列表框，列出所有与"对象"对应的列表框中对象的事件过程的名称。

（3）代码框，输入程序代码。

（4）"过程查看"按钮，显示所选的一个过程。

（5）"全模块查看"按钮，显示模块中全部过程代码。

此外，在 VB 集成环境中还有立即窗口、本地窗口和监视窗口等。用户可以通过"工具"菜单中的"选项"命令来配置工作环境，以满足工作的最佳需要。同时也可以在单个或多个文档界面之间进行选择，并能调节各种集成环境元素的尺寸和位置。

1.3.8　VB 工程管理

工程管理主要包括：创建、打开和保存工程；添加、删除和保存窗体文件等各种文件；在工程中添加、删除控件；运行程序和制作可执行文件等。

1．创建、打开和保存工程

（1）创建工程。创建一个新的工程有以下两种方式。

方式一：在未启动 VB 时。

启动 VB，屏幕上将显示"新建工程"对话框，如图 1-3 所示。

在"新建"选项卡中，选择需要新建的工程类型（一般选择"标准 EXE"）就可建立一个新的工程。

方式二：启动 VB 后。

在 VB 集成开发环境中，单击"文件"菜单下的"新建工程"命令（或按 Ctrl+N 组合键），打开"新建工程"对话框，如图 1-15 所示。从"新建工程"对话框中的工程类型中选择需要新建的工程类型即可。

（2）打开工程。要打开一个已存在的工程，可按照以下步骤进行：

在 VB 集成开发环境中，单击"文件"菜单下的"打开工程"命令（或按 Ctrl+O 组合键），即可打开"打开工程"对话框，如图 1-16 所示。

在"打开工程"对话框的"现存"选项卡中，从硬盘上找到要打开工程的工程文件即可。如果要打开的工程曾经打开过，那么在"打开工程"对话框的"最新"选项卡中即可找到该工程（"最新"选项卡中记录着最近曾经打开或编辑过的所有工程）。

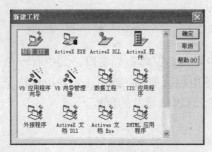

图 1-15　"新建工程"对话框　　　　　　图 1-16　"打开工程"对话框

　　和新建工程一样，在启动 VB 时，也可以从"现存"和"最新"选项卡（如图 1-17 所示）中打开一个工程。

　　（3）保存工程。如果对工程做了任何修改都需要保存所做的修改。可通过如下方式来保存一个工程：

　　在"文件"菜单下单击"保存工程"命令（或单击工具栏上的"保存"按钮），打开"文件另存为"对话框，提示保存窗体文件。

　　保存窗体后弹出另一个"文件另存为"对话框，提示保存工程文件。

　　随后弹出 Source Code Control 对话框，询问是否把当前工程添加到微软的版本管理器中，选择 No 即可，如图 1-18 所示。

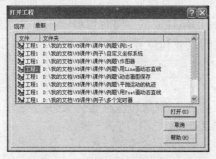

图 1-17　"打开工程-最新"对话框　　　　图 1-18　Source Code Control 对话框

　　如果计算机上没有安装 Visual SourceSafe 则不会出现 Source Code Control 对话框。

　　2．添加、删除和保存文件

　　（1）添加文件。如果要向工程中添加文件，例如添加新的窗体，可以按如下步骤执行：在"工程"菜单下选择需要添加的文件类型（也可在"工程资源管理器"窗口中进行）。在打开的"添加+文件类型"对话框中选择新建一个文件或添加一个现存的文件。

　　（2）删除文件。在"工程资源管理器"窗口中选中要删除的文件，然后单击鼠标右键，在弹出菜单中选择"移除+文件名"菜单项即可（或在"工程"菜单下选择"移除+文件名"菜单项）。

　　（3）保存文件。在"工程资源管理器"窗口中选中要保存的文件，然后单击鼠标右键，在弹出菜单中选择"保存+文件名"菜单项即可（或在"文件"菜单下选择"保存+文件名"菜单项）。

　　（4）添加、删除控件。为了工具箱的整洁和清晰，VB 并没有把所有的控件都放到工具箱内供工程使用。所以要使用工具箱中不存在的控件时，需要手动添加。而且 VB 允许把计算机上注册的任何 ActiveX 控件和可插入对象添加到工具箱中（也就相当于添加到工程中）。

要添加 ActiveX 控件，可按如下步骤进行：

①在"工程"菜单下选择"部件"菜单项（或用鼠标右键单击工具箱，在弹出菜单中选择"部件"菜单项），打开"部件"对话框，如图 1-19 所示。

②在"控件"选项卡中选中需要添加的控件复选框。

③单击"确定"按钮，关闭"部件"对话框。所选定控件将出现在工具箱中。

删除控件和添加控件的操作基本一致，只不过是把原来"控件"选项卡中选中的控件复选框去掉对勾而已。

图 1-19　"部件"对话框

3. 运行程序及制作可执行文件

应用程序设计完成以后，需要运行调试，以便实现最终目标。VB 提供了两种运行程序方式：解释运行方式和编译运行方式。

在解释运行时，解释器将源程序逐句解释为机器代码，解释一句，执行一句。在解释过程中，如果遇到错误，则自动转到源代码窗口，提示用户修改错误，直到没有任何错误为止。解释运行并不保存翻译的机器代码，每次运行时都需要重新解释。因而，程序运行速度较慢，而且必须在 VB 环境下运行。但解释运行在修改程序后，不需要编译为可执行文件就可以立即执行，因而在调试程序时显得特别方便，一般在调试程序时都使用此运行方式。

在编译运行时，编译器把所有程序都翻译成机器代码，并生成可执行文件，程序运行速度比较快。而且，可以作为 Windows 应用程序，直接在 Windows 环境下运行。

应用程序的解释运行非常方便，有三种方式可启动解释运行：在"运行"菜单下选择"启动"菜单项；或按 F5 功能键；或在工具栏上单击"启动"按钮。

如果要生成可执行文件，则可按如下步骤进行：

（1）单击"文件"菜单下的"生成工程名.exe"命令（在这里工程名应该是读者实际建立的工程的名称）。

（2）在弹出的"生成工程"对话框中选择路径，并输入可执行文件名。

（3）单击"确定"按钮，即可生成可执行文件。

1.3.9　使用帮助功能

为便于用户更好地学习 VB 程序设计，VB 提供了在线帮助和自学功能，显示中文的帮助信息和联机手册。VB 的帮助功能是集程序设计指南、用户手册、使用手册和库函数于一体的电子辞典。只有学会使用帮助信息，才能真正全面掌握 VB。

VB 的帮助功能是 Microsoft Visual Studio 中的 MSDN Library，如图 1-20 所示。

1. 帮助命令的使用

在"帮助"菜单上单击"内容"命令，或单击"索引"命令及"搜索"命令，将显示"帮助"。

2. 编辑时使用语言帮助

VB 提供了 F1 功能键在线帮助的使用。在线帮助是指用户在窗口中进行工作的任何时候，按键盘上的 F1 键，即可获得正在操作对象的帮助内容。

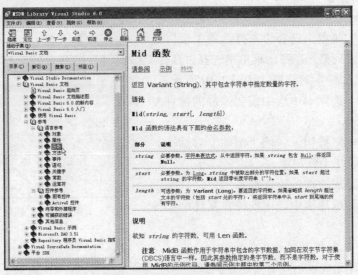

图 1-20　MSDN Library 窗口

同样，在代码窗口中，只要将插入点光标置于某个关键词（包括语句、过程名、函数、事件等）之上，然后按 F1 键，系统就会列出此关键词的帮助信息。

3. 使用 Internet 获得帮助

若能访问 Internet，可以从中获得 VB 的更多信息。

（1）Web 上的 Microsoft。在 VB 的"帮助"菜单中单击"Web 上的 Microsoft"命令，在子菜单中选择合适的选项，包括：产品信息、免费资料、常见问题、联机支持、开发人员主页、Microsoft 主页等。

（2）VB 主页。地址为 http://www.microsoft.com/vbasic/。该站点包含：VB 基础知识、VB 软件库、VB 常见问题等。

（3）在 Internet 上还有大量的介绍 VB 程序设计技巧、经验的站点，许多站点上还有例子及源程序下载。因此，通过 Internet 来学习 VB 不失为一种好方法。

1.4　VB 程序的构成和编程步骤

1.4.1　VB 应用程序的构成

应用程序是一个指令集，用来指挥计算机完成指定的操作。应用程序结构指的是组织指令的方法，即指令存放的位置和指令执行的顺序。对于简单的程序来说，程序的组织结构并不重要。应用程序越复杂，对组织或结构的要求也越高。

VB 应用程序通常由三种模块组成，即窗体模块、标准模块和类模块。

1. 窗体模块

VB 应用程序的代码结构就是该程序在屏幕上物理表示的模型。根据定义，对象由数据和代码组成。在屏幕上看到的窗体是由其属性规定的，这些属性定义了窗体的外观和内在特性。在 VB 中，一个应用程序包含一个或多个窗体模块（文件扩展名为.frm）。每个窗体模块分为两部分，一部分是作为用户界面的窗体，另一部分是执行具体操作的代码。

每个窗体模块都包含事件过程，即代码部分，这些代码是为响应特定的事件而执行的指令。在窗体上还可以含有控件，窗体上的每个控件都有一个相对应的事件过程集。除事件过程外，窗体模块中还可以含有通用过程，它可以被窗体模块中的任何事件过程调用。

2．标准模块

标准模块（文件扩展名为.bas）完全由代码组成，这些代码不与具体的窗体或控件相关联。在标准模块中，可以声明全局变量，也可以定义函数过程或子程序过程。标准模块中的过程可以被窗体模块中的任何事件调用。

3．类模块

可以把类模块（文件扩展名为.cls）看作没有物理表示的控件。标准模块只包含代码，而类模块既包含代码又包含数据。每个类模块定义了一个类，可以在窗体模块中定义类的对象，调用类模块中的过程。

三种模块都可以通过"工程"菜单中的"添加窗体"、"添加模块"、"添加类模块"来完成。

1.4.2　VB 编程的一般步骤

由于 VB 的对象被表现为窗体和控件，所以程序设计大大简化，一般来说，用 VB 开发应用程序，分为以下几个步骤：

第一步：建立用户界面。

（1）建立一个新工程（程序），出现窗体编辑器，调整窗体至要求的大小。

（2）在窗体上添加所需控件，适当调整其位置、大小。

第二步：设置各控件的属性。

（1）设置窗体的属性。

（2）设置控件的属性。

设置属性的有关说明：

①VB 程序设计中要设置的属性只有几个最常用的属性，如上面的"名称"、Caption、Font、Text、ForeColor，其他属性不用设置，采用默认值即可。

②"名称"就是 Name 属性，与 Caption 是不同的属性。Name 是对象的内在名字，Caption 是对象的外在"标题"。有些对象的这两个属性的默认值一样，如窗体、按钮。文本框没有 Caption 属性，但有 Text 属性。"名称"属性是只读属性，在属性窗口中标的是"名称"，在程序中则用 Name。

第三步：编写事件驱动程序代码。

进入程序代码窗口，并编写各个控件的事件代码。

第四步：存盘、运行、调试。

（1）存盘。先保存窗体文件：文件名为*.frm，接着保存工程文件（程序文件）：文件名为*.vbp，如果还有其他资源，系统还将提示保存其他文件，如标准模块文件（*.bas）等。

（2）运行。运行的操作方式有以下两种：

方式一：解释运行（立即执行）

单击"运行"菜单中的"启动"命令或工具栏的"启动"按钮 ▶ 或按快捷键 F5。出现程序界面，测试其功能是否正确。

方式二：编译运行

单击"文件"菜单中的"生成"命令，生成一个可执行文件（*.exe）。脱离 VB 环境后，运行此程序文件。

（3）调试。程序运行后如发现有错或不满意，则停止程序的执行，返回"窗体设计器"修改界面，或返回"程序代码"窗口修改程序，然后再运行测试。

1.5　窗体的属性、事件和方法

窗体是所有控件的"容器"，各类控件必须建立在窗体上，利用窗体还可以显示运算的结果。在 Windows 的应用程序中用户界面称为窗口，窗口代表窗体及其上面的对象。同其他对象一样，窗体也具有一定的属性、事件和方法等。

VB 中的窗体具有 Windows 窗体的基本特性，图 1-21 所示就是一个窗体的示意图。

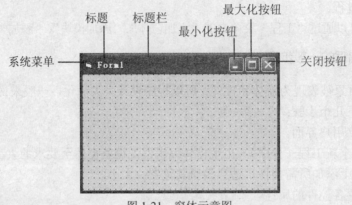

图 1-21　窗体示意图

标题栏是大多数窗体顶部的彩条，缺省为蓝色。利用标题栏可以在屏幕上拖拽此窗体，双击标题栏将在最大化和恢复该窗体之间做切换。

标题是在窗体标题栏中所见到的文字。

系统菜单（控制菜单）是一个简单的菜单，位于窗体左上角，双击该图标将关闭窗体，单击该图标将显示系统命令菜单。

最小化、最大化、关闭按钮分别起使窗体缩小到 Windows 的任务栏上、扩大至整个屏幕、关闭窗体的功能。

VB 中的应用程序可以包含许多个窗体，一个标准.exe 类型的 VB 应用程序至少有一个窗体。最初打开新工程时，默认情况下会新建窗体，也可以通过在菜单栏上的"工程"菜单中选择"添加窗体"菜单项将其他窗体添加到工程中。

1.5.1　窗体的主要属性

1. Name（名称）属性

该属性是所有对象都具有的属性，是所创建对象的名称。所有的控件在创建时由 VB 提供一个默认名称。Name 属性可以在属性窗口的"名称"栏进行修改。在程序中，对象名称是作为对象的标识在程序中引用，不会显示在窗体上。Name 是只读属性，在运行时不可更改。

注：VB 对象属性的分类

①只读属性：这种属性无论在程序设计时还是在程序运行时都只能从它们读出信息，而不能给它们赋值。

②运行时只读属性：这种属性在设计程序时可以通过属性窗口设置它们的值，但在程序

运行时不能再改变它们的值。

③可读写属性：这种属性无论在设计时还是运行时都可读写。

2. AutoRedraw（自动刷新）属性

窗体的 AutoRedraw 属性决定是否能够自动刷新，该属性既可在设计界面时设置，也可在程序中修改。所谓自动刷新，指该窗体被其他窗口或对象遮盖后，再次成为当前窗体，是否能够恢复被遮盖前的样子。当 AutoRedraw 属性值设置为"真（True）"时，能够恢复，反之 AutoRedraw 属性值设置为"假（False）"时，不能恢复，此时窗体上使用 Print、Line 方法的输出结果就会消失。

3. BackColor（背景色）

窗体的背景色，VB 默认的表单背景颜色是灰色。要设置窗体对象的背景颜色，用户既可在界面设计时设置，也可在程序中修改。

要在界面设计时设置窗体的 BackColor 属性，应先选中窗体，然后用属性窗口来改变对象的属性。在属性列表框中左列选中 BackColor 属性，在右侧属性值编辑框中直接输入颜色值，如红色（&H000000FF&）；或单击编辑框右侧"颜色列表框" ▼，打开调色板，选择一种颜色，窗体背景颜色随即改变，如图 1-22 所示。

窗体背景颜色也可在程序运行中改变，在程序代码中引用窗体属性（包括 BackColor 属性）的格式为：

　　　　Object.属性名

说明：功能是引用某对象（Object）的一个属性。在引用属性时，属性名和对象名之间一定要用引用符"."隔开。

如在窗体的 Click 事件代码中输入命令：

　　　　Form1.BackColor=&H000000FF&

则当用户单击窗体任意处时，窗体背景即刻变为红色。

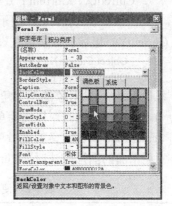

图 1-22　设置窗体的背景色（BackColor）属性值

4. BorderStyle（边框类型）

该属性用于确定窗体边框的样式。取值如表 1-1 所示。

表 1-1　BorderStyle 属性取值表（窗体）

符号常数	取值	说明
vbBSNone	0	无（没有边框或与边框相关的元素）
vbFixedSingle	1	固定单边框。可以包含控制菜单，标题栏，最大化按钮和最小化按钮。只有使用最大化和最小化按钮才能改变大小
vbSizable	2	（缺省值）可调整的边框。可以使用除设置值 1 外的任何可选边框元素而重新改变尺寸
vbFixedDouble	3	固定对话框。可以包含控制菜单和标题栏，不能包含最大化和最小化按钮，不能改变尺寸
vbFixedToolWindow	4	固定工具窗口。不能改变尺寸。显示关闭按钮并用缩小的字体显示标题栏。窗体在 Windows 的任务栏中不显示
vbSizableToolWindow	5	可变尺寸工具窗口。可变大小。显示关闭按钮并用缩小的字体显示标题栏。窗体在 Windows 的任务栏中不显示

在运行期间，BorderStyle 属性是"只读"属性。也就是说，它只能在设计阶段设置，不能在运行期间改变。

BorderStyle 属性除应用于窗体外，还可用于多种控件，其设置值也不一样。

5. Caption（标题）属性

该属性决定了控件上显示的标题内容。可以在设计时通过属性窗口中设置，也可以在运行时通过代码设置。例如：

```
Form1.Caption= "求圆的周长和面积"
```

6. ControlBox（控制框）

该属性返回或设置一个值，指示在运行时系统菜单是否在窗体中显示。设置为 True（缺省值），则显示系统菜单；设置为 False，则不显示。为了显示系统菜单，还必须将窗体的 BorderStyle 属性值设置为 1（固定单边框）、2（可变尺寸）或 3（固定对话框）。该属性在运行时为只读。

7. CurrentX、CurrentY（当前坐标）属性

CurrentX 和 CurrentY 用于测试或设置下一次打印或绘图方法的水平（CurrentX）或垂直（CurrentY）坐标。该属性在设计时不可用，其使用语法格式如下：

```
Object.CurrentX [= x]
Object.CurrentY [= y]
```

说明：坐标从对象的左上角开始测量。在对象左边的 CurrentX 属性值为 0，上边的 CurrentY 为 0。坐标在默认时，以缇为单位表示，或以 ScaleHeight、ScaleWidth、ScaleLeft、ScaleTop 和 ScaleMode 属性定义的度量单位来表示。

用下面的图形方法时，CurrentX 和 CurrentY 的设置值，按表 1-2 所示改变。

表 1-2　使用图形方法时，CurrentX 和 CurrentY 的设置值

方法	设置 CurrentX、CurrentY 为	方法	设置 CurrentX、CurrentY 为
Circle	对象的中心	NewPage	0，0
Cls	0，0	Print	下一个打印位置
EndDoc	0，0	Pset	画出的点
Line	线终点		

8. Enabled（允许）属性

设置对象是否允许操作，即是否可用。值为 True 时允许操作，并对操作做出响应；值为 False 时禁止操作，对可视对象，显示为灰色。同样该属性可以在属性窗口中或通过代码设置，格式为：

```
Object.Enable = True|False
```

9. Font（字体）属性

该属性用来设置输出字符的各种特性，以改变文本的外观。

字体本身又是一个对象，又有自己的属性，包括字体类型（Name）、字体大小（Size）、是否粗体（Bold）、是否斜体（Italic）、是否加下划线（Underline）等。设置时通过属性窗口，单击 Font 右边的"…"可弹出"字体"对话框，如图 1-23 所示，这时可通过"字体"对话框来设置各种属性。

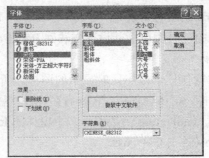

图 1-23 字体属性设置对话框

此外，还可以在运行时通过编写代码来实现对字形属性的设置，具体设置方式如下：

（1）字体类型。字体类型可以通过 FontName 属性来设置，其一般格式为：

对象名称.FontName [= "字体名称"]

FontName 可以作为窗体、控件或打印机的属性，返回或设置显示文本所用的字体。

VB 中可用的字体取决于系统的配置、显示设备和打印设备。与字体相关的属性只能设置为真正存在的字体的值。

（2）字体大小。字体大小通过 FontSize 属性来设置，其一般格式为：

对象名称.FontSize [= 点数]

FontSize 属性返回显示文本所用的字体的大小，单位为磅。例如：

Form1.FontSize = 15 '设置窗体 Form1 的字体大小为 15 磅

FontSize 的最大值为 2160 磅，在默认情况下，FontSize 为 9 磅。如果省略"点数"，则返回当前字体的大小。

（3）其他属性。

①粗体。粗体字通过 FontBold 属性设置，其一般格式为：

对象名称.FontBold = True|False

当 FontBold 属性为 True 时，文本以粗体字输出，否则按正常字输出。该属性的默认值为 False。

②斜体。斜体字通过 FontItalic 属性设置，其一般格式为：

对象名称.FontItalic = True|False

当 FontItalic 属性为 True 时，文本以斜体字输出，否则按正常字输出。该属性的默认值为 False。

③加下划线。加下划线通过 FontUnderline 属性设置，其一般格式为：

对象名称.FontUnderline = True|False

如果把 FontUnderline 属性设置为 True，则可使输出的文本加下划线。该属性的默认值为 False。

④加删除线。删除线即在文本中部画一条直线。通过对 FontStrikethru 属性的设置可以使输出的文本加删除线。设置该属性的一般格式为：

对象名称.FontStrikethru = True|False

如果把 FontStrikethru 属性设置为 True，则可使输出的文本加删除线。该属性的默认值为 False。

在上面的各种属性中，可以省略方括号中的内容，此时，将返回属性的当前值；如果省略"对象名称"，则默认为当前窗体的属性。

10．ForeColor（前景色）属性

用于设置窗体的前景颜色，其设置方法同 BackColor 属性。

11．Icon（图标）

设置在运行时窗体处于最小化时显示的图标。所加载的文件必须有 .ico 文件扩展名和格式。如果不指定图标，窗体会使用 VB 缺省图标。该属性可以在属性窗口中设置，也可以通过代码设置，如使用 LoadPicture 函数或另一个窗体的 Icon 属性给当前窗体的该属性赋值。

12．Left、Top（左、顶）属性

分别指定对象的左上角在容器中的横向及纵向坐标（容器的左上角为 0,0），即 Left 属性确定窗体最左端和它的容器最左端之间的距离；Top 属性确定窗体最上端和它的容器最上端之间的距离。控件的容器是窗体，窗体的容器是屏幕对象（Screen）。度量单位由容器的 ScaleMode 属性指定，默认的单位是 twip。通常 Left 和 Top 属性在一个窗体中总是成对出现的，当通过鼠标或通过代码移动窗体时，这两个属性值都会随之改变。

13．Width、Height（宽、高）属性

该属性决定了对象的总宽度和总高度。度量单位由容器的 ScaleMode 属性指定，默认的单位是 twip。可以在属性窗口中设置，也可以通过代码设置，格式为：

对象.Height [= 数值]
对象.Width [= 数值]

它们的最大值由系统决定。

窗体位置和大小与屏幕之间的关系，如图 1-24 所示。

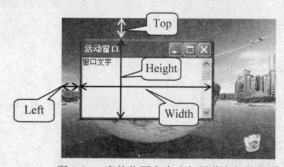

图 1-24   窗体位置和大小与屏幕之间的关系

此外，用户可用 ScaleWidth、ScaleHeight 两个属性测试窗体内部的宽度（即排除了左右边框线宽度）和高度（即排除了标题栏和下边框线宽度）。

14．ScaleMode 属性

设置对象坐标的度量单位。取值及对应的度量单位如表 1-3 所示。

表 1-3   ScaleMode 属性取值及对应度量单位表

取值	度量单位	取值	度量单位
0	User（用户自定义）	4	Character（字符）
1	Twip（缇，系统缺省设置）	5	Inch（英寸）
2	Point（点或磅）	6	Millimeter（毫米）
3	Pixel（像素）	7	Centimeter（厘米）

其中 0（用户自定义模式）和 3（像素模式）不可用于打印机（Printer）对象。

15．Visible（可见性）属性

设置对象是否可见。值为 True 时，对象在程序运行时可见；值为 False 时，对象在程序运行时隐藏起来，用户看不见，但对象本身存在。显示出来的对象不一定可用，还要看它的 Enabled 属性。

在程序代码设置该属性的一般格式为：

对象名称.Visible = True|False

16．MaxButton、MinButton（最大、最小化按钮）

这两个属性决定窗体是否具有最大化和最小化按钮。MaxButton 属性为 True 时，表明窗体有最大化按钮；为 False 时，表明窗体没有最大化按钮。MinButton 属性为 True 时，表明窗体有最小化按钮；为 False 时，表明窗体没有最小化按钮。要显示最大化或最小化按钮，BorderStyle 属性应设置为 1 或 2。当一个窗体被最大化时，最大化按钮会自动变为恢复按钮。

17．Moveable（可移动）

该属性返回或设置窗体是否可以移动，可以在属性窗口中或运行时通过代码设置，格式为：

对象.Moveable = True|False

取 True（默认值）时，窗体可以移动；取 False 时，窗体不可移动。

18．Picture（图形）

用来在对象中显示一个图形。该属性可以在属性窗口中设置，也可以通过代码由 LoadPicture 函数和其他对象的 Picture 属性设置。

19．WindowState（窗口状态）

该属性可以把窗体设置成在启动时最大化、最小化或正常大小。WindowState 属性为 0（Normal）时，窗体显示为正常大小，即设计时的大小；为 1（Minimized）时，窗体最小化成图标；为 2（Maximized）时，窗体最大化显示。

1.5.2　窗体的事件

当用户执行与窗体相关的某些操作时触发的事件称为窗体事件。与窗体有关的事件较多，其中常用的窗体事件有：

1．Initialize（初始化）事件

在加载一个窗体时，窗体的初始化事件最先被引发。在 Initialize 事件过程中可以为模块级变量或全局变量赋值。因为 Initialize 事件发生时，窗体及控件尚未加载到内存中，所以其属性、方法不可访问。例如，如下代码执行后，窗体中显示"你好！"。

```
Private c$
Private Sub Form_Click()
    Print c
End Sub

Private Sub Form_Initialize()
    c = "你好！"
End Sub
```

2．Load（装入）事件

Load 事件是在窗体被装载时发生的事件。一旦装载窗体，启动应用程序就自动产生该事件，当执行应用程序时，Visual Basic 调用 Form_Load 事件过程。Load 事件适用于在启动应用程序时对属性和变量的初始化。例如，用 Load 事件为窗体标题添加显示文字。

```
Private Sub Form_Load()
    Form1.Caption = "这是我的第一个 VB 应用程序"
End Sub
```

3. Activate、Deactivate（活动、非活动）事件

在 Load 事件发生后，系统自动触发并执行 Activate 事件。Load 事件发生时窗体是不活动的，Activate 事件发生时窗体已是活动的。在不活动的窗体上不能使用 Print 方法显示信息，在活动的窗体上才能使用 Print 方法。Activate 事件是自动触发的事件，因此执行程序后马上要做的事可以写在该事件过程中。

例如，下面的程序代码在可激活窗体时为文本框 Text1 赋值。

```
Private Sub Form_Activate()
    Label1.Caption = "输入圆的半径"
    Text1 = 3
End Sub
```

要取消该活动窗体而激活另一个窗体时，发生窗体的 Deactivate 事件。窗体可通过用户的操作变成活动窗体，如用鼠标单击窗体的任何部位或在代码中使用 Show 或 SetFocus 方法。

4. Click（单击）事件

Click 事件是在程序运行后，用鼠标单击窗体操作时产生的事件。

例如，下面的程序代码在执行时，单击窗体，可向右、向下移动窗体 500 个单位（缇）。

```
Private Sub Form_Click()
    Form1.Move Form1.Left + 500, Form1.Top + 500
End Sub
```

5. DblClick（双击）事件

双击窗体产生 DblClick 事件，执行 DblClick 事件过程。

6. Paint（绘画）事件

重新绘制一个窗体时发生 Paint 事件。当移动、放大、缩小该对象或一个覆盖该对象的窗口移动后，该窗体暴露出来，就会发生此事件。

7. Resize（改变大小）事件

Resize 事件是当程序运行后，窗体的大小被改变时触发的事件，不论是用鼠标改变窗体的大小，还是用代码改变窗体的大小，都会触发 Resize 事件。一旦触发了 Resize 事件，便执行 Resize 事件的过程（如果有 Resize 事件过程）。

例如，加入下面代码，会在改变窗体大小的同时使窗体居中显示。

```
Private Sub Form_Resize()
    Me.Left = (Screen.Width - Me.Width) / 2
    Me.Top = (Screen.Height - Me.Height) / 2
End Sub
```

说明，上面程序中的 "Me" 表示当前使用的窗体，即 Form1。

8. QueryUnload（询问卸载）事件

该事件在一个窗体或应用程序关闭之前发生。一般在关闭一个应用程序之前用来确保包含在该应用程序中的窗体中没有未完成的任务。例如，如果还未保存某一窗体中的新数据，则应用程序会提示保存该数据。

9. Unload（卸载）事件

删除窗体（图形界面从内存中清除）时发生 Unload 事件，VB 调用 Form_Unload 事件过

程。当该窗体在被装载时，它的所有控件都要重新初始化。这个事件是由用户动作（用控件、菜单关闭窗体）或一个 Unload 语句触发的。

例如，单击窗体右上角的"关闭" ☒ ，窗体变成红色，同时在窗体的标题栏显示系统时间。其窗体的 Unload 事件代码如下：

```
Private Sub Form_Unload(Cancel As Integer)
    Cancel = True
    Form1.Caption = Time 'Time 函数用于取出系统时间
    Form1.BackColor = RGB(255, 0, 0) 'RGB(r,g,b)用于设置颜色
End Sub
```

其中：将 Cancel 设置为 True 或非零值，可防止窗体被删除，但不能阻止其他事件，例如从 Microsoft Windows 操作环境中退出等。可用 QueryUnload 事件阻止从 Windows 中退出。

除以上事件外，窗体的常用事件还有：KeyPress（按键）事件，MouseDown（鼠标按下）事件、MouseUp（鼠标松开）事件、MouseMove（鼠标移动）事件等。

10．Terminate（中止）事件*

通过设置所涉及对象的所有变量为 Nothing，Form、MDIForm、控件等类的实例的所有引用都被从内存删除，或当对象的最后一个引用失去范围时发生 Terminate 事件。

除类之外所有的对象，Terminate 事件在 Unload 事件之后发生。

如果窗体或类的实例从内存删除，因为应用程序是非正常结束，不会触发 Terminate 事件。例如，应用程序在从内存中删除所有存在的类或窗体的实例前，调用 End 语句，对该类或窗体，Terminate 事件不会触发。

Unload 和 Terminate 事件的区别就在于一个是用户正常退出时发生，一个是非正常（或强行）退出时发生。

1.5.3　窗体的方法

1．Cls 方法

清除运行时窗体（或图片框）中生成的图形和文本。形式如下：

　　[对象].Cls

2．Hide 方法

该方法用以隐藏 Form 对象，但不能使其卸载。语法格式为：

　　窗体名.Hide

如果省略窗体名，则默认为当前窗体（带焦点的窗体）。

隐藏窗体时，它就从屏幕上被删除，并将其 Visible 属性设置为 False。用户将无法访问隐藏窗体上的控件，但是对于运行中的 VB 应用程序，或对于 Timer 控件的事件，隐藏窗体的控件仍然是可用的。

如果调用 Hide 方法时窗体还没有加载，那么 Hide 方法将加载该窗体但不显示它。

3．Move 方法

该方法用以移动 Form 或控件。语法格式为：

　　对象.Move Left [,Top] [,Width] [,Height]

对象为窗体或控件名，只有 Left 参数是必需的。但是，要指定任何其他的参数，必须先指定出现在语法中该参数前面的全部参数。例如，如果不先指定 Left 和 Top 参数，则无法指定 Width 参数。任何没有指定的尾部的参数则保持不变。

4. Print 方法

该方法用于在窗体上输出文本，这里仅介绍 Print 的简单使用，详细使用将在第 3 章做详细介绍。

例如，要在窗体上输出文本"你好，中国！"。

```
Print "你好，中国！"
```

5. Show 方法

该方法用以显示 Form 对象。语法格式为：

窗体名.Show [模式]

如果调用 Show 方法时指定的窗体没有装载，VB 将自动装载该窗体。另外，应用程序的启动窗体在其 Load 事件调用后会自动出现。

可选参数"模式"，用来确定被显示窗体的状态：值等于 1 时，表示窗体状态为"模态"（模态是指鼠标只在当前窗体内起作用，只有关闭当前窗口后才能对其他窗口进行操作）；值等于 0 时，表示窗体状态为"非模态"（非模态是指不必关闭当前窗口就可以对其他窗口进行操作）。

【例 1-2】设计一个应用程序窗口，当程序运行时，出现如图 1-25 所示的界面，单击窗体可切换背景图，双击窗体则关闭程序。

图 1-25　例 1-2 的运行结果

分析：本题主要使用窗体的主要属性和事件进行设计，这里涉及到的属性、事件和方法有：Caption、Picture、FontName、FontSize、CurrentX、CurrentY、Activate、Click、Height、Width 和 Print。

为了要加载一幅照片，程序使用了 App 对象的 App.Path 方法，该方法用于指定应用程序文件的路径，如：当前应用程序磁盘文件的路径为：D:\Test\工程 1.vbp，则 App.Path 方法得到的文件路径信息是"D:\Test"。

设计步骤如下：

①运行 VB 程序，创建一个只含一个窗体的标准 Exe 工程。

②双击窗体任意处，打开事件代码编辑窗口，在"对象"列表框处找到"Form"，在"过程"列表框处分别找到"Activate"和"Click"，并添加如下程序：

- 窗体（Form1）的 Activate 事件代码

```
Private Sub Form_Activate()
    Form1.Caption = "欢迎来中国，参观上海世博会"
    Form1.Picture = LoadPicture(App.Path & "\上海世博会中国馆.jpg")
    Form1.FontName = "楷体_gb2312"
    Form1.FontSize = 24
    Form1.ForeColor = &HFF&
    CurrentX = 1000: CurrentY = 2300
    Print "上海世博会开园了！"
End Sub
```

- 窗体（Form1）的 Click 事件代码

```
Private Sub Form_Click()
    Me.Height = 9675    'Me 表示当前运行的窗体
    Me.Width = 12345
    Me.Picture = LoadPicture(App.Path & "\上海世博会吉祥物.jpg")
```

End Sub

● 窗体（Form1）的 DblClick 事件代码

Private Sub Form_DblClick()

    End

End Sub

③最后，运行程序，观察结果。

1.6 基本控件及其使用

VB 提供了二十多个标准控件供用户在设计时使用，本节将着重介绍"命令按钮"（CommandButton）控件 ⬜、"文本框"（TextBox）控件 ⬜和"标签"（Label）控件 **A** 等三个基本控件的使用。其他标准控件我们将在陆续的章节中予以介绍它们的使用方法。

注意：以控件功能的复杂性来看，标准控件可分为基本控件和复杂控件两类；以具体功能的使用角度来看，标准控件可分为命令类控件、输入和输出类控件、选择类控件、循环类控件等。

1.6.1 控件的画法和基本操作

创建窗体以后，在设计用户界面时，用户可以使用工具箱中的各种控件，根据自己的需求在窗体上画出各种控件，并设置界面控件的行为和功能。

1. 控件的画法

有下面两种方法可以在窗体上画一个控件。

方法一：以画文本框为例，拖动鼠标可以在窗体画一个控件，如图 1-26 所示，步骤如下：

①单击工具箱中的"文本框"图标 ⬜。

②把鼠标移到窗体上，此时鼠标的光标变为"+"号（"+"号的中心就是控件左上角的位置）。

③把"+"号移到窗体的适当位置，拖动鼠标，在窗体上画出一个方框，即在窗体上画出一个文本框。

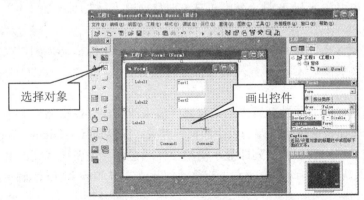

图 1-26 控件的画法、选中及修改

方法二：这种方法比较简单，要画出某个控件，用户只要双击工具箱中的某个需要的控件图标，例如命令按钮 CommandButton，就可以在窗体中央画出该控件。与第一种方法所不同的是，用第二种方法所画的控件的大小和位置是固定的。

在一般情况下，工具箱中的指针 ↖（左上角的箭头）图标是反相显示的。单击某个控件图标后，该图标反相显示（此时指针不再反相显示），即可在窗体上画出相应的控件。画完后，图标不再反相显示。也就是说每单击一次工具箱中的某个图标，只能在窗体相应位置上画一个相应的控件。如果要画多个某种类型的控件，就必须多次单击相应的控件图标。

为了能单击一次控件图标即可在窗体上画出多个相同类型的控件，可按如下步骤操作：

①按住 Ctrl 键。

②单击工具箱中要画的控件图标，然后松开 Ctrl 键。

③在窗体上画出控件（一个或多个）。

④画完后，单击工具箱中的指针图标（或其他图标）。

2．控件的基本操作

在窗体上画出控件后，其大小、位置不一定符合要求，此时可以对控件的大小、位置进行修改。

（1）控件的选择

画完一个控件后，在该控件的边框上会显示 8 个黑色小方块，表明该控件是"活动"的。要对控件进行操作，首先选择要操作的控件，即成为活动控件（或当前控件）。刚画完的控件，就是活动控件。不活动的控件不能进行任何操作，只要单击一个不活动的控件（控件内部），就可把这个控件变为活动控件。而单击控件的外部，则把这个控件变为不活动的控件。

有时候，可能需要对多个控件进行操作，例如移动、删除多个控件，对多个控件设置相同属性等。为了对多个控件进行操作，首先必须选择多个控件，通常有两种方法：一是按住 Shift 键，然后单击每个要选择的控件；二是把鼠标移到窗体的适当位置（没有控件的地方），然后拖动鼠标，画出一个虚线矩形，该矩形内或边线经过的控件，即被选中。在被选择的多个控件中，有一个控件的周围是实心小方块（其他是空心小方块），这个控件称为"基准控件"。对被选择的控件进行调整大小、对齐等操作时，将以"基准控件"为准。

（2）控件的缩放和移动

①大小的调整。当控件处于活动状态时，直接用鼠标拖拉上、下、左、右小方块，即可使控件在相应的方向上放大或缩小；如果拖拉四个角上的小方块，则可以使控件在两个方向上同时放大或缩小。用户也可按下 Shift 键，然后再按方向移动键"←"、"→"、"↑"和"↓"进行尺寸的放大和缩小。

②位置的调整。把鼠标指针移到活动控件的内部，按住鼠标左键拖动，则可以把控件拖拉到窗体内的任何位置。或按下 Ctrl 键，然后再按方向移动键"←"、"→"、"↑"和"↓"进行位置的移动。

除此之外，还可以通过改变属性列表中的某些属性值来改变控件或窗体的大小、位置。在属性列表中，有四种属性与窗体及控件的大小和位置有关，即 Width、Height、Top 和 Left。在属性窗口中单击属性名称，其右侧一列即显示活动控件或窗体与该属性有关的值（一般以 twip 为单位），此时键入新的值，即可改变大小或位置。其位置由 Top 和 Left 确定，大小由 Width 和 Height 确定。

（3）控件的复制和删除

对画好的控件进行复制，首先选择要复制的控件，执行"复制"命令（"编辑"菜单中），然后执行"粘贴"命令，屏幕上将显示如图 1-27（a）所示的创建控件数组的对话框，询问是否要建立控件数组，单击"否"按钮后，就把选择的控件复制到窗体的左上角，再拖动到合适的位置，即完成复制。

要删除一个控件，首先将控件变为活动控件，然后按 Del 键，即可删除该控件。

（4）多个控件的布局

在窗体的多个控件之间，经常要进行对齐和调整。主要包括：多个控件的对齐；多个控件的间距调整；多个控件的统一尺寸；多个控件的前后顺序。

操作方法有：

①使用"格式"菜单。先选择多个控件，然后使用"格式"菜单的"对齐"、"统一尺寸"等菜单项对多个控件进行布局。

②使用"窗体编辑器"工具栏。在"视图"菜单的"工具栏"中选择"窗体编辑器"，可打开"窗体编辑器"工具栏，如图 1-27（b）所示，然后再使用其中的工具进行操作。

图 1-27（a）　创建控件数组对话框

图 1-27（b）　　"窗体编辑器"工具栏

③通过属性窗口修改。选择了多个控件以后，在属性窗口只显示它们的共同属性。如果修改其属性值，则被选择的所有控件的属性值都将做相应的改变。

1.6.2　控件的命名和控件值

1. 控件的命名约定

每一个窗体和控件都有自己的名称，也就是 Name 属性值。在建立窗体或控件时，系统自动给窗体或控件一个名称，如 Form1、Command1、List1 等。如果在窗体上画出几个相同类型的控件，则控件名称中的序号自动增加，如文本框控件 Text1、Text2、Text3 等。同样，在应用程序中增加窗体，窗体名称的序号也自动增加，如 Form1、Form2 和 Form3 等。

如果使用系统默认的名称，程序的可读性会比较差。为了能见名知义，提高程序的可读性，最好使用具有一定意义的名字作为对象的 Name 属性值，从名字上可以看出对象的类型。一种比较好的命名方式是，用三个小写字母作为对象的 Name 属性的前缀。因此，一个控件的命名采取如下的方式。

控件前缀（用于表示控件的类型）+控件代表的意义或作用

例如，若 Command1 命令按钮的作用是确定，可命名为"cmdOk"，其中"cmd"是前缀，表明它是一个命令按钮控件，"Ok"表明按钮的意义是确定。再如：cmdWelcome，txtDisplay，cmdEnd，frmFirst 等。这种命名方式称为"匈牙利命名法"。

表 1-4 列出了建议使用的部分对象的命名前缀及默认属性。

表 1-4　VB 部分对象的命名前缀和默认值

对象	前缀	举例	默认属性
Form（窗体）	frm	frmMain	Caption
Label（标签）	lbl	lblTitle	Caption
TextBox（文本框）	txt	txtName	Text
PictureBox（图片框）	pic	picMove	Picture

续表

对象	前缀	举例	默认属性
Image（图像框）	img	imgDisp	Picture
CommandButton（命令按钮）	cmd	cmdOk	Value
Frame（框架）	fra	fraCity	Value
OptionButton（单选按钮）	opt	optItalic	Value
CheckBox（复选框）	chk	chkBold	Value
ComboBox（组合框）	cbo	cboAuthor	Text
ListBox（列表框）	lst	lstBook	Text
HScrollBar（水平滚动条）	hsb	hsbRate	Value
VScrollBar（垂直滚动条）	vsb	vsbNum	Value
Timer（计时器）	tmr	tmrflash	Enabled
DriveListBox（驱动器列表框）	drv	drvName	Drive
DirListBox（目录列表框）	dir	dirSelect	Path
FileListBox（文件列表框）	fil	filCopy	Filename
Line（直线）	lin	linDraw	Visible
Shape（形状）	shp	shpOval	Shape
Data（数据）	dat	datStudent	Caption
DBCombo（数据约束组合框）	dbc	dbcStudent	Text
DBGrid（数据约束网格）	dbg	dbgStudent	Text
DBList（数据约束列表框）	dbl	dblStudent	Text

2. 常用控件的控件值

一个控件有好多属性，在一般情况下，属性值通过"控件.属性"格式设置。例如：

　　　　Form1.Caption="登录"

把 Form1 的 Caption 属性设置为字符串"登录"。

为了方便使用，VB 规定了其中的一个属性为默认属性。通常把默认属性称为控件值，控件值是一个控件的最重要或最常用的属性。表 1-4 列出了一些控件的默认属性。在程序中默认属性可以省略而不书写。即在设置默认属性的属性值时，可以不必写出属性名，例如，上例的语句可以改为：

　　　　Form1="登录"

只使用控件值可以减少代码，但会降低程序的可读性。因此，给控件属性赋值时，建议仍使用"控件.属性"格式。

1.6.3　命令按钮

在 VB 应用程序中，命令按钮控件直观形象、操作方便，常常用来接受用户的操作信息，用以激发某些事件，是 VB 应用程序开发人员的首选控件。

1. 命令按钮控件的主要属性

命令按钮的属性和窗体一样，除包括 Name、Top、Left、Height、Width、FontName、FontSize、FontBold、FontItalic、FontUnderline、BackColor、ForeColor、Enabled、Visible 等属

性外，设置方法也一样。此外，它还有以下主要属性：

（1）Caption 属性。返回或设置命令按钮的标题，它可以在属性窗口中设置，也可以在程序运行时设置。其格式为：

    对象名.Caption="字符串"

Caption 属性最多包含 255 个字符。如果其内容超过了命令按钮的宽度，则会换到下一行，如果其内容超过 255 个字符，则标题的超出部分被截掉。该属性也可为命令按钮创建快捷键，其方法为在想要指定为快捷键的字符前加一个"&"符号，例如，要为"显示"命令按钮设置快捷键"Alt+D"，则其 Caption 属性应设置为"显示(&D)"。"&"
符号只在属性窗口内出现，不会在窗体的命令按钮上显示出来，但它使得该命令按钮的标题的第一个字母下面有一条下划线，如图 1-28 所示。

图 1-28　带快捷键的命令按钮

（2）Style 属性。返回或设置一个值，这个值用来设置命令按钮控件的显示类型和行为，其格式为：

    对象名.Style=0|1

该属性在运行时是只读的，可以用于多种控件，包括命令按钮、单选按钮、列表框、组合框、复选框等。用于命令按钮（复选框、单选按钮）时，取值如表 1-5 所示。

表 1-5　命令按钮的 Style 属性取值表

符号常数	取值	说明
VbButtonStandard	0	（缺省值）标准的。控件按它们在 Visual Basic 老版本中的样子显示。也就是，复选框控件显示为在其旁边有一个标签的复选框，单选按钮显示为在其旁边有一个标签的选项按钮，而命令按钮显示为标准的、没有相关图形的命令按钮
VbButtonGraphical	1	图形的。控件用图形的样式显示。即复选框控件显示为类似按钮的命令按钮，它能上下切换；单选按钮显示为类似按钮的命令按钮，它保持向上或向下的切换，直到它的选项群组内的另一个单选按钮被选中；而命令按钮显示为标准的、也能显示相关图形的命令按钮

（3）Picture 属性。返回或设置控件中要显示的图片。使用该属性时必须把 Style 属性设置为 1。

（4）DownPicture 属性。返回或设置一个对图片的引用，该图片在控件被单击并处于压下状态时显示在控件中。该属性也可用于复选框和单选按钮。与 Picture 属性一样，使用该属性时也必须把 Style 属性设置为 1，否则 DownPicture 属性将被忽略。

（5）DisabledPicture 属性。返回或设置一个对图片的引用，该图片在控件无效时显示在控件中（也就是说，当控件 Enabled 属性被设置为 False 时）。与前两个属性一样，使用该属性时必须把 Style 属性设置为 1。

（6）Default 属性。设置是否可以选择窗体上一个命令按钮作为默认按钮。其格式为：

    对象名.Default=True|False

如果该按钮的 Default 属性设为 True 时，不管窗体上的哪个控件有焦点，只要用户按了 Enter 键，就触发了该命令按钮的 Click 事件，即相当于单击了此缺省按钮；否则不响应该事件。

（7）Cancel 属性。设置命令按钮是否为 Cancel 按钮，其格式为：

    对象名.Cancel=True|False

如果该按钮的 Cancel 属性设为 True 时，即当用户按 Esc 键时，触发该命令按钮的 Click 事件；否则不响应该事件。

（8）Value 属性。无论何时选定命令按钮都会将其 Value 属性设置为 True 并触发 Click 事件。若 Value 属性为 False（缺省），则表示未选择按钮。可以在代码中用 Value 属性触发命令按钮的 Click 事件。例如：

        Command1.Value = True

2. 命令按钮事件和方法

命令按钮最常用的事件是 Click 事件，当单击一个命令按钮或该命令按钮的 Value 为 True 时，触发该事件。命令按钮还支持 SetFocus 方法，但不支持 DblClick 事件。

【例 1-3】设计如图 1-29 所示的带有"图形命令按钮"的日期和时间显示界面。程序运行时，在窗体标题栏中显示当天的日期，单击"显示时间"按钮可显示现在时间。

图 1-29 "命令按钮"应用示例

设计步骤如下：

①进入 VB，创建一个标准的 Exe 工程，然后在窗体中创建两个"命令按钮"控件，选择好位置和大小。

②按照表 1-6 所示的属性值设置好两个命令按钮控件的属性。

表 1-6 例 1-3 窗体及各控件属性值设置

对象名	属性名	属性值	说明
Command1	Caption	显示时间	第一个命令按钮的标题
	Style	1-Graphical	
	Picture	CLOCK06.ICO	
Command2	Caption	退出	第二个命令按钮的标题
	Style	1-Graphical	
	Picture	MSGBOX01.ICO	

注：如无现成的图标文件，用户可用 C:\Microsoft Visual Studio\Common\Graphics\Icons 目录中一些相关的图标，并将所用图标文件复制到当前工程所在目录中。

③双击"显示时间"命令按钮（Command1），打开事件代码编辑窗口，编写如下的事件过程代码。

● "显示时间"命令按钮（Command1）的 Click 事件代码

```
Private Sub Command1_Click()
    Form1.Caption = "现在时间：" & Format(Time, "hh 时 mm 分 ss 秒")
    '其中函数 Format()用于显示数据的格式
End Sub
```

● "退出"命令按钮（Command2）的 Click 事件代码

```
Private Sub Command2_Click()
```

```
        End
    End Sub
```
● 窗体（Form1）的 Load 事件代码
```
    Private Sub Form_Load()
        Form1.Caption = "今天是： " & Format(Date, "yyyy 年 mm 月 dd 日")
    End Sub
```
④保存和运行程序，并观察效果。

1.6.4　标签和文本框

标签（Label）和文本框（TextBox）主要用来显示（输出）文本信息，标签中只能显示文本，它所显示的内容只能用 Caption 属性设置或修改，不能直接编辑。而文本框中既可显示文本，又可输入文本，因此文本框控件又称为交互式控件。

1．标签（Label）

标签主要用来显示（输出）文本信息，但不能作为输入信息的界面。也就是标签控件的内容只能用 Caption 属性来设置或修改，不能直接编辑。标签控件除了与窗体及其他控件相同的，如 Name、Top、Left、Height、Width、FontName、FontSize、FontBold、FontItalic、FontUnderline、BackColor、ForeColor、Visible 等属性外，还具有如下属性：

（1）Caption 属性。设置或返回控件的标题，也就是 Label 控件要显示的内容。

（2）BackStyle 属性。返回或设置一个值，它指定控件的背景是透明的还是非透明的。有 0，1 两种取值。设置为 0 时，透明，在控件后的背景色和任何图片都是可见的；设置为 1（缺省值）时，非透明，用控件的 BackColor 属性设置值填充该控件，并隐藏该控件后面的所有颜色和图片。

（3）BorderStyle 属性。返回或设置对象的边框样式。有 0，1 两种取值。设置为 0（缺省值）时，没有边框；设置为 1 时，标签有边框。

（4）Alignment 属性。设置或返回标签中标题的放置方式。它有 3 种可选值，如表 1-7 所示。

表 1-7　Alignment 属性取值表（标签控件、文本框控件）

符号常数	取值	说明
VbLeftJustify	0	（缺省值）文本左对齐
VbRightJustify	1	文本右对齐
VbCenter	2	文本居中

（5）AutoSize 属性。设置或返回一个值，以决定控件是否随标题的大小自动改变。如果把该属性设置为 True，则控件随 Caption 属性指定内容的大小自动改变，以显示全部内容；如果设置为 False（缺省值），则保持控件大小不变，超出控件区域的内容被裁剪掉。

（6）WordWrap 属性。用来决定标签的标题（Caption）的显示方式。该属性值为布尔类型值：设置为 True 时，若标题内容达到标签控件右边界会自动换行显示；设置为 False 时，不自动换行，超出边界内容不显示。该属性只适用于标签。为了使 WordWrap 起作用，应把 AutoSize 属性设置为 True。

注意：如果 AutoSize 和 WordWrap 都设置为 True，文本将会自动换行，而不会增加 Label 控件的大小，但有一种情况例外，那就是所输入的一个单词的长度要大于 Label 宽度。此时，AutoSize 属性有更高的优先级，并且 Label 的宽度将增加到适应这个长的单词。

标签经常接收的事件有：单击（Click）、双击（DblClick）和改变（Change）等。但通常标签只起到在窗体上显示文本的作用，而不用来触发事件过程，不必编写事件过程。例如，可以用标签为文本框、列表框、组合框等控件附加说明性信息。

【例 1-4】利用上例，在窗体中添加一个标签控件，用于显示日期和时间，如图 1-30 所示。

图 1-30　标签控件的使用

分析：

①要在标签控件中显示日期和时间，这里在例 1-3 的基础上，添加一个标签控件 Label1，并将标签控件 Label1 的 AutoSize 属性设置为"True"。

②然后，将例 1-3 的事件过程代码段中的 Form1 替换为 Label1。

③窗体及命令按钮相应的事件过程代码如下：

- "显示时间"命令按钮（Command1）的 Click 事件代码

```
Private Sub Command1_Click()
    Label1.Caption = "现在时间：" & Format(Time, "hh 时 mm 分 ss 秒")
End Sub
```

- "退出"命令按钮（Command2）的 Click 事件代码

```
Private Sub Command2_Click()
    End
End Sub
```

- 窗体（Form1）的 Load 事件代码

```
Private Sub Form_Load()
    Label1.Caption = "今天是：" & Format(Date, "yyyy 年 mm 月 dd 日")
End Sub
```

2. 文本框（TextBox）

文本框有时也称为"编辑框"或"编辑控件"，是一个文本编辑区域，用户可以在该区域输入、编辑、修改和显示文本内容。

（1）文本框的属性

文本框控件支持的属性除 Name、Top、Left、Height、Width、FontName、FontSize、FontBold、FontItalic、FontUnderline、BackColor、ForeColor、Enabled、Visible、BorderStyle 等外，还使用下列主要属性：

①HideSelection 属性。此属性用于设置文本框在失去焦点时，被选定的文本是否加亮显示。语法格式如下

　　　　对象名.HideSelection=True|False

说明：该属性的默认值为 True，即当控件失去焦点时，选择文本不加亮显示。

②Locked 属性。返回或设置文本框的内容是否可以编辑。如果设为 True，则锁住文本框的 Text 属性内容，只能显示，不能做任何变更，成为只读文本，在文本框中可以使用"复制"命令，但不能使用"剪切"和"粘贴"命令。该属性的默认值为 False。

③Text 属性。用于确定文本框中显示的内容。文本框无 Caption 属性，显示的文本内容存

放在 Text 属性中。当程序执行时，用户通过键盘编辑正文，其一般格式为：

　　对象名.Text="字符串"

　　④MaxLength 属性。用来设置允许在文本框中输入的最大字符数。如果用户输入的字符数超过 MaxLength 属性中指定的数值，系统就会发出警告声，并不接受输入。该属性默认值为 0，表示该单行文本框中字符串的长度只受操作系统的限制，在文本框中输入的字符数不能超过32000（多行文本）。

　　注意： 如果长度超过 MaxLength 属性设置值的文本从代码中赋给文本框，不会发生错误；但是，只有最大数量的字符被赋给 Text 属性，而额外的字符被截去。改变该属性不会对文本框的当前内容产生影响，但将影响以后对内容的任何改变。

　　⑤MultiLine 属性。设置文本是否以多行方式显示文本。其格式为：

　　对象名.MultiLine=True|False

　　设置为 True 时，以多行文本显示，设置为 False 时，以单行文本显示，超出文本框宽度的部分被截除。

　　⑥ScollBars 属性。返回或设置一个值，该值指示一个文本框是有水平滚动条还是有垂直滚动条。该属性设置只能在设计时完成，运行时是只读的。它有 4 种取值，如表 1-8 所示。

表 1-8　ScrollBars 属性取值表

符号常数	取值	说明
VbSBNone	0	（缺省值）没有滚动条
VbHorizontal	1	只有水平滚动条
VbVertical	2	只有垂直滚动条
VbBoth	3	同时具有水平和垂直滚动条

　　注意： 对于 ScrollBars 属性的设置值为 1（水平）、2（垂直）或 3（两种都有）的文本框控件，必须将 MultiLine 属性设置为 True。

　　⑦SelStart 属性。返回或设置在文本框中所选择的文本的起始点；如果没有文本被选中，则指出插入点的位置。系统设定文本第一个字符之前的位置为 0。

　　⑧SelText 属性。返回或设置包含当前所选择文本的字符串；如果没有字符被选中，则为零长度字符串 ("")。

　　⑨SelLength 属性。返回或设置当前所选择的字符数。如果该属性设置为 0，则表示未选中任何文本。该属性和上述的 SelStart 属性、SelText 属性只有在运行时才能设置。

　　⑩PasswordChar 属性。PasswordChar 属性设置所键入的字符在文本框控件中的显示方式，常用于口令输入。例如，把该属性设置为一个字符，如"*"，则在文本框中键入字符时，显示的不是键入的字符，而是被设置的字符"*"，不过文本框中输入的内容仍是输入的文本。

　　默认情况下，该属性被设置为空字符串，用户从键盘上输入时，控件中显示实际输入的文本。

　　如果 MultiLine 属性被设为 True，那么设置 PasswordChar 属性将不起作用。

　　（2）文本框常用事件和方法。文本框除支持 Click 和 DblClick 事件以外，还支持 Change、KeyPress、GotFocus、LostFocus 等常用事件以及 SetFocus 方法。

　　①Change 事件。当用户在文本框中输入新信息，或者在程序中将 Text 属性设置为新值时，触发该事件。对于该事件，用户每输入一个字符就引发一次。

②KeyPress 事件。当用户按下并且释放键盘上的一个 ANSI 键时，就会引发焦点所在的控件的 KeyPress 事件，此时事件返回一个 KeyAscii 参数到该事件过程中。同 Change 事件一样，每输入一个字符就会引发一次该事件。

③GotFocus 事件。当文本框获得输入焦点（即处于活动状态）时，触发该事件；获得焦点可以通过诸如用 Tab 键切换，或单击对象之类的用户动作，或在代码中用 SetFocus 方法改变焦点来实现。只有当一个文本框被激活并且可见性设置为 True 时，才能接收到焦点。

④LostFocus 事件。当用户用 Tab 键或用鼠标选取窗体上的其他对象而离开该文本框时，触发该事件。通常可用这个事件检查文本框的内容，也可以用 Change 事件检查文本框的内容，但用 LostFocus 事件更有效。

⑤SetFocus 方法。SetFocus 方法的作用是把输入焦点移到指定的文本框中，其格式为：

[对象.] SetFocus

说明：对象除文本框外，也可以是可视的 Form 对象、MDIForm 对象或者能够接收焦点并且可用的控件对象。

【例 1-5】设计一个如图 1-31（a）所示的用户登录界面，程序运行时，先在两个文本框中分别输入用户名和口令，然后单击"确定"命令按钮执行上边的事件过程，弹出确认消息对话框并显示出用户名和口令，如图 1-31（b）所示。

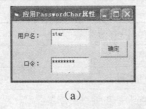 

（a）　　　　　　　　　　　（b）

图 1-31　例 1-5 程序运行示意图

分析：应用程序窗体上需要两个标签，两个文本框和一个命令按钮。要显示图 1-31（b）所示的界面，需要用到消息框函数 MsgBox()，该函数的详细使用方法将在后面的章节中介绍。消息框函数 MsgBox() 的格式如下：

MsgBox "显示的内容", [按钮数量] [,显示标题]

设计步骤如下：

①创建一个新工程（应用程序），然后在窗体上添加两个标签 Label1～2；两个文本框 Text1～2；一个命令按钮控件 Command1。

②设置窗体标题为：应用 PasswordChar 属性；两个标签 Label1 和 Label2 的标题的 Caption 属性分别为"用户名："和"口令："；Command1 的 Caption 属性为"确定"。

③设置文本框 Text2 的 MaxLength 和 PasswordChar 属性值分别为"8"和"*"。

④在窗体中将各控件的位置对齐等，进行合理的安排。

⑤编写窗体和命令的相关事件代码。

● "确定"命令按钮（Command1）的 Click 事件代码

```
Private Sub Command1_Click()
    Rem 下面语句中的 VbCrLf 表示换行与回车符
    mb = "你输入的用户名是:" & Text1.Text & vbCrLf _
        & "你输入的口令是:" & Text2.Text
    MsgBox mb, , "用户信息"
End Sub
```

● 窗体 Form1 的 Load 事件代码

```
Private Sub Form_Load()
        '程序运行开始，清空文本框内容
        Text1 = ""
        Text2 = ""
    End Sub
```

最后，运行窗体，察看运行效果。

1.7　焦点和 Tab 顺序

焦点与 Tab 顺序是使用 VB 控件接受用户输入时的相关概念。文本框、命令按钮的默认选择等都与此有关。

1.7.1　焦点

什么是焦点？焦点是对象接收用户鼠标或键盘输入的能力。当对象具有焦点时，可接收用户的输入。在 Windows 界面，任一时刻可运行几个应用程序，但只有具有焦点的应用程序才有活动标题栏，才能接受用户输入。类似地，在含有多个 TextBox 的 VB 窗体中，只有具有焦点的 TextBox 才显示由键盘输入的文本，其表现形式就是该文本框中有一个不断跳动的竖线"|"。

当对象得到焦点时，会产生 GotFocus 事件，而当对象失去焦点时，将产生 LostFocus 事件。LostFocus 事件过程主要用来对更新进行证实和有效性检查，或用于修正或改变在对象的 GotFocus 过程中建立的条件。窗体和多数控件支持 GotFocus 或 LostFocus 事件。

下列方法可以将焦点赋给对象。

（1）运行时 Tab 键移动或用鼠标选择（单击）对象。

（2）运行时用快捷键选择对象。

（3）在程序代码中使用 SetFocus 方法。

焦点只能移到可视的窗体或控件上，因此，只有当一个对象的 Enabled 和 Visible 属性均为 True 时，它才能接收焦点。Enabled 属性允许对象响应由用户产生的事件，如键盘和鼠标事件。Visible 属性决定了对象在屏幕上是否可见。

并不是所有的控件都可以接收焦点。如 Frame、Label、Menu、Line、Shape、Image 和 Timer 等控件就不能接收焦点。而窗体只有在包含任何可以接收焦点的控件时，才能接收焦点。

有些对象，它是否具有焦点是可以看出来的。例如，当命令按钮、复选框、单选按钮等控件具有焦点时，标题周围的边框将突出显示，当文本框具有焦点时，在文本框中有闪烁的插入光标，如图 1-32 所示。

图 1-32　具有焦点的命令按钮和文本框

在 Windows 及其他一些应用软件中，通过 Alt 键和某些特定的字母，可以把焦点移到指定的位置。在 VB 中，通过"&"加在标题的某个字母的前面可以实现这一功能。

运行程序后，通过按 Alt 键和指定的字母键，可以把焦点移到相应的命令按钮上。例如在例 1-1 中，按 Alt 和 C 键（Alt+C）就可以把焦点移到命令按钮 Command1 上，类似地，用 Alt+Q

组合键可以把光标移到命令按钮 Command2 上。

　　我们也可以通过 SetFocus 方法设置焦点，但应该注意，在窗体的 Load 事件完成前，窗体或窗体上的控件是不可见的，因此，不能直接在 Form_Load 事件过程中使用 SetFocus 方法把焦点移到正在装入的窗体或窗体上的控件上。必须先使用 Show 方法显示窗体，然后才能对该窗体或窗体上的控件设置焦点。例如，在窗体上创建一个文本框，然后编写如下代码：

```
Private Sub Form_Load()
    Text1.SetFocus
End Sub
```

程序运行后，显示出错信息，如图 1-33 所示。

　　在设置焦点前，必须使对象可见。所以，正确的代码编写应为：

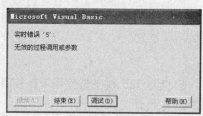

```
Private Sub Form_Load()
    Form1.Show
    Text1.SetFocus
End Sub
```

图 1-33　在窗体可视前不能设置焦点

下列方法可以使对象失去焦点：

（1）用 Tab 键移动或用快捷键、鼠标选择（单击）另一个对象。

（2）在代码中对另一个对象使用 SetFocus 方法改变焦点。

1.7.2　Tab 顺序

　　Tab 顺序就是在按 Tab 键时，焦点在控件间移动的顺序。通常，Tab 顺序与建立这些控件的顺序相同。例如，在窗体中先添加两个名称为 Text1 和 Text2 的文本框，然后又建立了两个名称为 Command1 和 Command2 的命令按钮。应用程序启动时，Text1 具有焦点。按 Tab 键将使焦点按控件建立的顺序在控件间移动，当焦点移到 Command2 时，再按 Tab 键，则焦点又回到 Text1。

　　设置 TabIndex 属性将改变一个控件的 Tab 键顺序。控件的 TabIndex 属性决定了它在 Tab 键顺序中的位置。按照缺省规定，第一个建立的控件其 TabIndex 值为 0，第二个的 TabIndex 值为 1，以此类推。当改变了一个控件的 Tab 键顺序位置，VB 自动为其他控件的 Tab 键顺序位置重新编号，以反映插入和删除。如，要使 Command1 变为 Tab 键顺序中的首位，Command2、Text1 和 Text2 的 TabIndex 分别第 1、2 和 3 个位置，如表 1-9 所示。

表 1-9　控件及变化前后的 TabIndex 属性值

控件	变化前的 TabIndex 值	变化后的 TabIndex 值
Text1	0	2
Text2	1	3
Command1	2	0
Command2	3	1

　　TabIndex 的值从 0 开始，所以 TabIndex 的最大值总是比 Tab 顺序中控件的数目少 1。即使 TabIndex 属性值高于控件数目，VB 也会将这个值转换为控件数减 1。不能获得焦点的控件以及无效的和不可见的控件不具有 TabIndex 属性，因而不包含在 Tab 键顺序中。按 Tab 键时，这些控件将被跳过。

TabIndex 属性可以在设计阶段由属性窗口设置，也可以在运行时通过代码改变，例如：

　　　Command1.TabIndex=0

可以获得焦点的控件都有一个称为"TabStop"的属性，它可以控制焦点的移动。通常，运行时按 Tab 键能选择 Tab 顺序中的每一个控件，若将控件的 TabStop 属性设置为 False，便可将此控件从 Tab 顺序中删除。TabStop 属性已设置为 False 的控件，仍然保持它在实际 Tab 顺序中的位置，只不过在按 Tab 键时这个控件被跳过。TabStop 属性的默认值为 True。

注意：一个单选按钮组只有一个 Tab 键。选中的按钮(即 Value 值为 True 的按钮)的 TabStop 属性自动设置为 True，而其他按钮的 TabStop 属性为 False。

1.8　几个常用系统对象*

在 VB 系统中，提供了很多的系统对象，用户在应用程序中，可直接调用这些对象。本节将介绍 5 个常用系统对象的使用，这些对象分别是 APP 对象、Clipboard 对象、Screen 对象、Printer 对象与 Printers 集合对象。

1.8.1　App 对象

App 对象是通过关键字 App 访问的全局对象。它指定如下信息：应用程序的标题、版本信息、可执行文件和帮助文件的路径及名称，以及是否运行前一个应用程序的示例。

App 对象的属性有十几个，但最常用的属性如下：

（1）EXEName 属性。返回当前正运行的可执行文件的根名（不带扩展名）。如果是在开发环境下运行，则返回该工程名。该属性的使用语法格式如下：

　　　App.EXEName

（2）Path 属性。该属性的值是一个指示路径的字符串，例如 C:\Windows\System32。对于 App 对象，当从开发环境运行该应用程序时 Path 指定.VBP 工程文件的路径，或者当把应用程序当作一个可执行文件运行时 Path 指定.exe 文件的路径。此属性在设计时不可用，在运行时是只读的。该属性的使用语法格式如下：

　　　App.Path [= pathname]

其中：pathname 表示一个用来计算路径名的字符串表达式。使用下面的语法，Path 属性也可以设置限定的网络路径而不需要驱动器连接：

　　　\\servername\sharename\path

（3）PrevInstance 属性。检查系统是否已有一个实例，可用于限制应用程序只能执行一次。该属性的使用语法格式如下：

　　　App.PrevInstance

例如，由于 Windows 是多任务操作系统，同一应用程序也可以运行多次，下面程序段可判断应用程序是否已经运行。

```
Private Sub Form_Load()
    If App.PrevInstance Then
        MsgBox "应用程序已经运行，你不能再运行！"
        End
    End If
End Sub
```

（4）TaskVisible 属性。返回或设置一个逻辑值，用来确定应用程序是否出现在 Windows

系统的任务栏中。

（5）Title 属性。返回或设置应用程序的标题，该标题要显示在 Windows 系统的任务栏中。如果在运行时发生改变，那么发生的改变不会与应用程序一起被保存。

该属性的使用语法格式如下：

App.Title [= value]

其中：value 表示一个用来指定应用程序的标题的字符串表达式，最大长度为 40 个字符。

1.8.2　Clipboard（剪贴板）对象

Clipboard 对象是用来对 Clipboard 上的文本和图形进行操作的。使用该对象就可以把文本或者图形复制、剪切并粘贴到应用程序中。在复制到 Clipboard 对象中之前，应先执行 Clear 方法（比如 Clipboard.Clear）来清除该对象的内容。

Clipboard 对象为所有 Windows 应用程序所共享，因此，当切换到另一个应用程序时，其内容可能会被更改。

Clipboard 对象只有方法没有属性，下面介绍 Clipboard 的方法。

（1）Clear 方法。用于清除 Clipboard 剪贴板中的内容，该方法也适用于后面介绍的 ComboBox、ListBox 控件。该属性的使用语法格式如下：

Clipboard.Clear

（2）GetData 方法。用于从 Clipboard 对象取出一个图形，该属性的使用语法格式如下：

Clipboard.GetData(format)

其中：如表 1-10 所示，format（可选用）是一个常数或数值，如表中所描述的，它指定 Clipboard 图形的格式。必须用括号将该常数或数值括起来。如果 format 为 0 或省略，GetData 自动使用适当的格式。

表 1-10　format 的设置值

常数	值	描述
vbCFBitmap	2	位图（.bmp 文件）
vbCFMetafile	3	元文件（.wmf 文件)
vbCFDIB	8	设备无关位图（DIB）
vbCFPalette	9	调色板

（3）GetFormat 方法。使用该方法，可以检查 Clipboard 对象中指定格式的数据是否存在，返回一个逻辑值。如果 Clipboard 对象中一个项目匹配指定的格式，则 GetFormat 方法返回 True。否则，返回 False。

该属性的使用语法格式如下：

Clipboard.GetFormat(format)

其中：如表 1-11 所示，format 是一个数值或常数，它指定 Clipboard 对象的格式。

表 1-11　format 的设置值

常数	值	描述
vbCFLink	&HBF00	DDE 对话信息
vbCFText	1	文本

续表

常数	值	描述
vbCFBitmap	2	位图（.bmp 文件）
vbCFMetafile	3	元文件（.wmf 文件)
vbCFDIB	8	设备无关位图（DIB）
vbCFPalette	9	调色板

（4）GetText 方法。该方法可以从 Clipboard 对象中获得文本字符串，其语法格式如下：

Clipboard.GetText(format)

其中：format 是一个数值或常数，它指定 Clipboard 对象的格式。若省略，则以纯文本格式返回。format 的值如表 1-12 所示。

表 1-12　format 的设置值

常数	值	描述
vbCFLink	&HBF00	DDE 对话信息
vbCFText	1	（缺省值）文本
vbCFRTF	&HBF01	RTF（.rtf 文件）

注意：如果 Clipboard 对象中没有与期望的格式相匹配的字符串，则返回一个零长度字符串（""）。

（5）SetData 方法。此方法用以将指定的图形格式图片放到 Clipboard 对象上。其使用语法格式如下：

Clipboard.SetData data, format

其中：Data 表示被放置到 Clipboard 对象中的图形。format 可选，其设置值如表 1-9 所示。如果省略 format，则 SetData 自动决定图形格式。

在应用程序中，通常使用 LoadPicture 函数或 Form、Image 或 PictureBox 的 Picture 属性来建立将放置到 Clipboard 对象中的图形。

（6）SetText 方法。此方法用以按指定的 Clipboard 图像格式将文本字符串放到 Clipboard 对象中。使用语法格式如下：

Clipboard.SetText data, format

其中：data 表示被放置到剪贴板中的字符串数据。format 是一个常数或数值，用户可按照表 1-11 所示 format 值指定要识别的剪贴板格式。format 缺省值是 1，表示文本。

【例 1-6】设计一个应用程序，用户可在第一个文本框处输入和选定文本内容，单击"复制"、"粘贴"按钮可复制、粘贴选定的文本内容，单击"清空剪贴板"按钮，可清空剪贴板。程序运行效果如图 1-34 所示。

分析：本程序将会用到文本框控件的 HideSelection 属性，同时还要用到 Clipboard 对象的 GetText、SetText、Clear 三个方法。

程序设计步骤如下：

①打开 VB 设计环境，新建只含一个窗体的标准 EXE 工程。

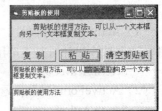

图 1-34　Clipboard（剪贴板）的使用

②在窗体添加一个标签控件 Label1，三个命令按钮控件 Command1～3，两个文本框控件 Text1～2。

③设计窗体与各控件的布局和各属性值，窗体与各控件的属性值如表 1-13 所示。

表 1-13　例 1-6 窗体与各控件的属性值

对象	属性	值
Form1	Caption	剪贴板的使用
Label1	Caption	剪贴板的使用方法：可以从一个文本框向另一个文本框复制文本
	FontSize	11
Command1～3	Caption	复制；粘贴；清空剪贴板
	FontSize	12
Text1～2	Text	""

④编写窗体与各控件相关的事件过程代码。

- 窗体 Form1 的 Load 事件代码

```
Private Sub Form_Load()
    Text1 = "" : Text2 = ""
End Sub
```

- "复制"命令按钮（Command1）的 Click 事件代码

```
Private Sub Command1_Click()
    Clipboard.Clear
    Clipboard.SetText (Text1.SelText)
End Sub
```

- "粘贴"命令按钮（Command2）的 Click 事件代码

```
Private Sub Command2_Click()
    Text2.Text = Clipboard.GetText(vbCFText)
End Sub
```

- "清空剪贴板"命令按钮（Command3）的 Click 事件代码

```
Private Sub Command3_Click()
    Clipboard.Clear    'Clear 方法，用于清空剪贴板上的数据
End Sub
```

⑤运行，在第一个文本框处输入一段文本，然后选择一些文本内容，单击"复制"和"粘贴"按钮，可将选定的文本复制到第二个文本框中。

1.8.3　Screen 对象

Screen 对象是指整个 Windows 桌面，它提供给用户一种不需要知道窗体或控件的名称就能使用它们的方法。同时，通过 Screen 对象可以设置在程序运行期间修改屏幕的鼠标指针。

Screen 对象常用属性如下：

（1）ActiveControl 属性。如果被引用的窗体是活动的，ActiveControl 指定将拥有焦点的控件。该属性在设计时是不可用的，在运行时是只读的。其使用语法格式如下：

Screen.ActiveControl

（2）ActiveForm 属性。返回活动窗口的窗体。其使用语法格式如下：

Screen.ActiveForm

例如，以下事件过程代码运行后，鼠标指针将是"＋"形状。

```
Private Sub Form_Activate()
    Screen.ActiveForm.MousePointer = 2
End Sub
```

（3）FontCount 属性。返回或设置当前显示设备或活动打印机可用的字体数，该属性的使用语法格式如下

Screen.FontCount

可将该属性和 Fonts 属性一起使用，来查看屏幕或打印机可用字体的列表。

如下程序代码可在 ListBox 控件中显示屏幕所有字体。

```
Private Sub Form_Click ()
    Dim I      ' 声明变量
    For I = 0 To Screen.FontCount -1      ' 确定字体数
        List1.AddItem Printer.Fonts (I)      ' 把每一种字体放进列表框
    Next I
End Sub
```

（4）Fonts 属性。返回当前显示器或活动打印机可用的所有字体名，使用语法格式如下：

Screen.Fonts(index)

其中：Index 是介于 0 和 FontCount –1 之间的一个整型值。

（5）Height、Width 属性。返回或设置屏幕对象的高度和宽度（默认单位为缇 Twip），该属性对于 Screen 对象，在设计时不可用。

Height、Width 属性的使用语法格式如下：

Screen.Height [= number]
Screen.Width [= number]

例如，下面程序段，单击窗体时，将窗体的大小设置为屏幕大小的 75% 并使窗体居中显示。

```
Private Sub Form_Click ()
    Width = Screen.Width * .75      ' 设置窗体的宽度
    Height = Screen.Height * .75      ' 设置窗体的高度
    Left = (Screen.Width - Width) / 2      ' 在水平方向上居中显示
    Top = (Screen.Height - Height) / 2      ' 在垂直方向上居中显示
End Sub
```

（6）MouseIcon 属性。返回或设置自定义的鼠标图标，该属性的语法格式如下：

Screen..MouseIcon = LoadPicture(pathname)
Screen..MouseIcon [= picture]

其中：pathname 指定包含自定义图标文件的路径和文件名；picture 则表示 Form 对象、PictureBox 控件或 Image 控件的 Picture 属性。

说明：MouseIcon 属性提供一个自定义图标，它需在 MousePointer 属性设为 99 时使用。

例如，先在窗体上创建一个 ListBox 控件，然后将 MultiSelect 属性设置为 1 或 2。在运行时期，能选择一个或多个项。根据选择的是单项还是多项，将显示不同的图标。程序运行结果如图 1-35 所示。

图 1-35　鼠标指针的设置

程序代码如下：

```
Private Sub Form_Load()
    ' 在列表框中放置一些项
    List1.AddItem "选项 1"
    List1.AddItem "选项 2"
    List1.AddItem "选项 3"
    List1.AddItem "选项 4"
    List1.AddItem "选项 5"
End Sub
Private Sub List1_MouseDown(Button As Integer, Shift As Integer, X As Single, Y As Single)
    ' 为多项设置自定义鼠标图标
    If List1.SelCount > 1 Then
        List1.MouseIcon = _
LoadPicture("..\common\Graphics\ICONS\COMPUTER\MOUSE04.ICO")
        List1.MousePointer = 99
    Else    ' 为单项设置自定义鼠标图标
        List1.MouseIcon = _
LoadPicture("..\common\Graphics\ICONS\COMPUTER\MOUSE02.ICO")
        List1.MousePointer = 99
    End If
End Sub
```

（7）MousePointer 属性。返回或设置一个值，该值指示在运行时当鼠标移动到对象的一个特定部分时，被显示的鼠标指针的类型。使用语法格式如下：

Screen.MousePointer [= value]

其中：value 是一个整数，表示被显示的鼠标指针类型，其值设置如表 1-14 所示。

表 1-14　value 的设置值

常数	值	描述
vbDefault	0	（缺省值）形状由对象决定
VbArrow	1	箭头
VbCrosshair	2	十字线（crosshair 指针）
VbIbeam	3	I 型
VbIconPointer	4	图标（矩形内的小矩形）
VbSizePointer	5	尺寸线（指向东、南、西和北四个方向的箭头）
VbSizeNESW	6	右上-左下尺寸线（指向东北和西南方向的双箭头）
VbSizeNS	7	垂直尺寸线（指向南和北两个方向的双箭头）
VbSizeNWSE	8	左上-右下尺寸线（指向东南和西北方向的双箭头）
VbSizeWE	9	水平尺寸线（指向东和西两个方向的双箭头）
VbUpArrow	10	向上的箭头
VbHourglass	11	沙漏（表示等待状态）
VbNoDrop	12	不允许放下
VbArrowHourglass	13	箭头和沙漏
VbArrowQuestion	14	箭头和问号
VbSizeAll	15	四向尺寸线
VbCustom	99	通过 MouseIcon 属性所指定的自定义图标

例如，单击窗体将鼠标指针改变为沙漏标，可使用如下代码：

```
Private Sub Form_Click()
    Screen.MousePointer = vbHourglass
    'Screen.MousePointer = vbDefault
End Sub
```

（8）TwipsPerPixelX、TwipsPerPixelY 属性。返回水平（TwipsPerPixelX）或垂直（TwipsPerPixelY）度量的对象的每一像素中的缇数。语法格式如下：

Screen.TwipsPerPixelX|TwipsPerPixelY

习题一

一、单选题

1．VB 是一种面向对象的可视化程序设计语言，采取了（　　）的编程机制。
　　A）从窗体开始执行　　　　　　　　　　B）按书写顺序执行
　　C）从主程序开始执行　　　　　　　　　D）事件驱动

2．在 VB 中最基本的对象是（　　），它是应用程序的基石，是其他控件的容器。
　　A）文本框　　　　　　B）窗体　　　　　　C）标签　　　　　　D）命令按钮

3．下列关于 VB 编程的说法中不正确的是（　　）。
　　A）属性是描述对象特征的数据　　　　　B）事件是能被对象识别的动作
　　C）方法指示对象的行为　　　　　　　　D）VB 程序采用的运行机制是面向对象

4．关于面向对象的描述中，不正确的是（　　）。
　　A）对象就是自定义结构变量
　　B）对象代表正在创建的系统中的一个实体
　　C）对象是一个特征和操作的封装体
　　D）对象之间的信息传递是通过消息进行的

5．要使 Print 方法在 Form_Load 事件中起作用，要对窗体的（　　）属性进行设置。
　　A）BackColor　　　　　B）ForeColor　　　　C）AutoRedraw　　　D）Caption

6．要使标签显示时不覆盖其背景内容，要对（　　）属性进行设置。
　　A）BackColor　　　　　B）ForeColor　　　　C）BackStyle　　　　D）Caption

7．若要使命令按钮不可操作，要对（　　）属性进行设置。
　　A）Visible　　　　　　B）Enabled　　　　　C）Name　　　　　　D）Caption

8．不论任何控件，共同具有的是（　　）属性。
　　A）Text　　　　　　　B）Caption　　　　　C）BackColor　　　　D）Name

9．要使 Form1 窗体的标题栏显示"欢迎使用 Visual Basic!"，以下（　　）语句是正确的。
　　A）Form1.Caption =" 欢迎使用 Visual Basic! "
　　B）Form1.Caption =' 欢迎使用 Visual Basic! '
　　C）Form.Caption = " 欢迎使用 Visual Basic! "
　　D）Form.Caption = ' 欢迎使用 Visual Basic! '

10．要使窗体在运行时不可改变窗体的大小和没有最大化和最小化按钮，只需要对下列（　　）属性进行设置。
　　A）MaxButton　　　　B）BordStyle　　　　C）Width　　　　　　D）MinButton

11．Visual Basic 是一种面向对象的程序设计语言，对象的三要素包括（　　）。
　　A）变量，属性，方法　　　　　　　　　B）属性，事件，方法
　　C）类，属性，方法　　　　　　　　　　D）对象，属性，方法

12. 以下关于窗体的描述中，错误的是（   ）。

A）执行 Unload Form1 语句后，窗体 Form1 消失，但仍在内存中

B）窗体的 Load 事件在加载窗体时发生

C）当窗体的 Enabled 属性为 False 时通过鼠标和键盘对窗体的操作都被禁止

D）窗体的 Height、Width 属性用于设置窗体的高和宽

13. 新建一个工程将其窗体的 Name 属性设置为 Myfrm，则默认的窗体文件名为（   ）。

A）Form1.frm   B）Myfrm.frm   C）Form1.vbp   D）工程 1.frm

14. 决定一个窗体有无控制菜单的属性是（   ）。

A）MinButton   B）Caption   C）MaxButton   D）ControlBox

15. 窗体上有一个文本框 Text1 和一个命令按钮 Command1，然后编写如下事件过程：

```
Private Sub Command1_Click()
    Text1.Text="Visual"
    Me.Text1="Basic"
    Text1="Program"
End Sub
```

程序运行后，如果单击命令按钮，则在文本框中显示的是（   ）。

A）Visual   B）Basic   C）Program   D）出错

16. 在窗体上画一个文本框（名称为 Text1）和一个标签（名称为 Label1），程序运行后，如果在文本框中输入文本，则标签中立即显示相同的内容。以下可以实现上述操作的事件过程是（   ）。

A）Private Sub Text1_Change()   B）Private Sub Label1_Change()
       Label1.Caption=Text1.Text   Label1.Caption=Text1.Text
       End Sub   End Sub

C）Private Sub Text1_Click()   D）Private Sub Label1_Click()
       Label1.Caption=Text1.Text   Label1.Caption=Text1.Text
       End Sub   End Sub

17. 为了在按下 Esc 键时执行某个命令按钮的 Click 事件过程，需要把该命令按钮的一个属性设置为 True，这个属性是（   ）。

A）Value   B）Default   C）Cancel   D）Enabled

18. 以下关于焦点的叙述中，错误的是（   ）。

A）如果文本框的 TabStop 属性为 False，则不能接收从键盘上输入的数据

B）当文本框失去焦点时，触发 LostFocus 事件

C）当文本框的 Enabled 属性为 False 时，其 Tab 顺序不起作用

D）可以用 TabIndex 属性改变 Tab 顺序

19. 要使文本框获得输入焦点，则应采用文本框控件的哪个方法（   ）。

A）GotFocus   B）LostFocus   C）KeyPress   D）SetFocus

20. 将文本框的（   ）属性设置为 True 时，文本框可以输入或显示多行文本，且会在输入的内容超出文本框的宽度时自动换行。

A）MultiLine   B）ScrollBars   C）Text   D）Enabled

21. 将文本框的 ScrollBars 属性设置为非零值，却没有效果，原因是（   ）。

A）文本框中没有内容

B）文本框的 MultiLine 属性值为 False

C）文本框的 MultiLine 属性值为 True

D）文本框的 Locked 属性值为 True

22. 在设计阶段，在属性窗口设置 Text 属性时，通过按下 Ctrl+Enter 组合键实现文本的换行。在运行阶段，如果在窗体上有缺省按钮（已设置 Default 属性为 True）存在，则必须在文本框中按下（   ）组合键才能移动到下一行。

　　A）Enter　　　　　　　B）Alt+Enter　　　　C）Ctrl+Enter　　　　D）Ctrl+Shift+Enter

23. 为了清除窗体上的一个控件，下列正确的操作是（　　　）。

　　A）选择（单击）要清除的控件，然后按回车

　　B）按回车键

　　C）选择（单击）要清除的控件，然后按 Del 键

　　D）按 Esc 键

24. 以下有关 VB 对象名称（Name）属性的叙述，正确的是（　　　）。

　　A）对象的 Name 属性值可以为空

　　B）窗体的 Name 属性用来标识和引用窗体

　　C）可以在程序运行期间改变对象的 Name 属性值

　　D）窗体的 Name 属性值是显示在标题栏中的字符串

25. 在 VB 中文本框控件的哪个属性在设计时不能设置（　　　）。

　　A）Seltext　　　　　B）Locked　　　　　C）Enabled　　　　　D）MaxLength

26. 在开发 VB 应用程序时，一个工程一般至少应含有（　　　）。

　　A）标准模块文件和类模块文件　　　　　B）工程文件和窗体文件

　　C）工程文件和类模块文件　　　　　　　D）工程文件和标准模块文件

27. 为了使命令按钮 Command1 下移 200，应使用的语句是（　　　）。

　　A）Command1.Move -200

　　B）Command1.Move Command1.top+200

　　C）Command1.Move 200

　　D）Command1.Move Command1.Left,Command1.top+200

28. 有如下语句：Form1.Print "欢迎使用 Visual Basic 6.0!"，Form1，Print 和 "欢迎使用 Visual Basic 6.0!" 则分别代表（　　　）。

　　A）对象，属性，值　　　　　　　　　　B）对象，方法，参数

　　C）对象，值，属性　　　　　　　　　　D）属性，对象，值

29. 在 VB 中，对象的行为被称作（　　　），它被事先编写好相应的过程或函数供用户直接调用。

　　A）属性　　　　　　　B）方法　　　　　　C）事件　　　　　　D）消息

30. 当窗体最小化时缩小为一个图标，设置这个图标的属性是（　　　）。

　　A）MouseIcon　　　　B）Icon　　　　　　C）Picture　　　　　D）MousePointer

31. 在程序运行时，下面的叙述中正确的是。（　　　）

　　A）用鼠标右键单击窗体中无控件的部分，会执行窗体的 Form_Load 事件过程

　　B）用鼠标左键单击窗体的标题栏，会执行窗体的 Form_Click 事件过程

　　C）只装入而不显示窗体，也会执行窗体的 Form_Load 事件过程

　　D）装入窗体后，每次显示该窗体时，都会执行窗体的 Form_Click 事件过程

32. 为了使标签中的内容居中显示，应把 Alignment 属性设置为（　　　）。

　　A）0　　　　　　　　B）1　　　　　　　C）2　　　　　　　D）3

33. 为了在按下回车键时执行某个命令按钮的事件过程，需要把该命令按钮的一个属性设置为 True，这个属性是（　　　）。

　　A）Value　　　　　　B）Default　　　　　C）Cancel　　　　　D）Enabled

34. 窗体的（　　　）属性设置为 False 后，运行时窗体上的按钮、文本框就不会对用户的操作做出响应。

　　A）ControlBox　　　　B）Visible　　　　　C）Enabled　　　　　D）BorderStyle

35. 在设计阶段，当双击窗体上的某一个文本框控件时，系统将在代码窗口中显示该文本框控件的（　　　）事件过程模板。

　　A）Click　　　　　　B）DblClick　　　　　C）Change　　　　　D）GetFocus

36. 下面关于标签和文本框的描述中，正确的是（　　　）。

　　A）文本框和标签都可以显示文字　　　　B）文本框和标签都可以在运行时输入文字

　　　C）文本框和标签都有 Caption 属性　　　　　D）文本框和标签都有 Text 属性

37．以下不能在"工程资源管理器"窗口中列出的文件类型是（　　　）。

　　A）.bas　　　　　　B）.res　　　　　　C）.frm　　　　　　D）.ocx

38．在窗体 Form1 的 Click 事件过程中有语句：Label1.Caption = "Visual Basic"。若本语句执行之前，标签控件的 Caption 属性为默认值，则标签控件的 Name 属性和 Caption 属性在执行本语句之前的值分别为（　　　）。

　　A）"Label"、"Label"　　　　　　　　　B）"Label1"、"Visual Basic"

　　C）"Label1"、"Label1"　　　　　　　　D）"Caption"、"Label"

39．以下叙述中错误的是（　　　）。

　　A）打开一个工程文件时，系统自动装入与该工程有关的窗体、标准模块等文件

　　B）当程序运行时，双击一个窗体，则触发该窗体的 DblClick 事件

　　C）VB 应用程序只能以解释方式执行

　　D）事件可以由用户引发，也可以由系统引发

40．若设置了文本框的属性 PasswordChar="$"，则运行程序时向文本框中输入 8 个任意字符后，文本框中显示的是（　　　）。

　　A）8 个"$"　　　　　B）1 个"$"　　　　　C）8 个"*"　　　　　D）无任何内容

二、填空题

1．启动 VB 后，在窗体的左侧有一个用于应用程序界面设计的窗口，称作＿＿＿＿【1】＿＿＿＿。

2．当进入 VB 集成环境，发现没有显示"工具箱"时，应选择＿＿＿＿【2】＿＿＿＿菜单的工具箱选项，使工具箱显示在窗口。

3．对象的属性是指＿＿＿＿【3】＿＿＿＿；对象的方法是指＿＿＿＿【4】＿＿＿＿。

4．创建工程时，使窗体上所有的控件具有相同的字体格式，应对＿＿＿＿【5】＿＿＿＿的 Font 属性进行设置。

5．在代码窗口对窗体的 BorderStyle、MaxButton 属性进行了设置，但运行后没有显示效果，原因是这些属性＿＿＿＿【6】＿＿＿＿。

6．在文本框中通过＿＿＿＿【7】＿＿＿＿属性能获得当前插入点所在的位置。

7．要对文本框中已有的内容进行编辑，按下键盘上的按键就是不起作用，原因是设置了＿＿＿＿【8】＿＿＿＿属性为 True。

8．在窗体上已建立多个控件如 Text1、Label1、Command1 等，若要使程序一运行焦点定位在 Command1 控件上，应把 Command1 控件的＿＿＿＿【9】＿＿＿＿属性设置为 0。

9．在工具栏的右侧有两栏，分别用来显示窗体的当前位置和大小，其单位为＿＿＿＿【10】＿＿＿＿。

10．在 VB 中，窗体和控件被称为＿＿＿＿【11】＿＿＿＿。

11．假定已将文本框的 MultiLine 属性设置为 True，则按＿＿＿＿【12】＿＿＿＿组合键可以插入一个空行。

12．要使按钮表面上显示的文字为"确定（O）"（其中"O"为快速键），则按钮的 Caption 属性的值应为＿＿＿＿【13】＿＿＿＿。

13．如果文本框中没有选定部分，则其 SelLength 属性的值为＿＿＿＿【14】＿＿＿＿。

14．在 Visual Basic 集成环境中，可以列出工程中所有模块名称的窗口是＿＿＿＿【15】＿＿＿＿。

15．假定编写了 4 个窗体事件的事件过程，运行应用程序并显示窗体后，已经执行的事件过程是＿＿＿＿【16】＿＿＿＿。

16．为了使标签具有"透明"的显示效果，需要设置的属性是＿＿＿＿【17】＿＿＿＿。

17．如果一个直线控件在窗体上呈现一条垂直直线，则可以确定的是它的＿＿＿＿【18】＿＿＿＿属性的值相等。

三、判断题

（　　）1．属性是对象的性质。

（　　）2．同一窗体中的各控件可以相互重叠，其显示的上下层次的次序不可以调整。

（　　）3. 在 VB 中，有一些通用的过程和函数作为方法供用户直接调用。

（　　）4. 控件的所有属性值都不可以在程序运行时动态地修改。

（　　）5. 许多属性可以直接在属性表上设置、修改，并立即在屏幕上看到效果。

（　　）6. 所谓保存工程，是指保存正在编辑的工程的窗体。

（　　）7. 在面向对象的程序设计中，对象是指可以访问的窗体。

（　　）8. 决定对象是否可见的属性是 Visible 属性，决定对象可用性的属性是 Enabled 属性。

（　　）9. XXX.vbp 文件是用来管理构成应用程序 XXX 的所有文件和对象的清单。

（　　）10. 事件是由 VB 预先定义的对象能够识别的动作。

（　　）11. 事件过程可以由某个用户事件触发执行，但不能被其他过程调用。

（　　）12. 窗体中的控件，是使用工具箱中的工具在窗体上画出的各图形对象。

（　　）13. 在使用"格式"菜单前，不能选中窗体中的多个控件。

（　　）14. "方法"是用来完成特定操作的特殊子程序。

（　　）15. "事件过程"是用来完成事件发生后所要执行的操作。

（　　）16. 要使输入文本框的字符始终显示"*"，则应修改其 Password 属性为"*"。

（　　）17. 对象的 top 和 left 属性值都必须大于或等于零。

（　　）18. 标签控件和文本框控件都用来输入和输出文本。

（　　）19. 文本框的 SelLength 属性可以在属性窗口中设定。

（　　）20. 标签控件可以设置热键。

（　　）21. 将焦点主动设置到指定的控件或窗体上，应采用 SetFocus 方法。

（　　）22. 设置属性的语句格式为：对象名 . 属性名＝属性值。

（　　）23. 要在文本框中输入 6 位密码，并按回车键确认，则文本框的 MaxLength 属性值为 6。

（　　）24. 文本框控件除支持鼠标的 Click、DblClick 事件外，还支持 Change、LostFocus、KeyPress 事件。

（　　）25. 窗体标题栏显示的文本由窗体对象的 Text 属性决定。

（　　）26. 若要命令按钮失效，可通过设置其 Enabled 属性为 False 来实现。

（　　）27. 用 Label.Caption="你好"与 Label ="你好"均可以改变标签标题，且结果完全相同。

（　　）28. TextBox 与 Label 有许多共同特点，它们都能显示和输入文本。

（　　）29. 标签没有 Change 和 SetFocus 方法。

（　　）30. 面向对象程序设计是一种以对象为基础，由事件驱动对象执行的设计方法。

参考答案

一、单选题

1	2	3	4	5	6	7	8	9	10	11	12	13	14	15
D	B	D	A	C	C	B	D	A	B	B	A	B	D	C
16	17	18	19	20	21	22	23	24	25	26	27	28	29	30
A	C	A	D	A	B	C	C	A	B	D	B	B	B	B
31	32	33	34	35	36	37	38	39	40					
C	C	B	C	C	A	D	C	C	A					

二、填空题

【1】工具箱　　　　　　　　　　　　　　　　　【2】视图

【3】对象的性质，来描述和反映对象特征的参数　　【4】对象的动作、行为

【5】Form 窗体　　　　　　　　　　　　　【6】运行时设计无效

【7】SelStart　　　　　　　　　　　　　　【8】Locked

【9】TabIndex　　　　　　　　　　　　　　【10】twip

【11】对象　　　　　　　　　　　　　　　【12】Ctrl+Enter

【13】"确定(&O) "　　　　　　　　　　　【14】0

【15】资源管理器窗口　　　　　　　　　　【16】Load

【17】BackStyle　　　　　　　　　　　　　【18】X1，X2

三、判断题

1	2	3	4	5	6	7	8	9	10	11	12	13	14	15
√	×	√	×	√	×	√	√	√	√	×	√	×	√	√

16	17	18	19	20	21	22	23	24	25	26	27	28	29	30
√	×	×	×	×	√	√	√	√	×	√	√	×	√	√

第2章 数据类型、运算符和函数

本章学习目标

- 了解和掌握 VB 语言中的基本数据类型、常量和变量的概念和定义方法。
- 熟练掌握常量、变量运算符和表达式的使用方法。
- 掌握运算符的优先级，了解常量的作用域。
- 了解用户自定义类型的概念和定义方法。
- 学会使用 VB 语言中提供的常用函数的各种用法。

本章将介绍 VB 语言的基本规则，以期让读者能够更清楚地了解 VB 的更多细节，为编写高效、可靠的应用程序打下坚实的基础。

在计算机中，一切信息（数据）都是以二进制的形式表示和描述的，即数据处理的方式都相同，因此处理的手段过于简单，也不易理解。我们知道，日常生活中有各种各样的信息（数据），例如：有具有大小意义的数，如 12、-23、12.45 等；有具有日期时间性质的（信息）数据，如：2010 年 6 月 26 日、9:16:53 等。

为了方便计算机对这些（信息）数据存储和处理，VB 对各种数据进行了分类，这就是数据类型。同时，VB 中提供了对这些数据进行处理所需要的各种运算符号。

本章主要介绍构成 Visual Basic 应用程序的基本元素，包括：数据的类型，数据的表现，数据的运算，具体就是指数据类型、变量、常量、运算符、表达式、内部函数等。

2.1 数据类型

2.1.1 基本数据类型

不同的数据具有不同的数据结构特点，即用"数据类型"来表达这种不同，如表达人的年龄、姓名等。不同的数据类型有以下三方面的差异。

（1）数据结构不同。

（2）数据在计算机内的存储方式不同。

（3）数据参与的运算不同。这是不同数据类型的本质特点。

不同类型的数据有不同的操作方式和不同的取值范围。在程序设计中，要随时注意所用数据的类型。

在 VB 中，用户既可使用系统定义的数据类型，称为基本数据类型。基本数据类型有：数值、字符串、字节、货币、对象、日期、布尔和变体等数据类型。

VB 也允许用户根据需要自己定义数据类型。用户自己定义的数据类型称为自定义数据类型，自定义数据类型是由若干标准类型组合成的某种结构。

表 2-1 列出了 VB 中的基本数据类型。

表 2-1　VB 的基本数据类型

数据类型	关键字	类型符	前缀	占字节数	范围
字节型	Byte	无	byt	1	0～255
逻辑型	Boolean	无	bln	2	True 与 False
整型	Integer	%	int	2	-32768～32767
长整型	Long	&	lng	4	-2147463648～2147463647
单精度型	Single	!	sng	4	负数： -3.402823E38 ～-1.401298E45 正数： 1.401298E-45 ～3.402823E38
双精度型	Double	#	dbl	8	负数： -1.79769313486232D308 ～-4.94065645841247D-324 正数： 4.940656458412447D324 ～1.79769313486232D308
货币型	Currency	@	cur	8	-922337203685477.5808 ～922337203685477.5808
日期型	Date	无	dtm	8	01,01,100～12,31,9999
字符型	String	$	str	字符串	0～65535 个字符
对象型	Object	无	obj	4	任何对象引用
变体型	Variant	无	vnt	根据需要分配	

1. 数值型（Numeric）数据

VB 中的数值型数据有：整数、浮点数、字节型和货币型等。其中整数分为整型（Integer）和长整型（Long），浮点数分为单精度型（Single）和双精度型（Double）。

（1）整数。整数就是不带小数点和指数符号的数，在机器内部以二进制补码形式表示。根据所表示的数的范围不同，又可以分为：整型（Integer）、长整型（Long）。

①整型（Integer）：在计算机内一般用 2 个字节的二进制码来表示，其取值范围如表 2-1 所示。例如：15，-345 和 654%都是整数型，而 45678%则会发生溢出错误。

②长整型（Long）：在计算机内一般用 4 个字节的二进制码来表示，其取值范围如表 2-1 所示。例如：123456 和 45678&都是长整数型。

（2）浮点数。浮点数也称实型数或实数，是带有小数的数。由三部分组成：符号、指数及尾数。实数根据所表示的数的范围和精度的不同，又可以分为：单精度（Single）、双精度（Double）。

①单精度浮点数（Single）。用 4 个字节（32 位）存储，其中符号占 1 位，指数占 8 位，其余 23 位表示尾数，最多有 7 位有效数字，取值范围如表 2-1 所示。例如：3.14!和 2.718281828459!都是单精度浮点数。

②双精度浮点数（Double）。用 8 个字节（64 位）存储，其中符号占 1 位，指数占 11 位，

其余 52 位表示尾数,此外还有一个附加的隐含位。双精度型可以精确到 15～16 位的十进制数,取值范围如表 2-1 所示。例如:3.14、3.14#和 2.718282 都是双精度浮点数。

(3)字节型(Byte)。在计算机内用 1 个字节表示无符号整数,其取值范围为 0～255。

(4)货币型(Currency)。货币型数据主要用来表示货币值,是一种特殊的小数,它是专为处理货币而设计的数据类型。用 8 个字节存储,货币型是定点数,精确到小数点后第 4 位,第 5 位四舍五入。整数部分最多 15 位。其取值范围如表 2-1 所示。例如:1.23@、23.456@都是货币型。

2. 字符型(String)数据

用一对双引号" " "括起来的一个字符序列,如:"Hello World!",该字符序列称为字符串,其中的双引号称为字符串的定界符号。

字符串数据类型存放字符型数据,包括除双引号和回车以外可打印的所有字符,即双引号内的字符是可以输出到屏幕和打印机上的字符。长度为零(不含任何字符)的字符串,称为空字符串,写成:""。

VB 中,有 2 种字符串:变长字符串和定长字符串。

(1)定长字符串。事先定义字符串的长度(即字符串内所含字符的个数),在程序运行过程中,始终保持其长度不变的字符串。最大长度不超过 2^{16} 个字符。

(2)变长字符串。字符串的长度不固定,随着对字符串变量赋值,它的长度可在 0～2^{31} 的范围内变化。

3. 逻辑(Boolean)数据类型

逻辑型也称布尔型。用 2 个字节存储。逻辑型数据只取两个值:逻辑真 True 和逻辑假 False。当把逻辑值转化为数值型时, False 为 0, True 为-1。

也可以把其他类型的数据转换为逻辑型数据,此时,非 0 的数据转换为 True,0 转换为 False。

4. 日期型(Date)

日期型数据用 8 个字节的浮点数来存储,日期范围从公元 100 年 1 月 1 日到 9999 年 12 月 31 日,时间从 00:00:00 到 23:59:59。在 VB 中,用定界符"#"界定的文本格式表示日期和时间,例如:

　　　#2010-06-25 8:20:00pm#、#09/15/88#、#11-25-98 20:30:00# 、#2010,12,18#

上面都是有效的日期型数据,在 VB 中会自动转换成 mm/dd/yy(月/日/年)的形式。

数值型的数据也可以转换为日期型数据。此时,该数据的整数部分表示从 1899 年 12 月 31 日起所经过的天数,负数表示在其之前的天数;小数部分表示时间,午夜为 0,中午为 0.5。

5. 变体型(Variant)

变体型也称为可变类型,它是可以随着为它所赋的值的类型改变自身类型的一类特殊的数据类型,如数值型、日期型、字符型等,完全取决于程序的需要。从而增加了 VB 数据处理的灵活性。

变体型(Variant)数据有三个特殊的值,分别为:

(1)Empty:还没有为变量赋值。它不同于数值 0、长度为 0 的字符串""和空值 Null,后三者都是有特定的值的。

(2)Null:通常用于数据库应用程序,表示未知数据或者丢失的数据。

(3)Error:是特定值,指出已发生的过程中的错误状态。

6. 对象型数据（Object）*

对象数据类型用来表示图形、OLE 对象或其他对象，用 4 个字节（32 位）存储，该地址可以引用应用程序或其他应用程序中的对象。可以随后用 Set 语句指定一个被声明为 Object 的变量，去引用应用程序所识别的任何实际对象。

2.1.2　用户定义的数据类型

在 VB 中用户可以用 Type 语句定义自己的数据类型，格式如下：

```
Type  数据类型名
    数据类型元素名 1 As  类型名
    数据类型元素名 2 As  类型名
    ……
End Type
```

其中"数据类型名"是要定义的数据类型的名字，其命名规则和后面要讲到的变量的命名规则相同。"数据类型元素名"也遵守相同的规则。"类型名"可以是任何基本数据类型或已定义的自定义数据类型。

例如：对于一个学生的"学号"、"姓名"、"性别"、"出生日期"、"入学总分"等数据，为了处理数据的方便，常常需要把这些数据定义成一个新的数据类型（如 Student 类型）。

用户定义的数据类型与数据库中的记录在概念上是有相同之处的，因此，我们把用户自定义的数据类型称为"记录类型"。

```
Private Type Student
    xh As String*9
    xm As String*8
    xb As String*2
    csrq As Date
    cj As Single
End Type
```

在使用 Type 时应注意：

（1）在使用记录类型前必须用 Type 定义。记录类型在标准模块（.bas）中或在窗体的通用声明区定义，默认是 Public，其变量可以出现在工程的任何地方。

（2）不要将自定义类型名和该类型的变量名混淆，前者表示了如同 Integer、Single 等的类型名，后者则由 VB 根据变量的类型分配所需的内存空间、存储数据。

（3）在随机文件操作中，记录类型有着重要的作用。

【例 2-1】自定义数据类型的使用。在窗体事件代码编辑窗口中，录入如下事件代码。然后，运行程序并单击窗体，可显示学生的信息，如图 2-1 所示。

图 2-1　程序运行结果

自定义数据类型和窗体的 Click 事件代码：

```
Rem  在窗体的通用声明区中定义一个自定义数据类型 Student
Private Type Student
    xh As String * 9        '定义学生学号变量
    xm As String * 8        '定义姓名变量
    xb As String * 2        '定义性别变量
    csrq As Date            '定义出生日期变量
    cj As Single            '定义高考分数变量
End Type
```

```
Rem  以下是窗体的 Click 事件代码
Private Sub Form_Click()
    Dim xs As Student   '使用自定义数据
    xs.xh = "201001001"
    xs.xm = "史努比"
    xs.xb = "男"
    xs.csrq = #6/4/1988#
    xs.cj = 610
    Print "学号：" & xs.xh
    Print "姓名：" & xs.xm; "性别：" & xs.xb; Spc(3); "出生日期：" & xs.csrq
    Print "高考成绩：" & xs.cj
End Sub
```

2.1.3　枚举类型*

在程序设计的过程中，有些数据无法直接用整型或实型数据来表示，必须经过某种转换，把本来不是简单地用整型数据就能表示的问题强制用几个整数来描述，因而降低了程序的可读性。为此，VB 提供了枚举数据类型。当一个变量只有几种可能的值时，可以定义为枚举类型。所谓"枚举"就是指将变量的值一一列举出来，变量的值只限于列举出来的值的范围。

枚举类型提供了一种方便的方法用来处埋有关的常数，或者使名称与常数数值相关联。例如，可以为与星期相关联的一组整型常数声明一个枚举类型，然后在代码中使用星期的名称，而不使用其整数数值。

枚举类型放在窗体模块、标准模块或公用类模块中的声明部分。通过 Enum 语句来定义，格式如下：

```
[Public | Private] Enum  类型名称
    成员名 1[ = 常数表达式]
    成员名 2[ = 常数表达式]
    ……
End Enum
```

说明：

（1）Enum 语句以 Enum 开始，以 End Enum 结束，各参量含义如下。

Public：可选，表示所定义的 Enum 类型在整个工程中都是可见的，在默认情况下，Enum 类型被定义为 Public。

Private：可选，表示所定义的 Enum 类型只在所声明的模块中是可见的。

类型名称：必须有，表示所定义的 Enum 类型的名称，"类型名称"必须是一个合法的 VB 标识符，在定义 Enum 类型的变量或参数时用该名称来指定类型。

成员名：必须有，是一个合法的 VB 标识符，用来指定所定义的 Enum 类型组成元素的名称。

常数表达式：可选，元素的值是 Long 类型，也可以是其他 Enum 类型。

（2）在 Enum 语句的格式中，"常数表达式"可以省略。在默认情况下，枚举中的第一个常数被初始化为 0，其后的常数则初始化为比其前面的常数大 1 的数值。例如：

```
Public Enum Weeks
    Sunday
    Monday
    Tuesday
    Wednesday
```

```
            Thursday
            Friday
            Saturday
        End Enum
```

定义了一个枚举类型 Weeks，它包括 7 个成员，都省略了"常数表达式"，因此常数 Sunday 的值为 0，常数 Monday 的值为 1，常数 Tuesday 的值为 2，等等。

（3）可以用赋值语句显式地给枚举中的常数赋值，即不省略"常数表达式"。所赋的值可以是任何长整数，包括负数。如果希望用小于 0 的常数代表出错的条件，则可以给枚举常数赋一个负值。例如：

```
        Public Enum WorkDays
            Saturday
            Sunday=0
            Monday
            Tuesday
            Wednesday
            Thursday
            Friday
            Invalid=-1
        End Enum
```

在上面的枚举中，常数 Invalid 被显式地赋值-1，而常数 Sunday 被赋值 0，因为 Saturday 是枚举中的第一个元素，所以也被赋值为 0。Monday 的数值为 1（比 Sunday 的数值大 1），Tuesday 的值为 2，等等。

（4）VB 将枚举中的常数数值看作是长整数。如果将一个浮点数值赋给一个枚举中的常数，VB 会将该数值取整为最接近的长整数。

（5）当对一个枚举中的常数赋值时，可以使用另一个枚举中的常数的数值。例如：

```
        Public Enum WorkDays
            Sunday=0
            Monday
            Tuesday
            Wednesday
            Thursday
            Friday
            Saturday＝Weeks.Saturday-6
            Invalid=-1
        End Enum
```

这里的 WorkDays 枚举的声明与前面的声明等同。

声明枚举类型后，就可以声明该枚举类型的变量，然后使用该变量存储枚举常数的数值。例如：用"文件"菜单中的"新建工程"命令，建立一个新工程，然后执行"工程"菜单中的"添加模块"命令，在代码窗口中输入如下枚举类型定义：

```
        Option Explicit
        Private Enum WorkDays
            Saturday            '0 值，系统的定义
            Sunday = 0          '0 值，自定义值
            Monday              '1 值，在自定义值的基础上加 1，如无自定义值，则在系统值的基础上加 1
            Tuesday             '值为 2
            Wednesday
```

```
        Thursday
        Friday
        Invalid = -1
    End Enum
```

再在窗体上画一个命令按钮，编写下面的事件过程：

```
Private Sub Command1_Click()
    Dim MyDay As WorkDays
    MyDay = Saturday              'Saturday 的数值为 0
    If MyDay < Monday Then        'Monday 的数值为 1
        MsgBox "周末!"
    End If
End Sub
```

上面的程序定义了枚举类型 WorkDays 的一个变量 MyDay，并把元素 Saturday 赋给该变量。由于 Saturday 的值为 0，而 Monday 的值为 1，If 语句的条件为 True。因而显示一个信息框，如图 2-2 所示。

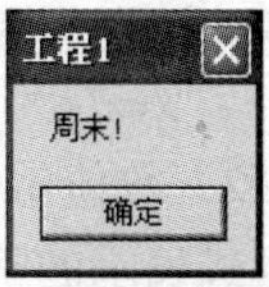

图 2-2　枚举变量示例

2.2　常量和变量

常量就是在数据处理过程始终不变的量，而变量则是可随着数据处理的过程不同而发生改变的量。在 VB 语言中，不管是常量还是变量，在数据处理时，需要将这些量存储到计算机的存储单元中，为使用方便，要将存放数据的内存单元命名，通过内存单元名来访问其中的数据。被命名的内存单元就是常量或变量。

2.2.1　常量和变量命名的规则

在 VB 中常量和变量的命名要遵循以下的规则：

（1）以字母或汉字开头，由字母、数字或下划线组成，长度小于等于 255 个字符。

（2）不能使用 VB 中的关键字。关键字又称保留字，是在语法上有固定意义的字母组合。主要包括：命令名、函数名、数据类型名、运算符、VB 系统提供的标准过程等。在联机帮助系统中可以找到全部关键字。

（3）VB 不区分常量名或变量名的大小写。为了便于区分，常量名一般全部用大写字母表示。变量名一般首字母大写，其余用小写字母表示。例如：

Book_1、A、x、y3

（4）为了增加程序的可读性，可在变量名前加一个缩写的前缀来表明该变量的数据类型。缩写前缀的约定见表 1-4 中的前缀列所示。例如：

intCount、strSex、sngMax、curmoney、obj1

变量名不能以数字符号开头，名称中间不允许使用空格、减号等，也不能使用 VB 的保留关键字。下面是一些错误的或不当的变量名：

3ab、x-y、Qian yi、Rem

变量的命名允许和标准函数名相同，但应避免。如：Sin 等。

（5）标识符，标识符是指用户自己定义的名字，包括自定义的常量名、变量名、控件名、自定义的过程名和函数名等。用户通过标识符对相应的对象进行操作。标识符除控件名和窗体名以外，不能使用关键字。变量名、过程名、函数名应在 255 个字符以内；控件名、窗体名、模块名应在 40 个字符以内。

2.2.2　常量

在程序处理的过程中保持不变的数据称为常量。在 VB 中，常量分为两种，文字常量和符号常量，符号常量又分为用户自定义和系统定义两种。

1. 文字常量

文字常量直接出现在代码中，也称为字面常量或直接常量，文字常量的表示形式决定它的类型和值。文字常量可分为字符串常量、数值常量、日期常量和逻辑常量。

（1）字符串常量。字符串常量由字符组成，可以由除回车符和双引号以外的任何 ASCII 码字符和汉字组成。其内容必须用双引号括起来。例如：

"xyz"、"12"、"12ab34.0"、"全国计算机等级考试 NCRE"

（2）数值常量。数值常量是由 0～9、小数点及符号位组成的常数，以及用规定的进制、指数形式表示的常数。例如：

10、-123、3.14159、1.2E-15、4.5D3、&H4F、&O257

数值常量共有四种表示方法，即整型数、长整型数、货币型数和浮点数。

VB 在判断常量的类型时，有时会产生多义性。例如，56 既可能是整数类型，也可能是长整数或货币类型。在默认情况下，VB 会选择需要存储空间较小的数据类型，因此 56 被看作是整数类型。为了明确地说明常量的数据类型，可以在常量后面加类型说明符。

例如：

78%是整型常量

89&、&O67&、&H5E&是长整型常量

1.23!是单精度浮点型

1.23#是双精度浮点型

2.365@是货币型常量

（3）日期常量。日期型常量要用两个"#"号把表示日期和时间的值界定起来，例如：#08/01/27#、#28 june,2010#、#2010-10-1 2:30:00 PM#、#2.45#都是合法的日期型常量。

当其他数值数据类型转换为日期常量时，小数点左边的值表示日期信息，小数点右边的值则代表时间。午夜为 0，正午为 0.5。负数表示公元 1899 年 12 月 31 日之前的日期。例如，将数值 2010.6 转换成日期，则表示的日期为 1905-7-2 14:24:00。

（4）逻辑常量。逻辑常量只有两个值：True 和 False。将逻辑数据转换成整型时：True 为-1，False 为 0；其他数据转换成逻辑数据时：非 0 为 True，0 为 False。

2. 符号常量

符号常量就是用标识符来表示一个常量，例如：我们把 3.14 定义为 PI，在程序代码中，我们就可以在使用圆周率的地方使用 PI，如在例 1-1 程序中。

使用符号常量的好处是：要修改该常量时，只需要修改定义该常量的一个语句即可。

定义符号常量的格式：

Const 常量名 [As 类型] = 表达式

说明：常量名的命名规则与标识符相同。[As 类型]用以说明常量的数据类型。

在使用符号常量时，应注意以下几点：

（1）在声明符号常量时，可以在常量名后面加上类型说明符，例如：

Const PI! = 3.1415926

Const Area# = 10 * 10 * PI　　'其中 PI 是前面定义的

如果不使用类型说明符，则根据表达式的求值结果确定常量类型，字符串表达式总是产

生字符串常数，对于数值表达式，则按最简单（即占字节数最少）的类型来表示这个常数。例如，如果表达式的值为整数，则该常数作为整型常量处理。

（2）当在程序中引用符号常量时，通常省略类型说明符。常量的类型取决于 Const 语句中表达式的类型。

（3）类型说明符不是符号常量的一部分。

除了用户定义的常量外，在 VB 中，系统定义了一系列常量，如 vbCr（回车符）、vbLf（换行符）、vbCrLf（回车符与换行符结合）、vbTab（Tab 符）、vbBack（退格字符）、vbRed（红色）、vbSolid（实线）等，可与应用程序的对象、方法或属性一起使用，使程序易于阅读和编写。系统常量的使用方法和自定义常量的使用方法相同。

例如，设置当前窗体的背景颜色为黄色，可以使用如下语句：

　　　　Me.BackColor = vbYellow

又如，使用如下语句可以在文本框 Text1 中显示两行文字。

　　　　Text1.Text = "2010 年上海世博会" & vbCrLf & "开园了。"

或

　　　　Text1.Text = "2010 年上海世博会" & Chr(13) & Chr(10) & "开园了。"

系统定义的常量在对象库中，可以在对象浏览器中通过不同的对象库查找它们的符号及取值。

2.2.3　变量

在数据处理过程中，其值可以改变的量称为变量。一个变量必须有一个名字和相应的数据类型，通过名字可以引用一个变量，而数据类型则决定了该变量的存储方式和在内存中占据存储单元的大小。变量名实际上是一个符号地址，在对程序编译连接时，由系统给一个变量分配一个内存地址，在该地址的存储单元中存放变量的值，如图 2-3 所示。程序从变量中取值，实际上是通过变量名找到相应的内存地址，从其存储单元中取得数据。

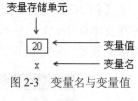

图 2-3　变量名与变量值

变量一般要先声明，再使用。

1. 变量的类型和定义

在 VB 中，任何变量都有一定的数据类型，一般使用下面两种方式来定义一个变量的数据类型：

（1）用类型说明符直接声明变量

可以把类型说明符直接放在变量的尾部来声明一个变量的类型，例如：

　　　　MyName$ '声明了一个字符串型变量

　　　　Age% 　　'声明了一个整型变量

　　　　Salary! 　'声明了一个单精度浮点型变量——薪水

在使用变量的时候，既可以保留类型说明符，也可以省略类型说明符。例如对于上面定义的变量可以如下引用：

　　　　MyName$ = "钱途"

　　　　MyName = "赵周"

（2）用 Public|Private|Dim|Static 语句定义变量

用 Public|Private|Dim|Static 定义变量的语法格式如下：

Public|Private|Dim|Static 变量名 [As 数据类型][,变量名 [As 数据类型]]……

说明：

①Public 声明的变量在所有应用程序的所有过程中都是可用的，若该模块使用了 Option Private Module，则该变量只是在其所属工程中是公用的。Public 关键字只能用在模块的声明区。在标准模块中，关键字 Public 也可使用 Global 代替。

②Private 变量只能在包含其声明的模块中使用，Private 可在模块声明区使用。

③在模块级别中用 Dim 声明的变量，对该模块中的所有过程都是可用的。在过程级别中声明的变量，只在过程内是可用的，是局部变量。Dim 如在模块声明区中使用，其定义的变量作用范围同 Private 声明的变量。

④用 Static 定义的变量只能在声明的过程中使用，在整个代码运行期间都能保留使用 Static 语句声明的变量的值，是局部变量。

⑤"As 数据类型"部分可省略。若省略，则该变量被看作变体类型。例如：

Dim Obj1 '相当于定义了一个变体型变量

⑥一个 Public|Private|Dim|Static 语句可以声明多个变量，每个变量都要用 As 子句声明其数据类型，否则该变量也被看作变体类型。

⑦可以用类型说明符来直接定义变量类型。在使用变量的时候，既可以保留类型说明符，也可以省略类型说明符。

例如：

Dim a As Integer   '定义了一个整型变量
Private x As Double   '定义了一个双精度浮点型变量
Dim xh$,xm As String * 8   '定义了一个字符串型变量 xh 和一个定长字符串型变量 xm
Static x as Integer

【例 2-2】关键字 Static 和 Dim 的区别。设计一程序，在程序运行时，单击命令按钮一，可在文本框 Text1 中显示单击此按钮的次数。若单击命令按钮二，则可在文本框 Text2 中显示单击的次数。程序的设计界面和运行结果如图 2-4 所示。

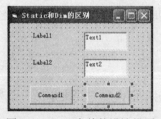
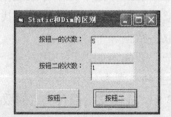

图 2-4（a） 窗体的设计界面   图 2-4（b） 窗体的运行效果

分析：要在文本框 Text1 中显示单击"按钮一"的次数，需要在过程中定义一个静态变量 x；若在过程中定义一个局部变量 y 表示单击"按钮二"的次数，则只能显示一次。

设计步骤如下：

①打开 VB 环境，并新建一个标准 Exe 单窗体的工程。然后在窗体中添加两个标签控件 Label1～2、两个文本框控件 Text1～2 和两个命令按钮控件 Command1～2，如图 2-3 所示。

②将窗体的 Caption 属性值设置为"Static 和 Dim 的区别"；同样地，依照图 2-4 所示的样式修改标签控件和命令按钮控件的 Caption 属性值；设置窗体中各控件的大小，并对位置进行调整。

③双击命令按钮"按钮一"（Command1）和"按钮二"（Command2），在打开的事件过程代码编辑窗体中录入下面的内容。

- "按钮一" 命令按钮（Command1）的 Click 事件代码

```
Private Sub Command1_Click()
        Static x As Integer 'x 为静态变量
        x = x + 1
        Text1 = x
End Sub
```

- "按钮二" 命令按钮（Command2）的 Click 事件代码

```
Private Sub Command2_Click()
        Dim y%    'y 为局部变量
        y = y + 1
        Text2 = y
End Sub
```

④运行程序，反复单击 "按钮一"，其单击的次数将在文本框 Text1 中显示；而反复单击 "按钮二"，其单击的次数在文本框 Text2 中只能显示一次。

2．变量的初始化

用户一旦声明了一个变量，系统将给变量一个初始值。对于不同类型的数据，变量的初始值如下：

（1）所有数值型变量（整型，长整型、单精度浮点型、双精度浮点型、字节型）的初始值为 0。

（2）布尔型变量的初始值为 False。

（3）日期型变量的初始值为 00:00:00。

（4）变长字符串变量的初始值为空串（不含任何字符的字符串，即""），定长字符串的初始值为其长度个空格。

（5）变体型变量的初始值为空值（Empty）。

2.2.4　变量的作用域

一个变量被定义后并不是在任何地方都可以被引用，每个变量都有它的作用域。变量的作用域也就是变量的有效适用范围，是指变量在应用中的哪一部分起作用，或者说，哪一部分代码能对该变量进行操作。例如，在一个过程中声明了一个变量，则只有该过程中的代码才能访问或修改它，这个过程就是该变量的作用域。

VB 应用程序由 3 种模块组成：窗体模块（Form）、标准模块（Module）和类模块（Class）。一般应用程序通常由窗体模块和标准模块组成。

窗体模块由事件过程（Event Procedure）、通用过程（General Procedure）和声明部分组成；而标准模块由通用过程和声明部分组成。

根据变量定义的位置和所使用的变量定义语句的不同，VB 中的变量可以分为三类：局部变量、窗体或模块级变量和全局变量。各种变量定义在不同的位置，它们的作用域如表 2-2 所示。

表 2-2　变量的作用域

变量类型	作用域	声明位置	使用语句
局部变量	过程	过程中	Dim，Static
窗体或模块级变量	窗体或模块	窗体或模块的声明部分	Dim，Private
全局变量	整个应用程序	模块的声明部分	Public，Global

1. 局部变量

在过程内（事件过程、通过过程和函数）定义的变量称为局部变量，其作用域是它所在的过程，在其他的过程中不能访问该变量。局部变量只在其过程中有效，对其他过程没有任何影响。因此，在同一过程中不能定义相同的变量名，而在不同的过程中可以定义相同名称的局部变量，它们之间没有任何影响。

可以用 Dim 和 Static 语句定义局部变量，例如：

```
Private Sub Form_Load()
    Dim MyName As String
    Static Age As Integer
    ……
End Sub
```

在上面的例子中，定义了一个普通的字符串局部变量 MyName 和一个整型静态变量 Age。

虽然 Dim 和 Static 语句定义的都是局部变量，但 Dim 定义的是普通的局部变量，而 Static 定义的是静态变量。普通变量和静态变量的主要区别为：普通局部变量只在该过程执行时存在，当过程执行结束时，这些变量的值将不再保留，其所占的内存区域也会被立即释放，在下一次使用该过程时，重新给变量分配存储空间，重新进行初始化；而静态变量在过程执行结束后并不释放其所占的内存区域，变量的值将被保留下来，在下一次使用该过程时，变量依然使用该内存区域，变量的初值为上一次该过程执行完后变量的值。也就是说，普通局部变量在每次过程执行时都分配存储空间并初始化，而静态变量只有在过程第一次执行时分配存储空间并初始化。静态变量只有在整个应用程序结束时才释放其所占的内存区域。如例 2-2 中使用的变量 x。

2. 窗体和模块级变量

如果一个窗体中的不同过程要使用同一个变量，这就需要在该窗体或模块内的过程之外定义一个变量，使得它在整个窗体或模块中有效，即其作用域为整个窗体或模块，本窗体或本模块内的所有过程都能访问它，这就是窗体和模块级的变量。可以用 Dim 和 Private 语句定义窗体和模块级变量。

定义窗体级变量的方法是：

（1）打开该窗体的代码编辑器，并在"对象"下拉列表框中选择"通用"选项。

（2）在"过程"下拉列表框中选择"声明"。

（3）定义变量。

标准模块的扩展名为.bas，为了建立一个新的标准模块，可以单击"工程"菜单下的"添加模块"菜单项，然后会出现该模块的代码编辑器窗口。可以在代码编辑器中按照定义窗体级变量的方法，在模块的声明部分定义模块级变量 x。

例如，在下面的例子中分别定义了窗体和模块级变量，如图 2-5 所示。

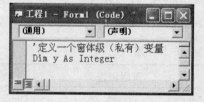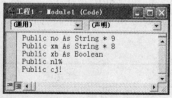

图 2-5　定义窗体和模块级变量

在定义窗体和模块级变量时，使用 Dim 和 Private 没有什么区别。

例如，下面程序段定义了一个窗体级变量，在该窗体中所有过程都可以引用。

```
Dim x As Integer '定义一个窗体变量
Private Sub Command1_Click()
    x = x + 1      '本过程使用了变量 x
    Call Command2_Click   '调用了 Command2 的 Click()事件过程
End Sub


Private Sub Command2_Click()
    Text1 = x      '本过程也使用了变量 x
End Sub
```

在本程序中，分别在命令按钮 Command1 和 Command2 的 Click 事件过程中引用了窗体级变量 x。如果在窗体上单击 Command1 时，调用了 Command2，则程序在文本框 Text1 中输出单击 Command1 的次数。

3. 全局变量

全局变量的作用域最大，在整个工程中有效，可以在整个工程中的所有模块、过程中使用。可以用 Public 或 Global 语句在标准模块的声明部分定义全局变量。注意，全局变量只能用 Public 或 Global 语句定义，不能使用 Dim 语句定义；而且只能在标准模块的声明部分定义。如果在窗体模块声明区声明，则相当于窗体的一个属性，可在其他模块中使用。

例如，在标准模块的声明部分可如下定义全局变量：

```
Public IntAge As Integer
Global StrName As String   'Global 不能在窗体声明区使用，也不能使用定长字符类型
```

全局变量在整个工程中有效，假设已经定义了上面的全局变量，并在工程中添加了两个窗体（Form1 和 Form2）。在 Form1 中打开代码编辑器，书写如下代码：

```
'以下是窗体 Form1 的 Click 事件代码
Private Sub Form1_Click()
    IntAge = 18        '引用了全局变量 IntAge
    StrName = "何姿"
    Print IntAge, StrName
    Form2.Show
End Sub
'以下是窗体 Form2 的 Click 事件代码
Private Sub Form2_Click()
    IntAge = IntAge + 1 'IntAge 变量在上面的基础上加 1
    StrName = "林冲"
    Print IntAge, StrName
End Sub
```

在上面的例子中，在不同的窗体中引用了全局变量。程序运行后，在窗体 Form1 上单击命令按钮 Command1，打印出 IntAge、StrName 的值分别是 18 与“何姿”。单击窗体 Form2 上的命令按钮 Command2，打印出 IntAge、StrName 的值分别是 19 与“林冲”。

2.2.5　变体型变量

使用关键字 Variant 定义的变量，在 VB 中称为变体型变量。变体型变量可以存放除定长字符串和用户定义数据类型外，其他所有数据类型的数据。例如：

```
Dim x As Variant   '或 Dim x
x = 99 '存入整型数据
```

```
        x = #2010-6-30#        '存入日期型数据
        x = True               '存入布尔型数据
```

变体型变量还可以包含如下特殊的数据：

Empty（空）：表示未被赋值，在赋值之前，变体型变量具有 Empty 值。

Null（无效）：表示未知数据或丢失的数据。

Error（出错）：表示已发生过程中的错误状态。

由于在程序中，变体型变量的数据类型可以根据运算的实际情况而变化，所以 VB 提供了一个函数 VarType 专门用来检测变体型数据保存的数据类型。VarType 函数的返回值与数据类型的关系如表 2-3 所示。

表 2-3   VarType 函数的类型检测

内部常数	返回值	描述	内部常数	返回值	描述
vbEmpty	0	Empty（未赋值）	vbObject	9	对象
vbNull	1	Null（无有效数据）	vbError	10	错误值
vbInteger	2	整数	vbBoolean	11	布尔值
vbLong	3	长整数	vbVariant	12	变体数组
vbSingle	4	单精度浮点数	vbDataObject	13	数据访问对象
vbDouble	5	双精度浮点数	vbDecimal	14	十进制值
vbCurrency	6	货币值	vbByte	17	字节型数据
vbDate	7	日期	vbUserDefinedType	36	包含用户定义类型的变量
vbString	8	字符串	vbArray	8192	数组

2.2.6 缺省声明

在 VB 中，可以不用前面所说的变量定义方式来声明变量而直接使用变量，系统会自动地为这些变量指定数据类型，默认的是变体类型。这种变量的声明方式称为缺省声明，缺省声明只能声明局部变量，对于窗体和模块级变量、全局变量，必须显式地用变量定义语句声明。

例如下面语句缺省声明了一个变量 x：

```
    Private Sub Command1_Click()
        Var1= 1.2               '缺省声明了一个变量 Var1，数据类型为变体型变量
        Var1 = "Hello China!"   'Var1 是变体型变量，可存储不同的数据类型
        ……
    End Sub
```

缺省声明的变量不需要使用 Dim 语句定义，因此使用比较方便，但是如果把变量名拼错了的话，会导致一个难以查找的错误，例如如下代码：

```
    TempVar = 12.34
    TempVar = TempVat * 5.6
```

"TempVar"的最终值为 0。因为在第二行把"TempVar"错拼为"TempVat"，当 VB 遇到新名字"TempVat"时，"TempVat"被当作一个缺省声明的新变量处理，初始值为 0。所以，"TempVar"的最终值为 0。

为避免写错变量名引起的麻烦，可规定所有变量都要强制显式声明。只要遇到一个未经明确声明就当成变量的名字，VB 都发出错误警告。强制显式声明变量有两种方法：

（1）在窗体模块或标准模块的声明部分中加入语句"Option Explicit"。Option Explicit 语句的作用范围仅限于语句所在模块。所以，对每个需要强制显式声明变量的窗体模块、标准模块，必须将 Option Explicit 语句放在这些模块的声明部分中。

（2）在"工具"菜单下选取"选项"菜单项。在弹出的"选项"对话框中选择"编辑器"选项卡，然后选中"要求变量声明"复选项，如图 2-6 所示。这样就在任何新建的模块中自动插入 Option Explicit 语句，但不会在工程中已经存在的模块中自动插入 Option Explicit 语句。

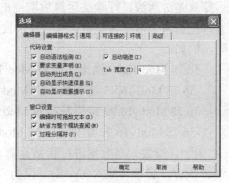

图 2-6　强制显式声明变量

2.3　运算符和表达式

在数据加工时，VB 提供了一组运算指令，这些指令以某些特殊符号表示，称为运算算符，简称运算符（Operator）。

用运算符按一定的规则连接常量、变量和函数所组成的式子称为表达式（Expression），如，m+3，s+Cos(x*3.14/180)等都是表达式，单个变量或常数也可以看成是表达式。每一个表达式都有一个值，即计算结果，称为表达式的值（Value）。

运算符可分为算术、字符串、日期、比较、逻辑和类与对象等 6 类，这里介绍前面 5 类。

1. 算术运算符

算术运算符要求参与运算的对象是数值型数据，运算的结果也是数值型，除"-"取负号运算符是单目运算符（要求一个运算对象）之外，其余都是双目运算符（要求两个运算对象）。算术运算符在运算时的优先级如表 2-4 所示。

表 2-4　算术运算符及优先级

运算	运算符	运算优先级	例子	结果
幂	^	1	2^3	8
取负	-	2	-2+3	1
乘法	*	3	2*3	6
浮点除法	/		3/2	1.5
整数除法	\	4	5\2	2
取模	Mod	5	5 Mod 3	2
加法	+	6	2+3	5
减法	-		2-3	-1

说明：

①+（加）、-（减）、*（乘）、/（除）和-（负号）与数学中的运算规则相同，但是要注意在表达式中乘号（*）不能省略，且注意它的写法。

②\（整除）和 Mod（取余）。整除运算就是对两数进行除法运算后取商的整数部分。取余

运算就是对两数进行除法运算后取商的余数部分，取余运算的两个数如果是小数，先通过四舍五入把这两个数变为整数，然后取余数。取余的结果的正负号始终与第一个运算对象的符号相同。例如：

56.78 Mod 16.99 结果是：57 Mod 17，值为 6。

-56.78 Mod 16.99 结果是：57 Mod 17，值为-6。

56.78 Mod -16.99 结果是：57 Mod 17，值为 6。

-56.78 Mod -16.99 结果是：57 Mod 17，值为-6。

③^（指数）对数据进行指数运算。如果指数是一个表达式，必须加上括号。例如 X 的 Y+Z 次方，必须写成 X^(Y+Z)，因为"^"的优先级比"+"高。例如：

5+10 mod 10 \ 9 / 3 +2 ^2 结果是：10。

④在算术表达式中，如果操作数具有不同的数据精度，则 VB 规定运算结果的数据类型以精度高的数据类型为准，即：

　　　　Integer < Long < Single < Double < Currency

但当 Long 型数据与 Single 型数据运算时，结果为 Double 型数据。除法和乘法运算的结果都是 Double 型数据。

【例 2-3】在窗体上创建三个标签 Label1～3；三个文本框 Text1～3 和两个命令按钮 Command1～2。程序运行后，分别在文本框中输入两个两位数，然后单击命令按钮 Command1（生成新数），在 Text3 文本框中显示一个生成的新的四位数。要求新的四位数为：千位为第 1 个数的个位，百位为第 2 个数的个位，十位为第 1 个数的十位，个位为第 2 个数的十位。如：56 和 89 组成新数为：6958。程序设计界面和运行界面如图 2-7 和图 2-8 所示。

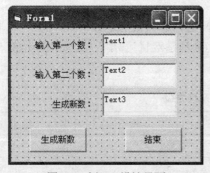 

图 2-7　例 2-3 设计界面　　　　　图 2-8　例 2-3 运行界面

分析：求解本题的关键是要能将输入在两个文本框 Text1～2 中的任意两位数分解，取得其个位数和十位数，再通过将个位数、十位数分别乘以 1、10、100 及 1000，然后相加就可组成新的四位数。

将一个任意两位数分解获得其个位数及十位数的方法如下：

通过该数对 10 求余运算（用 Mod 运算符），可求得数的个位数；该数对 10 整除运算（用 \运算符）可求得数的十位数。将求余运算和整除运算结合起来多次操作，可实现对任意大小的数求得其某进制位上的数。

操作步骤如下：

①在 VB 环境下，创建一个新含一个窗体的工程，然后在窗体中添加三个标签控件 Label1～3、三个文本框控件 Text1～3 和两个命令按钮控件 Command1～2。

②设计窗体上各控件与控件布局。标签控件 Label1～3 的 Caption 属性分别为"输入第一个数："、"输入第二个数："和"生成新数："；两个命令按钮控件 Command1～2 的 Caption 属性分别为"生成新数"和"结束"；各控件其他属性均采用默认值。根据需要，对窗体与窗体上各控件的位置和大小做适当调整。

③编写适当的事件代码。

- "生成新数"命令按钮（Command1）的 Click 事件代码

```
Private Sub Command1_Click()
    Dim x%, y%, a%, b%, c%, d%
    x = Text1.Text
    y = Text2.Text
    a = x Mod 10    '求个位数
    b = x \ 10      '求十位数
    c = y Mod 10
    d = y \ 10
    Text3.Text = a * 10 ^ 3 + c * 10 ^ 2 + b * 10 + d
End Sub
```

- "结束"命令按钮（Command2）的 Click 事件代码

```
Private Sub Command2_Click()
    End
End Sub
```

- 窗体（Form1）的 Load 事件代码

```
Private Sub Form_Load()
    Text1 = "" : Text2 = "" : Text3 = ""    '清空文本框
End Sub
```

2. 字符串运算符

字符串运算符有"+"和"&"，它们都可将两个字符串连接在一起。由字符串运算符与运算对象构成的表达式称为字符串表达式。例如：

```
"Hello" + "_China!"     '结果为：Hello China!，其中"_"表示空格
"VB" & "程序设计教程"     '结果为：VB 程序设计教程
```

说明：当连接符两旁的操作量都为字符串时，上述两个连接符等价，它们的区别是：

①+（连接运算）：两个操作数均应为字符串类型，若其中一个为数字字符型，如："100"、"68"等，另一个为数值型，则自动将数字字符串转换为数值型，然后进行算术加法运算；若其中一个为非数字字符型，如："xyz"、"2mn"等，另一个是数值型，则使用"+"连接，出现错误。例如，以下各例：

```
100 + "123"     '结果为 223（算术运算，123 看作是数值）
"100" + "123"   '结果为 100123
"Abc" + 123     '出错（一个为字符型，一个为数值型）
```

②&（连接运算）：两个操作数既可为字符型也可为数值型，当是数值型时，系统自动先将其转换为数字字符型，然后进行连接操作。例如，以下各例：

```
"100" & 123     '结果为 100123
100 & 123       '结果为 100123
"Abc" & "123"   '结果为 Abc123
"Abc" & 123     '结果为 Abc123
```

字符串运算符"+"和"&"的运算优先级相同，哪个在左先算哪个。但"+"和"&"运算符的优先级比算术运算符的优先级低。

注意： 使用运算符 "&" 时，变量与运算符 "&" 之间应加一个空格。这是因为符号 "&" 还是长整型的类型定义符，如果变量与符号 "&" 接在一起，VB 系统先把它作为类型定义符处理，因而就会出现语法错误。

3. 日期运算符

日期型数据只有加 "+" 和减 "-" 两个运算符。

两个日期型数据相减，结果是一个整数，即两个日期相差的天数，如#3/19/2000#-#3/19/1999#，结果为 366。

日期型数据加上（或减去）一个数值型数据，结果仍为日期型数据，其中整数转化为天数，小数部分化为时间。例如：#3/19/2000#+1.5，结果显示 2000-3-20 12:00:00。

4. 关系运算符

关系运算符都是双目运算，用作两个数值或字符串的比较，比较的结果是逻辑值 True 或 False，即比较成立时，返回逻辑值 True；反之，返回逻辑值 False。

关系运算符的优先级低于算术、字符串和日期运算符。由关系运算符与运算对象组成的式子称为关系表达式。

表 2-5 列出了 VB 中的关系运算符、运算优先级及使用示例。

表 2-5　VB 关系运算符

运算符	说明	运算优先级	例子	结果
=	等于	1	"This"="That"	False
<>	不等于	2	"abc"<>"ABC"	True
<	小于	3	56+0.78<56.89	True
>	大于	4	"This">"That"	True
<=	小于等于	5	"23"<="3"	True
>=	大于等于	6	"23">="3"	False
Like	匹配比较	7	"F" Like "EFGH"	False
			"aBBBa" Like "a*a"	True
			"F" Like "[A-Z]"	True
			"CAT123khg" Like "B?T*"	False

关系运算符的运算规则如下：

① 当两个操作式均为数值型，按数值大小比较。

② 字符串比较，则按字符的 ASCII 码值从左到右一一比较，直到出现不同的字符为止。例如：

"That">"This" 等价于"a"和"i"的比较，结果为 False。

③ 数值型与可转换为数值型的数据比较。例如：100>"100"，按数值比较，结果为 False。

④ 数值型与不能转换成数值型的字符型比较，例如：12>"ab"，不能比较，系统出错。

⑤ 一个 Single 与一个 Double 进行比较时，Double 会进行舍入处理而与此 Single 有相同的精确度。

如果一个 Currency 与一个 Single 或 Double 进行比较，则 Single 或 Double 转换成一个

Currency。

⑥ "Like" 运算符的使用格式为：

    Str1 Like Str2

其中，Str1、Str2 可以是任何字符串常量、变量和表达式，如果 Str1、Str2 字符串特征匹配，则结果为 True，否则，结果为 False。

Str2 可以使用通配符、字符串列表或字符区间的任何组合来匹配字符串，如表 2-6 所示为 Str2 中允许的匹配字符及其含义。

表 2-6　匹配字符及其含义

匹配字符	含义	例子	结果
?	任何单一字符	"China" Like "?hina"	True
*	零个或多个字符	"China" Like "*n*"	True
#	任何一个数字（0–9）	"123abc" Like "###a*"	True
[charlist]	charlist 中的任何单一字符	"a" Like "[a-c]"	True
[!charlist]	不在 charlist 中的任何单一字符	"a" Like "[!a-c]"	False

5. 逻辑运算符

逻辑运算符有 Not、And、Or、Xor、Eqv 和 Imp。它们对运算对象进行逻辑运算，运算的结果为逻辑型数据。若逻辑关系成立时，运算结果为 True；若逻辑关系不成立时，运算结果为 False。除运算符 Not 是一个单目运算符外，其余都是双目运算符。如表 2-7 列出了 VB 中的逻辑运算符，表 2-8 列出了逻辑运算的真值表。

表 2-7　VB 中的逻辑运算符

运算符	说明	运算结果的说明	优先级	例子	结果
Not	逻辑非	取反，即：假取真，真取假	1	Not(3>2)	False
And	逻辑与	操作数均为真时，结果为真，其余为假	2	(3>2) And (5>=5)	True
Or	逻辑或	操作数均为假时，结果为假，其余为真	3	(3<2) Or (5>=5)	True
Xor	逻辑异或	两操作数相反时，结果为真，其余为假	3	(3<2) Xor (5>=5)	True
Eqv	逻辑等价	两操作数相同时，结果为真，其余为假	4	(3<2) Eqv (5>=5)	False
Imp	逻辑蕴涵	两操作数左真右假时，结果为假，其余为真	5	(3<2) Imp (5>=5)	True
Is	对象比较	如果对象 1 和对象 2 两者引用相同的对象，则结果为 True；否则，结果为 False。	6		

表 2-8　VB 逻辑运算真值表（用 1 表示真，用 0 表示假）

操作数 1	操作数 2	逻辑非	逻辑与	逻辑或	逻辑异或	逻辑等价	逻辑蕴涵
A	B	Not A	A And B	A Or B	A Xor B	A Eqv B	A Imp B
0	0	1	0	0	0	1	1
0	1	1	0	1	1	0	1
1	0	0	0	1	1	0	0
1	1	0	1	1	0	1	1

说明：

①逻辑运算中的各运算符的优先级各不相同，Not（逻辑非）最高，但它低于关系运算符。

②逻辑运算符常用的是 Not、And 和 Or 三个运算符，可用于将多个关系表达式进行逻辑判断。如，要判断 X 是否为[3,9)中的一个数，就要使用逻辑运算符 And，正确的写法是：

3<=X And X<9　　或　　X>=3 And X<9

又如：A+B=C And X=Y，也是逻辑表达式。其含义是，当 A+B 等于 C 并且 X 等于 Y 时，该表达式的结果为真。

又如，判断闰年的条件是：①能被 4 整除，但不能被 100 整除；②能被 400 整除。假设用 IntYear 表示输入的年份，则判断某年是否为闰年的条件如下：

IntYear Mod 4 = 0 And IntYear Mod 100 <> 0 Or IntYear Mod 400 = 0

而下面一段程序的输出结果是：False。

```
Private Sub Command1_Click()
    Dim a As Integer, b%
    a = 10
    b = 20
    Print a = b
End Sub
```

③参与逻辑运算的量一般应是逻辑型数据，如果参与逻辑运算的两操作数是数值时，则以数值的二进制逐位进行逻辑运算，其中 0 看成 False，1 看成 True。如：

12 And -5　'结果显示 8

逻辑运算过程如下：

数 12 的二进制表示为（以 8 位表示为例，16 位相同）：00001100；数-5 的二进制表示为（补码形式）：11111011，逻辑运算形式如下：

```
          0 0 0 0 1 1 0 0
    And   1 1 1 1 1 0 1 1
          0 0 0 0 1 0 0 0
```

运算结果是：00001000，即数是 8。

④Is 运算符用于比较对象，其使用格式如下：

Object1 Is Object2

如果 Object1 和 Object2 两者引用相同的对象，则结果为 True；否则，结果为 False。

6. 表达式的运算顺序

一个表达式由常量、变量、函数、运算符以及圆括号( )，按照一定的规则组成。该表达式的运算结果与类型是由参与运算的数据和运算符决定的。

在表达式中经常会出现不同类型数据混合运算的情形。此时，需要按一定的规则进行类型转换。转换的方法有两种：系统自动转换；使用转换函数转换。

当表达式中有多个运算符时，此时表达式要按运算符的优先级来进行运算。在 VB 的表达式中，运算按照括号、函数、算术运算、字符串运算、关系运算、逻辑运算的顺序进行。

表达式的书写规则

①表达式中的字符不区分大小写，从左到右在同一基准并排书写，不能出现上下标。

②在表达式中可以使用圆括号 "()"，可以多重使用，圆括号必须成对出现，VB 表达式中的乘号 "*" 不能省略。

③运算符不能相邻，例 x+-y 是错误的。

④能用内部函数的地方尽量使用内部函数。

例如，有数学表达式 $\dfrac{-b+\sqrt{b^2-4ac}}{2a}$，则在 VB 中可写成：

(-b + Sqr(b ^ 2 - 4 * a * c)) / (2 * a)

⑤可以用括号改变优先顺序，强令表达式的某些部分优先运行。括号内的运算总是优先于括号外的运算。对于多重括号，总是由内到外。

例如：500/16-6 与 500/(16-6)的结果分别是 25.25 和 50。

2.4　常用内部函数

在 VB 中，为了编程者的使用方便，系统将常用的一些数学、统计等公式，以程序的方式编写出来，并将这些程序命名为函数（又称为库函数），供其他程序调用。函数分为内部函数和用户自定义函数（将在第 6 章中给予介绍）两类。VB 提供了上百种内部函数。

VB 内部函数分为数学函数、字符串函数、日期时间函数、转换函数与其他函数等 5 类。一般函数的调用方法如下：

函数名（参数列表） '有参函数
函数名　　　　　　 '无参函数
说明：

①使用库函数要注意参数的个数及其参数的数据类型。

②VB 函数的调用只能出现在表达式中，目的是使用函数取得一值。

③要注意函数的定义域（自变量或参数的取值范围）和值域。如：sqr(x)要求：x>=0；而函数 exp(23773)的值就超出实数在计算机中的表示范围。

2.4.1　数学函数

VB 提供了大量的数学函数。常用数学函数有三角函数、指数函数、对数函数、平方根函数及绝对值函数等。常用的数学函数如表 2-9 所示。

表 2-9　常用数学函数

函数名	说明	例子	结果
Abs(N)	取绝对值	Abs(-5.6)	5.6
Atn(N)	取反正切函数	Atn(0)	0
Cos(N)	取余弦函数	Cos(3.14152)	≈1
Exp(N)	e 为底的指数函数，即 e^N	Exp(3)	20.086
Log(N)	计算以 e 为底的自然对数	Log(10)	2.3026
Rnd[(N)]	产生随机数	Rnd	[0,1)之间的随机小数
Round(N[,nDec])	按照指定的小数位数 nDec 对数值 N 进行四舍五入运算，并得到结果；如果忽略 nDec，则 Round 函数返回整数	Round(12.345,2) Round(-35.678)	12.34 -36
Sgn(N)	符号函数	Sgn(-3.5)	-1
Sin(N)	取正弦函数	Sin(0)	0
Sqr(N)	平方根	Sqr(25)	5
Tan(N)	正切函数	Tan(0)	0

说明：

①所有数学函数的参数都是数值型，计算结果也是数值型。

②参数可以是常数、变量或表达式，还可以是函数（称函数的嵌套）。

③表中的三角函数的参数的单位为弧度。例如，N 为 30°，则求正弦 Sin()值，须将 N 转化成弧度，即 Sin(N*3.1415/180)，才能得到正确的结果。

④Sgn(N)函数，当 N<0 时，返回-1；当 N=0 时，返回 0；当 N>0 时返回 1。

⑤Rnd(N)函数产生一个 0~1 之间的随机双精度数，包括 0，但不包括 1。Rnd(N)函数中的参数 N，称为种子（Seed）数。其含义如表 2-10 所示。

表 2-10　Rnd(N)参数的含义

参数 N	Rnd 生成
小于 0	每次都使用同一 N 作为随机数种子得到的相同结果
大于 0	每次都使用同一 N 作为随机数种子得到序列中的下一个随机数，Rnd(N)可简写为 Rnd
等于 0	最近生成的数

对最初给定的种子都会生成相同的数列，因为每一次调用 Rnd 函数都用数列中的前一个数作为下一个数的种子。例如，运行下面的程序，会发现程序输出的三个随机数确实随机并满足 0~1 之间，但再次运算该程序用户会发现所产生的三个随机数和上次的完全不一致。

```
Private Sub Command1_Click()
    Print Rnd(1)
    Print Rnd(2)
    Print Rnd
End Sub
```

为了解决该问题，VB 提供了产生随机数的种子语句

Randomize[N]

说明：参数 N 是 Variant 或任何有效的数值表达式，该语句可初始化随机数的种子数。如果省略 N，则用系统计时器返回的值作为新的种子值。

请运行下面程序，和上面程序相比，观察 Randomize 语句的作用。

```
Private Sub Command1_Click()
    Randomize
    Print Rnd(1)
    Print Rnd(2)
    Print Rnd
End Sub
```

为了生成某个范围内的随机整数，可使用以下公式：

$$Int((上限值-下限值+1) * Rnd+下限值)$$

例如，随机产生 100~200（不包括 100 和 200）之间的整数的表达式可写成 Int(99*Rnd+101)；如果包括 100 而不包括 200，则表达式为 Int(100*Rnd+100)。

⑥当函数的参数是另一个函数时，称为函数的嵌套调用，VB 允许多次嵌套调用。如：

```
Print Sqr(abs(-36))    '结果显示 6
```

由于嵌套在内层的函数是外层函数的参数，因此要注意内层函数值的数据类型与外层函数的参数类型是否一致或兼容，值的范围也要符合要求。如：

```
Print Log(Cos(3.1415926))
```

由于值的范围不符合要求，因此会产生运行时错误提示，如图 2-9 所示。

图 2-9　错误提示信息

2.4.2　字符串函数

VB 具有很强的字符串处理能力，在字符存储和处理时，采用了 Unicode 编码。Unicode 编码将一个汉字和一个西文字符都视为一个字符，占用两个字节存储。表 2-11 列出了常用字符串处理函数。

表 2-11　常用字符串函数

函数名	说明	例子	结果
InStr([N1],C1,C2[M])	在 C1 中从 N1 开始找 C2，省略 N1 从头开始找，找不到为 0	InStr(2,"ABCD","CD")	3
Join(A[,D])	将数组 A 各元素按 D（或空格）分隔符连接成字符串变量	A=array("123","ab","c") B=Join(A," ⌴ ")	"123 ab c"
LCase$(C)	将字符串 C 中的大写字母转换成小写字母	Lcase("China")	"china"
Left$(C,N)	取出字符串左边 N 个字符	Left$("ABCDEFG",3)	"ABC"
Len(C)	字符串长度	Len("ABCDEFG")	7
Ltrim$(C)	取掉字符串左边空格	Ltrim$("⌴⌴⌴ABCD")	"ABCD"
Mid$(C,N1,N2)	自字符串 N1 位置开始，向右取 N2 个字符	Mid$("ABCDEFG",2,3)	"BCD"
Replace$(C,C1,C2[,N1[,N2]])	在 C 字符串中，从 N1 开始用 C2 字符串替代 C1 字符串 N2 次，无 N1 表示从 1 开始	Replace("ABCDABCD","CD","123")	"AB123AB123"
Right$(C,N)	取出字符串右边 n 个字符	Right$("ABCDEF",3)	"DEF"
Rtrim$(C)	取掉字符串右边空格	Rtrim$("ABCD⌴⌴⌴")	"ABCD"
Space$(N)	产生 N 个空格的字符串	Space$(3)	"⌴⌴⌴"
Split(C,D)	与 Join 相反，将字符串 C 按分隔符 D 分隔成字符数组	S=Split("123,ab,c",",")	S(0)="123" S(1)="ab" S(2)="c"
String$(N,C)	返回由 C 中首字符组成的 N 个字符串	String$(3, "ABCDEFG")	"AAA"
Trim(C)	删除字符串 C 的前后空格	Trim("⌴⌴⌴TC⌴M⌴")	"TC⌴M"
UCase$(C)	将字符串 C 中的小写字母转换成大写字母	LCase("China")	"CHINA"
StrReverse$(C)	将字符串 C 字符顺序反向	?StrReverse$("station")	noitats

说明：

①表中的"⌴"表示一个空格。

②表中所有结果为字符串类型的函数名末尾可加 "$"。

③Mid 语句。语法格式如下：

```
Mid(C1,N1[, N2]) =C2
```

功能是字符型变量 C1 中以另一个字符串中 C2 的字符替换其中指定数量的字符，其中：C1 表示被更改的字符串变量名；N1 表示 C1 中被替换的字符开头位置；N2 表示被替换的字符数，如果省略，C2 将全部用上；C2 表示替换部分 C1 的字符串。

【例 2-4】设计一个单击窗体的应用程序，单击窗体任意处，观察下面的程序显示的结果。

```
Private Sub Form_Click()
        Dim strC1 As String, strC2$
        strC1 = "Windows"
        Mid(strC1, 3, 3) = "123456789"
        Print strC1
        strC1 = "字符串函数与运算"
        strC2 = Mid(strC1, 4, 2)
        Print strC2
        n = InStr(strC1, strC2)
        Print n, InStr(strC1, "字符子串")
        Print strC1 + "的长度是" + Str(Len(strC1))
        Print String(10, "-")
        Print "Was it a bar or a bat I saw", StrReverse("Was it a bar or a bat I saw")
End Sub
```

程序运行后，显示的结果如图 2-10 所示。

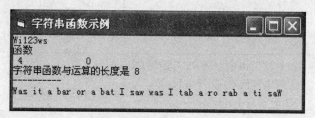

图 2-10　字符串函数示例

【例 2-5】在例 2-3 的基础上，使用字符运算符和字符串函数生成新数。

分析：将文本框中输入的任意两位数转换为字符串，用 Mid()（也可使用 Left()和 Right()）字符串函数可分别取得其左边第一位（十位）、第二位（个位）。然后将取得的个位及十位字符分别用字符运算符 "+" 或 "&" 组成新的四位数。

"生成新数"（Command1）按钮的 Click 事件代码如下：

```
Private Sub Command1_Click()
        Dim x$, y$, a$, b$, c$, d$
        x = Trim(Text1.Text)
        y = Trim(Text2.Text)
        a = Right(x, 1) '求个位数
        b = Left(x, 1)    '求十位数
        c = Mid(y, 2, 1)
        d = Mid(y, 1, 1)
        Text3.Text = a + c + b + d '也可使用 Text3.Text = a & c & b & d
End Sub
```

2.4.3　日期和时间函数

日期和时间函数提供时间和日期信息。缺省日期格式为："mm/dd/yy"，时间格式："hh:mm:ss"。常用的日期时间函数如表 2-12 所示。

表 2-12　常用的日期时间函数

函数名	说明	例子	结果
Date[$][()]	返回系统日期	Date$()	"2010-7-18"
DateValue(C)	同上，但自变量为字符串	DateValue("2010,05,12")	"2010-5-12"
Day(C|D|N)	返回日期代号 1～31	Day("97,05,01")	1
Hour(C|D|N)	返回日期型数据的小时值	Hour("15:30:25")	15
Minute(C|D|N)	返回日期型数据的分钟值	Minute("15:30:25")	30
Month(C|D|N)	返回月份代号 1～12	Month("97,05,01")	5
MonthName(N)	中文月份	MonthName(6)	六月
Now	返回系统日期和时间	Now	2010-7-2 12:18:52
Second(C|D|N)	返回日期型数据的秒值	Second("15:30:25")	25
Time[$][()]	返回系统时间	Time	12:19:13
WeekDay(C|D|N)	返回星期代号 1～7，星期日为 1，星期一为 2	WeekDay("2010,07,02")	6，即星期五
Year(C|D|N)	返回相对于 1899-12-30 为 0 天后 365 天的年代号	Year(now) Year("2012,10,1")	2010 2012

说明：

①日期和时间函数中的 C 是一个字符串，表示的日期需用 ","、"-"、"/" 进行分隔。可以直接使用日期类型的数据，如#2010-10-1#；也可以使用数值。

②Date 和 Time 不仅可以测试系统日期和时间，还可以设置系统日期和时间。

③Weekday 函数的完整语法格式如下：

Weekday (C|D|N,[firstdayofweek])

其中：参数 firstdayofweek 为可选参数。指定一星期第一天的常数。如果未予指定，则以 vbSunday 为缺省值。firstdayofweek 可选参数设置值，如表 2-13 所示。

表 2-13　firstdayofweek 参数的设定值

常数	值	描述
VbSunday	1	星期日（缺省值）
vbMonday	2	星期一
vbTuesday	3	星期二
vbWednesday	4	星期三
vbThursday	5	星期四
vbFriday	6	星期五
vbSaturday	7	星期六

firstdayofweek 可选参数一旦设置完成后，Weekday 函数值返回值，如表 2-14 所示。

表 2-14　Weekday 函数的返回值

常数	值	描述
vbSunday	1	星期日
vbMonday	2	星期一
vbTuesday	3	星期二
vbWednesday	4	星期三
vbThursday	5	星期四
vbFriday	6	星期五
vbSaturday	7	星期六

如，以下代码可设置星期天数的起始天数：

```
Private Sub Command1_Click()
    Dim D1 As Date, W1 As Integer
    D1 = #7/2/2010#                    '指定一日期
    W1 = Weekday(D1, vbMonday)         '指定 vbMonday，即星期一为第 1 天
    Print W1                           'w1 的值为 5，因为 D1 是星期五
End Sub
```

除了上述日期和时间函数外，还有两个函数比较有用，故在此专门介绍。

（1）DateAdd 函数。使用语法格式如下：

DateAdd(interval,number,date)

说明：此函数得到在 date 指定的日期时间上增加一定时间后的日期时间；number 为一个数值表达式，表示要加上的时间间隔的数目。其数值可以为正数（得到未来的日期），也可以为负数（得到过去的日期）；interval 是一个字符串，指定增加的时间种类，取值列于下面。"yyyy"：年；"q"：季；"m"：月；"y"：一年中的日数；"d"：日；"w"：一周的日数；"ww"：周；"h"：时；"n"：分钟；"s"：秒（"y"、"d" 和 "w" 等效）。

例：DateAdd("h",26, #1/1/99#)　返回#1/2/99 02:00:00#。

（2）DateDiff 函数。使用语法格式如下：

DateDiff(interval, date1, date2[, firstdayofweek[, firstweekofyear]])

说明：此函数计算两个日期时间 date1、date2 之间的间隔，单位由 interval 指定，取值与 DateAdd 函数相同。firstdayofweek 参数指定一周是从星期几开始的，默认为星期日，1 代表星期日，2 代表星期一，以此类推。参数 firstweekofyear 指定一年中的第一个星期是如何确定的，1：为 1 月 1 日所在的星期（默认值）；2：大半在新年的那一个星期；3：全部在新年的那一个星期。使用"w"与"ww"比较的结果不同。在计算 12 月 31 日和来年的 1 月 1 日的年份差时，DateDiff 返回 1 年，虽然实际上只相差一天而已。

例：DateDiff("d",now,"10/1/2010")　'结果显示 89

2.4.4　转换函数

转换函数用于各种类型数据之间的转换。常用的转换函数如表 2-15 所示。

说明：

①函数名 Chr 和 Str 与 Chr$、Str$完全一样，结果为字符类型的函数名末尾可加 "$"。

表 2-15　常用的转换函数

函数名	说明	例子	结果
Asc(C)	字符转换成 ASCII 码值	Asc("A")	65
Chr$(N)	ASCII 码值转换成字符	Chr$(65)	"A"
CInt(N)	四舍五入取整	CInt(2.2)	2
		CInt(2.6)	3
		CInt(2.5)	2
		CInt(3.5)	4
		CInt(-3.5)	-4
Fix(N)	取整	Fix(-3.5)	-3
Hex[$](N)	十进制数转换成十六进制数	Hex(100)	64
Int(N)	正数取整同 Fix，负数取整结果为不大于 N 的最大整数	Int(-3.5)	-4
Oct[$](N)	十进制数转换成八进制数	Oct$(100)	"144"
Str$(N)	数值数据转换为字符串	Str$(123.45)	"123.45"
Val(C)	数字字符串转换为数值数据	Val("123AB")	123

注：其中 C 表示字符串，N 表示数值型数据。

②表中有些函数是互逆的，如 Asc 和 Chr、Str 和 Val。有些函数功能又很接近，如 Fix、Int、Cint。

③Cint 为四舍五入取整，当小数部分正好是 0.5 时，舍（或入）为最接近的偶数。

④与 Cint 函数相似的还有 CBool()、CByte()、CCur()、CDate()、CDbl()、CDec()、CLng()、CSng()、CStr()、CVar()、CStr()等，这些函数都可以强制将一个表达式转换成某种特定数据类型。

⑤要区别两个取整函数 Int()和 Fix()，Fix(N)为截断取整，即去掉小数后的数。Int(N)为不大于 N 的最大整数。当 N>0 时，Fix(N)与 Int(N)相同，当 N<0 时，Int(N)与 Fix(N) -1 相等。例如：

Fix(9.59) = 9, Int(9.59) = 9
Fix(-9.59) = -9, Int(-9.59) = -10

2.4.5　Format 格式函数

Format 格式函数实际上是一个转换函数，它可以将数值或日期型等数据转换成规定格式的字符串。由于转换后的格式可以由程序员规定，使用该函数很灵活。Format 格式函数也常和 Print 方法配合使用。Format 格式函数的使用语法格式如下：

Format(expression[, format[, firstdayofweek[, firstweekofyear]]])

其中：

- expression 表示要格式化的数值、日期和字符串类型的任何有效表达式；
- firstdayofweek 参数的用法，参见表 2-13 和表 2-14；firstweekofyear 表示一年的第一周，其设置值如表 2-16 所示。
- format 表示指定表达式的输出格式符，是一个有效的命名表达式或用户自定义格式字符类型表达式。输出格式有三类：数值格式、日期时间格式和字符串格式。

（1）数值格式符。当 Format 格式函数的 expression 为数值型的时候，format 格式描述符参数就要在数值格式符中选取。数值格式符如表 2-17 所示。

表 2-16　firstweekofyear 参数的设置值

常数	值	说明
vbFirstJan1	1	从包含 1 月 1 日的那一周开始（缺省）
vbFirstFourDays	2	从本年第一周开始，而此周至少有四天在本年中
VbFirstFullWeek	3	从本年第一周开始，而此周完全在本年中

表 2-17　数值格式符

格式符	功能	例子	结果
0	表示数字位，实际数字的位数少于格式符的位数时在数字前后加 0；实际数字的位数多于格式符的位数时小数四舍五入。	Format(12.356,"0.0") Format(12.356,"000.0000")	"12.4" "012.3560"
#	表示数字位，实际数字的位数少于格式符的位数时在数字前后不加 0；实际数字的位数多于格式符的位数时小数四舍五入	Format(12.356,"#.#") Format(12.356,"###.####")	"12.4" "12.356"
.	加小数点	Format(12,"0.0")	"12.0"
,	千分位	Format(1234.5678,"0,000.00")	"1,234.57"
%	加百分号	Format(12.3678,"0.0%")	1236.8%
$	在数字前强制加"$"符号	Format(12.4678,"$0.0")	$12.5
+	在数字前强制加"+"符号	Format(12.4678,"+0.0")	+12.5
-	在数字前强制加"-"符号	Format(12.4678,"-0.0")	-12.5
E+或 E-	用指数表示	Format(12.4678,"0.00E+00")	1.25E+01

（2）字符串格式符。当 Format 格式函数的 expression 为字符型的时候，format 格式描述符参数就要在字符串格式符中选取。字符串格式符如表 2-18 所示。

表 2-18　字符串格式符

格式符	功能	例子	结果
<	强制地将 expression 中的大写字母变为小写	Format("China","<")	"china"
>	强制地将 expression 中的小写字母变为大写	Format("China",">")	"CHINA"
@	表示字符位，实际字符位数小于格式符数量时，字符前加空格	Format("China","@@@@@@@@")	"␣␣␣China"
&	表示字符位，实际字符位数小于格式符数量时，字符前不加空格	Format("China","&&&&&&&&")	"China"

（3）日期时间格式符。当 Format 格式函数的 expression 为日期时间型的时候，format 格式描述符参数就要在日期时间格式符中选取。日期时间格式符如表 2-19 所示。

例如，如下程序可显示指定格式的日期和时间。

```
Private Sub Command1_Click()
    Debug.Print Format(Date, "MM-DD-YYYY")  '显示 07-04-2013
    Debug.Print Format(Date, "YY-M-D")       '显示 13-7-4
```

```
Debug.Print Format(#5:04:23 PM#, "h:m:s")              '返回"17:4:23"。
Debug.Print Format(#5:04:23 PM#, "hh:mm:ss AM/PM")      '返回"05:04:23 PM"。
Debug.Print Format(#7/27/2013#, "dddd, mmm d yyyy")
' 上面语句返回 "Tuesday, Jul 27 2013"。
End Sub
```

表 2-19　日期时间格式符

格式符	功能	格式符	功能
d	显示日期（1～31），个位前不加 0	dd	显示日期（1～31），个位前加 0
ddd	显示星期缩写（Sun～Sat）	dddd	显示星期全名（Sunday～Saturday）
ddddd	显示完整日期（yy/mm/dd）	dddddd	显示完整长日期（yyyy 年 m 月 d 天）
w	星期为数字（1～7，星期日为 1）	ww	一年中的星期数（1～53）
m	显示月份（1～12），个位前不加 0	mm	显示月份（1～12），个位前加 0
mmm	显示月份的缩写（Jan～Dec）	mmmm	显示月份的全名（January～December）
y	显示一年中的天数（1～365）	yy	显示两位数的年份（00～99）
yyyy	显示四位数的年份（0100～9999）	q	显示季度数（1～4）
h	显示小时（0～23），个位前不加 0	hh	显示小时（00～23），个位前加 0
s	显示秒数（0～59），个位前不加 0	ss	显示秒数（00～59），个位前加 0
ttttt	显示完整时间（小时、分和秒），默认格式为 hh:mm:ss	AM/PM am/pm	12 小时制的时钟，中午前的时间加 AM 或 am，中午后加 PM 或 pm
A/P a/p	12 小时制的时钟，中午前的时间加 A 或 a，中午后加 P 或 p		

【例 2-6】设计一个应用程序，模仿 Word 字处理软件的"替换"功能。程序运行效果如图 2-11 所示。

分析：模仿 Word 字处理软件的"替换"功能，可使用下面两种功能。

①利用查找函数 InStr()和取子串（Left()、Right()、Mid()）等函数实现。

②利用替换函数 Replace()实现。

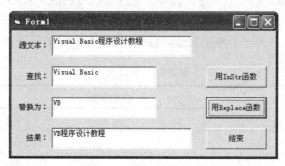

图 2-11　例 2-6 运行界面

设计方法与步骤如下：

①在 VB 环境下，创建一个含一个窗体的工程，然后在窗体中添加 4 个标签控件 Label1～4、4 个文本框控件 Text1～4 和 3 个命令按钮控件 Command1～3。

②设计窗体上各控件与控件布局。标签控件 Label1～4 的 Caption 属性分别为"源文本："、

"查找："、"替换为："和"结果："；3 个命令按钮控件 Command1～3 的 Caption 属性分别为"用 InStr 函数"、"用 Replace 函数"和"结束"；各控件其他属性均采用默认值。根据需要，对窗体与窗体上各控件的位置和大小做适当调整。

③编写适当的事件代码。

- "用 InStr 函数"命令按钮（Command1）的 Click 事件代码

```
Private Sub Command1_Click()
        Text1 = Trim(Text1)
        Text2 = Trim(Text2)
        i = InStr(Text1, Text2)    '在 Text1 中查找出现 Text2 内容的位置
        k = i + Len(Text2)         '定位右子串的起始位置
        Ls = Left(Text1, i - 1)
        Text4 = Ls + Text3 + Mid(Text1, k)
        Rem 左子串连接所替换的子串，再连接右子串，实现替换
End Sub
```

- "用 Replace 函数"命令按钮（Command2）的 Click 事件代码

```
Private Sub Command2_Click()
        Text1 = Trim(Text1)
        Text2 = Trim(Text2)
        Text4 = Replace(Text1, Text2, Text3)
End Sub
```

- "结束"命令按钮（Command3）的 Click 事件代码

```
Private Sub Command3_Click()
        End
End Sub
```

2.4.6 Shell 函数与 DoEvent 函数

1. Shell 函数

在 VB 中不但可以调用内部函数，还可以使用 Shell 函数调用各种应用程序。Shell 函数的使用语法格式如下：

Shell(pathname[,windowstyle])

其中：参数 pathname 是一个命令字符串，包括要执行的应用程序名（含路径），它必须是可执行的文件（扩展名为.com、.exe、.bat 或者.pif）；参数 windowstyle 表示窗口的类型，即执行应用程序的窗口大小，为一个整型数值。参数 windowstyle 的设置如表 2-20 所示。

表 2-20　窗口类型

窗口类型	内部常数	意义
vbHide	0	窗口不显示
vbNormalFocus	1	正常窗口，有指针
vbMinimizedFocus	2	最小窗口，有指针
vbMaximizedFocus	3	最大窗口，有指针
vbNormalNoFocus	4	正常窗口，无指针
vbMinimizedNoFocus	6	最小窗口，无指针

例如，如果程序在运行时要切换到 DOS 界面，则调用 Shell 函数如下：

图 2-12　将标签控件设置为超链接

```
I=Shell("C:\COMMAND.COM",1)
```

【例 2-7】设计一个应用程序，程序运行效果如图 2-12 所示。程序在运行时，把标签表现为超链接的样子（将鼠标移上时改变其颜色及字体）。用鼠标单击时，调用 Shell 语句执行一个外部命令，运行结果如图 2-12 所示。

相关程序代码如下：

```
Private Sub Form_MouseMove(Button As Integer, Shift As Integer, X As Single, _
Y As Single)
        Label1.FontUnderline = False
        Label1.FontBold = False
        Label1.ForeColor = vbBlack
        Label1.MousePointer = vbDefault
End Sub
Private Sub Label1_MouseMove(Button As Integer, Shift As Integer, X As Single, _
Y As Single)
        Label1.FontUnderline = True
        Label1.FontBold = True
        Label1.ForeColor = vbBlue
        Label1.MouseIcon = LoadPicture(App.Path & "\H_POINT.cur")
        'H_POINT.cur 可在 C:\Program Files\Microsoft Visual
        'Studio\Common\Graphics\Cursors 查找
        Label1.MousePointer = 99    '设置鼠标指针手状
End Sub
Private Sub Label1_Click()
        Shell "C:\Program Files\Internet Explorer\IEXPLORE.exe " & _
        "http://210.28.39.107/vbweb/", vbNormalFocus
End Sub
```

2. DoEvents 函数或语句

VB 程序是事件驱动的，只有在发生特定事件时，才执行该事件相应的代码，如果没有事件发生，整个程序就被 Windows 设置于闲置状态，直到下一个事件的发生。事件之间的时间称为"空闲时间"，在"空闲时间"里，VB 自动将控制权交还给 Windows，因此不占用 CPU 时间。闲置循环是当应用程序处于闲置状态时执行的操作。但执行闲置循环时，将占用全部 CPU 的时间，而不允许执行其他事件过程。

在 Windows 的多任务环境下，即使有程序在执行一个长时间任务（如循环），其他应用程序也会分到 CPU 时间，但是程序在执行该任务时，对该程序中的其他事件不进行响应。所以程序中不宜定义执行时间太长的事件过程、循环等任务。如果在长时间的处理中要能及时响应其他事件的发生，甚至取消当前已启动但耗时较长的任务（如复制一个较大的文件），可以使用 VB 提供的 DoEvents 函数或语句。DoEvents 函数或语句可以将控制权转让给操作系统，以便让操作系统处理其他的事件，然后再回到原来的程序继续执行，这样，就可以使应用程序在不放弃焦点的情况下，其他事件和程序也能得到响应。

DoEvents 函数或语句的使用格式如下：

[窗体号]=DoEvents( )　或　DoEvents

DoEvents 函数或语句的功能是转让控制权，以便让操作系统处理其他的事件。DoEvents 函数会返回一个 Integer，以代表 VB 独立版本中打开的窗体数目。如果不想使用这个返回值，则可随便用一个变量接受返回值，如：w=DoEvents()。

例如，在窗体上设计单击事件，该事件过程的代码如下：

```
Private Sub Command1_Click()
    Dim K&, L%
    For K = 1 To 100000
        w = DoEvents
        For L = 1 To 1000
        Next
        Cls
        Form1.Caption = "变量 K=" & K
    Next
End Sub
```

运行上面的程序，单击窗体，可在窗体的标题栏处显示变量 K 的值，由于加了多重循环，该程序的运行需要较长的时间。加入了 w=DoEvents 语句后，可以在执行循环的过程中进行其他操作，如重设窗口大小、把窗体缩小成图标，结束程序或运行其他应用程序等。如果没有 DoEvents，则在程序运行期间不能进行其他操作。

【例 2-8】设计一个应用程序，程序运行效果如图 2-13 所示。程序在运行时，用户可在文本框 Text1～3 中分别输入年、月、日，单击"计算星期几"（Command1）命令按钮，将在标签控件 Label4 中显示星期几，程序运行效果如图 2-13 所示。

图 2-13　例 2-8 运行效果

分析：计算某一天是星期几，可利用如下 Zeller（蔡勒）公式，公式如下：

$$w = (y + Cint(y/4) + Cint(c/4)\text{-}2 \times c + Cint(26*(m+1)/10) + d\text{-}1)\ Mod\ 7$$

其中，公式中的 y、m、d 和 c 分别表示年、月、日和世纪。

设计步骤如下：

①在 VB 环境下，创建一个新含一个窗体的工程，然后在窗体中添加 4 个标签控件 Label1～4、3 个文本框控件 Text1～3 和 1 个命令按钮控件 Command1。

②设计窗体上各控件与控件布局。标签控件 Label1～4 的 Caption 属性分别为"年："、"月："、"日："和""（空）、AutoSize 属性值为"True"；命令按钮控件 Command1 的 Caption 属性为"计算星期几"；各控件其他属性均采用默认值。根据需要，对窗体与窗体上各控件的位置和大小做适当调整。

③编写"计算星期几"命令按钮（Command1）的 Click 事件代码。

```
Private Sub Command1_Click()
    Dim y%, m%, d%, c%
    c = CInt(Text1.Text) \ 100
    y = CInt(Text1.Text) Mod 100
    m = CInt(Text2.Text)
    d = CInt(Text3.Text)
    w = (y + y \ 4 + c \ 4 - 2 * c + 26 * (m + 1) \ 10 + d - 1) Mod 7
    Label4.Caption = "星期" & Mid("日一二三四五六", w + 1, 1)
End Sub
```

④最后，运行程序，观察结果。

习题二

一、单选题

1. 以下可以作为 Visual Basic 变量名的是（　　）。

　　A）A#A　　　　　　　B）counstA　　　　　C）3A　　　　　　　D）?AA

2. 执行语句 Dim X,Y as Integer 后，以下正确的语句是（　　）。

　　A）X 和 Y 均被定义为整型变量

　　B）X 和 Y 均被定义为变体类型变量

　　C）X 被定义为整型变量，Y 被定义为变体类型变量

　　D）X 被定义为变体类型变量，Y 被定义为整型变量

3. 设有如下语句：

　　　Dim a,b As Integer

　　　c="VisualBasic"

　　　d=#7/20/2005#

以下关于这段代码的叙述中，错误的是（　　）。

　　A）a 被定义为 Integer 类型变量　　　　　　B）b 被定义为 Integer 类型变量

　　C）c 中的数据是字符串　　　　　　　　　　D）d 中的数据是日期类型

4. 在窗体的通用声明段自定义了数据类型 Students，下列（　　）定义方式是正确的。

　　A）Private Type Students　　　　　　B）Type Students

　　　　Name As String*10　　　　　　　　　Name As String*10

　　　　Studno As Integer　　　　　　　　　Studno As Integer

　　　　End Type　　　　　　　　　　　　　End Students

　　C）Type Students　　　　　　　　　　D）Type Students

　　　　Name　　　　String*10　　　　　　　Name As String*10

　　　　Studno　　　Integer　　　　　　　　Studno As Integer

　　　　End Type　　　　　　　　　　　　　End Type

5. 下面（　　）是合法的单精度型变量。

　　A）num!　　　　　　　B）sum%　　　　　　C）xint$　　　　　　D）mm#

6. 下面（　　）是合法的单精度常数。

　　A）100!　　　　　　　B）100.0　　　　　　C）1E+2　　　　　　D）100.0D+2

7. 表达式 16/4-2^5*8/4 MOD 5\2 的值为（　　）。

　　A）14　　　　　　　　B）4　　　　　　　　C）20　　　　　　　　D）2

8. 数学表达式 3≤x＜10 在 VB 中的逻辑表达式为（　　）。

　　A）3<=x<10　　　　　　　　　　　　　B）3<=x AND x<10

　　C）x>=3 OR x<10　　　　　　　　　　D）3<=x AND <10

9. 下列表达式中不能判断 X 是否为偶数的是（　　）。

　　A）X/2=Int(X/2)　　　B）X Mod 2=0　　　C）Fix(x/2)=x/2　　　D）x\2=0

10. RND 函数不可能是下列（　　）值。

　　A）1　　　　　　　　　B）0　　　　　　　　C）0.123　　　　　　D）0.00005

11. Int(198.55*100+0.5)/100 的值为（　　）。

　　A）198　　　　　　　　B）199.6　　　　　　C）198.55　　　　　　D）200

12. 设 a=2,b=3,c=4，则表达式 "Not a <= c Or 4*c = b^2 And b <> a+c" 的值是（　　）。（2006 年 9 月）

　　A）-1　　　　　　　　B）1　　　　　　　　C）True　　　　　　　D）False

13. 设 s1 和 s2 都是字符串型变量，s1="Visual Basic" : s2="b"，则下列表达式中结果为 True 的是（ ）：

    A）Mid(s1,8,1)> s2   B）Len(s1)<>2*Instr(s1, "l")

    C）Chr(66) & Right(s1,4) = "Basic"   D）Instr(Left(s1,6), "a")+60 > Asc(UCase(s2))

14. 下面正确的赋值语句是（ ）。

    A）x + y = 30   B）y = p*r^2 C）y = x + 30   D）3y = x

15. 赋值语句：a = 123 + MID("123456",3,2)执行后，a 变量的值是（ ）。

    A）"1234"   B）123   C）12334   D）157

16. 表达式 12000 + "123" & 100 的结果为 （ ）。

    A）12000123100   B）出错   C）12123100   D）12223

17. 设窗体文件中有下面的事件过程：

```
Private Sub Command1_Click()
    Dim s
    a%=100
    Print a
End Sub
```

其中变量 a 和 s 的数据类型分别是（ ）。

    A）整型，整型   B）变体型，变体型

    C）整型，变体型   D）变体型，整型

18. 语句 Print Sgn(-6^2)+ Abs(-6^2)+Int(-6^2)的输出结果是（ ）。

    A）-36   B）1   C）-1   D）-72

19. 设有声明 Dim X As Integer，如果 Sgn(X)的值为-1，则 X 的值是（ ）。

    A）整数   B）大于 0 的整数   C）等于 0 的整数   D）小于 0 的数

20. 以下叙述错误的是（ ）。（2006 年 9 月）

    A）一个工程中可以包含多个窗体文件

    B）在一个窗体文件中用 Public 定义的通用过程不能被其他窗体调用

    C）窗体和标准模块需要分别保存为不同类型的磁盘文件

    D）用 Dim 定义的窗体层变量只能在该窗体中使用

21. 以下叙述中错误的是（ ）。

    A）语句 Dim a, b As Integer 声明了两个整型变量

    B）不能在标准模块中定义 Static 型变量

    C）窗体层变量必须先声明，后使用

    D）在事件过程或通用过程内定义的变量是局部变量

22. 以下关于局部变量的叙述中错误的是（ ）。

    A）在过程中用 Dim 语句或 Static 语句声明的变量是局部变量

    B）局部变量的作用域是它所在的过程

    C）在过程中用 Static 语句声明的变量是静态局部变量

    D）过程执行完毕，该过程中用 Dim 或 Static 语句声明的变量即被释放

23. 可以产生 30～50（含 30 和 50）之间的随机整数的表达式是（ ）。

    A）Int (Rnd*21+30)   B）Int(Rnd*20+30)

    C）Int(Rnd*50-Rnd*30)   D）Int(Rnd*20+50)

24. 设 a=5，b=10，则执行 c=int((b-a)*Rnd+a)+1 后，c 值的范围为 （ ）。

    A）5～10   B）6～9   C）6～10   D）5～9

25. 执行以下程序段

```
a$="Visual Basic Programming"
b$="C++"
c$=UCase(Left$(a$,7))&b$& Right$(a$,12)后，变量 c$的值为（  ）。
```

A）Visual BASIC Programming　　　　　B）VISUAL C++ Programming

C）Visual C++ Programming　　　　　　D）VISUAL BASIC Programming

26. 以下不能输出"Program"的语句是（　　　）。

A）Print mid("VBProgram"3,7)　　　　B）Print Right("VBProgram",7)

C）Print Mid("VBProgram",3)　　　　　D）Print Left("VBProgram",7)

27. 若 N=365，下述语句中（　　　）显示的值是 33。

A）Print n - Int(n/100) * 100　　　　B）Print Int(n/10) - Int(n/100) * 10

C）Print Int(n/10) - Int(n/100)　　　 D）Print Int(n - Int(n/10) * 10)/10

28. 表达式 Str(Len("1234"))+Str(5.9)的值为（　　　）。

A）45.9　　　　　B）4　5.9　　　　　C）12345.9　　　　　D）1234　5.9

29. 表达式 A%*B&-D#\3.0+F!的结果是（　　　）。

A）整型　　　　　B）长整型　　　　　C）单精度型　　　　　D）双精度型

30. 如果 x 是一个正实数，对 x 的第 3 位小数四舍五入的表达式是（　　　）。

A）0.01*Int(x+0.005)　　　　　　　　B）0.01*Int(100*(x+0.005))

C）0.01*Int(100*(x+0.05)　　　　　　D）0.01*Int(x+0.05)

31. 在窗体上画一个名称为 Command1 的命令按钮，然后编写如下事件过程：

```
Private Sub Command1_Click()
    a$ = "VisualBasic"
    Print String(3, a$)
End Sub
```

程序运行后，单击命令按钮，在窗体上显示的内容是（　　　）。

A）VVV　　　　　B）Vis　　　　　C）sic　　　　　D）ll

32. 如果在立即窗口中执行以下操作：

```
a=8
b=9
print a>b
```

则输出结果是（　　　）。

A）-1　　　　　B）0　　　　　C）False　　　　　D）True

33. 以下语句的输出结果是（　　　）。

```
Print Format$(32548.5,"000,000.00")
```

A）32548.5　　　　B）32,548.5　　　　C）032,548.50　　　　D）32,548.50

34. 在窗体上画一个名称为 Command1 的命令按钮，然后编写如下程序：

```
Private Sub Command1_Click()
    Static X As Integer
    Static Y As Integer
    Cls
    Y = 1
    Y = Y + 5
    X = 5 + X
    Print X, Y
End Sub
```

程序运行时，三次单击命令按钮 Command1 后，窗体上显示的结果为（　　　）。

A）15 16　　　　B）15 6　　　　C）15 15　　　　D）5 6

35. 设 x=4，y=6，则以下不能在窗体上显示出"A=10"的语句是（　　　）。

A）Print A=x+y　　　　　　　　　　　B）Print"A=";x+y

C）Print "A="+Str(x+y)　　　　　　　D）Print"A="&x+y

36. 下列关于变体数据类型的叙述中正确的是（　　　）。

A）变体是一种没有类型的数据

B）给变体变量赋某一种类型数值后，就不能再赋给另一种类型数值

C）一个变量没有定义就赋值，该变量即为变体类型

D）变体的空值就表示该变体值为 0

37. 执行以下程序后输出的是（　　）。（2007 年 9 月）

```
Private Sub Command1_Click()
Ch$="AABCDEFGH"
Print Mid(Righ(ch$,6),Len(left(ch$,4)),2)
End Sub
```

A）CDEFGH　　　　　B）ABCD　　　　　C）FG　　　　　D）AB

38. 执行以下程序段后，变量 c$的值为（　　）。（2006 年 9 月）

```
a  $= "Visual Bassic Programming"
b  $= "Quick"
c  $=b$&UCase(Mid$(a$,7,6))&Right$(a$,12)
```

A）Visual Basic Programming　　　　　B）Quick Basic programming

C）Quick Basic Programming　　　　　D）Quick Basic Programming

39. 在直角坐标系中，x、y 是坐标系中任意点的位置，用 x 与 y 表示在第一或第三象限的表达式，以下不正确的是（　　）。

A）(x>0 and y>0) and (x<0 and y<0)　　　　　B）(x>0 and y>0) or (x<0 and y<0)

C）x*y>0　　　　　D）x*y=Abs(x*y)

40. 下列 4 个关于 DoEvents 语句的叙述中，正确的是（　　）。

A）DoEvents 语句是一条非执行语句

B）即使使用 DoEvents 语句，也不能改变语句执行的顺序

C）DoEvents 语句提供了在某个循环中将控制权交给操作系统的功能，可以改变和控制语句的执行顺序

D）DoEvents 语句没有返回值

二、填空题

1. 数据类型 Byte、Long 和 Single 的变量各占 ___【1】___ 、___【2】___ 和 ___【3】___ 个字节的内存。

2. 把整型数 1 赋给一个逻辑型变量，则逻辑变量的值为 ___【4】___ 。

3. 刚被定义尚未赋值的逻辑型变量的值为 ___【5】___ ；对象型变量的值为 ___【6】___ ；变体变量的值为 ___【7】___ 。

4. 对象型变量可以引用一个对象。使用 Dim objFirst As Object 语句定义一个对象型变量，如果要把名称为 cmdFirst 的命令按钮赋予它，应使用 ___【8】___ 语句。

5. 表达式 (-3) Mod 8 的值为 ___【9】___ 。

6. 判断变量 X 是不是能被 5 整除的偶数，逻辑表达式可写为 ___【10】___ 。

7. 表达式 "[A]" Like "[A]" 的值为 ___【11】___ 。

8. 如果 int1 是整型变量，则执行 int1="2"+3 语句之后，int1 的值为 ___【12】___ 。

9. 把逻辑值 True 赋给整型变量之后，此变量的值会变为 ___【13】___ 。

10. 默认情况下，所有未经显式定义的变量均被视为 ___【14】___ 类型。如果要强制变量的定义，应在模块的声明段使用 ___【15】___ 语句。

11. 变量 x%中放了一个两位数，现将两位数交换位置，例如 13 变成 31，则表达式是 ___【16】___ 。

12. 表示 x 是 5 的倍数或 9 的倍数的逻辑表达式是 ___【17】___ 。

13. 表示字符变量 s 值是字母（不区分大小写）的逻辑表达式是 ___【18】___ 。

14. 有 a=3.5，b=5.0，c=2.5，d=True，则表达式 a>=0 AND a+c > b+3 OR NOT d 的值是 ___【19】___ 。

15. 要以××××年××月××日形式显示当前机器内日期的 Format 函数格式为 ___【20】___ 。

16. 表达式 UCase(Mid("abcdefgh",3,4))的值是_____【21】_____。

17. 若已知四个变量 A=20，B=80，C=70，D=30，则表达式 A+B>160 Or (B+C>200 And Not D>60)的值是_____【22】_____。

18. 如果要在文本框 Text1 中显示"He said, "Good morning!"."（注：不包括外层的中文双引号，内层是英文双引号），则应使用以下的赋值语句：Text1.Text =_____【23】_____。

19. 描述"X 是小于 100 的非负整数"的 VB 表达式是_____【24】_____。

20. 表达式 Fix(-32.68)+Int(-23.02)的值为_____【25】_____。

21. 在窗体上画一个命令按钮，然后编写如下事件过程：

```
Private Sub Command1_Click()
        a = InputBox("请输入一个整数")
        b = InputBox("请输入一个整数")
        Print a + b
    End Sub
```

程序运行后，单击命令按钮，在输入对话框中分别输入 321 和 456，输出结果为_____【26】_____。

22. 执行下面的程序段后，b 的值为_____【27】_____。

```
a=300
b=20
a=a+b
b=a-b
a=a-b
```

23. 在窗体上画一个文本框、一个标签和一个命令按钮，其名称分别为 Text1、Label1 和 Command1，然后编写如下两个事件过程：

```
Private Sub Command1_Click()
    S$ = InputBox("请输入一个字符串")
    Text1.Text = S$
End Sub
Private Sub Text1_Change()
    Label1.Caption = UCase(Mid(Text1.Text, 7))
End Sub
```

程序运行后，单击命令按钮，将显示一个输入对话框，如果在该对话框中输入字符串"Visual Basic"，则在标签中显示的内容是_____【28】_____。

24. 语句 Print Int(12345.6789*100+0.5)/100 的输出结果是_____【29】_____。

25. *在窗体上画一个命令按钮和一个文本框，其名称分别为 Command1 和 Text1，然后编写如下代码：

```
Dim SaveAll As String
Private Sub Command1_Click()
    Text1.Text=Left(UCase(SaveAll)，4)
End Sub
Private Sub Text1_KeyPress(KeyAscii As Integer)
    SaveAll=SaveAll+Chr(KeyAscii)
End Sub
```

程序运行后，在文本框中输入 abcdefg，单击命令按钮，则文本框中显示的内容是_____【30】_____。

26. 执行以下程序段，并输入 1.23，则程序的输出结果应是_____【31】_____。

```
N=Str(inputBox("输入一个实数:"))
p=InStr(N,".")
Print Mid(N,p)
```

27. 以下程序段的输出结果是_____【32】_____。

```
x=8.5
Print int(x)+0.6
```

三、判断题

（　　）1．已知 A$="12345678"，则表达式 Val(Right$(A$,2)+mid$(A$,2,3))的值是 78234。

（　　）2．在 VB 中，Integer，Long，Single，Double 四种数据类型的取值范围是逐渐增大的，占用的存储空间也是逐渐增大的。

（　　）3．Public Pi=3.1415 可以将 Pi 定义为符号常量。

（　　）4．在 VB 中，不声明而直接使用的变量，系统默认为变体型（Variant），其默认值为 0。

（　　）5．Public 可以用来定义变量，但必须出现在通用声明段，而不能出现在过程中。

（　　）6．静态变量只能在过程中定义而不能在通用声明段中定义。

（　　）7．Dim a As Boolean,b As Boolean

　　　　　a=2

　　　　　b=3

　　　　　Print a+b

　　执行完该程序段后，程序输出的结果为 2。

（　　）8．可以用 "&"，"+"合并字符串，但是用在数值变量时，"+"可能会将两个数值加起来。

（　　）9．某一过程中的静态变量在过程结束后，静态变量及其值可以在其他过程中使用。

（　　）10．在 VB 中，运算 "D" Like "[! A-Z]" 的结果是 True。

（　　）11．表达式 5^2+3*5/2+5 mod 2.6\2 的值是 32.5。

（　　）12．一个表达式中若有多种运算，在同一层括号内，计算机按函数运算→逻辑运算→关系运算→算术运算的顺序对表达式求值。

（　　）13．设有如下变量声明：Dim TestDate As Date，为变量 TestDate 正确赋值的表达式是 TestDate=#"1/1/2002"#。

（　　）14．用符号常量可以表示不定型数据。

（　　）15．语句 Print Int(134.69)>=Cint(134.69) 的输出结果为 True。

（　　）16．设 a=3，b=5，表达式(a> b)Or(b>0)的值为真。

（　　）17．设有如下声明：

　　　　　Dim x As Integer

　　如果 Sgn(x)的值为-1，则 x 的值是大于 0 的整数。

（　　）18．如果 x 是一个正实数，对 x 的第 3 位小数四舍五入的表达式是 0.01*Int(100*(x+0.005))。

（　　）19．下列语句的输出结果是 3.14%。

　　　　　a%=3.14156

　　　　　Print a%

（　　）20．"x 是小于 100 的非负数"，用 VB 表达式表示正确的是 0<=x Or x<100。

参考答案

一、单选题

1	2	3	4	5	6	7	8	9	10	11	12	13	14	15
B	D	A	B	A	A	B	B	D	A	C	D	C	C	D
16	17	18	19	20	21	22	23	24	25	26	27	28	29	30
C	C	C	D	B	A	D	A	C	B	D	C	A	D	B
31	32	33	34	35	36	37	38	39	40					
A	C	C	D	A	C	C	D	A	C					

CR

二、填空题

【1】1　　　　　　　　　　　　　【2】4

【3】4　　　　　　　　　　　　　【4】True

【5】False　　　　　　　　　　　【6】Nothing

【7】Empty　　　　　　　　　　　【8】Set objFirst = cmdFirst

【9】-3　　　　　　　　　　　　　【10】(X Mod 5)=0 And (X Mod 2)=0 或 X Mod 10=0

【11】False　　　　　　　　　　　【12】5

【13】-1　　　　　　　　　　　　 【14】Variant

【15】Option Explicit　　　　　　【16】(x mod 10) * 10 + x\10

【17】x mod 5 OR x mod 9　　　　【18】UCase(s)>='A' AND UCase(s)>='Z'

【19】False　　　　　　　　　　　【20】Format(date,"yyyy 年 mm 月 dd 日")

【21】CDEF　　　　　　　　　　　【22】False

【23】"He said, ""Good morning! ""."　　【24】X<100 and X>=0 and X=int(X)

　　　　　　　　　　　　　　　　　　　或 X%<100 And X%0>=0

【25】56　　　　　　　　　　　　　【26】321456

【27】300　　　　　　　　　　　　 【28】Basic

【29】12345.68　　　　　　　　　　【30】ABCD

【31】.23　　　　　　　　　　　　　【32】8.6

三、判断题

1	2	3	4	5	6	7	8	9	10	11	12	13	14	15
√	√	√	×	√	√	×	√	×	×	√	×	×	×	×

16	17	18	19	20
√	×	√	×	×

第3章　程序的控制结构及应用

本章学习目标

- 掌握程序设计中的数据输入和输出方式。
- 掌握 VB 的集成开发环境的使用方法。
- 学会使用 If 语句、Select Case 语句以及条件函数实现程序中的选择结构。
- 掌握 For 语句、Do While 语句或 While 语句在循环语句的应用
- 学会退出循环语句 Exit 的用法以及多重循环的实现。

本章将为读者介绍 VB 中的数据输入和输出方法、顺序结构、选择结构和循环结构的各种编程用法技巧。

程序是人们事先编制好的语句序列，程序以文件的形式保存在指定的磁盘中，称为程序文件。程序文件中未编译的按照一定的程序设计语言规范书写的文本文件称为源代码（也称源程序）。计算机按照一定顺序执行这些语句，逐步完成整个工作。

程序类似于作文，是有一定结构的，即有"启、承、转、合"等部分。每一部分由一个或几个自然段组成，但结构的顺序可以不同。为了描述语句的执行过程，VB 语言提供了一套控制机制，它的作用是控制语句的执行过程，这种机制称为"控制结构"。把"控制结构"所用的语句或命令称为结构控制语句。

20 世纪 60 年代末，著名学者 E.W.Dijkstra（迪克斯特拉）首先提出了"结构化程序设计"（Structured Programming）的思想。这种思想要求程序设计者按照一定的结构形式来设计和编写程序，使程序易阅读、易理解、易修改和易维护。这个结构形式主要包括两方面的内容：

（1）在程序设计中，采用自顶向下、逐步求精的设计方法。按照自顶向下、逐步细化的设计方法，应用程序设计过程应自顶向下分成若干层次，逐步加以解决：每一层次是在前一层次的基础上，对前一层设计的细化，整个过程形成一个树结构。这样，一个较复杂的大问题，就被层层分解成为多个相对独立的、易于解决的小模块，有利于程序设计工作的分工和组织，也使调试工作比较容易进行。

在程序设计中，编写程序的控制结构仅由三种基本的控制结构——顺序结构、选择结构和循环结构组成。

（2）一个入口，一个出口。程序结构只有一个入口，最终只有一个出口。结构内的每一部分都有机会被执行到，也就是说，对每一部分结构来说，都应该有一条从入口到出口的路径通过。结构内没有死循环。

（3）详细描述处理过程常用三种工具：图形、表格和语言，其中图形有程序流程图、N-S图、PAD 图；表格为判定表；语言为过程设计语言（PDL）。

（4）没有 GOTO 语句。在 VB 中，系统提供了 GOTO 语句，但要谨慎严格控制 GOTO 语句的使用，仅在下列情形才可使用：

①用一个非结构化的程序设计语言去实现一个结构化的构造。

②在某种可以改善而不是损害程序可读性的情况下。

VB 提供的控制结构有以下四种：

（1）顺序结构。

（2）分支结构（也称为"选择结构"）。语句有：If 语句、Select Case 语句。

（3）循环结构。Do…Loop 语句、For…Next 语句、While…Wend 语句等。

（4）跳转结构。GoTo 语句、GoSub 语句。

控制结构流程图如图 3-1 所示。

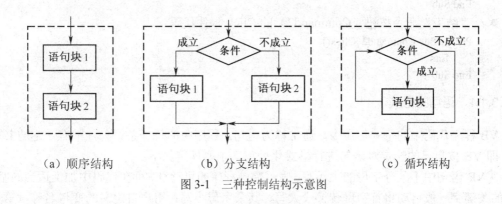

（a）顺序结构　　　　　（b）分支结构　　　　　（c）循环结构

图 3-1　三种控制结构示意图

3.1　顺序结构

顺序结构是一种最简单的程序结构，它按从上到下的顺序执行程序，如图 3-1（a）所示。也就是说，先执行语句块 1，再执行语句块 2。各语句块既可以是一条语句，也可以由多条语句构成。

VB 中的语句是执行具体操作的指令，在 VB 中构成顺序结构的主要有赋值语句、输入语句、输出语句等。输入、输出语句可以通过文本框控件、标签控件、Print 方法、InputBox 函数、MsgBox 函数和过程等来实现。

图 3-2　例 3-1 运行效果

【例 3-1】设计一个应用程序，程序运行效果如图 3-2 所示。程序在运行时，用户可在文本框 Text1 中输入一个摄氏温度值，单击"转换"（Command1）命令按钮，将摄氏温度值转换成华氏温度值。

分析：将摄氏温度值转换成华氏温度值，可依据如下公式：

$$F=C \times 1.8 - 32$$

其中，公式中的 C 和 F 分别代表摄式温度值和华氏温度值。

设计步骤如下：

①在 VB 环境下，创建一个新含一个窗体的工程，然后在窗体中添加两个标签控件 Label1~2、两个文本框控件 Text1~2 和两个命令按钮控件 Command1~2。

②设计窗体上各控件与控件布局。标签控件 Label1~2 的 Caption 属性分别为"摄氏（Centigrade）温度："和"华氏（Fahrenheit）温度："、AutoSize 属性值为"True"；命令按钮控件 Command1 和 Command2 的 Caption 属性分别为"转换"和"结束"；各控件其他属性均

采用默认值。根据需要，对窗体与窗体上各控件的位置和大小做适当调整。

③编写两个命令按钮控件的 Click 事件代码

● "转换"命令按钮（Command1）的 Click 事件代码

```
Private Sub Command1_Click()
    Dim C As Single, F As Single 'C 和 F 分别表示摄氏和华氏温度
    C = Text1.Text
    F = C * 1.8 + 32
    Text2.Text = F
End Sub
```

● "结束"命令按钮（Command2）的 Click 事件代码

```
Private Sub Command2_Click()
    End
End Sub
```

3.1.1　语句的格式

VB 程序代码中的每一句命令，通常称为语句。程序中的每一条语句，都有一定的书写规则，即 VB 按自己的约定对语句进行格式化处理，主要规定如下：

①VB 语句中不区分字母的大小写。为了提高程序的可读性，可在代码中加上适当的空格。VB 的关键字一般自动将首字母转换成大写，其余字母小写；用户自定义的变量名等以第一次输入为准。

②每条语句占一行，以回车结束。多个语句写在同一行时，各语句之间用冒号":"隔开，如：

```
Temp=x : x=y :y=Temp
```

③一个语句行长度不得超过 1023 个字符。如果一个语句行太长，一行全部书写，其阅读不方便，可以换行。换行时需在本行后加入续行符，即 1 个空格加下划线 "_"，如：

```
Shell "C:\Program Files\Internet Explorer\IEXPLORE.exe " & _
        "http://210.28.39.107/vbweb/", vbNormalFocus
```

④VB 程序中允许使用行号和标号，但不是必须要用。行号是一个整型数，与语句代码用空格分隔，通常不使用行号；标号是以字母开始而以冒号结束的字符串，在 VB 程序设计中，标号一般用在转向语句中，但尽量不用转向语句。

3.1.2　赋值语句

赋值语句是程序设计中最基本的语句，用于改变变量或对象属性的值。赋值语句的一般形式为：

```
变量名 = 表达式
```

或

```
对象名.属性 = 表达式
```

赋值语句将计算右边表达式的值，然后赋给左边的变量或控件属性。表达式可以是任何类型的表达式，一般应与变量名的类型一致，当表达式的类型与变量的类型不一致时，强制转换成左边的类型。

例如：

```
Total = 100        '把数值常量 100 赋给变量 Total
N=N+1              '将变量 N 的值加 1 后再赋给 N
```

```
Text1.Text = "Hello China!"          '为文本框显示字符串
Text1.Tex t= ""                      '清除文本框的内容
```

说明：

①赋值号与关系运算符等于都用"="表示，但系统不会产生混淆，会根据所处的位置自动判断是何种意义的符号。也就是在条件表达式中出现的是等号，否则是赋值号。

例如：赋值语句 a=b 与 b=a 是两个结果不相同的赋值语句，而在关系表达式中 a=b 与 b=a 两种表示方法是等价的。

②赋值号左边只能是变量，不能是常量、常数符号、表达式。下列语句均为错误的赋值语句：

```
sin(x) = x + y      '左边是表达式，即标准函数的调用
5 = x + y           '左边是常量
x + y = 5           '左边是表达式
```

③不能在一条赋值语句中，同时给多个变量赋值。

例如：要对 x，y，z 三个变量赋初值 1，如下书写语法上没错，但结果不正确：

```
Dim a%, b%, c%
a = b = c = 1
```

执行该语句前 a，b，c 的变量值默认是 0，VB 在编译时，将右边两个"="作为关系运算符处理，先进行 b=c 比较，结果为 True(-1)；接着比较 True=1，比较结果为 False(0)；最后将 False 赋值给 a。由于 a 被定义为整数，Falsc 赋值给 a 时，转化为 0。因此最后三个变量中的值仍为 0，正确书写应用三个赋值语句分别完成，即：

```
a=1
b=1
c=1
```

3.1.3　注释语句

常常在程序适当的位置加上必要的注释，可以提高程序的可读性。注释语句以 Rem 或单引号"'"开始。

格式如下：

[Rem|'] 注释内容

说明：

①注释语句常用于下列情况：用于程序的开头，说明程序的名称、用途、编写者和日期等；用于过程（子程序）的开头，说明过程的作用、参数的传递、返回值、使用的方法等；用于一些语句组的开头或某条语句的后面，说明其作用或解释；对一些重要变量，说明其含义、性质、取值等。

②注释语句是非执行语句，仅对程序的有关内容起说明作用，注释语句不被解释和编译，但在程序清单中注释被完整地列出。注释语句可使用任何字符或汉字。

③注释语句不能放在续行符的后面。

3.1.4　结束语句

结束语句（End）用于结束一个应用程序的执行，强迫终止应用程序，卸载该程序中的所有窗体。结束语句的语法格式如下：

End

例如，窗体的单击事件代码如下：

```
Private Sub Form_Click()
```

　　　　　　End
　　　　　End Sub
　　程序运行时单击窗体任意处，程序自动退出。

　　说明：

　　①结束语句（End）可以放在过程中的任何位置，其作用是关闭代码执行、关闭以 Open 语句打开的文件并清除变量。

　　②在执行时，End 语句会重置所有模块级别变量和所有模块的静态局部变量。End 语句不调用 Unload、QueryUnload、Terminate 事件或任何其他 VB 代码，只是强制地终止代码执行。

　　在 VB 中还有多种形式的 End 语句，用于结束一个程序块或过程。其形式有：End Function、End If、End Select、End Sub、End Type、End With 等，它们与对应的语句配对使用。

3.2　数据的输入和输出

　　一个 VB 程序通常包含三个部分，即输入、处理和输出。输入、输出就是把要处理的初始数据通过某种外部设备，如键盘、磁盘文件等，输入到计算机的存储器中。数据处理完毕后，可将结果输出到指定设备，如显示器、打印机或磁盘等。

　　VB 中常用的输入方式有：键盘输入数据函数 InputBox，文本框、列表框、组合框、复选框等控件；常用的输出方式有：Print 方法、MsgBox 函数，文本框、标签控件等。文本框控件的使用已在第 1 章给予了介绍，这里我们只介绍 Print 方法、InputBox 函数、MsgBox 函数等函数或方法的使用。

3.2.1　利用 Print 方法输出数据

　　在窗体、图片框、Printer（打印机）、Debug（立即窗口）等对象中可以使用 Print 方法输出文本字符串和表达式的值。

　　Print 方法的语法格式如下：

　　　　[<对象名称>.] Print [[Spc(n) | Tab(n)]] [表达式列表][; | ,]

　　说明：

　　（1）"对象名称"可以是窗体（Form）、图形框（PictureBox）、打印机（Pinter）或 Debug（立即窗口）。缺省对象为当前窗体。例如：

　　　　Form1.Print "Welcome to Visual Basic"

　　把字符串"Welcome to Visual Basic"在窗体 Form1 上打印出来，如果省略"对象名称"，则字符串"Welcome to Visual Basic"直接被输出到当前窗体上。

　　（2）"表达式列表"是一个或多个表达式，可以是数值表达式或字符串。对于数值表达式，打印出表达式的值；对于字符串则照原样输出。如果省略"表达式表"，则输出一个空行。

　　输出数据时，数值数据的前面有一个符号位，后边有一个空格，但字符串前面既不需要符号位，后面也没有空格。

　　如果使用","（逗号）分隔符，则分隔符后的表达式将以标准格式在下一个打印区（每行以 14 个字符为单位划分为若干区，每个区段称为一个打印区，每个打印区有 14 个字符宽度）的起始位置输出。

　　如果使用";"（分号）分隔符，则下一个表达式将按紧凑格式紧跟在上一个表达式后面无间隔地输出。

【例 3-2】观察 Print 语句中各表达式的输出情况。为新工程的默认窗体 Form1 中添加一个命令按钮 Command1，设置该控件的 Caption 属性为"观察 Print 输出格式"。编写命令按钮的单击事件代码如下：

```
Private Sub Command1_Click()
        Print "12345678901234567890123456789012345678901234567890"
        Print "|", "|", "|", "|", "|" '为每个打印区的起始位置做标记
        Print "12345678901234567890123456789012345678901234567890"
        Print "aaaaaaaaaaaaa", "b", "c", "d" '观察分隔符","的输出情况
        Print "12345678901234567890123456789012345678901234567890"
        Print "aaaaaaaaaaaaa"; "b"; "c"; "d" '观察分隔符";"的输出情况
        Print "12345678901234567890123456789012345678901234567890"
        Print "aaaaaaaaaaaaa"; "b"; "c"; "d" '观察分隔符";"的输出情况
        Print "12345678901234567890123456789012345678901234567890"
        Print "aaaaaaaaaaa", "b", "c", "d"
        '观察前一个打印区未超出打印区时，后一个表达式的输出情况
        Print "12345678901234567890123456789012345678901234567890"
        Print "aaaaaaaaaaaaaaaaaa", "b", "c", "d"
        '观察前一个打印区超出打印区时，后一个表达式的输出情况
        Print "abc"; 12; 56
        Print "abc"; -12; -56
    End Sub
```

程序运行后，单击命令按钮，则程序执行结果如图 3-3 所示。

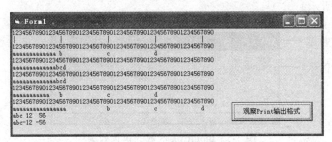

图 3-3　例 3-2 运行效果图

（3）Print 语句句尾无分号或逗号，表示输出后换行。

（4）表达式可以使用 Spc(n)函数和 Tab(n)函数对输出基准进行定位。

①Spc(n)函数表示从当前打印位置起空 n 个空格。Spc(n)函数与前面所学过的 Space(n)函数的区别是：Spc(n)跳过指定数量的空格位，而 Space(n)函数产生指定数量的空格，是一个字符类型的函数。

②Tab(n)函数用于指定下一个输出项（表达式）起始的输入位置，整型参数 n 对应的编号是从一行的第一个字符起计数的数（n≥0），即：从最左端开始计算的第 n 列。如缺省 n，则默认下一个表达式定位于下一个打印区的起始位置。

当输出数据项之间用分号";"隔开时，如果 Tab(n)函数所处位置的前一项已经输出到第 m 个字符位置，而 n 的值小于等于 m，Tab(n)函数后面的下一个表达式将在下一行的第 n 个字符位置输出。

当输出数据项之间用逗号","隔开时，如果 Tab(n)函数所处位置的前一项已经有输出，n 的值小于等于打印区宽度的倍数即 14 的倍数 m 时，Tab(n)函数后面的下一个表达式将在下一行的第 n 个字符位置输出。

③Spc 函数与 Tab 函数的区别是：Tab 函数从对象的左端开始记数，而 Spc 函数表示两个输出项之间的间隔。

（5）在 Print 语句的行尾如果使用"；"分隔符，则下一个 Print 语句输出的内容将紧跟在当前 Print 语句所输出文本的后面；行尾如果使用"，"分隔符，则下一个 Print 语句输出的内容将在当前 Print 语句所输出文本后的下一个打印区输出。

如果 Print 语句的行尾没有分隔符，则在输出当前 Print 语句中所有的表达式之后，将自动换行，因此下一个 Print 语句所输出的内容将在下一行输出。

【例 3-3】观察 Print 语句中 Spc(n)函数和 Tab(n)函数对表达式输出情况的影响。在新建工程的窗体上设置单击事件，编写代码如下：

```
Private Sub Form_Click()
    Print "123456789012345678901234567890"
    Print "XX"; Spc(3); "YY"; Spc(3); "ZZ"
    Print "123456789012345678901234567890"
    Print "QQ"; Tab(15); "PP"; Tab(25); "RR"; Tab(11); "SS"
End Sub
```

该程序运行后，单击窗体即可看到输出结果，如图 3-4 所示。　　图 3-4　例 3-3 运行效果图

3.2.2　InputBox 函数

VB 程序在执行过程中，可以通过 InputBox 函数交互式地进行数据的输入。用户输入框的运行界面如图 3-5 所示。

图 3-5　InputBox 函数的执行效果图

InputBox 函数的语法格式如下：

InputBox(<prompt>[,<title>][,<default>][,<xpos>][,<ypos>][,helpfile,context])

功能：InputBox 函数产生一个对话框，作为输入数据的界面，等待用户输入内容，当用户单击"确定"按钮或按回车键，函数返回输入的值，其值的类型为字符串（String）。因此，实际使用的时候常常通过赋值语句把 InputBox 函数的值赋给某个变量。如果这个变量需要的是一个数值型的值，那么要用 Val()函数把 InputBox 函数返回的值转换成数值型，如：

Cj=Val(InputBox("VB 程序设计" & Chr(10) & Chr(13) & "上机成绩：", "输入上机成绩", 60))

说明：

（1）参数 prompt 是一个字符串表达式，在对话框中显示一个提示信息，最大长度 1024 个字符，可为汉字，可以自动换行；若要按自己的要求显示，必须在每行行末加回车符 Chr(13)、换行符 Chr(10)或回车换行符的组合 Chr(13)&Chr(10)来分隔（或使用 vbCrLf 符号常数）。

（2）参数 title 是一个字符串表达式，指定对话框的标题，在对话框的标题区显示。若省略，默认为当前工程名。

（3）参数 default 是一个可选项字符串表达式，指定默认输入值。当输入对话框中无输入时，则该默认值作为输入的内容。不指定该项时，InputBox 对话框中的文本输入框为空，等待用户键入信息。

（4）参数 xpos 和 ypos 是一个整型表达式，分别表示对话框的左上角相对于屏幕左上角的 x、y 坐标，单位为 twip。省略时，对话框出现在屏幕水平、垂直中间的位置。

（5）参数 helpfile 和 context 必须配对使用。helpfile 是一个字符串变量或字符串表达式，用来表示帮助文件的名字；context 是一个数值变量或表达式，用来表示相关帮助主题的帮助目录号。

使用 helpfile 和 context 参数时，必须编写并编译帮助文件，即 helpfile 所指的文件，才能真正得到帮助信息。

在使用 InputBox 函数时，还应注意：

（1）各项参数次序必须一一对应，除了<prompt>（提示）一项不能省略外，其余各项均可省略，处于中间的默认部分要用逗号占位符跳过。

（2）每执行一次 InputBox，只能输入一个数据，在实际应用中，如果需要输入多个值，常常与循环语句或数组结合使用。

【例 3-4】编写程序，输入姓名、年龄和两门课的成绩，在窗体上打印姓名、年龄和两门课的总分，用 InputBox 函数输入数据。

①在新建工程的窗体上设置单击事件，编写代码如下：

```
Private Sub Form_Click()
        Title$ = "InputBox 函数示例"
        Msg1$ = "请输入你的姓名"
        Msg2$ = "请输入你的年龄"
        Xm$ = InputBox(Msg1, Title)
        Age% = InputBox(Msg2, Title)
        Msg1 = "请输入第一门课的成绩"
        Msg2 = "请输入第二门课的成绩"
        Num1% = InputBox(Msg1, Title)
        Num1 = Val(Num1)
        Num2% = Val(InputBox(Msg2, Title))
        Cls
        Print "姓名："; Xm; ","; "年龄："; Age; ","; "总成绩："; Num1 + Num2
    End Sub
```

②运行程序，程序运行后，单击窗体。在首先弹出的对话框中输入你的名字，比如输入"John"，确定或按回车键。再接着出现的年龄对话框中，输入你的年龄，比如 18，确定后在接着出现的两个对话框中分别输入两门课的成绩，比如 80 和 96。则在窗体上将输出：

　　姓名：John，年龄：18，总成绩：176

3.2.3　MsgBox 函数和语句

MsgBox 函数又称为消息框函数，简称消息框。该函数用于输出数据，它会在屏幕上显示一个对话框。在对话框中显示消息，等待用户单击按钮，并返回一个值指示用户单击的按钮。MsgBox 函数或语句的运行界面如图 3-6 所示。

MsgBox 函数或语句的语法使用格式如下：

MsgBox (prompt[, buttons][, title][, helpfile, context])

图 3-6　MsgBox 函数的执行效果图

说明：

（1）MsgBox 函数在实际应用中最常用的是前三个参数。MsgBox 函数主要参数意义如表 3-1 所示。

表 3-1   MsgBox 函数各参数意义

参数	描述
prompt	作为消息显示在对话框中的字符串表达式。prompt 的最大长度大约是 1024 个字符，这取决于所使用的字符的宽度。如果 prompt 中包含多个行，则可在各行之间用回车符（Chr(13)）、换行符（Chr(10)）或回车换行符的组合（Chr(13) & Chr(10)）分隔各行
buttons	数值表达式，是表示指定显示按钮的数目和类型、使用的图标样式、默认按钮的标识以及消息框样式的数值的总和。如果省略，则 buttons 的默认值为 0
title	显示在对话框标题栏中的字符串。如果省略 title，则将应用程序的名称显示在标题栏中
helpfile	字符串表达式，用于标识为对话框提供上下文相关帮助的帮助文件。如果已提供 helpfile，则必须提供 context
context	数值表达式，用于标识由帮助文件的作者指定给某个帮助主题的上下文编号。如果已提供 context，则必须提供 helpfile

（2）参数 Buttons 的意义。参数 Buttons 是一个数值表达式，由 4 个部分组成，用于指定消息框中按钮的数量及形式和消息框使用的图标样式，如表 3-2 所示。

表 3-2   Buttons 参数的意义

组成	常数	值	描述
第一部分：按钮的种类和个数	vbOKOnly	0	只显示 确定 按钮
	vbOKCancel	1	显示 确定 和 取消 按钮
	vbAbortRetryIgnore	2	显示 终止(A) 、 重试(R) 和 忽略(I) 按钮
	vbYesNoCancel	3	显示 是(Y) 、 否(N) 和 取消 按钮
	vbYesNo	4	显示 是(Y) 和 否(N) 按钮
	vbRetryCancel	5	显示 重试(R) 和 取消 按钮
第二部分：图标样式	vbCritical	16	显示临界信息图标
	vbQuestion	32	显示警告查询图标
	vbExclamation	48	显示警告消息图标
	vbInformation	64	显示信息消息图标
第三部分：默认的按钮	vbDefaultButton1	0	第一个按钮为默认按钮
	vbDefaultButton2	256	第二个按钮为默认按钮
	vbDefaultButton3	512	第三个按钮为默认按钮
	vbDefaultButton4	768	第四个按钮为默认按钮
第四部分：消息框的样式	vbApplicationModal	0	应用程序模式：用户必须响应消息框才能继续在当前应用程序中工作
	vbSystemModal	4096	系统模式：在用户响应消息框前，所有应用程序都被挂起

第一组值（0～5）用于描述对话框中显示的按钮类型与数目；第二组值（16，32，48，64）用于描述图标的样式；第三组值（0，256，512，768）用于确定默认按钮；而第四组值（0，4096）则决定消息框的样式。在将这些数字相加以生成 Buttons 参数值时，只能从每组值中取用一个数字。例如语句：

> B% = MsgBox("姓名:" & Xm & "," & "年龄:" & Age & "," & vbCrLf _
> 　　& "总成绩:" & Num1 + Num2, 1 + 64 + 256, "学生信息")

该语句在执行时的界面如图 3-6 所示，Buttons 有三组数值即 1 + 64 + 256。数值 1，表示消息框内有 2 个按钮，即"确定"和"取消"按钮；数值 64，表示消息框中的图标样式为信息消息图标；数值 256，表示默认选择的按钮为第二个；单击"取消"按钮后，B% 的值为 2。

（3）MsgBox 函数的返回值，如表 3-3 所示。

表 3-3　MsgBox 函数的返回值

常数	值	按钮
vbOK	1	确定
vbCancel	2	取消
vbAbort	3	放弃
vbRetry	4	重试
vbIgnore	5	忽略
vbYes	6	是
vbNo	7	否

（4）若对话框显示取消按钮，则按 Esc 键与单击取消的效果相同。如果对话框包含帮助按钮，则有为对话框提供的上下文相关帮助。但是在单击其他按钮之前，不会返回任何值。

（5）MsgBox 函数也可以写成语句形式，使用语法格式如下：

> **MsgBox prompt[, buttons][, title][, helpfile, context]**

MsgBox 语句与 MsgBox 函数的区别是：MsgBox 语句没有返回值，也不用圆括号"()"，所以常用于较简单的信息显示，用法与 MsgBox 函数相同。例如：

> MsgBox "想要再选择一次吗？", 3 + 16 + 0 + 4096, "询问是否继续"

显示如图 3-7 所示的对话框，单击"是"按钮或按回车键，程序将执行后续语句。

【例 3-5】设计一个应用程序，单击窗体可通过键盘输入圆的半径，然后利用 MsgBox 函数显示该半径代表的圆周长、面积和球的体积。运行程序后，输入半径为 10，输入、输出对话框如图 3-8 所示。

图 3-7　执行 MsgBox 语句时的界面

图 3-8　例 3-5 程序的运行界面

在新建工程的窗体上设置单击事件，编写代码如下：

```
Private Sub Form_Click()
    Const Pi = 3.1415926
    Dim Radius As Double, Area As Double
    Radius = InputBox("请输入圆的半径")    '输入的半径值自动转换为 Double 型
    Perimeter = 2 * Pi * Radius
    Area = Pi * Radius * Radius
    Volume = Pi * Radius ^ 3 * 4 / 3
    MsgBox "圆的周长为：" & Perimeter & Chr(10) _
            & "圆的面积为：" & Area & Chr(13) _
            & "球的体积为：" & Volume, 64, "已知半径，计算周长、面积和体积"
End Sub
```

3.2.4 控件间的交互

在程序中，输入输出除了用 InputBox、MsgBox 及 Print 方法外，更多是利用控件来输入输出信息，同时实现控件之间的交互。

【例 3-6】编写程序，要求输入学生的姓名和成绩后，单击"录入系统"按钮，输入的学生姓名和成绩在第三个文本框中显示；单击"计算平均成绩"按钮，可以输出成绩的平均值和学生的总人数；单击"打开计算器"按钮，可在程序界面中调用系统的计算器程序。程序的运行界面如图 3-9 所示。

图 3-9   "学生成绩处理"程序的运行界面

应用程序设计步骤如下：

①新建一个工程，在窗体中添加两个标签控件 Label1～2，三个文本框控件 Text1～3 和三个命令按钮控件 Command1～3。窗体及各控件属性如表 3-4 所示。

表 3-4   例 3-6 窗体及各控件属性设置

对象	属性	值
Form1	Caption	学生成绩处理
Label1	Caption	姓名：
Label2	Caption	成绩：
Text3	MultiLine	True
	ScrollBars	2-Vertical
Command1～3	Caption	录入系统、计算平均成绩、打开计算器

②双击任意一个命令按钮，进入代码窗口，编辑窗体和命令按钮的事件代码如下：

- "录入系统"命令按钮（Command1）的 Click 事件代码

```
Dim Total!, Average! 'Total 和 Average 分别表示学生人数和成绩平均值
Private Sub Command1_Click()
    Text3 = Text3 & Text1 & Space(6) & Text2 & vbCrLf
    Average = Average + Val(Text2) '成绩累加
    Total = Total + 1    '学生人数累加
    Text1.SetFocus
End Sub
```

- "计算平均成绩"命令按钮（Command2）的 Click 事件代码

```
Private Sub Command2_Click()
    Average = Average / Total    '计算平均成绩
    Text3 = Text3 & String(10, "=") & vbCrLf
    Text3 = Text3 & "总共" & Total & "人" & Space(6)
    Text3 = Text3 & Space(2) & "平均成绩为：" & Format(Average, "0.00")
End Sub
```

- "打开计算器"命令按钮（Command3）的 Click 事件代码

```
Private Sub Command3_Click()
    Dim w As Integer
    w = Shell("C:\WINDOWS\system32\calc.exe", 1)
End Sub
```

- 窗体（Form1）的 Load 事件代码

```
Private Sub Form_Load()
    Text1 = "": Text2 = "": Text3 = ""
End Sub
```

③最后运行程序，输入学生信息后，观察结果。

3.3 选择结构

选择结构又称为分支结构，是一种跳转性语句的程序结构。选择结构程序可以根据判定或测试的结果，在两条或多条程序路径中选择一条去执行不同的操作。选择结构有两种形式，一种是双分支选择结构 If Then/Else/End If，一种是多分支（路）选择结构 Select Case/End Select。

3.3.1 单分支选择结构

有时，程序中的某一语句是否要执行，需要视某个条件而定。如，我们在 ATM 银行柜员机上取钱需要输入密码时，银行卡上的密码必须在 6 位字符以上，密码先从 InputBox 函数中输入给字符变量 p。若 p 小于 6 个字符，就弹出消息框警告并要求重输；否则，就不弹出消息框警告。因此"弹出消息框警告并要求用户重新输入"这部分语句是在 p 长度小于 6 的条件下才被执行，这部分程序可以写成如下形式：

```
If Len(p) < 6 Then
    MsgBox "密码长度不足 6 个字符，请重新输入！"
    p = InputBox("请输入 6 位以上的密码字符")
End If
```

以上就是一种单分支选择结构，用 If 语句实现单分支选择结构的一般格式如下：

If <条件表达式> Then
    <语句块>
End If

上面是写成块 If 的形式，如果语句块部分只有一句，这时可以省略后面的"End If"。即写成如下形式的 If 语句，称为单行形式的 If Then 语句。

If <条件表达式> Then <语句块>

<条件表达式>部分是一种逻辑值（True/False），一般用关系表达式或逻辑表达式表示，但也可以用数值表达式表达（如果是数值表达式，则 VB 将非 0 值当成 True，将 0 值看成 False）。

程序在执行时，若<条件表达式>部分的值是 True 时，则执行<语句块>，否则在<条件表达式>部分的值是 False 时，不执行<语句块>。

单分支选择结构的程序在执行时的程序流程图，如图 3-10 所示。

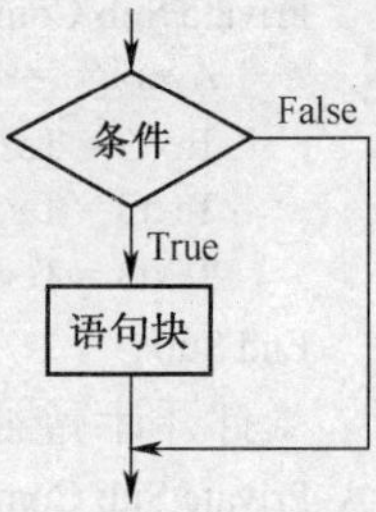

3.3.2　双分支选择结构

所谓双分支选择结构，就是有两条路线的程序可供选择执行，若<条件表达式>的值是 True 时，执行一边的程序；若<条件表达式>的值是 False 时，执行另一边的程序。

一般情况下，双分支 If 语句的使用格式为：

  If <条件表达式> **Then**
    <语句块 A>
  [Else
    <语句块 B>**]**
  End If

其功能是，根据条件表达式的值是否为 True 分别执行语句块 A 或语句块 B。双分支选择结构的程序流程图表示方法，如图 3-11 所示。

图 3-10　单分支结构流程图

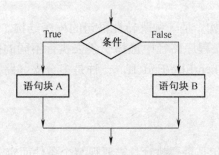

图 3-11　双分支结构流程图

说明：

①If 和 End If 必须配对使用，否则系统将出错。

②如果忽略 Else 子句，则 If 选择结构可简化为 If 单分支结构。

③如果要执行的语句块中的语句比较少，也可将双分支选择结构的 If 语句改写成单行形式，单行形式的 If 语句格式如下：

  If <条件表达式> **Then** <语句块 A> **[Else** <语句块 B>**]**

该语句没有 End If，程序执行时<语句块 A>或<语句块 B>是一个或多个 Visual Basic 语句，当含有多个语句时，各语句之间用冒号隔开。例如：

  If 5 > 3 Then Print "5": Print "3" Else Print "4"

If 语句的 Else 部分可以省略，Else 部分省略后，如果成立，程序执行 Then 部分，如果条件不成立，程序执行 If 语句的下一句。例如：

  If X>=Y Then Print "X>=Y"
  Print "X<Y"

如果 X>=Y 则执行 Print "X>=Y"，否则执行 Print "X<Y"，这里 Print "X<Y"是一个独立的语句，位于 If 语句之后。

【例 3-7】单击窗体可通过键盘输入 x 的值，并显示奇偶性。

在新建工程的窗体上设置单击事件，编写代码如下：

```
Private Sub Form_Click()
    Dim x As Integer
    x = Val(InputBox("请输入一个数"))
    If x Mod 2 = 0 Then Print "x 是一个偶数！" Else Print "x 是一个奇数！"
End Sub
```

上面程序也可改为如下形式：

```
Private Sub Form_Click()
    Dim x As Integer
    x = Val(InputBox("请输入一个数"))
    If x Mod 2 = 0 Then
        Print "x 是一个偶数！"
    Else
        Print "x 是一个奇数！"
    End If
End Sub
```

3.3.3　分支选择结构的嵌套

一个 If 语句的"语句块"中可以包括另一个 If 语句，这种结构称为"嵌套"，即在条件语句中，Then 部分或 Else 部分还可以是条件语句。嵌套的深度（即嵌套层数）没有具体规定，但要受到每行字符数的限制（不超过 1024）。使用时应注意 If 语句与 End If 语句的配对使用，其结构如下：

```
If <条件表达式 1> Then
    语句块 1
    If <条件表达式 2> Then
        语句块 2
        ……
    [Else
        语句块 3
        ……]
    End If
[Else
    语句块 4]
    If <条件表达式 3> Then
        语句块 5
        ……
    [Else
        语句块 6
        ……]
    End If
End If
```

对于嵌套的 If 语句，在使用时要注意以下两点：

①对于嵌套的结构，为了增强程序的可读性，书写时采用锯齿型（或阶梯型）布局。

②每个 If 语句必须与 End If 配对。

【例 3-8】根据输入的 X 值，计算下面分段函数的值，并显示结果。

$$y = \begin{cases} 2x-5 & (x<1) \\ 2x & (1 \leqslant x <10) \\ 2x+5 & (x \geqslant 10) \end{cases}$$

分析：本题是求一个数据分段函数的值，它表示当 $x<1$ 时，用公式 $y=2x-5$ 来计算 y 的值；当 $1 \leqslant x <10$ 时，用公式 $y=2x$ 来计算 y 的值；当 $x \geqslant 10$ 时，用公式 $y=2x+5$ 来计算 y 的值。由于多于两个选择，因此此要使用 If 语句的嵌套。

在新建工程的窗体上设置单击事件，编写代码如下：

```
Private Sub Form_Click()
    Dim x As Single, y As Single
    x = InputBox("请输入 x 的值：")
    If x < 1 Then
        y = 2 * x - 5
    Else
        If x < 10 Then
            y = 2 * x
        Else
            y = 2 * x + 5
        End If
    End If
    Print "当 x=" + Format(x, "0.00") + "时,值 y=" + Format(y, "0.00")
End Sub
```

【例 3-9】根据输入的学生成绩，判断等级。成绩等级判断的标准是：$90 \leqslant$ 成绩 $\leqslant 100$ 分，优秀；$80 \leqslant$ 成绩 <90 分，良好；$70 \leqslant$ 成绩 <80 分，中等；$60 \leqslant$ 成绩 <70 分，及格；成绩 <60 分，不及格。程序显示结果，如图 3-12 所示。

图 3-12   例 3-9 程序运行效果图

分析：依照题意，成绩等级的判断条件有 5 个，需要 4 重 If 语句的嵌套。判断时，可从高往低判断，也可从低往高判断。

程序设计的操作步骤如下：

①新建一个工程，在窗体中添加两个标签控件 Label1～2，两个文本框控件 Text1～2 和一个命令按钮控件 Command1。窗体及各控件属性如表 3-5 所示。

表 3-5   例 3-9 窗体及各控件属性设置

对象	属性	值
Form1	Caption	判断学生成绩等级
Label1	Caption	学生成绩
Label2	Caption	成绩等级:
Text2	Locked	True
Command1	Caption	判断成绩等级

②双击命令按钮，进入代码窗口，编辑窗体和命令按钮的事件代码如下：

● "判断成绩等级"命令按钮（Command1）的 Click 事件代码

```
Dim cj!
```

```
Private Sub Command1_Click()
    cj = Text1
    If cj >= 90 Then
        Text2 = "优秀"
    Else
        If cj >= 80 Then
            Text2 = "良好"
        Else
            If cj >= 70 Then
                Text2 = "中等"
            Else
                If cj >= 60 Then
                    Text2 = "及格"
                Else
                    Text2 = "不及格"
                End If
            End If
        End If
    End If
End Sub
```

- 文本框（Text1）的 LostFocus 事件代码

```
Private Sub Text1_LostFocus()
    cj = Text1
    If cj < 0 Or cj > 100 Then '判断输入的成绩是不是在 0 和 100 之间
        MsgBox "成绩必须在 0-100 之间"
        Text1 = ""
        Text1.SetFocus
    End If
End Sub
```

- 窗体（Form1）的 Load 事件代码

```
Private Sub Form_Load()
    Text1 = ""
    Text2 = ""
    Me.Show
    Text1.SetFocus
End Sub
```

③最后运行程序，输入学生信息后，观察结果。

3.3.4　多分支控制结构

双分支选择结构只能根据条件的 True 或 False 来决定处理两个分支之一。对于分支较多的结构，如果用条件控制语句来实现，则看起来结构不清晰，而且书写比较复杂。因此，VB 为我们提供了两个专门处理这种多分支情况的结构语句，一个是 If...Then...ElseIf 语句，另一个是 Select Case 语句。

1. If...Then...ElseIf 语句（多分支选择结构）

If <条件表达式 1> Then
　　　[语句块 1]
[ElseIf <条件表达式 2> Then

```
        [语句块 2]]
[ElseIf <条件表达式 3> Then
        [语句块 3]]
...
[Else
        [语句块 n]]
End If
```

程序在执行时，VB 首先测试<条件表达式 1>。如果它为 False，VB 就测试<条件表达式 2>，依次类推，直到找到一个为 True 的条件。当它找到一个为 True 的条件时，VB 就会执行相应的语句块，然后执行 End If 后面的代码。作为一个选择，可以包含 Else 语句块，如果条件都不是 True，则 VB 执行 Else 语句块。

If...Then...ElseIf 的流程图表示，如图 3-13 所示。

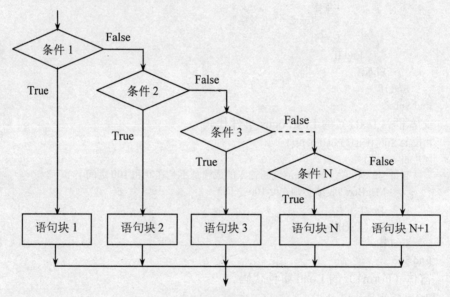

图 3-13　多分支选择结构流程图

【例 3-10】用多分支选择结构修改例 3-9 的"判断成绩等级"按钮（Command1）的 Click 事件代码，代码如下：

```
Private Sub Command1_Click()
    cj = Text1
    If cj >= 90 Then
        Text2 = "优秀"
    ElseIf cj >= 80 Then
        Text2 = "良好"
    ElseIf cj >= 70 Then
        Text2 = "中等"
    ElseIf cj >= 60 Then
        Text2 = "及格"
    Else
        Text2 = "不及格"
    End If
End Sub
```

【例 3-11】如图 3-14（a）所示，设计一个猜数游戏。单击"开始"按钮，可随机产生一个 1～100 的随机整数，同时出现输入用文本框。用户在文本框输入要猜的数，最多可猜 10 次，在 10 次之内太大或太小给出提示信息，如图 3-14（b）和 3-14（c）所示，超过 10 次程序结束运行，如图 3-14（d）所示。单击"答案"按钮，可显示正确答案，如图 3-14（e）所示。

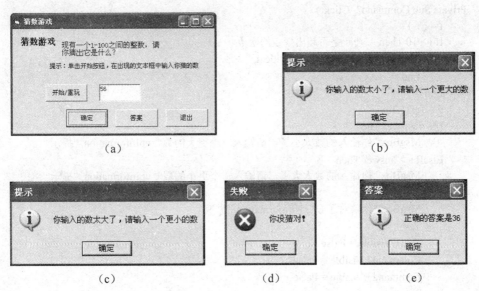

图 3-14　例 3-11 程序运行效果图

分析：为了判断正确答案，需要定义三个窗体级模块变量 answer、a 和 i，它们分别表示正确的数、用户输入的数和输入数的次数。单击"确定"按钮，用于判断用户输入的数值是否和随机产生的数相等，为此，可用分支选择结构进行。

程序设计的操作步骤如下：

①新建一个工程，在窗体中添加三个标签控件 Label1～3，一个文本框控件 Text1 和四个命令按钮控件 Command1～4。窗体及各控件属性如表 3-6 所示。

表 3-6　例 3-11 窗体及各控件属性设置

对象	属性	值
Form1	Caption	猜数游戏
Label1	Caption	猜数游戏
Label2	Caption	现有一个 1-100 之间的整数，请你猜出它是什么？
Label3	Caption	提示：单击开始按钮，在出现的文本框中输入你猜的数
Command1～4	Caption	开始/重玩、确定、答案、退出

②双击命令按钮，进入代码窗口，编辑窗体和命令按钮的事件代码如下：

● "开始/重玩"命令按钮（Command1）的 Click 事件代码

```
Dim answer As Integer     '表示正确的数
Dim a As Integer          '表示输入的数
Dim i%                    '表示猜数的次数
Private Sub Command1_Click()
    answer = Int(Rnd * 100 + 1)
```

```
        Text1.Visible = True
        Command2.Visible = True
        Command3.Visible = True
    End Sub
```

● "确定"命令按钮（Command2）的 Click 事件代码

```
    Private Sub Command2_Click()
        i = i + 1
        If i > 10 Then      '判断是否超出规定的次数
            MsgBox "你没猜对！", vbCritical, "失败"
            End
        End If
        a = Text1.Text
        If a < answer Then
            MsgBox "你输入的数太小了，请输入一个更大的数", vbInformation, "提示"
        ElseIf a > answer Then
            MsgBox "你输入的数太大了，请输入一个更小的数", vbInformation, "提示"
        Else
            MsgBox "你猜对了！", vbInformation, "恭喜"
            Text1 = ""
            Text1.Visible = False
            Command2.Visible = False
            Command3.Visible = False
        End If
    End Sub
```

● "答案"命令按钮（Command3）的 Click 事件代码

```
    Private Sub Command3_Click()
        MsgBox "正确的答案是" & answer, vbInformation, "答案"
    End Sub
```

● "退出"命令按钮（Command4）的 Click 事件代码

```
    Private Sub Command4_Click()
        End
    End Sub
```

● 窗体（Form1）的 Load 事件代码

```
    Private Sub Form_Load()
        Randomize   '初始化随机数生成器
        Text1 = ""
        Text1.Visible = False
        Command2.Visible = False
        Command3.Visible = False
    End Sub
```

③按下 F5 键或单击启动按钮运行程序，观察程序运行情况。

2. Select Case 语句

Select Case 语句（又称为多路选择结构或情况语句）是多分支选择结构的另一种形式。语句的使用语法格式如下：

Select Case 测试表达式
　　Case 表达式列表 1
　　　　语句块 1
　　　　[Case 表达式列表 2

[语句块 2]]

......

　　[Case Else

　　　[语句块 n+1]]

End Select

语句的执行过程是：先求出测试表达式的值，然后从上到下跟各个 Case 子句中的表达式列表进行匹配，如果找到了相匹配的值，则执行该子句下的语句块，如果没有任何 Case 子句中的表达式列表与之匹配，则执行 Case Else 子句中的语句块。

其中：

（1）测试表达式可以是数值表达式或字符串表达式，一般为变量或常量。

（2）表达式列表用来描述测试表达式的可能取值情况，可以由多个表达式组成，表达式与表达式之间要用 "," 隔开，必须与测试表达式的数据类型相同。表达式列表有以下三种形式：

①常数形式：Case 常数，例如：

```
Case 1,2,3
Case "a","b","c"
```

②常数范围形式：Case　常数　To　常数，例如：

```
Case 1 To 10,20 To 30
```

③比较判定形式：Case Is 关系运算符 常数，例如：Case Is > 50、Case Is = 8。

④表达式列表的三种形式在数据类型相同的情况下可以混合使用。对于表示常数范围的形式，必须把较小的值写在前面，较大的值写在后面。例如：

```
Case 1,2,5 To 8,Is>10    '正确的写法
```

当值为 1、2、5 到 8、大于 10 的时候都执行该 Case 子句下的语句块。

而语句：

```
Case 5 To 3    '不正确的写法
```

是错误的 Case 子句，因为较大值在前面，应写为 Case 3 To 5。

（3）如果相同的检测条件在多个 Case 子句中出现，那么执行符合条件的第一个 Case 子句下的语句块。例如：

```
Select Case x
    Case 1
        Print "a"
    Case 1, 2
        Print "a";"b"
    Case 1 To 5
        Print "a";"b";"c";"d";"e"
End Select
```

如果 x 的值为 1，则输出结果为："a"。

如果 x 的值为 2，则输出结果为："ab"。

如果 x 的值为 3、4、5，则输出结果为"abcde"。

【例 3-12】用 Select Case 语句修改例 3-9 的 "判断成绩等级" 按钮（Command1）的 Click事件代码，代码如下：

```
Private Sub Command1_Click()
    cj = Text1
    Select Case cj
        Case Is >= 90
```

```
                    Text2 = "优秀"
            Case Is >= 80
                    Text2 = "良好"
            Case Is >= 70
                    Text2 = "中等"
            Case Is >= 60
                    Text2 = "及格"
            Case Else
                    Text2 = "不及格"
        End Select
    End Sub
```

【例 3-13】从键盘输入一个 0～99999 之间的整数，判断输入的是几位数。

分析：设 x 为输入的整数，如果 10≤x＜100，则为两位数；100≤x＜1000，则为三位数；1000≤x＜10000，则为四位数；10000≤x＜100000，则为五位数；其他则是一位数。

在新建工程的窗体上设置单击事件，编写代码如下：

```
    Private Sub Form_Click()
        Dim x As Long
        x = InputBox("请输入一个 0～99999 的整数：")
        Select Case x
            Case 10000 To 99999
                Print "这是一个五位整数"
            Case 1000 To 9999
                Print "这是一个四位整数"
            Case 100 To 999
                Print "这是一个三位整数"
            Case 10 To 99
                Print "这是一个两位整数"
            Case 1, 2, 3, 4, 5 To 9
                Print "这是一个一位整数"
        End Select
    End Sub
```

3.3.5　条件函数

VB 中提供了几个条件函数：IIf 函数、Choose 函数和 Switch 函数。IIf 函数可代替 If 语句，Choose 函数和 Switch 函数可代替 Select Case 语句，均适用于简单条件的判断场合。

1. IIf 函数

使用 IIf 函数也可以实现简单的选择结构，其语法格式如下：

result = IIF（条件表达式，True 部分，False 部分）

IIF 函数的工作过程如下：当条件表达式为真时，函数返回值为 True（真）部分，当条件表达式为假时，函数返回值为 False（假）部分。

其中：result 表示 IIf 函数的返回值；True 部分和 False 部分可以是任何表达式。

例如，语句 dj=IIf(总分>=270, "优秀",""),表示当总分大于或等于 270 分时，显示"优秀"，否则什么都不显示。

IIf 函数可以用来实现简单的选择结构，例如，有如下条件语句：

```
    If x >= y Then
        max = x
```

```
        Else
            max = y
        End If
```

这时，可以用 IIf 函数来代替：max = IIF(x >= y, x, y)

2. Choose 函数

Choose 函数的形式如下：

result = Choose(整数表达式，选项列表)

说明：

Choose 根据整数表达式的值来决定返回选项列表中的某个值。如果整数表达式值是 1，则 Choose 会返回列表中的第 1 个选项；如果整数表达式值是 2，则会返回列表中的第 2 个选项，以此类推。若整数表达式的值小于 1 或大于列出的选项数目时，Choose 函数返回 Null。

例如：根据 Nop 是 1~4 的值，转换成+、-、×、÷运算符，语句代码如下：

```
        Op= Choose(Nop, "+", "-", "×", "÷")
```

当值为 1 时，返回字符串"+"，然后放入 Op 变量中，当值为 2 时，返回字符串"-"，依此类推；当 Nop 是 1~4 的非整数时，系统会自动取 Nop 的整数再进行判断；若 Nop 不在 1~4 之间，函数返回 Null 值。

3. Switch 函数

Switch 函数的形式如下：

result = Switch（条件表达式 1，条件表达式 1 为 True 时的值[，条件表达式 2，条件表达式 2 为 True 时的值……]）

说明：

Switch 根据条件表达式，决定带回表达式为真时的值。

如：下面程序代码将显示"c"。

```
Private Sub Form_Click()
        Dim L As String
        L = Switch(3 > 5, "a", 4 > 5, "b", 5 > 4, "c")
        Print L
End Sub
```

3.4　循环结构

在 VB 程序中，往往某处有一段代码需要有规律地反复执行多次，这时就必须提供一种运行机制，它能够反复执行。循环结构就是这样的一种程序结构。

循环结构是指在程序中，从某处开始有规律地反复执行某一段程序代码的现象。被重复执行的程序代码称为循环体，循环体的执行与否及次数多少视循环类型与条件而定。但无论何种类型的循环结构，其共同的特点是必须确保循环体的重复执行能够被终止，即不是一个无限循环（简称为"死循环"）。

VB 提供了多种不同风格的循环结构语句，包括 Do … Loop、While … Wend、For … Next、For Each … Next 等，其中最常用的是 Do … Loop 语句和 For … Next 语句。

3.4.1　For 循环结构

For 循环也称计数循环或 For…Next 循环，常常用于循环次数已知的场合，格式如下：

For 计数器变量 = 起始值 To 终止值 [Step 增量]
　　[<语句块（循环体）>]
　　[<Exit For>] **'满足条件时可退出该循环**
Next [计数器变量]

说明：

（1）For…Next 循环语句使用一个"计数器"变量控制循环，这个变量不能是逻辑值或数组元素，每次循环自动给计数器变量增加一个"增量"，如果变量的值超出给定的"终止值"，则退出循环，否则会重复执行"语句块"。第一次运行"语句块"时，只进行比较，不改变变量的值。

当"增量"是正值或零时，变量的值大于"终止值"时退出循环，当为负值时，变量的值小于"终止值"时退出。如果"Step 增量"省略，按增量为 1 处理。

（2）对于 For…Next 循环，可以在循环体中使用 Exit For 语句，当程序执行到 Exit For 语句时立即终止循环，跳到 Next 下面的语句继续执行。Exit For 语句只能用在 For…Next 循环中，并且只能跳出所在的最内层 For…Next 循环。它总是出现在 If 语句或 Select Case 语句内部，内嵌套在循环语句中。

（3）关键字 Next 后面的"计数器变量"可以省略不写。

（4）循环次数：$N = \text{Int}\left(\dfrac{\text{终值}-\text{初值}}{\text{步长}}+1\right)$

【例 3-14】设 sum 表示 1～100 之间任意奇数之和。设计一个程序，输入任意一个和值，求出和值的最大奇数。程序运行效果如图 3-15 所示。

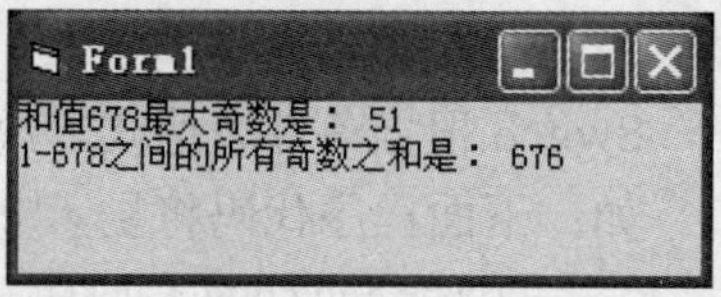

分析：设变量 n 表示 1～sum 之间的任意奇数数值，让 sum 不断减去该奇数，重新得到一个新和值，sum=sum-n；最后判断该数是否为最大奇数可使用语句：sum-n<0，如果该条件成立，则 n 值的前面一个奇数就是我们所需要的奇数。

图 3-15　例 3-14 程序运行效果图

在新建工程的窗体上设置单击事件，编写代码如下：

```
Private Sub Form_Click()
    Dim n As Integer, sum As Integer
    Dim i%, sum1%
    sum = InputBox("请输入一个小于 2500 的和值：")
    s = sum
    For n = 1 To s Step 2
        sum = sum - n            '不断减去一个奇数
        If sum < 0 Then
            Exit For
        End If
    Next
    Print "和值" & s & "最大奇数是："; n - 2
    '以下程序验证奇数之和
    For i = 1 To n - 2
        If i Mod 2 <> 0 Then sum1 = sum1 + i
    Next
    Print "1-" & s; "之间的所有奇数之和是："; sum1
End Sub
```

3.4.2　Do…Loop 条件循环结构

Do…Loop 条件循环结构也是根据条件决定循环的次数，即循环体内语句的执行次数。Do…Loop 条件循环在语法上有两种形式，一种是先判断条件后执行循环形式；另一种是先执行循环后判断条件形式。

1. 先判断条件的 Do…Loop 循环

先判断后执行循环，习惯上称为"当型循环"，其使用的语句格式如下：

Do [{While | Until} <条件表达式>]
　　　[<语句块>]
　　　[<Exit Do>]
　　　[<语句块>]
　　Loop

这种形式的循环，语句执行过程是先检测"条件"。当使用 While <条件表达式>构成循环时，如果条件为 True，则执行循环体中语句，否则，退出循环结构。

当使用 Until <条件表达式>构成循环时，称为"直到型循环"。如果条件为 False 时，则执行循环体中语句，否则，退出循环结构。

语句 Exit Do 的作用是退出它所在的循环结构，它只能用在 Do…Loop 结构中，并且常常是同选择结构一起出现在循环结构中，用来实现当满足某一条件时退出循环。

2. 后判断条件的 Do…Loop 循环

后判断条件的循环，其使用的语句格式如下：

Do
　　　[<语句块>]
　　　[<Exit Do>]
　　　[<语句块>]
　　Loop [{While | Until} 条件表达式]

这种形式的循环，语句执行过程是先执行循环体中语句，然后再检测"条件"。当使用 While <条件表达式>构成循环时，如果条件为 True，则再次执行循环体中语句，否则，退出循环结构。

当使用 Until <条件表达式>构成循环时，如果条件为 False 时，则再次执行循环体中语句，否则，退出循环结构。

【例 3-15】分别用"当型循环"和"直到型循环"求 1～100 之间的所有偶数和，程序运行效果如图 3-16 所示。

图 3-16　例 3-15 程序运行界面

　　分析：i 代表 1～100 中的任意数，使用先判断条件的 Do…Loop 循环求和，其判断条件是 i<=100（当型循环），使用后判断条件的 Do…Loop 循环求和，其判断条件是 i>100（直到型循环）。

　　程序设计的操作步骤如下：

　　①新建一个工程，在窗体中添加一个标签控件 Label1，四个文本框控件 Text1～4 和四个命令按钮控件 Command1～4。窗体及各控件属性如表 3-7 所示。

表 3-7　例 3-15 窗体及各控件属性设置

对象	属性	值
Form1	Caption	求 1-100 之间的所有偶数之和
Label1	Caption	求 1-100 之间的所有偶数之和
Text1～4	Text	""
Command1～4	Caption	"Do While-Loop"、"Do Until-Loop"、"Do-Loop While"、"Do-Loop Until"

　　②双击命令按钮，进入代码窗口，编辑窗体和命令按钮的事件代码如下：

- "Do While-Loop" 命令按钮（Command1）的 Click 事件代码

```
Private Sub Command1_Click()
    Dim s As Integer, i As Integer
    i = 1
    Sum = 0
    Do While i <= 100
        If i Mod 2 = 0 Then
            Sum = Sum + i
            i = i + 1
        Else
            i = i + 1
        End If
    Loop
    Text1 = Sum
End Sub
```

- "Do Until-Loop" 命令按钮（Command2）的 Click 事件代码

```
Private Sub Command2_Click()
    Dim s As Integer, i As Integer
    i = 1
    Sum = 0
    Do Until i > 100
        If i Mod 2 = 0 Then
            Sum = Sum + i
            i = i + 1
        Else
            i = i + 1
        End If
    Loop
    Text2 = Sum
End Sub
```

- "Do-Loop While" 命令按钮（Command3）的 Click 事件代码

```
Private Sub Command3_Click()
```

```
        Dim s As Integer, i As Integer
        i = 1
        Sum = 0
        Do
            If i Mod 2 = 0 Then
                Sum = Sum + i
                i = i + 1
            Else
                i = i + 1
            End If
        Loop While i <= 100
        Text3 = Sum
    End Sub
```

● "Do-Loop Until"命令按钮（Command4）的 Click 事件代码

```
    Private Sub Command4_Click()
        Dim s As Integer, i As Integer
        i = 1
        Sum = 0
        Do
            If i Mod 2 = 0 Then
                Sum = Sum + i
                i = i + 1
            Else
                i = i + 1
            End If
        Loop Until i > 100
        Text4 = Sum
    End Sub
```

【例 3-16】"冰雹猜想"。这个数学猜想的通俗说法是这样的：任意一个大于 1 的自然数，如果是偶数，就把它除以 2，如果是奇数就乘以 3 后再加上 1，把每一次所得的数都照上面的方法进行计算，经过若干次这样的计算后，不论开始是哪个自然数，最后的结果都是"1"。

所谓"冰雹猜想"，顾名思义，首先要从自然现象——冰雹的形成谈起。大家知道，小水滴在高空中受到上升气流的推动，在云层中忽上忽下，越积越大并形成冰，最后突然落下来，变成冰雹。"冰雹猜想"就有这样的意思，它算来算去，数字上上下下，最后一下子像冰雹似地掉下来，变成一个数字："1"。

在 20 世纪 30 年代，德国汉堡大学的学生考拉兹，曾经研究过这个猜想，因而称为"考拉兹猜想"。1960 年，日本人角谷静夫也研究过这个猜想，人们又称为"角谷猜想"。但这猜想到目前，仍没有任何进展。2006 年这个问题被证明是递归不可判定的（recursively undecidable）。

"冰雹猜想"又称为"3n+1 猜想"、"哈塞猜想"、"乌拉姆猜想"或"叙拉古猜想"等。

现给定一个数 n，试用程序来验证该过程，验证程序的运行界面如图 3-17 所示。

在新建工程的窗体上设置单击事件，编写代码如下：

```
    Private Sub Form_Click()
        Dim n As Integer
        n = InputBox("请输入待验证的数")
```

图 3-17　例 3-16 程序运行界面

```
            Print
            Print n;
            Do While True    '条件永远成立
                If n Mod 2 = 0 Then
                    n = n / 2
                Else
                    n = n * 3 + 1
                End If
                Print n;
                If n = 1 Then Exit Do
            Loop
        End Sub
```

3.4.3　While 循环结构

While 循环结构用 While…Wend 语句来实现，其语法格式如下：

While <条件表达式>
　　　[<语句块>]
Wend

说明：

语句的执行过程是：先计算"条件表达式"，如果为 True，则执行循环体中的各语句，否则不执行循环。

【例 3-17】通过键盘输入一个字符串，统计其中 a、b、c 出现的次数。

分析：设 str、i 分别表示输入的字符串和字符串中第 i 个字符，要取得字符串中第 i 个字符，可使用函数 Mid(str, i, 1)，i 的值≤Len(str)。

在新建工程的窗体上设置单击事件，编写代码如下：

```
        Private Sub Form_Click()
            Dim str As String, str1 As String
            Dim i As Integer, x As Integer, y As Integer, z As Integer
            i = 1
            str = InputBox("请输入一个字符串：")
            While i <= Len(str)
                str1 = Mid(str, i, 1)        '取得字符串中第 i 个字符
                Select Case str1             '统计 a,b,c 出现的次数
                    Case "a"
                        x = x + 1
                    Case "b"
                        y = y + 1
                    Case "c"
                        z = z + 1
                End Select
                i = i + 1
            Wend
            Print "a 出现的次数为："; x
            Print "b 出现的次数为："; y
            Print "c 出现的次数为："; z
        End Sub
```

【例 3-18】从键盘上输入一个十进制整数 m，将 m 转换为二进制，再将该二进制数以字

符串形式输出。

分析：将十进制数 m 转换成二进制整数时，需要反复将 m 除以 2 取余数。最先得到的余数是二进制数的最低位（最右边位），最后得到的余数是二进制数的最高位（最左边位）。每得到一位二进制后，继续用当前的部分商除以 2，直到商为 0 才结束。

在新建工程的窗体上设置单击事件，编写代码如下：

```
Private Sub Form_Click()
    Dim m As Integer                'm 表示十进制数
    Dim s As String                 's 存放一个二进制数组成的字符串
    Dim s1 As String                's1 存放一位二进制数组成的字符串
    Dim r As Integer, n As Integer
    n = InputBox("输入一个整数：")
    m = n
    s = ""
    While m <> 0                    '只要当前部分商 m（被除数）不为 0 就进入循环
        r = m Mod 2                 '得到一位二进制数
        s1 = Trim(str(r))           '将所得的二进制位转化为一位字符串
        s = s1 & s                  '将所得一位字符连接到字符串 s 中
        m = m \ 2                   '由当前的部分商计算新的部分商
    Wend
    Print "整数" & n & "转换成二进制数是：" & s
End Sub
```

3.4.4　循环的嵌套

一个循环体内又包含另一个循环语句，称之为循环的嵌套。在内嵌的循环中还可以嵌套循环，这就是多重循环。

多重循环在使用时要注意以下几个要点：

①嵌套的层数不限；

②内层控制结构必须完全位于外层的一个语句块中；

③多个 For…Next 语句嵌套时，不能重复使用同一个"循环计数器变量"；

④为了便于阅读与排错，内层的控制结构应向右缩进。

下面的循环嵌套是正确的嵌套：

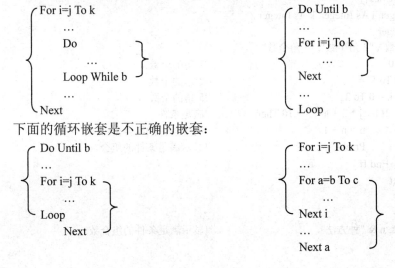

下面的循环嵌套是不正确的嵌套：

【例 3-19】公元五世纪《张邱建算经》的百鸡问题：鸡翁一，值钱五，鸡母一，值钱三，鸡雏三，值钱一，百钱买百鸡。问鸡翁母雏各几何？

分析：设公、母和雏鸡的只数分别为 x、y 和 z，则根据题意有方程式：x+y+z=100；同时 100 只鸡所花的钱数又必须满足：5x+3y+z/3=100。两个方程，3 个未知数，是一个典型的不定方程。因此可以采用试的方法，进行求解，如当给定公鸡数和母鸡数，小鸡数也就确定了。本题可使用两重循环。

在新建工程的窗体上设置单击事件，编写代码如下：

```
Private Sub Form_Click()
    '设：变量 x 表示公鸡；y 表示母鸡；z 表示小鸡。则有方程如下：
    '5x+3y+z/3=100
    'x+ y + z = 100
    '考虑到如果 100 钱都买公鸡有 20 只；都买母鸡有 33 只，则有：
    Dim x As Integer, y As Integer, z As Integer
    Print "公鸡数：", "母鸡数：", "小鸡数："
    For x = 1 To 19    '公鸡不能买 20 只
        y = 1
        Do While y <= 33
            z = 100 - x - y
            If 5 * x + 3 * y + z / 3 = 100 Then
                Print x, y, z
            End If
            y = y + 1
        Loop
    Next x
End Sub
```

【例 3-20】将一元钱换成零钱（可以包括含 1 角、2 角、5 角中的任意多个面值），共有多少种换法？

分析：组成一元的零钱中，最多有 10 个 1 角、5 个 2 角、2 个 5 角。判断所有的组合中，总和正好是一元（10 角）的情况有多少次即为所求。这类方法称为"穷举法"，也称为"列举法"。

在新建工程的窗体上设置单击事件，编写代码如下：

```
Private Sub Form_Click()
    Dim i As Integer, j As Integer, k As Integer
    Dim n As Integer
    Print "1 角个数", "2 角个数", "5 角个数"
    For i = 0 To 10                              '1 角的个数
        For j = 0 To 5                           '2 角的个数
            For k = 0 To 2                       '5 角的个数
                If i + j * 2 + k * 5 = 10 Then   '满足条件
                    n = n + 1                    '满足条件的组合数
                    Print i, j, k                '显示满足条件的组合
                End If
            Next
        Next
    Next
    Print "共有" & n & "种方法"                   '显示满足条件的组合数
End Sub
```

3.5 其他控制语句

3.5.1 Goto 语句

GoTo 语句又称为跳转语句，它将无条件地转移到过程中指定的行。使用语法格式如下：

GoTo <标号|行号>

其中："标号"用来指示一行代码。标号即行标签，可以是任何字符的组合，以字母开头，以冒号":"结尾，用来识别一行代码。行标签与大小写无关，必须从第一列开始；"行号"可以是任何数值的组合，在使用行号的模块内，该组合是唯一的。行号必须从第一列开始。

【例 3-21】从键盘上连续输入 10 名学生的成绩，当输入成绩为-1 时结束，打印输出这 10 名学生的成绩和平均值。

分析：要连续输入 10 名学生的成绩，可以使用循环的方式，这里使用 GoTo 语句。当输入一个学生的成绩后，判断所输入成绩是否为-1，不是则执行语句指向前面的成绩输入语句，当输入成绩的个数为 10 个时，不再进行输入。

在新建工程的窗体上设置单击事件，编写代码如下：

```
Private Sub Form_Click()
        Dim cj As Single, avg As Single, n As Integer
begin:          cj = InputBox("请输入第" & n + 1 & "个学生的成绩")
        If cj <> -1 Then      '判断输入成绩是否为-1
            Print "请输入第" & n + 1 & "个学生的成绩是："; cj
            avg = avg + cj
            n = n + 1
            GoTo begin
        Else
            avg = avg / n
            Print n & "个学生的平均成绩是："; avg
        End If
    End Sub
```

上面程序的跳转语句 GoTo 语句也可改为跳转到行号上，程序如下：

```
Private Sub Form_Click()
1      Dim cj As Single, avg As Single, n As Integer
2          cj = InputBox("请输入第" & n + 1 & "个学生的成绩")
3      If cj <> -1 Then      '判断输入成绩是否为-1
4          Print "请输入第" & n + 1 & "个学生的成绩是："; cj
5          avg = avg + cj
6          n = n + 1
7          GoTo 2
8      Else
9          avg = avg / n
10          Print n & "个学生的平均成绩是："; avg
11      End If
    End Sub
```

3.5.2 Load 和 UnLoad 语句

Load 语句可将窗体或控件加载到内存中；而 UnLoad 语句则可将窗体或控件从内存中卸载，其使用语法格式如下：

Load/UnLoad <对象名称>

例如，这个示例使用 Load 语句加载 Form 对象。要试用此示例，在 Form 对象的声明部分粘贴以下代码，然后运行此例并单击该 Form 对象。

```
Private Sub Form_Click()
    Dim Answer%, Msg As String     '声明变量
    Unload Form1     '卸载窗体
    Msg = "窗体已经卸载，单击"是"显示窗体，"否"显示装载窗体信息。 "
    Answer = MsgBox(Msg, vbYesNo)     '获得用户响应
    If Answer = vbYes Then     '测试应答
        Show     '如果回答 Yes，则显示窗体
    Else
        Load Form1     '如果回答 No，则仅加载窗体
        Msg = "窗体重新加载。单击"确定"显示该窗体。"
        MsgBox Msg     '显示消息
        Show     '显示窗体
    End If
End Sub
```

3.5.3 Stop 语句

Stop 语句用来暂停程序的执行，相当于在事件代码中设置断点，常用于程序的调试。使用语法格式如下：

Stop

说明：

（1）可以在过程中的任何地方放置 Stop 语句，主要作用是把解释程序设置为中断（Break）模式，以便对程序进行检查和调试。当执行 Stop 语句时，系统将自动打开立即窗口。

（2）Stop 与独立的 End 语句不同，Stop 语句不会关闭任何文件，或清除变量。但如果在可执行（.EXE）文件中含有 Stop 语句，则将关闭所有的文件而退出程序。因此，当程序调试结束后，在生成可执行文件（.EXE）之前，应清除代码中所有的 Stop 语句。

3.5.4 With 语句

经常需要在同一对象中执行多个不同的动作。例如，需要对同一对象设置几个属性。途径之一是使用多条语句。

```
Private Sub Form_Load()
    Command1.Caption = "确定"
    Command1.Visible = True
    Command1.Top = 200
    Command1.Left = 5000
    Command1.Enabled = True
End Sub
```

如果使用 With 语句，可让上述代码更容易编写、阅读和更有效地运行。With 语句的使用

语法格式如下：

```
With <对象名>
    [与对象操作有关的语句块]
End With
```

With 语句的功能可以对某个对象执行一系列的语句，而不用重复指出对象的名称。例如，上面的程序代码用 With 语句，可写成如下形式：

```
Private Sub Form_Load()
    With Command1
        .Caption = "确定"
        .Visible = True
        .Top = 200
        .Left = 5000
        .Enabled = True
    End With
End Sub
```

【例 3-22】给定两个正整数 p 和 q，求出它们的最大公约数。

分析：古希腊数学家欧几里得（Euclid of Alexandria）约前 330～约前 275 年生活在希腊亚历山大城，以其所著的《几何原本》（简称《原本》）闻名于世。他给出了求最大公约数的一个算法：

①如果 p<q，交换 p 和 q；

②求 p/q 的余数 r；

③如果 r=0，则 q 就是所求的结果，否则反复做如下工作：

令 p=q，q=r，重新计算 p 和 q 的余数 r，直到 r=0 为止，则 q 就是原来两个正整数的最大公约数。这种算法，后来被称为欧几里得"辗转相除法"。

在新建工程的窗体上设置单击事件，编写代码如下：

```
Private Sub Form_Click()
    ' 输入：两个不全为 0 的非负整数 p，q，输出：p，q 的最大公约数
    Dim p%, q%, r%, m%, n%
    m = InputBox("请输入第一个正整数 p=")
    n = InputBox("请输入第二个正整数 q=")
    p = m
    q = n
    If (p < q) Then
        r = p
        p = q
        q = r
    End If
    r = p Mod q '计算 p 除以 q 的余数 r
    Do While (r <> 0) '只要 r 不等于 0，就重复进行下列计算
        p = q
        q = r
        r = p Mod q
    Loop
    Print "正整数" & m & "和" & n & "的最大公约数为:" & q
End Sub
```

运行该程序，输入 12 和 18，得到它们的最大公约数是 6。

【例 3-23】将输入的字符减一定大小的正数，得到字符的加密和解密。试用 VB 程序实现。

分析：加密的思想是将每个字母 c 加（或减）一序数 k，即用它后面的第 k 个字母代替，变换公式为 c=c+k。例如，将每个字母加一序数，例如 5，这时：A→F，a→f，B→G，b→g，…，Y→D，y→d，Z→E，z→e。

解密是加密的逆操作。

在新建工程的窗体上设置单击事件，编写代码如下：

```
Private Sub Form_Click()
    Dim strInput$, Code$, c As String
    Dim i%, L%, iAsc%
    strInput = InputBox("请输入一个字符串：") 'strInput 代表输入的字符串
    L = Len(Trim(strInput))
    Code = ""
    For i = 1 To L
        c = Mid(strInput, i, 1) 'c 表示字符串中的一个字符
        Select Case c
        Case "A" To "Z"
            iAsc = Asc(c) + 5    '处理大写字母加密后的情况
            If iAsc% > Asc("Z") Then iAsc = iAsc - 26
            Code = Code + Chr(iAsc)
        Case "a" To "z"
            iAsc = Asc(c) + 5    '处理小写字母加密后的情况
            If iAsc > Asc("z") Then iAsc = iAsc - 26
            Code = Code + Chr(iAsc)
        Case Else
            Code = Code + c
        End Select
    Next i
    MsgBox Code, , "加密后的字符串"
End Sub
```

程序运行后，如输入 123abc45Yz，则显示加密后的字符串为 123fgh45De。

习题三

一、单选题

1. 下面程序运行时，若输入 395，则输出结果是（　　）。
   ```
   Private Sub Command1_Click()
       Dim x%
       x=InputBox("请输入一个 3 位整数")
       Print x Mod 10,x\100,(x Mod 100)\10
   End Sub
   ```
   A）3 9 5　　　　　　B）5 3 9　　　　　　C）5 9 3　　　　　　D）3 5 9

2. 下列叙述中正确的是（　　）。
   A）MsgBox 语句的返回值是一个整数
   B）执行 MsgBox 语句并出现信息框后，不用关闭信息框即可执行其他操作
   C）MsgBox 语句的第一个参数不能省略

D）如果省略 MsgBox 语句的第三个参数（Title），则信息框的标题为空

3．语句 If x = 1 Then y = 1，下面说法正确的是（　　）。

A）x = 1 和 y = 1 均为赋值语句　　　　　　B）x = 1 和 y = 1 均为关系表达式

C）x = 1 为赋值语句，y = 1 为关系表达式　　D）x = 1 为关系表达式，y = 1 为赋值语句

4．下面 if 语句统计满足性别为男、职务为副教授以上、年龄小于 40 岁条件的人数，不正确的语句是
（　　）。

A）If sex="男" And age<40 And InStr(duty, "教授")>0 Then n=n+1

B）If sex="男" And age<40 And (duty="教授" Or duty="副教授") Then n=n+1

C）If sex="男" And age<40 And Right(duty, 2)="教授" Then n=n+1

D）If sex="男" And age<40 And duty="教授" And duty="副教授" Then n=n+1

5．有如下程序：

```
Do
    循环体
Loop While <条件>
```

则以下叙述中错误的是（　　）。

A）若"条件"是一个为 0 的常数，则一次也不执行循环体

B）"条件"可以是关系表达式、逻辑表达式或常数

C）循环体中可以使用 Exit Do 语句

D）如果"条件"总是为 True，则不停地执行循环体

6．关于 Do…Loop 循环结构执行循环体次数的描述正确的是（　　）。

A）Do While…Loop 循环和 Do…Loop Until 循环至少都执行一次

B）Do While…Loop 循环和 Do…Loop Until 循环可能都不执行

C）Do While…Loop 循环至少执行一次，Do…Loop Until 循环可能不执行

D）Do While…Loop 循环可能不执行，Do…Loop Until 循环至少执行一次

7．下面的程序段，显示的结果是（　　）。

```
Dim x
x= Int(Rnd)+ 5
Select Case x
Case 5
        Print "优秀"
Case 4
        Print "良好"
Case 3
        Print "及格"
Case Else
        Print "不及格"
End Select
```

A）不及格　　　　　　B）良好　　　　　　C）及格　　　　　　D）优秀

8．下面程序段求两个数中较大数，（　　）不正确。

A）Max = IIF(x > y, x, y)　　　　　　　　B）If x > y Then Max = x Else Max = y

C）Max = x　　　　　　　　　　　　　　　D）If y >= x Then Max = y

　　If y >= x Then Max = y　　　　　　　　　　Max = x

9．下列循语句能正常结束的是（　　）。

A）i = 5　　　　　　　　　　　　　　　　B）i = 1

　　Do　　　　　　　　　　　　　　　　　Do

　　i = i + 1　　　　　　　　　　　　　　i = i + 2

　　Loop Until i < 0　　　　　　　　　　Loop Until i = 10

C）i = 10
    Do
    i = i - 1
    Loop Until i < 0

D）i = 6
    Do
    i = i - 2
    Loop Until i = 1

10. 下面程序段的运行结果是（　　）。（其中，结果中"␣"表示空格）

```
For i = 3 To 1 Step -1
    Print Spc(5-i);
    For j = 1 To 2 * i-1
        Print "$";
    Next j
    Print
Next i
```

A）␣␣$
  ␣␣␣$$$
  ␣␣␣␣$$$$$

B）␣␣$$$$$
  ␣␣␣$$$
  ␣␣␣␣$

C）␣␣$$$$$
  ␣␣␣$$$
  ␣␣␣␣$

D）␣␣$$$$$
  ␣␣␣$$$
  ␣␣␣␣$ $

11. 下列哪个程序段不能正确显示 1!、2!、3!、4! 的值（　　）。

A）
```
for i = 1 to 4
    n = 1
    for j = 1 to i
        n = n*j
    next j
    print n
next i
```

B）
```
for i = 1 to 4
    for j = 1 to i
        n = 1
        n = n*j
    next j
    print n
next i
```

C）
```
n = 1
for j = 1 to 4
    n = n*j
    print n
next j
```

D）
```
n = 1
j = 1
do while j <= 4
    n = n*j
    print n
    j = j+1
loop
```

12. 在窗体上画一个名称为 Command1 的命令按钮，然后编写如下事件过程：

```
Private Sub Command1_Click()
    c=1234
    c1=Trim(Str(C))
    For i=1 To 4
        Print ____
    Next
End Sub
```

程序运行后，单击命令按钮，要求在窗体上显示如下内容：

1
12
123
1234

则在下划线处应填入的内容为（　　）。

A）Right(c1,i)　　　B）Left(c1,i)　　　C）Mid(c1,i,1)　　　D）Mid(c1,i,i)

13. 在窗体上画一个命令按钮和一个文本框，其名称分别为 Command1 和 Text1，把文本框的 Text 属性设置为空白，然后编写如下事件过程：

```
Private Sub Command1_Click()
```

```
            a=InputBox("Enter an Integer")
            b=InputBox("Enter an Integer")
            Text1.Text=b+a
        End Sub
```
程序运行后，单击命令按钮，如果在输入对话框中分别输入 8 和 10，则文本框中显示的内容是（　　　）。

  A）108   B）18   C）810   D）出错

14. 在窗体上画一个名称为 Command1 的命令按钮，然后编写如下事件过程：

```
    Private Sub Command1_Click()
        Dim a As Integer, s As Integer
        a = 8
        s = 1
        Do
            s = s + a
            a = a - 1
        Loop While a <= 0
        Print s; a
    End Sub
```
程序运行后，单击命令按钮，则窗体上显示的内容是（　　　）。

  A）7　9   B）34　0   C）9　7   D）死循环

15. 下面程序段的执行结果为（　　　）。

```
    I=4
    A=5
    Do
        I=I+1
        A=A+3
    Loop Until I>=9
    Print"I=";I
    Print"A=";A
```
  A）I=9   B）I=10   C）I=10   D）I=9
    A=20   A=20   A=23   A=23

16. 以下能够正确计算 n! 的程序是（　　　）。

A）
```
    Private Sub Command1_Click()
        N = 5 : X = 1
        Do
            x = x * i
            i = i + 1
        Loop While i < n
        Print x
    End Sub
```

B）
```
    Private Sub Command1_Click()
        N = 5 : x = 1 : i = 1
        Do
            x = x * i
            i = i + 1
        Loop While i < n
        Print x
    End Sub
```

C）
```
    Private Sub Command1_Click()
        N = 5 : x = 1 : i = 1
        Do
            x = x * i
            i = i + 1
        Loop While i <= n
        Print x
    End Sub
```

D）
```
    Private Sub Command1_Click()
        N = 5 : x = 1 : i = 1
        Do
            x = x * i
            i = i + 1
        Loop While i > n
        Print x
    End Sub
```

17. 在窗体上有一个文本框 Text1 和一个命令按钮 Command1，然后编写如下事件过程：

```
Private Sub Command1_Click()
    Dim i As Integer,n As Integer
    For i=0 To 50
        i=i+3
        n=n+1
        If i>10 Then Exit For
    Next
    Text1.Text=Str(n)
End Sub
```

程序运行后，单击命令按钮，在文本框中显示的值是（　　　）。

A）2　　　　　　　　B）3　　　　　　　　C）4　　　　　　　　D）5

18. 下列程序段的执行结果为（　　　）。

```
X=6
For K=1 To 10 Step -2
    X=X+K
Next K
Print K;X
```

A）-1　6　　　　　B）-1　16　　　　　C）1　6　　　　　D）11　31

19. 新建立窗体中画一个命令按钮，其中事件代码如下：

```
For x=4 To 1 Step -1
    For y=1 To 5-x
        Print Tab(y+5);"*";
    Next y
    Print
Next x
```

窗体运行后，单击命令按钮，输出结果是（　　　）。

A）****　　　　　B）*　　　　　　C）****　　　　　D）*
　　***　　　　　　　　**　　　　　　　***　　　　　　　　**
　　**　　　　　　　　***　　　　　　　　**　　　　　　　　***
　　*　　　　　　　　****　　　　　　　*　　　　　　　　****

20. 在窗体上画一个命令按钮和两个标签，其名称分别为 Command1、Label1 和 Label2，然后编写如下事件过程：

```
Private Sub Command1_Click()
    a=0
    For i=1 To 10
        a=a+1
        b=0
        For j=1 To 10
            a=a+1
            b=b+2
        Next j
    Next i
    Label1.Caption=Str(A)
    Label2.Caption=Str(B)
End Sub
```

程序运行后，单击命令按钮，在标签 Label1 和 Label2 中显示的内容分别是（　　　）。

A）10 和 20　　　　B）20 和 110　　　　C）200 和 110　　　　D）110 和 20

21. 有一个分段函数，当 X<0 时，Y=-1；当 X=0 时，Y=0；当 X>0 时，Y=1。该分段函数在程序段中可表达为（　　　）。

A）If X<0 Then Y=-1
　　If X=0 Then Y=0
　　Else Y=1

B）If X>0 Then Y=1
　　If X=0 Then Y=0
　　Else Y=-1

C）If X<0 Then Y=-1
　　ElseIf X=0 Then Y=0
　　Else Y=1
　　End If

D）If X<0 Then
　　　Y=-1
　　ElseIf X=0 Then
　　　Y=0
　　Else
　　　Y=1
　　End if

22. 下列程序的执行结果为（　　　）。

```
A=75
If A>60 Then
    I=1
ElseIf A>70 Then
    I=2
ElseIf A>80 Then
    I=3
ElseIf A>90 Then
    I=4
End If
Print"I=";I
```

A）I=1　　　　　　B）I=2　　　　　　C）I=3　　　　　　D）I=4

23. 设 a="a"，b="b"，c="c"，d="d"，执行语句 x = IIf((a < B)Or (c > D), "A", "B")后，x 的值为（　　　）。

A）"a"　　　　　　B）"b"　　　　　　C）"B"　　　　　　D）"A"

24. 在窗体上画一个命令按钮，名称为 Command1，然后编写如下程序：

```
Private Sub Command1_Click()
    for I=1 To 4
    For J=0 To I
        Print Chr$(65+I);
    Next J
    Print
    Next I
End Sub
```

程序运行后，如果单击命令按钮，则在窗体上显示的内容为（　　　）。

A）BB
　　CCC
　　DDDD
　　EEEEE

B）B
　　BC
　　BCD
　　BCDE

C）BCDE
　　BCD
　　BC
　　B

D）EEEEE
　　DDDD
　　CCC
　　BB

25. 执行以下程序段时，（　　　）。

```
x=1
Do While  x<>0
    x=x*x
    print x;
Loop
```

A）循环体将执行 1 次
B）循环体将执行 0 次

C）循环体将执行无限次   D）系统将提示语法错误

26．设窗体中包含一个命令按钮 Command1 和一个标签 Label1；并有以下的事件过程。

```
Private Sub Command1_Click()
    Dim I As Integer,n As Integer
    I=1: n=0
    Do While I<10
        n=n+I
        I=I*(I+1)
    Loop
    Label1=I & "-" & n
End Sub
```

程序运行后，单击 Command1 按钮，标签中显示的内容是（　　）。

A）6-3　　　　　　　B）24-9　　　　　　　C）42-9　　　　　　　D）6-9

27．有如下程序：

```
For i=1 to 3
    For j=5 to 1 Step -1
        Print i*j
    Next j
Next i
```

则语句 Print i*j 的执行次数是（　　）。

A）15　　　　　　　B）16　　　　　　　C）17　　　　　　　D）18

28．阅读下面的程序段：

```
For i=1 To 3
    For j=1 To i
        For k=j To 3
        a=a+1
        Next k
    Next j
Next i
```

执行上面的三重循环后，a 的值为（　　）。

A）3　　　　　　　B）9　　　　　　　C）14　　　　　　　D）21

29．设有如下程序：

```
Private Sub Command1_Click()
    Dim sum As Double,X As Double
    sum=0
    n=0
    For i=1 To 5
        x=n/i : n=n+1 : sum=sum+x
    Next
End Sub
```

该程序通过 For 循环计算一个表达式的值，这个表达式是（　　）。

A）1+1/2+2/3+3/4+4/5　　　　　　　B）1+1/2+2/3+3/4

C）1/2+2/3+3/4+4/5　　　　　　　D）1+1/2+1/3+1/4+1/5

30．设有如下程序：

```
Private Sub Command1_Click()
    Dim c As Integer,d As Integer
    c=4
    d=InputBox("请输入一个整数")
```

```
        Do While d>0
            If d>c Then
                c=c+1
            End If
            d=InputBox("请输入一个整数")
        Loop
        Print c+d
    End Sub
```

程序运行后，单击命令按钮，如果在输入对话框中依次输入 1、2、3、4、5、6、7、8、9、0，则输出结果是（　　）。

A）12　　　　　　　　B）11　　　　　　　　C）10　　　　　　　　D）9

二、填空题

1．InputBox 函数返回值的类型为＿＿＿【1】＿＿＿。

2．MsgBox 函数返回值的类型为＿＿＿【2】＿＿＿。

3．下面程序的输出结果是＿＿＿【3】＿＿＿。

```
x = Int(RnD)+3
If x^2 > 8 Then y = x^2 + 1
If x^2 = 9 Then y = x^2 - 2
If x^2 < 8 Then y = x^3
```

4．要使下列语句执行 20 次：For k =＿＿＿【4】＿＿＿ To -5 Step -2

5．下面程序段显示＿＿＿【5】＿＿＿个"*"。

```
For i = 1 to 5
    For j=2 to i
        Print "*"
    Next j
Next I
```

6．下面程序运行后的输出结果是＿＿＿【6】＿＿＿。

```
Private Sub Command1_Click()
    For i = 0 to 3
        Print Tab(5*i+1);"2"+ i; "2"& I;
    Next i
End Sub
```

7．输入任意长度的字符串，要求将字符顺序倒置，例如 "ABCDEFG" 变换为 "GFEDCBA"。

```
Private Sub Command1_Click()
    Dim a$, i%, c$
    a = InputBox("输入字符串")
    n = Len(A)
    For i = 1 To Int(n / 2)
        c = Mid(a, i, 1)
            【7】
            【8】
    Next i
    Print a
End Sub
```

8．下面程序运行后的输出结果是＿＿＿【9】＿＿＿。

```
Private Sub Command_Click()
    a$ = "*"  :  b$ = "$"
```

```
For i = 1 to 4
If i Mod 2 = 0 Then
    x$ = String(Len(a$) + i , b$)
Else
    x$ = String(Len(a$) + i , a$)
End if
    Print x$;
Next i
End Sub
```

9. 以下程序循环的执行次数是____【10】____。

```
a=0
Do While a<=10
    a=a+2
Loop
```

10. 程序段的输出结果为：

```
*
**
***
****
*****
******
```

试将程序段填写完整。

```
Private Sub Command1_Click()
    ____【11】____
    ____【12】____
        Print    【13】    ;
    Next b
    Print
Next a
End Sub
```

11. 下面的事件过程判断文本框 txt1 中输入的数所在的区间，并在文本框 txt2 中输出判断结果。请在画线处填入正确的内容。

```
Private Sub Command1_Click()
    Dim int1 As Integer
    int1 = CInt(txt1.Text)
    Select Case int1
        Case    【14】
            txt2.Text = "值为 0"
        Case    【15】
            txt2.Text = "值在 1 和 10 之间（包括 1 和 10）"
        Case    【16】
            txt2.Text = "值大于 10"
        Case Else
            txt2.Text = "值小于 0"
    End Select
End Sub
```

12. 下面程序段中，k 循环共执行____【17】____次，在窗体上显示的结果是____【18】____。

```
Dim b As Integer, k As Integer
Let b = 1
```

```
For k = 1 To 5
    Let b = b * k
    If b >= 15 Then
        Exit For
    Else
        Let k = k + 1
    End If
Next k
Print k, b
```

13. 阅读下面程序，当单击窗体之后，窗体上输出的是___【19】___。

```
Private Sub Form_Click()
    Dim i As Integer, j As Integer, k As Integer
    For i = 0 To 10 Step 3
        For j = 1 To 10
            If j >= 5 Then i = i + 4: Exit For
            j = j + 1
            k = k + 1
        Next
        If i > 8 Then Exit For
    Next
    Print k
End Sub
```

14. 完成下面的程序段，使程序能够计算给定 x 的函数值 f(x)。

```
Dim x As Single
x=CSng(Text1.Text)
If      【20】      Then
    Text2.Text = 0
ElseIf      【21】      Then
         【22】
Else
Text2.Text=x*x+1
End If
```

15. 本程序可以将 0～255 之间的十进制数转换为二进制形式。在文本框 Text1 中输入一个十进制数，单击 "转换" 按钮，该十进制数的二进制形式显示在下面的文本框 Text2 中。

```
Private Sub Command1_Click()
    Dim byt1 As Byte
    Dim str1 As String
    byt1 = CByte(Text1)
    For int1 =      【23】
        If (byt1 And 2 ^ (8 - int1)) <> 0 Then
                 【24】
        Else
            str1 = str1 & "0"
        End If
    Next
    Text2.Text = str1
End Sub
```

三、判断题

（　　）1. 设有语句：x=InputBox("输入数值","0","示例")，程序运行后，如果从键盘上输入数值 10 并按回车键，变量 x 的值是字符串"10"。

（　　）2. 设 a=5，b=6，c=7，d=8，则执行 x=IIF((a>b)And(c<d),10,20)语句后，x 的值为 20。

（　　）3. 使用 Msgbox 函数与 Msgbox 语句可接受用户输入数据。

（　　）4. IF 语句中的条件表达式中只能使用关系或逻辑表达式。

（　　）5. 在 Select Case 情况语句中，各分支（即 Case 表达式）的先后顺序无关。

（　　）6. if x>y then max=x else max=y 程序段的作用是求两个数中的最大值。

（　　）7. 在 VB 的程序中，For...Next 语句与 Do...Loop 语句都可构成循环结构，其中 For...Next 语句更适用于循环次数确定的循环程序。

（　　）8. Do...Loop Until 语句实现循环时，只要条件是假，循环将一直进行下去。

（　　）9. 一个 Do 循环只能使用一个 Loop 关键字，但是可以使用多个 Exit 语句。

（　　）10. 要实现同样的循环控制，在 Do While...Loop 和 Do...Loop While 循环结构中给定的循环条件是一样的。

（　　）11. For 循环语句正常结束（即不是通过 Exit For 语句或强制中断），其循环控件变量的值一定大于"终值"，并等于"终值" + "步长"。

（　　）12. 不论步长是正值或负值，当循环变量的值大于终值时，结束循环。

（　　）13. For...Next 语句中，循环控制变量只能是整型变量。

（　　）14. 在 For 循环中，步长不能为负数。

（　　）15. 在循环体内，循环变量的值不能被改变。

（　　）16. 下面的语句执行特点是"先判断后执行，条件为 True 时执行循环"。
```
Do While  条件
    [语句块]
    [Exit Do]
Loop
```

（　　）17. 对下面的循环，如果"条件"是一个为 0 的常数，则一次循环体也不执行。
```
Do Until  条件
    循环体
Loop
```

（　　）18. 有下面的程序段：
```
K=0
Do While
    K=k+1
Loop
```
上面循环的执行次数是 11 次。

（　　）19. For k = 1 to 40 Step 2 表示该 For 语句循环执行了 20 次。

（　　）20. 在 If 条件语句中，如果条件是数值表达式，表达式的结果是 0 则为 Flase，非 0 为 True。

参考答案

一、单选题

1	2	3	4	5	6	7	8	9	10	11	12	13	14	15
B	C	D	D	A	D	D	D	C	B	B	B	B	A	A

16	17	18	19	20	21	22	23	24	25	26	27	28	29	30
C	B	D	C	D	D	A	D	A	C	A	C	A	C	D

二、填空题

【1】字符串

【2】整型数值

【3】7

【4】33

【5】10

【6】2 20 3 21 4 22 5 23

【7】Mid(a,i,1)=Mid(a,n-i+1, 1)

【8】Mid(a,n-i+1,1) = c

【9】**$$$****$$$$$

【10】6

【11】For a = 1 To 6

【12】For b = 1 To a

【13】"*"

【14】0

【15】1 To 10

【16】Is > 10

【17】3

【18】5　　　15

【19】4

【20】x<=0

【21】x<1

【22】Text2.Text = (1-x)*(1-x)

【23】1 To 8

【24】str1 = str1 & "1"

三、判断题

1	2	3	4	5	6	7	8	9	10	11	12	13	14	15
√	√	×	×	×	√	√	√	√	√	×	×	×	×	×

16	17	18	19	20
√	×	×	√	√

第4章 数组及应用

本章学习目标

- 掌握数组的概念、定义和使用方法。
- 了解和学会使用动态数组的定义和在程序中的应用。
- 了解控件数组的定义和初步使用方法。
- 初步掌握 VB 程序设计中的常用算法。

本章将为读者介绍静态和动态数组的概念、定义和使用初步，同时向读者介绍 VB 程序设计中的几种常用算法，如计数、累加与极值、排序、查找、插入、删除、迭代、字符处理等。

在 VB 程序设计中，常有很多变量，如 x0=301，x1=302，x2=303，x3=304，…。为方便对各个变量进行统一管理，可将各同类变量定义为一个集合，即数组，如图 4-1 所示。

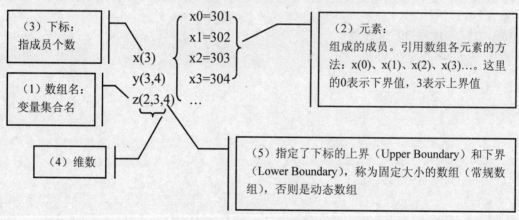

图 4-1　数组的概念

一个数组的基本要素如下：

（1）数组名（Array Name）：变量集合名，如 x、y、z 等。

（2）下标（Index）：指成员个数，如 x(3)中的数字 3。

（3）元素（Element）：组成的成员，使用时用 x(0)、x(1)、x(2)、x(3)…表示成员元素。

（4）维数（Dimension）：数组下标的个数，表示数组的复杂度。如数组 y(3,4)有两个下标，我们称为二维数组。

（5）下标的上界（Upper Boundary）和下界（Lower Boundary）。指定了上下界，称为固定大小的数组（常规数组），否则是动态数组。

一个数组可以存储多个值，通过数组名和下标对这些值进行存取。与变量相比，数组有以下优点：

（1）数组能够保存多个值。

（2）数组可与循环语句配合实现复杂算法。

（3）数组可作通用过程的参数，传递大量的值。

（4）数组可作函数过程的返回值，能返回大量的值。

（5）数组常用来表示与一维、二维、三维空间分布相关的数据，非常直观。

（6）动态数组可根据需要开辟内存空间，优化程序、提高效率。

在 VB 中，根据数组的大小确定与否，可以分为常规（静态或定长）数组和动态（可变长）数组。数组中的元素不仅可以是各种数据类型的数据，还可以是各种对象控件。数组元素由控件组成的数组，称为控件数组。

常规数组至少应该有一个元素，这时下标的上界与下界相等。

4.1　常规数组

常规数组，即固定大小的数组，也称静态（Static）数组。由括号中的数值决定数组的维数和下标的上下界。定义格式如下：

Public|Private|Dim|Static　数组名(维数与下标界限)　[As　数据类型名]

其中，"Public|Private|Dim|Static"决定数组的作用范围（全局级、模块级、过程级和静态过程级），用法和定义变量相同。

"维数与下标界限"部分决定数组的维数和元素个数。

"数据类型名"指定数组的数据类型，即每个元素的类型，决定元素占用内存的大小和数据的存储方式。

如：

Dim x(5) as Integer,y(3,4) as Single,z(3,4,5) as String

分别定义了一个一维数组 x，一个二维数组 y 和一个三维数组 z。数组 x、y 和 z 中的每个元素分别接受整型、单精度浮点数和字符串的数值。

4.1.1　一维数组

1．一维数组的定义

只有一个下标的数组称为一维数组，一维数组定义的格式为：

Public|Private|Dim|Static　数组名（[下标下界　To]下标上界）　[As　数据类型]

或

Public|Private|Dim|Static　数组名[<数据类型符>]（[下标下界　To]下标上界）

例：Dim a(10) As Integer，定义了一个一维数组 a，下标上界为 10。

又如：Dim b(2 to 10) As Integer，与之等价的形式为：Dim b%(2 to 10)。

如果已经定义了一个自定义数据类型 Student（参见 2.1.2 节），我们也可声明和 Student 有关的数组。

Dim stud(99) as Student　'定义一个自定义数据类型的数组 stud()

说明：

（1）数组变量的命名遵循变量的命名规则。数组的作用域和变量的作用域相同。

（2）数组下标下界可以省略，如果省略，则下标下界的默认值为 0。可以通过 Option Base 语句来设定省略数组下标下界时下界的值，其语法格式为：

Option Base n

Option Base 语句后 n 的值只能为 0 或 1，而且该语句只能放在模块的声明部分。

例如：

> Dim a(5) As Integer

上面的语句如果没有 Option Base 语句，则定义了一个下界为 0，上界为 5 的数组 a。如果存在 Option Base 1，则定义了一个下界为 1，上界为 5 的数组 a。

下界使用"0"时，上界 n 必须是非负整数常量（不能使用变量）；下界使用"1"时，上界 n 必须是正整数常量。如果没使用 Option Base 语句，默认为 0。

例如，图 4-2 所示的语句不正确。

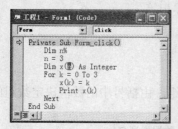  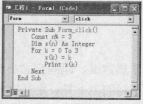

图 4-2　定义数组时，下标不能使用变量

（3）如果下标下界不省略，可以使用关键字 To 指定下标的下界和上界，且下界的值不能超过上界的值。例如：

> Dim x(-2 To 3) as Integer

定义了一个下界为-2，上界为 3 的数组 x，表示数组 x 有 6 个元素，分别是 x(-2)、x(-1)、x(0)、x(1)、x(2)、x(3)。

（4）数组中元素的个数可以通过如下公式来计算：

数组元素个数＝上界 – 下界 ＋1

例如：

> Dim a(2 To 6) As Integer　　　'数组元素的个数为 5

（5）As 子句定义数组的数据类型，如果省略则定义为变体类型，数组可以存储任意类型的数据。

（6）一条语句可以定义多个数组。例如：

> Dim a(4) As Integer, b(5) As Integer　　　'定义了两个数组 a 和 b

2．一维数组元素的访问

一维数组被定义之后，便具有了内存空间，可以通过以下方式访问数组指定下标的元素。

> **数组名(下标值)**

访问数组元素时的"下标值"可以是整型（或长整型）常量、变量或表达式。下标值不能小于数组下标的下界，不能大于下标的上界，否则会引发"下标越界"的运行时错误。

3．一维数组元素的赋值

和变量一样，数组在定义后，数组中的各元素都将被赋一个初值。数值型数组中各元素的初值为 0；字符串型数组中各元素的初值为空串；布尔型数组中各元素的初值为 False；日期型数组中各元素的初值为 00:00:00；变体型数组中各元素的初值为空值（Empty）。

数组元素可以像普通变量一样被赋值、参与表达式计算、作为实参调用通用过程，也可以使用循环语句对多个元素进行"批量"操作。

例如：

> Dim a(0 To 5) As Integer　　　'定义数组 a

可以通过以下两种方法为数组 a 中各元素进行赋值。

方法 1：为单个元素赋值

　　　a(0) = 1 : a(1) = 3 : a(2) = 5 : a(3) = 7 : a(4) = 9 : a(5) = 11

方法 2：通过循环语句为各元素赋值

```
For i = 0 To 5
    a(i) = 2 * i +1
Next
```

【例 4-1】定义一个内含 10 个元素的数组，数组中各元素是随机产生的二位整数。求数组中最大元素及其下标。

分析：数组中各元素是随机产生的二位整数可由公式 Int(Rnd*90+10)得到，然后用比较的方法得到数组中的最大值及最大值所在元素的下标值。

在新建工程的窗体上设置单击事件，编写代码如下：

```
Option Base 1    '数组下标值由 1 开始
Private Sub Form_Click()
    Dim a(10) As Integer
    Dim k%, max%, Indexk%        'max 和 Indexk 分别表示最大值和所在下标值
    For k = 1 To 10
        a(k) = Int(Rnd * 90 + 10)
        Print a(k);
    Next
    Print
    For k = 1 To 10
        If max < a(k) Then
            max = a(k)
            Indexk = k
        End If
    Next
    Print "数组各元素的最大值是："; max, "所在下标号是"; Indexk
End Sub
```

为了使程序在运行时，每一次产生的数组各元素值都不相同，可使用下面的事件代码。

```
Private Sub Form_Load()
    Randomize
End Sub
```

程序运行的界面，如图 4-3 所示。

【例 4-2】十进制数转换为二进制数，程序运行的界面，如图 4-4 所示。

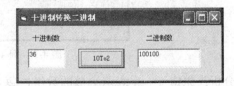

图 4-3　例 4-1 程序运行界面　　　　　　图 4-4　例 4-2 程序运行界面

分析：

①对整数，将十进制转换成二进制的方法是"除 2 反序取余法"，即把要转换的十进制数反复除以 2 取其余数（除尽为 1，除不尽为 0），直至商为 0；再将余数反序排列即为对应的二进制数。程序中使用了数组 b 保存每次除以 2 所得的余数。

②对十进制小数，将十进制转换成二进制的方法是"乘 2 正序取整法"，即把要转换的十进制数反复乘以 2 取其整数，直至所需的小数位。

在新建工程的窗体上设置一个命令按钮控件 Command1（转换），两个文本框控件 Text1～2。为命令按钮 Command1 编写代码如下：

```
Option Base 0
Private Sub Command1_Click()
    Dim i As Integer
    Dim d As Integer    '表示十进制数
    Dim b(15) As Byte '用于存储二进制数符
    Dim s As String
    d = Text1.Text              '得到十进制数
    Do Until d = 0
        b(i) = d Mod 2          '除 2 取余
        d = d \ 2
        i = i + 1
    Loop
    Do While i > 0
        i = i - 1
        s = s & b(i)            '反序排列
    Loop
    Text2.Text = s             '显示二进制数
End Sub
```

程序运行后，输入一个整数，如 36，则转换输出的二进制数是：100100。

【例 4-3】* Josephus（约瑟夫）问题。有 n 个小孩围成一圈，从 1 开始顺序编号到 n，现在从 1 号开始顺时针报数，报到 m 者自动出列，然后从下一个小孩开始重新报数，仍然每次数到 m 者自动出列。

现有小孩 7 人，小孩数到 3 时被剔除，程序运行的界面如图 4-5 所示。

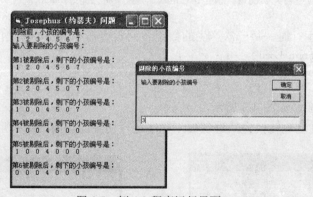

图 4-5　例 4-3 程序运行界面

分析：先定义一个表示小孩的数组，每个数组元素所存储的值为小孩所在位置的编号，小孩的编号从 1 开始，一旦数组元素的值为 0 时，即表示被剔除。为表示小孩围成圈，可以用求模运算来使数组的遍历从尾部回到头部，从而继续计数过程。

在新建工程的窗体上设置单击事件，编写代码如下：

```
Private Sub Form_Click()
    Const Total% = 7
```

```
    Dim ChosseNum%, boy(Total - 1) As Integer
    Dim I%, k%, n%
    For I = 0 To Total - 1
        boy(I) = I + 1        '给小孩编号
    Next
    Print "剔除前，小孩的编号是："
    For I = 0 To Total - 1
        Print boy(I);        '打印小孩的编号
    Next
    Print
    Print "输入要剔除的小孩编号："
    ChosseNum = InputBox("输入要剔除的小孩编号", "剔除的小孩编号")
    k = 1        '第 k 个离开的小孩
    n = -1        '数组下标，下一个为 0 表示从第一个孩子开始数
    Do While True
        I = 0
        Do While I < ChosseNum        '数小孩数
            n = (n + 1) Mod Total
            If boy(n) <> 0 Then I = I + 1
        Loop
        Print
        If k = Total Then Exit Do
        boy(n) = 0        'n=2 即第 3、6 的值为 0
        Print "第" & k & "被剔除后，剩下的小孩编号是："
        For I = 0 To Total - 1
            'If boy(I) <> 0 Then
            Print boy(I);
        Next
        Print
        k = k + 1
    Loop
    End Sub
```

程序运行后，输入要剔除的编号 3 时，经过几轮剔除后，剩下编号为 4 的小孩。

【例 4-4】*　用筛选法编程产生 1～1000 之间所有素数。

分析：筛选法求素数首先要建立筛子，这里利用数组作筛子。下标对应于数，相应下标变量的值标志是否在筛子中：为 1 表示在筛子中，为 0 表示已被筛去，不在筛子中。然后找每一轮筛选种子，本轮筛选种子是完成一轮筛选后的下一个最小的素数，初值为 2。对每一轮筛选种子，筛去其所有倍数，即相应下标变量的值赋值为 0。倍数初值为筛选种子的 2 倍。筛选完成，筛子中剩下的即为素数，依次类推。

①把数组 D 下标为 2～N 的分量全部赋值 0。

②下标从 2～N 进行循环，在循环体内检测每分量的值是否为 0，如果下标为 I 的分量的值为 0，则 I 是素数，输出 I，并且把 D 中下标是 I 的倍数的分量的值改为 1。

在新建工程的窗体上设置单击事件，编写代码如下：

```
    Private Sub Form_Click()
        Dim D(20000) As Integer, k%
        For i = 2 To 1000
            D(i) = 0
```

```
            Next i
            For i = 2 To 1000
                If D(i) = 0 Then
                    Select Case i
                        Case Is < 10
                            Print i & Space(5);
                        Case Is < 100
                            Print i & Space(4);
                        Case Is < 1000
                    Print i & Space(3);
                    End Select
                    k = k + 1
                    If k Mod 10 = 0 Then Print    '每 10 个素数换行
                    For J = i To 1000 Step i       '判断素数
                        D(J) = 1
                    Next J
                End If
            Next i
        End Sub
```

程序执行后，1～1000 之间的所有素数被打印出来，如图 4-6 所示。

图 4-6　例 4-4 程序运行界面

4.1.2　二维数组和多维数组

1. 二维数组的定义

二维数组的定义和一维数组基本一样，只不过多了一个下标，其格式如下：

Public | Private | Dim | Static 数组名（[下标下界 To]下标上界, [下标下界 To]下标上界）[As 数据类型]

二维数组定义语句的使用和一维数组基本一样，其元素个数为：第一维元素个数×第二维元素个数。例如：

```
Dim a(2, 3) As Single              '元素个数为 12（3×4）
Dim b(1 To 3, 2 To 6) As Integer   '元素个数为 15（3×5）
```

同一维数组一样，如果没有使用 Option Base 1 指定下标从 1 开始，默认下界时都是从 0 开始，所以上面数组 a 和 b 的元素个数分别为 12 和 15。

习惯上，经常把数组的第一维称为行，第二维称为列，这样可以把一个二维数组和一个矩阵对应起来。

二维数组在内存的存放顺序是"先行后列"。例如数组 a 的各元素在内存中的存放顺序如下：

a(0,0)→a(0,1)→a(0,2)→a(0,3)→a(1,0)→a(1,1)→a(1,2)→a(1,3)→a(2,0)→a(2,1)→a(2,2)→a(2,3)

2．二维数组元素的引用

与一维数组一样，二维数组也要先声明后才能使用。二维数组中的元素可以用以下格式引用：

数组名（下标 1 值，下标 2 值）

例如：

```
a(1,2)=20
a(i+2,j)=a(1,2)*3
```

【例 4-5】以下程序利用二重循环产生一个 10 行×10 列数字方阵，方阵中的数字大小为顺序的自然数 11～110，程序的执行结果如图 4-7 所示。

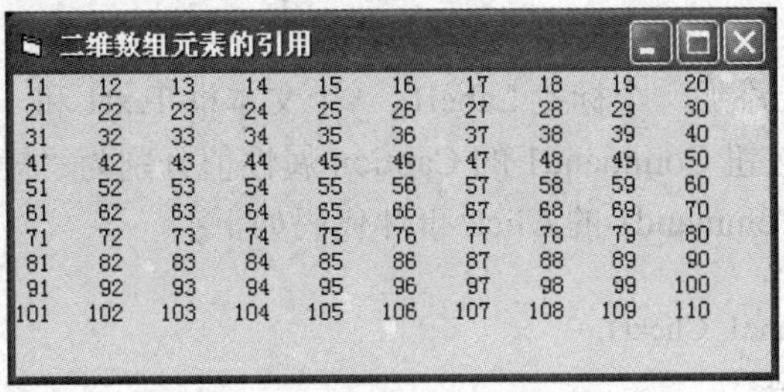

图 4-7　例 4-5 程序运行界面

```
Private Sub Form_Click()
    Dim I As Integer, J As Integer
    Dim A(1 To 10, 1 To 10) As Integer
    For I = 1 To 10
        For J = 1 To 10
            A(I, J) = I * 10 + J        '为 A(I, J)赋值
            If A(I, J) < 100 Then
                Print " " & A(I, J) & Space(3);
            Else
                Print A(I, J) & Space(2);        '引用 A(I, J)
            End If
        Next J
        Print ""
    Next I
End Sub
```

【例 4-6】矩阵的转置。矩阵是由 N 行 M 列数值组成的特殊数据形式，可以使用二维数组表示，如图 4-8（a）所示（本例涉及的是方阵，即 N=M，N 称为阶数）。矩阵的转置是指行列数据交换，即沿对角线反转，如图 4-8（b）所示。

$$A = \begin{pmatrix} a(1,1) & a(1,2) & a(1,3) & a(1,4) \\ a(2,1) & a(2,2) & a(2,3) & a(2,4) \\ a(3,1) & a(3,2) & a(3,3) & a(3,4) \\ a(4,1) & a(4,2) & a(4,3) & a(4,4) \end{pmatrix} \qquad A = \begin{pmatrix} 1 & 2 & 3 & 4 \\ 5 & 6 & 7 & 8 \\ 9 & 10 & 11 & 12 \\ 13 & 14 & 15 & 16 \end{pmatrix} \rightarrow A = \begin{pmatrix} 1 & 5 & 9 & 13 \\ 2 & 6 & 10 & 14 \\ 3 & 7 & 11 & 15 \\ 4 & 8 & 12 & 16 \end{pmatrix}$$

（a）用二维数组表示矩阵　　　　　　　　　　（b）矩阵的一个具体例子

图 4-8　矩阵的转置

程序运行的界面，如图 4-9 所示。

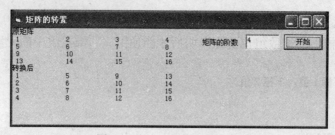

图 4-9　例 4-6 程序运行界面

　　分析：矩阵的转置就是矩阵中各元素的行列值交换，也就是元素 a(i,j) 的值转置后变为元素 a(j,i) 的值。所以，我们在程序中只要使主对角线之下元素 a(i,j) 的值和其对应元素 a(j,i) 的值交换即可。

　　在新建工程的窗体上添加一个标签 Label1、一个文本框 Text1 和一个命令按钮 Command1。设置标签 Label1 和命令按钮 Command1 的 Caption 属性值分别为"矩阵的阶数"和"开始"。

　　"开始"命令按钮 Command1 的 Click 事件代码如下：

```
Option Base 1
Private Sub Command1_Click()
    Dim n As Integer
    Dim a() As Integer               '动态数组
    Dim i As Integer, j As Integer
    Dim t As Integer
    n = Text1.Text                   '矩阵阶数
    ReDim a(n, n)                    '重定义动态数组
    Print "原矩阵"
    For i = 1 To n
        For j = 1 To n
            a(i, j) = (i - 1) * n + j    '生成矩阵元素
            Print a(i, j),              '显示矩阵元素
        Next
        Print                        '换行
    Next
    For i = 1 To n
        For j = 1 To i - 1           '注意循环的终止值
            t = a(i, j)              '交换元素的值
            a(i, j) = a(j, i)
            a(j, i) = t
        Next
    Next
    Print "转换后"
    For i = 1 To n
        For j = 1 To n
            Print a(i, j),              '显示矩阵元素
        Next
        Print                        '换行
    Next
End Sub
```

　　【例 4-7】杨辉，字谦光，南宋时期杭州人。在他 1261 年所著的《详解九章算法》一书中，辑录了前人贾宪的研究成果并提出了后人所说的"杨辉三角"数表，称之为"开方作法本

源"图,如图 4-10 所示。杨辉三角形的两侧全部是 1,中间
的每个数是其左上方和右上方两个数之和。

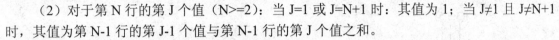

图 4-10　例 4-7 程序运行界面

杨辉三角形,又称贾宪三角形、帕斯卡三角形,编程实
现杨辉三角形的生成。

分析:从杨辉三角形的特点出发,可以总结出以下特点:

(1)第 N 行有 N+1 个值(设起始行为第 0 行)。

(2)对于第 N 行的第 J 个值(N>=2):当 J=1 或 J=N+1 时:其值为 1;当 J≠1 且 J≠N+1
时,其值为第 N-1 行的第 J-1 个值与第 N-1 行的第 J 个值之和。

将这些特点提炼成数学公式可表示为:

①I=1 或 I=N+1,其值为 1,即 a(I,J)=1。

②其他,a(I,J)= a(I-1,J-1)+a(I-1,J)。(a()表示杨辉三角形中的一个数字)

程序设计步骤如下:

在新建工程的窗体上添加一个标签 Label1、一个文本框 Text1 和一个命令按钮 Command1。
设置标签 Label1 和命令按钮 Command1 的 Caption 属性值分别为"行数"和"生成"。

"生成"命令按钮 Command1 的 Click 事件代码如下:

```
Private Sub Command1_Click()
    Dim N As Integer
    Dim I As Integer, J As Integer
    Dim a(10, 10) As Integer    '定义一个数组
    Form1.Cls
    N = Val(Text1.Text)
    '生成杨辉三角,保存于数组中
    For I = 1 To N
        For J = 1 To I
            If J = 1 Or J = I Then
                a(I, J) = 1
            Else
                a(I, J) = a(I - 1, J - 1) + a(I - 1, J)
            End If
        Next
    Next
    '显示杨辉三角
    For I = 1 To N
        For J = 1 To N - I
            Print " ";
        Next
        For J = 1 To I
            Print a(I, J) & " ";
        Next
        Print
    Next
End Sub
```

3. 多维数组

通常把数组的下标个数多于 3 个以上的数组,称为多维数组。多维数组是在一维和二维
数组概念上的扩展。多维数组的定义、元素的访问方式与一维和二维数组类似。例如,下面定

义的是 2 个多维数组。

```
Dim a(3,3,4) As Integer                           ' 3 维数组
Dim b(1 To 10,-4 To 5, 10,20) As Single           ' 4 维数组
```

如果将二维数组比作二维表格，那么，三维数组可看作是由多张二维表组成的三维表格。例如处理一个年级的多个班级的学生成绩时，就要用到三维数组。三维数组和多张二维表格的对应关系，如图 4-11 所示。

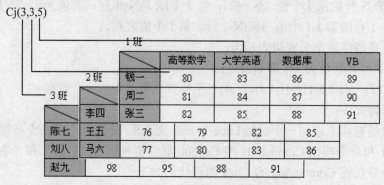

图 4-11　多张二维表格

由于数组在内存中占据一片连续的存储空间，如果多维数组每维下标声明太大，可能造成大量存储空间的浪费，从而影响程序的执行速度。

4.2　动态数组

在定义常规数组时，都给出了数组的下标上界和下界。这样数组定义后，数组的大小也就确定了，不能再修改数组的大小。但有时候可能无法事先知道数组到底应该有多大才合适，只有在程序运行时才能根据运行状况决定数组的大小，这就需要在程序运行时动态改变数组的大小。如输入某一数据，或某一些操作结束才能确定，这种情况下，使用动态（Dynamic）数组或称可变长数组来处理就比较方便。

1．动态数组及其声明

动态数组以变量为下标值，在程序运行过程中定义。建立动态数组的方法是：首先使用Public、Private、Dim 或 Static 语句声明一个没有下标的数组，即括号内为空的数组，然后在过程中用 ReDim 语句重新定义数组的大小。

ReDim 语句的语法格式如下：

ReDim [Preserve] 变量（下标 1,下标 2,……）[As 数据类型]

说明：

（1）ReDim 语句只能出现在过程中，否则会出现错误。

（2）静态数组中对应数组下标上界和下界的声明必须使用常量，而用 ReDim 语句定义动态数组时可以使用变量定义下标上界和下界。例如：

```
Dim a() As Integer
Dim n As Integer
n = 3
ReDim a(n)
```

（3）在过程中可以多次使用 ReDim 语句改变数组的大小，也可以改变数组的维数，但不能改变数组的数据类型。例如：

```
Dim a() As Integer
ReDim a(3) '定义了一个动态的一维数组
ReDim a(3, 4) As Integer '定义了一个动态的二维数组
```

如果要把第 2 条语句写为 ReDim a(3) As Single 就会产生错误，因为改变了数组的数据类型。

（4）使用 ReDim 语句重新定义数组的大小时，数组中的数据都会丢失，新定义的数组中的各元素将被赋予一定的初值，如字符串数组初值为空串。如果要在使用 ReDim 语句重新定义数组的大小时保留数组中的数据，则必须在 ReDim 语句后加 Preserve 关键字。使用了 Preserve 关键字后将不能再改变数组的维数，同时也只能改变最后一维的大小，对于其他的维数不能做任何修改。例如，如果执行了下列语句：

```
Dim a() As Integer
ReDim a(3, 4)
```

则再执行"ReDim Preserve a(3,6) As Integer"语句是正确的。如果要执行"ReDim Preserve a(3) As Integer"语句则是错误的，因为改变了数组的维数。如果要执行"ReDim Preserve a(2, 6) As Integer"也是错误的，因为只允许改变最后一维的大小，这里改变了第一维的大小。

【例 4-8】运行并分析下面的程序段。

```
Private Sub Form_Click()
    Dim a() As Integer, b() As Integer
    ReDim a(1 To 2)
    a(1) = 1
    a(2) = 2
    ReDim b(1 To 2)
    b(1) = 1
    b(2) = 2
    ReDim a(1 To 3)
    Print a(1); a(2); a(3)
    ReDim Preserve b(1 To 3)
    Print b(1); b(2); b(3)
End Sub
```

在程序中，因为经过"ReDim a(1 To 3)"语句重新定义数组 a 大小后，数组 a 中的各元素都被赋予初值 0。而经过"ReDim Preserve b(1 To 3)"语句重新定义数组 b 大小后，数组 b 中原来的元素值依然保留，新增加的元素被赋予初值 0。

最后，程序的执行结果为：

```
0 0 0
1 2 0
```

【例 4-9】随机产生一批两位数的正整数（如 30 个），将其中的奇数和偶数分别存入数组 odd 和 even 中，然后分别以每行 10 个输出数组 odd 和 even。程序运行界面如图 4-12 所示。

图 4-12　例 4-9 程序运行界面

分析：产生两位数的正整数的公式为 N=Int (Rnd*90+10)；判断某数的奇偶性的方法为 N mod 2 的结果是否为 0，若为 0，则是偶数，反之，为奇数。

在新建工程的窗体上设置单击事件，编写代码如下：

```
Option Base 1
Private Sub Form_Click()
    Dim I As Integer, od As Integer, ev As Integer, N As Integer
    Dim odd() As Integer, even() As Integer
    For I = 1 To 30
        N = Int(Rnd * 90 + 10)              '随机产生一个两位数
        If N Mod 2 <> 0 Then                '判断奇偶性
            od = od + 1                     'od 表示奇数的个数
            ReDim Preserve odd(od)          '重新定义动态数组
            odd(od) = N
        Else
            ev = ev + 1                     'od 表示偶数的个数
            ReDim Preserve even(ev)
            even(ev) = N
        End If
    Next
    Print "产生的奇数有" & od & "个："
    For I = 1 To od
        Print odd(I); Spc(2);
        If I Mod 10 = 0 Then Print
    Next
    Print
    Print "产生的偶数有" & ev & "个："
    For I = 1 To ev
        Print even(I); Spc(2);
        If I Mod 10 = 0 Then Print
    Next
End Sub
```

在新建工程的窗体上设置 Load 事件，编写代码如下：

```
Private Sub Form_Load()
    Randomize
End Sub
```

2. 数组的清除和重定义

在 VB 中，数组一旦被定义后，便在内存中分配了相应的存储空间。如果想要清除静态数组中的内容或释放动态数组所占用的存储空间，可以使用 Erase 语句。

Erase 语句的使用语法格式如下：

Erase 数组名 1,数组名 2,...

说明：

（1）Erase 语句用于静态数组时，将清除数组中各元素的值，并根据数组变量类型的不同赋予相应的初值。初值的约定和变量相同。如整型数组各元素初值为 0。

（2）Erase 语句用于动态数组时，将释放动态数组所使用的内存。在下次使用该动态数组前，必须用 ReDim 语句重新定义该动态数组的维数。

（3）Erase 语句可以清除多个数组的内容，数组之间用逗号隔开。

例如，执行以下命令按钮的单击事件代码，我们可以看到在 Erase 语句之后，数组 a 所有元素的值都重新初始化为 0。

```
Private Sub Command1_Click()
    Dim a(1 To 5) As Integer
```

```
      Dim i As Integer
      Text1 = ""
      For i = 1 To 5
          a(i) = 2 * i + 1 '为数组赋值
      Next
      Text1 = Text1 & "数组值为：" & vbCrLf
      For i = 1 To 5
          Text1 = Text1 & a(i) & Space(2) '输出数组的值
      Next
      Text1 = Text1 & vbCrLf
      Erase a
      Text1 = Text1 & "执行 Erase 语句后数组值为：" & vbCrLf
      For i = 1 To 5
          Text1 = Text1 & a(i) & Space(2)    '再次输出数组的值
      Next
  End Sub
```

程序的运行结果，如图 4-13 所示。

图 4-13　程序运行结果

4.3　与数组操作有关的几个函数

1．Array 函数

数组一经定义以后，系统将自动根据数组的数据类型，为数组中的每个元素赋初值，如单精度数组中各元素初值为 0。但这种赋值是由系统进行的，用户不能决定初值的大小。为此，VB 又提供了用 Array 函数来给数组元素赋初值的方法。

Array 函数的语法格式如下：

数组变量名 ＝Array（数组元素值）

说明：

（1）使用 Array 函数给数组赋初值时，数组变量必须是一个变体变量。例如：

```
Dim A As Variant        '创建一个 Variant 的变量 A
A = Array(10,20,30)
B = A(2)                 '将数组的第二个元素的值赋给另一个变量
```

（2）数组中每个元素的数据类型可以不同。例如：

```
Dim a As Variant
a = Array(111, "abc", 2.22)   '数组中的各元素被赋予不同类型的初值
Print a(0), a(1), a(2)        '打印结果为"111 abc 2.22"
```

（3）Array 函数只适用于一维数组，不能对二维或多维数组初始化。

2．IsArray 函数

使用 IsArray 函数可以判断变量是否为一个数组。其语法格式如下：

IsArray(<变量名>)

如果参数<变量名>是数组名，或是引用了数组的变体类型变量名，IsArray 函数返回 True；否则返回 False。未重定义的动态数组返回的也是 True。如果<变量名>是数组元素，返回 False。

3．Split 函数

Split 函数可从一个字符串中以某个指定符号为分隔符，分离若干个子字符串，建立一个下标从零开始的一维数组。

Split 函数的使用语法格式如下：

Split(<字符串表达式>[, <分隔符>[, <子字符串数量>]])

说明：

<字符串表达式>是一个必选项，是包含子字符串和分隔符的字符串表达式。如果<字符串表达式>是一个长度为零的字符串（""），Split 则返回一个空数组，即没有元素和数据的数组。

<分隔符>是可选的，是用于标识子字符串边界的字符。如果省略，则使用空格字符（" "）作为分隔符。如果<分隔符>是一个长度为零的字符串，则返回的数组仅包含一个元素，即完整的<字符串表达式>字符串。

<子字符串数量>是可选的。表示返回的子字符串数，–1 表示返回所有的子字符串。

【例 4-10】设计一个窗体，窗体中添加一个文本框。程序运行后，用户在文本框输入多个用","分隔的整数，按下回车键后，将各数据按升序显示在一个对话框中。程序运行界面如图 4-14 所示。

图 4-14　例 4-10 程序运行界面

分析：文本框的按键事件是 KeyPress(KeyAscii As Integer)，KeyAscii 用于判断是否按下了回车键，判断的标准是 KeyAscii = 13。

在新建工程的窗体上设置文本框的按键事件，编写代码如下：

```
Private Sub Text1_KeyPress(KeyAscii As Integer)
    If KeyAscii = 13 Then     '判断是否按了回车键
        Dim i%, j%, p%, n%, m%, t%, msg$
        Dim a() As String, b() As Integer
        a = Split(Text1.Text, ",")
        '将文本框中输入的文本，以","为分隔符分离子字符串存入数组 a 的各元素中
        n = LBound(a)
        m = UBound(a)    '计算数组 a 的上下界
        ReDim b(n To m)
        For i = n To m
            b(i) = Val(a(i)) '将数组 a 中的数字字符串转化成数字存入数组 b 中
        Next
        For i = n To m - 1 '排序，参见 4.6 节 "排序问题" 的有关内容
            For j = n To m - 1 - i
                If b(j) > b(j + 1) Then
                    t = b(j): b(j) = b(j + 1): b(j + 1) = t '交换数据
                End If
            Next j
        Next i
        For i = n To m
            msg = msg & b(i) & " "
        Next i
        MsgBox msg, , "排序后的数据"
    End If
End Sub
```

4. UBound 和 LBound 函数

UBound 和 LBound 函数可以求出数组下标的上界和下界。其语法格式为：

UBound （数组名[,维数])

LBound （数组名[,维数])

UBound 和 LBound 函数可以求出数组下标某个维数的上界和下界。如果省略了维数，则默认为求第一维的上界和下界。例如：

Dim a(1 To 5, 2 To 6, 5 To 10) As Integer

Print LBound(a), UBound(a), LBound(a, 2), UBound(a, 2)

程序运行的结果为：1 5 2 6

4.4 For Each…Next 语句

For Each … Next 语句是专门用于对数组、集合等数组结构中的每一个元素进行循环操作的语句，通过它可以列举数组、对象集合中的每一个元素，并且通过执行循环对每一个元素进行需要的操作。其语法格式为：

For Each <成员变量名> In <数组或对象集合名>

      [<循环体语句>]

      [<Exit For>]

      [<循环体语句>]

Next　[<成员变量名>]

说明：

（1）<成员变量名>必须是一个变体变量。

（2）循环执行的次数取决于数组或对象集合元素的个数，数组或对象集合元素的个数就是循环执行的次数。

（3）每次执行循环之前，都把数组或对象集合中的一个元素赋给<成员变量名>，第一次是数组或对象集合中的第一个元素，第二次是第二个，依此类推。

（4）可以使用 Exit For 语句退出循环。

（5）For Each … Next 语句不能用于用户自定义数据类型的数组。

在数组操作中有时使用 For Each … Next 语句比用 For 循环遍历数组元素更加方便，因为它不需要指定循环条件。

【例 4-11】使用 For Each … Next 语句求二维数组的最大值。程序设计界面如图 4-15 所示。程序运行时，单击"生成数组"按钮将产生一个 6 行 7 列的二维数组并显示出来，单击"求最大值"按钮将求出最大值并显示出来，如图 4-16 所示。

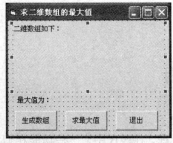

图 4-15　程序设计界面

图 4-16　例 4-11 程序运行界面

　　分析：可用一个变量 max 记下最大值，首先指定为第一个元素值最大，用 max 记下它的值，通过 For Each … Next 循环用 max 值和数组中的每个元素值比较，如果元素值比 max 大，则用 max 记下它的值。数组中的所有元素均比较完毕后，max 中的值就是二维数组的最大值。

　　程序设计步骤如下：

　　在新建工程的窗体上添加两个标签 Label1～2、三个命令按钮 Command1～3。设置标签 Label1 和命令按钮 Command1～3 的 Caption 属性分别为"二维数组如下："、"生成数组"、"求最大值"和"退出"；标签 Label2 的 Caption 和 AutoSize 属性值分别为"最大值为："和 True。

- "生成数组"命令按钮 Command1 的 Click 事件代码

```
Dim arr(5, 6) As Integer    '定义一个 6 行 7 列的数组
Private Sub Command1_Click()
    Dim i%, j%
    Randomize
    For i = 0 To 5
        For j = 0 To 6
            arr(i, j) = Int(Rnd * 90 + 10)
        Next
    Next
    Label1.Caption = "二维数组如下："
    For i = 0 To 5
        Label1.Caption = Label1.Caption & vbCrLf
        For j = 0 To 6
            Label1.Caption = Label1.Caption & arr(i, j) & Space(2)
        Next
    Next
End Sub
```

- "求最大值"命令按钮 Command2 的 Click 事件代码

```
Private Sub Command2_Click()
    Dim max%, t
    max = arr(0, 0)
    For Each t In arr
        If max < t Then '如果数组中的元素比 max 的值大，则用 max 记下该元素的值
            max = t
        End If
    Next
    Label2 = "最大值为：" & max '显示最大值
End Sub
```

- "退出"命令按钮 Command3 的 Click 事件代码

```
Private Sub Command3_Click()
    End
End Sub
```

4.5　控件数组

1. 基本概念

　　一组相同类型的相关数据可以使用数组来描述和管理，在 VB 中，一些功能相似的同类控件也可以使用数组来进行组织管理。这样的数组称为控件数组。

控件数组由一组相同类型的控件组成，这些控件共用一个相同的控件名（即控件数组中所有控件的 Name 属性相同），每个控件元素都有一个唯一的索引号，即通过 Index 属性加以区分。

控件数组中各元素的引用和普通数组一样，都是通过数组名加下标来实现。控件数组的数组名就是数组中控件共同的控件名（Name 属性），下标就是每个控件元素唯一的索引号（Index 属性）。例如，Option1(0)引用了控件数组 Option1 中下标为 0 的元素。控件数组的下标下界不受语句 Option Base 1 的影响，总是从 0 开始。

一个控件数组至少应有一个元素（控件），元素数目最大不超过 32767。同一控件数组中的元素可以有自己的属性设置值。

控件数组中任意一个控件的事件都将触发整个控件数组的事件，不再作为单独控件的事件处理。也就是说，如果建立了一组单选按钮的控件数组，那么无论单击哪个单选按钮，都将触发整个控件数组的 Click 事件。为了区分是控件数组中哪个控件产生的事件，Visual Basic 将产生控件的索引号传递给控件数组的事件过程。例如，普通单选按钮的 Click 事件过程如下：

```
Private Sub Command1_Click()
......
End Sub
```

而一组单选按钮构成的控件数组的 Click 事件过程增加了一个 Index 参数：

```
Private Sub Command1_Click(Index As Integer)
......
End Sub
```

在这里，通过 Index 参数来判断是哪一个单选按钮触发的 Click 事件。建立控件数组之后，无论单击哪一个单选按钮，都将触发这个 Click 事件过程。

2．控件数组的建立

建立一个控件数组有以下两种方法。

方法一：

（1）在窗体上画出控件数组中第一个控件。

（2）选中该控件，单击"编辑"菜单下的"复制"菜单项（或使用热键 Ctrl+C）。

（3）单击"编辑"菜单下的"粘贴"菜单项（或使用热键 Ctrl+V），将显示如图 4-17 所示的对话框，询问是否建立控件数组，单击"是"按钮建立控件数组。在窗体的左上角将出现一个控件，这就是控件数组的第二个元素。

图 4-17　创建控件数组

（4）重复执行"粘贴"动作，建立控件数组中的所有元素并放置到适当位置。

方法二：

（1）在窗体上画出作为数组元素的各个控件。

（2）把每一个数组元素的 Name 属性设为同一个名称。当对第二个控件输入名称后，同样会弹出如图 4-17 所示的对话框，询问是否建立控件数组，单击"是"按钮建立控件数组。

控件数组建立后，只要改变某个控件的 Name 属性值，并把 Index 属性设为空，就可以把该控件从控件数组中删除。

【例 4-12】将例 4-11 中的三个命令按钮组成一个命令按钮组，编程完成其功能。

程序设计步骤如下：

①打开例 4-11 的工程，然后将工程和窗体分别保存到其他文件中，即另存工程和窗体。

②单击选定命令按钮 Command2（求最大值）和 Command3（退出）。分别将其 Name 属性修改成 Command1，在出现的如图 4-17 所示的"创建控件数组"对话框中，单击"是"按钮，即创建了控件数组 Command1()。

③双击任意一个命令按钮，打开过程代码编辑窗口，出现控件数组的单击事件代码行区域界面，如图 4-18 所示。

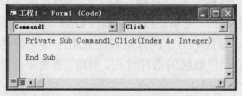

图 4-18　控件数组的过程编辑窗口

④修改命令按钮组的 Click 事件代码如下：

```
Dim arr(5, 6) As Integer    '定义一个 6 行 7 列的数组
Private Sub Command1_Click(Index As Integer)
    Dim i%, j%
    Dim max%, t
    Randomize
    Select Case Index      '判断单击了第几个按钮？
    Case 0
        For i = 0 To 5
            For j = 0 To 6
                arr(i, j) = Int(Rnd * 90 + 10)
            Next
        Next
        Label1.Caption = "二维数组如下："
        For i = 0 To 5
            Label1.Caption = Label1.Caption & vbCrLf
            For j = 0 To 6
                Label1.Caption = Label1.Caption & arr(i, j) & Space(2)
            Next
        Next
    Case 1
        max = arr(0, 0)
        For Each t In arr
            If max < t Then '数组中的元素比 max 的值大，则用 max 记下该元素的值
                max = t
            End If
        Next
        Label2 = "最大值为：" & max '显示最大值
    Case 1
        End
    End Select
End Sub
```

【例 4-13】建立含有四个命令按钮的控件数组，实现简单算术运算的功能，程序运行效果如图 4-19 所示。

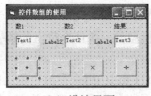

（a）设计界面

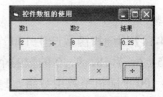

（b）运行效果

图 4-19　例 4-13 运行界面

程序的实现过程如下：

①建立一个新的工程，在窗体上放置五个标签 Label1～5，三个文本框 Text1～3 和一个命令按钮 Command1。

②单击选择命令按钮，然后用"复制"、"粘贴"建立控件数组中其他三个单选按钮。

③修改窗体与各控件的相关属性，并做一些位置的调整。

④双击任意一个单选按钮，打开代码编辑器，在 Click 事件过程中输入如下代码：

```
Private Sub Command1_Click(Index As Integer)
    Dim a%, s%, m%, d!    '分别表示和、差、积和商值
    Select Case Index
        Case 0
            Label2 = "+"
            Label4 = "="
            Text3 = Val(Text1) + Val(Text2)
        Case 1
            Label2 = "-"
            Label4 = "="
            Text3 = Val(Text1) - Val(Text2)
        Case 2
            Label2 = "×"
            Label4 = "="
            Text3 = Val(Text1) * Val(Text2)
        Case Else
            If Val(Text2) <> 0 Then
                Label2 = "÷"
                Label4 = "="
                Text3 = Format(Val(Text1) / Val(Text2), "0.00")
            Else
                MsgBox "除数不能为 0！"
                Text2 = ""
                Text2.SetFocus
            End If
    End Select
End Sub
```

⑤编辑窗体（Form1）的 Load 事件代码如下：

```
Private Sub Form_Load()
    Label2 = "": Label4 = ""
    Text1 = "": Text2 = "": Text3 = ""
End Sub
```

4.6 综合应用

1. 计数

【例 4-14】用随机函数产生 100 个[0,99]范围内的随机整数，统计个位上的数字分别为 1，2，3，4，5，6，7，8，9，0 的数的个数并打印出来。

分析：100 个随机整数用数组 a(1 to 100)存放，数组 x(1 to 10)用来存放个位上的数字分别为 1，2，3，4，5，6，7，8，9，0 的数的个数。即个位是 1 的数的个数存放在 x(1)中，个位是 2 的数的个数存放在 x(2)中，……个位是 0 的数的个数存放在 x(10)。

在新建工程的窗体上设置单击事件，编写代码如下：

```
Private Sub Form_Click()
    Dim a(1 To 100) As Integer
    Dim x(1 To 10) As Integer
    Dim i As Integer, p As Integer
    Randomize
    '产生 100 个[0,99]范围内的随机整数，每行 10 个打印出来
    For i = 1 To 100
        a(i) = Int(Rnd * 100)
        If a(i) < 10 Then
            Form1.Print Space(2); a(i);
        Else
            Form1.Print Space(1); a(i);
        End If
        If i Mod 10 = 0 Then Form1.Print
    Next i
    '统计个位上的数字分别为 1，2，3，4，5，6，7，8，9，0 的数的个数，并将统计结果保存在
    '数组 x(1),x(2),...,x(10)中，将统计结果打印出来
    For i = 1 To 100
        p = a(i) Mod 10       '求个位上的数字
        If p = 0 Then p = 10
        x(p) = x(p) + 1
    Next i
    Form1.Print "统计结果如下： "
    For i = 1 To 10
        p = i
        If i = 10 Then p = 0
        Form1.Print "个位数为" + Str(p) + "共" + Str(x(i)) + "个"
    Next i
End Sub
```

程序运行的界面，如图 4-20 所示。

图 4-20　例 4-14 运行界面

2. 累加与极值

（1）累加问题

【例 4-15】根据下列公式，求自然对数 e 的近似值，要求：误差小于 0.00001。

$$e = 1 + \frac{1}{1!} + \frac{1}{2!} + \frac{1}{3!} + ... + \frac{1}{n!} = 1 + \sum_{i=1}^{\infty} \frac{1}{i!}$$

分析：此类问题实际上可转化为一个累加的过程，即设变量 e=1，然后不断利用公式 $e = e + \dfrac{1}{i!}$ 进行求和。在求和中还要求出阶乘数 $i!$。

根据精度要求，本题要求误差小于 0.00001，写出一条满足精度要求后跳出循环的语句：if 1/i!<0.00001 then exit do。

在新建工程的窗体上设置单击事件，编写代码如下：

```
Private Sub Form_Click()
    Dim i%, t!, e!
    e = 2          'e 公式中前两项的和
    i = 1
    t = 1
    Do While t > 0.00001
        i = i + 1
        t = t / i
        e = e + t
    Loop
    Print "e="; e
    Print "Exp(1)="; Exp(1) '与上句输出值进行对比以证明算法的正确性
End Sub
```

与此类似的问题有：

求圆周率 π 的值：$\dfrac{\pi}{4} = 1 - \dfrac{1}{3} + \dfrac{1}{5} - \dfrac{1}{7} + \cdots + (-1)^{i-1}\dfrac{1}{2*n-1}$　$n = 1,2,3,\cdots$

求余弦值：$\cos(x) = 1 - \dfrac{x^2}{2!} + \dfrac{x^4}{4!} - \cdots + \dfrac{(-1)^{n+1}x^{2(n-1)}}{(2(n-1))!}$　$n = 1,2,3,\cdots$

（2）最大值与最小值问题

【例 4-16】编写一个歌曲大奖赛评分系统。根据主持人宣读的每一位评委（8 位）的打分情况，输入各评委的打分，当输入完每个评委的打分后，去掉其中一个最高分和其中一个最低分，显示所有评委的打分和其中的最低分、最高分以及选手的最后得分。程序的运行界面，如图 4-21 所示。

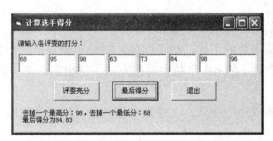

图 4-21　例 4-16 运行界面

分析：设置 8 个文本框组成的控件数组来接收输入的打分，并存入数组。Max 和 Min 分别表示最高分和最低分，求 Max 和 Min 时，分别用比较大小的方法得到。

程序设计方法和步骤如下：

在新建工程的窗体上添加两个标签 Label1～2、一个由 8 个文本框组成的控件数组 Text1 和三个命令按钮 Command1～3。设置标签 Label1 和命令按钮 Command1～3 的 Caption 属性值分别为"请输入各评委的打分："、"评委亮分"、"最后得分"和"退出"。

- "评委亮分"命令按钮 Command1 的 Click 事件代码

```
Dim Sum As Integer
Private Sub Command1_Click()
    Dim i%
    Sum = 0
    Randomize
    For i = 0 To 7
        Text1(i) = Int(Rnd * 41 + 60) '随机产生评委的打分
        Sum = Sum + Text1(i)
    Next
End Sub
```

- "最后得分"命令按钮 Command2 的 Click 事件代码

```
Private Sub Command2_Click()
    Dim i%, pj!
    Max = Text1(0)
    Min = Text1(0)
    For i = 1 To 7
        If Max < Text1(i) Then Max = Text1(i)        '求最大值
        If Mix > Text1(i) Then Mix = Text1(i)        '求最小值
    Next
    pj = Int(100 * (Sum - Max - Min) / 6 + 0.5) / 100
    Label2.Caption = "去掉一个最高分：" & Max & "，去掉一个最低分：" & _
    Min & Chr(13) & "最后得分为" & pj
End Sub
```

- "退出"命令按钮 Command3 的 Click 事件代码

```
Private Sub Command3_Click()
    End
End Sub
```

3. 排序问题

（1）选择排序法

【例 4-17】有数字序列：8、6、9、3、2、7，编写一程序，用选择排序法将数字序列按从小到大排列。

分析：选择排序法的排序方法和步骤如下：

①从 n 个数中选出最小数的下标，出了循环，将最小数与第一个数交换位置。

②除第一个数外，在剩下的 n-1 个数中再按方法①选出第二个（次）小的数，与第二个数交换位置。

③以此类推，最后构成递增序列。上述数字序列经过以下几轮即可完成。

第一轮交换后：2、6、9、3、8、7

第二轮交换后：2、3、9、6、8、7

第三轮交换后：2、3、6、9、8、7

第四轮交换后：2、3、6、7、8、9

第五轮无交换：2、3、6、7、8、9

在新建工程的窗体上设置单击事件，编写代码如下：

```
Option Base 1
Private Sub Form_Click()
```

```
Dim a(6) As Double
Dim i As Integer, j As Integer
Dim temp As Double
Dim m As Integer
a(1) = 8
a(2) = 6
a(3) = 9
a(4) = 3
a(5) = 2
a(6) = 7
For i = LBound(a) To UBound(a) - 1        '进行数组大小-1 轮比较
    m = i                                 '在第 i 轮比较时,假定第 i 个元素为最小值元素
    For j = i + 1 To UBound(a)
        '在剩下的元素中找出最小值元素的下标并记录在 m 中
        If a(j) < a(m) Then m = j         'm 记录最小元素下标
    Next j                                '将最小值元素与第 i 个元素交换
    temp = a(i)
    a(i) = a(m)
    a(m) = temp
Next i
For i% = 1 To 6
    Print a(i)
Next
End Sub
```

（2）冒泡排序法

冒泡排序法（又称为下沉排序法）的思想是：首先进行第一趟冒泡，从数组的第一个元素开始，每一个元素都和它的下一个元素进行比较，如果小于等于下一个元素则元素位置不动，如果大于下一个元素则交换两个元素的位置。一直比较到数组的结束，这样最大的元素肯定位于数组的最后一个元素中。然后进行第二趟冒泡，从数组的第一个元素开始，到倒数第二个元素结束，继续上述的过程，使数组中次大的数位于数组的倒数第二个元素中。依此类推，当执行到第 n 趟冒泡时，如果数组的结束位置是第二个元素，则该趟冒泡之后数据就成为一个有序数组。

例如，假设有 6 个数 8、6、9、3、2、7。其冒泡排序过程如下：

①第一趟冒泡：比较 8 和 6，6 比 8 小，交换两个元素位置；比较 8 和 9，8 比 9 小，两个元素位置不变；依此类推，第一趟冒泡比较法，冒泡结果为 6、8、3、2、7、9。

②第二趟冒泡：比较 6 和 8，6 比 8 小，两个元素位置不变；比较 8 和 3，3 比 8 小，交换元素位置。依此类推，第二趟冒泡结果为 6、3、2、7、8、9。

③第三趟冒泡：比较 6 和 3，3 比 6 小，交换两个元素位置。依此类推，第三趟冒泡结果为 3、2、6、7、8、9。

④第四趟冒泡：比较 3 和 2，2 比 3 小，交换两个元素位置。依此类推，第四趟冒泡结果为 2、3、6、7、8、9。

经过上述过程，原来的数列变为一个有序数列。从分析我们可以得出：假设数组的长度为 N，则需要 N-1 趟冒泡才可以使该数组有序。在第 I 趟排序中，需要元素比较 N-I 次才可以达到冒泡的目的。

采用冒泡排序法时，新建工程窗体的单击事件代码如下：

```
Option Base 1
Private Sub Form_Click()
    Dim a(6) As Double
    Dim i As Integer, j As Integer
    Dim temp As Double
    Dim m As Integer
    a(1) = 8
    a(2) = 6
    a(3) = 9
    a(4) = 3
    a(5) = 2
    a(6) = 7
    For i = LBound(a) To UBound(a) - 1          '进行 n-1 轮比较
        For j = UBound(a) To i + 1 Step -1      '从 n 到 i 个元素两两进行比较
            If a(j) < a(j - 1) Then             '升序
                temp = a(j)
                a(j) = a(j - 1)
                a(j - 1) = temp
            End If
        Next j          '出了内循环，一轮排序结束最大值元素冒到最上边
    Next i
    For i% = 1 To 6
        Print a(i)
    Next
End Sub
```

（3）合并法排序

【例 4-18】有数字序列：2、4、6、8、10 和 1、3、5、7、9、11，编写一程序，将两数字序列合并，合并后的数字序列按从小到大排列，如图 4-22 所示。

分析：将两个有序数组 A、B 合并成另一个有序数组 C，以升序排列，其基本思想如下：

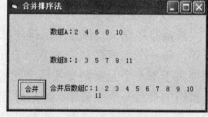

图 4-22　例 4-18 运行界面

①先在 A、B 数组中各取第一个元素进行比较，将小的元素放入 C 数组。

②取小的元素所在数组的下一个元素与另一数组中上次比较后较大的元素比较，重复上述比较过程，直到某个数组被先排完。

③将另一个数组剩余元素填充到 C 数组，合并排序完成。

采用合并排序法时，新建工程窗体的 Click 事件代码如下：

```
Dim A(), B(), C()
Private Sub Form_Click()
    Dim i As Integer    '对 A，B 数组赋初值
    A = Array(2, 4, 6, 8, 10)
    B = Array(1, 3, 5, 7, 9, 11)
    Label1 = "数组 A："
    Label2 = "数组 B："
    For i = 0 To UBound(A)
        Label1 = Label1 & A(i) & Space(2)
    Next i
    For i = 0 To UBound(B)
```

```
            Label2 = Label2 & B(i) & Space(2)
        Next i
        ReDim C(UBound(A) + UBound(B) + 1) '重定义数组 C 的大小
    End Sub
```

工程窗体上的"合并"命令按钮 Command1 的 Click 事件代码如下：

```
    Private Sub Command1_Click()
        Dim ia As Integer, ib As Integer, ic As Integer
        Dim i As Integer
        Do While ia <= UBound(A) And ib <= UBound(B)
            If A(ia) < B(ib) Then
                C(ic) = A(ia): ia = ia + 1
            Else
                C(ic) = B(ia): ib = ib + 1
            End If
            ic = ic + 1
        Loop
        Do While ia <= UBound(A) 'A 数组剩余元素抄入 C 数组
            C(ic) = A(ia): ia = ia + 1: ic = ic + 1
        Loop
        Do While ib <= UBound(B) 'B 数组剩余元素抄入 C 数组
            C(ic) = B(ib): ib = ib + 1: ic = ic + 1
        Loop
        Label3 = "合并后数组 C："
        For i = 0 To UBound(C)
            Label3 = Label3 & C(i) & Space(2)
            If (i + 1) Mod 10 = 0 Then Label3 = Label3 & vbCrLf & Space(14)
        Next i
    End Sub
```

4. 查找、插入和删除

（1）顺序查找法

顺序查找又称为顺序搜索。它一般是指在一个数字序列中查找指定的元素，其基本方法如下：

从数字序列的第一个元素开始，依次将数字序列中的元素与被查元素进行比较，若相等，则表示找到（即查找成功）；若不相等，则表示没有找到（即查找不成功）。

【例 4-19】在数字序列 2，4，6，1，3，9，7、5、11 中，查找指定的数，若找到，则显示该数在数字序列中的位置，若找不到，则显示失败信息。

在新建工程的窗体上设置单击事件，编写代码如下：

```
    Private Sub Form_Click()
        Dim i%, k%, index%
        b = Array(2, 4, 6, 1, 3, 9, 7, 5, 11)
        k = Val(InputBox("输入要查找的关键值"))
        For i = LBound(b) To UBound(b)
            If k = b(i) Then
                index = i
                Exit For ' 找到，结束查找
            End If
        Next i
        If i > UBound(b) Then
```

```
            MsgBox "要查的数字" & k & "不在数字中。"
        Else
            Print "输入的数字" & k; "在数字序列中的位置是：" & i + 1
        End If
    End Sub
```

（2）二分查找法

当数字序列很大时，顺序查找的效率较低，这时可用二分查找法。使用二分查找法的前提是数字序列必须有序。

在进行二分查找法查找时，首先将数字序列排序，然后将要查找的关键值同数字序列的中间元素比较，若相同则查找成功结束；否则判别关键值落在数组的哪一部分，然后保留一半，舍弃另一半。如此重复上述查找，直到找到或数组中没有这样的元素。二分查找法每进行一次，就把数据的个数减少一半。

【例 4-20】在数字序列 35、16、78、85、43、29、33、48、66、21、54 中，查找指定的数，若找到，则显示该数在数字序列中的位置，若找不到，则显示失败信息。

分析：首先利用前面所提供的各种排序法，对数字序列进行升序或降序排序。然后，再和数字序列中间的元素值进行比较，以确定值落在序列中上半部分还是下半部分。计算数字序列中间元素所在下标大小可使用以下公式：

Mid=(high+low)\2   '其中 high，low 分别表示数组的上下界值

二分查找法的查找过程，如图 4-23 所示。

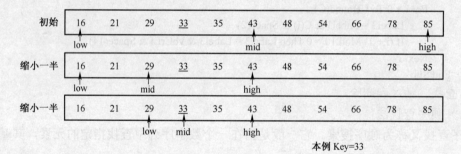

本例 Key=33

图 4-23　二分法查找示意图

在新建工程的窗体上设置单击事件，编写代码如下：

```
    Private Sub Form_Click()
        Dim a(), Key%, m%, n%, L%
        '原数字序列是 35, 16, 78, 85, 43, 29, 33, 48, 66, 21, 54
        a = Array(16, 21, 29, 33, 35, 43, 48, 54, 66, 78, 85)
        Key = Val(InputBox("请输入要查找的数"))
        m = LBound(a)
        n = UBound(a) 'm 为数组 a 下界值，n 是上界值
        Do While True
            L = (n + m) \ 2   'L 表示中间位置的元素
            If Key = a(L) Then   '如果找到
                Print "找到！数" & Key & "是有序数字序列中的第" & L + 1 & "个。"
                Exit Do
            End If
            If Key > a(L) Then
                m = L + 1   '在序列上半部查找
```

```
                Else
                    n = L - 1 '在序列下半部查找
                End If
                If m > n Then
                    Print "没有找到"
                    Exit Do
                End If
            Loop
        End Sub
```

（3）插入和删除

插入和删除是指在已排好序的数组中插入或删除一个元素，使得插入或删除后数组还是有序的。其做法是在数组中首先找到要插入的位置或要删除的元素，然后进行插入或删除操作。

【例 4-21】编写程序将数字 10 插入到数字序列 1、3、5、7、9、11、13、17、19 中，插入后的序列仍然是有序的。

分析：声明 a(1 to n)为一有序数组，在指定位置 k(1≤k≤n-1)处插入一个元素，首先把最后一个元素往后移动一个位置，再依次把前一个元素向后移，直到把 k 个元素移动完毕；这样第 k 个元素的位置腾出，就可将数据插入。例如，在有序数组 a 中插入数值 10 的过程，如图 4-24 所示。

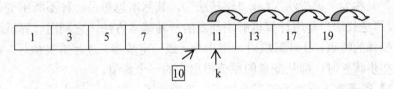

图 4-24 插入元素示意图

在新建工程的窗体上设置单击事件，编写代码如下：

```
        Private Sub Form_Click()
            Dim a(), i%, k%, L%, H%
            a = Array(1, 3, 5, 7, 9, 11, 13, 17, 19)
            L = LBound(a)      '计算数组的下界值
            H = UBound(a)      '计算数组的上界值
            Print "插入前的数字序列："
            For i = L To H
                Print a(i); Spc(1);
            Next
            Print
            For k = L To H                    '查找欲插入数 10 在数组中的位置
                If 10 < a(k) Then Exit For    '找到插入的位置下标为 k
            Next k
            ReDim Preserve a(H + 1)
            For i = 8 To k Step -1            '从最后元素开始往后移，腾出位置
                a(i + 1) = a(i)
            Next i
            a(k) = 10                         '数插入
            Print "插入后的数字序列："
            For i = 0 To UBound(a)
```

```
        Print a(i); Spc(1);
      Next
    End Sub
```

程序运行的界面，如图 4-25 所示。

删除操作首先也是要找到欲删除的元素的位置 k；然后从 k+1 到 n 个位置开始向前移动；最后将数组元素减 1。例如，将值为 11 的元素删除的过程，如图 4-26 所示。

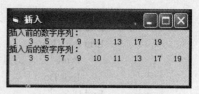

图 4-25　例 4-21 运行界面

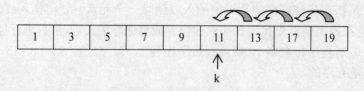

图 4-26　删除操作示意图

请读者参阅上例，完成删除的编程。

5. 迭代法

"迭代法" 又称为 "递推法"（或 "辗转法"），其基本思想是一种不断用变量的旧值递推出新值的过程。"迭代法" 是用计算机解决问题的一种基本方法，它利用计算机运算速度快、适合做重复性操作的特点，让计算机对一组指令（或一定步骤）进行重复执行，在每次执行这组指令（或这些步骤）时，都从变量的原值推出它的一个新值。

【例 4-22】猴子第一天摘了若干个桃子，当即吃了一半后，又吃了一个。第二天将剩下的桃子吃掉一半，又多吃一个。以后每天都吃了前一天剩下的桃子的一半多一个。到第十天想吃的时候，见只剩下一个桃子了，求第一天猴子共摘了多少桃子。

程序运行后的窗体界面，如图 4-27 所示。

分析：这是一个典型的 "迭代法" 求解问题。先从最后一天推出倒数第二天的桃子，再从倒数第二天的桃子推出倒数第三天的桃子，依次类推。

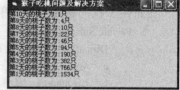

图 4-27　例 4-22 运行界面

设第 n 天的桃子为 x_n，那么它是前一天的桃子数 x_{n-1} 的二分之一减去 1，即：

$$x_n = \frac{1}{2}x_{n-1} - 1，\text{也就是：} x_{n-1} = 2 \times (x_n + 1)$$

已知第 10 天（即 n=10）的桃子数为 1，则第 9 天的桃子数为 4 个，依次类推，可求得第 1 天摘的桃子数。

在新建工程的窗体上设置单击事件，编写代码如下：

```
Private Sub Form_Click()
    Dim x%, i%
    Me.Caption = "猴子吃桃问题及解决方案"
    Form1.Cls
    Me.Print "第 10 天的桃子为:1 只"
    x = 1
    For i = 9 To 1 Step -1
```

```
        x = 2 * (x + 1)
        Print "第" & i & "天的桃子数为:" & x & "只"
    Next i
End Sub
```

6. 字符处理

【例 4-23】编写一个英文打字训练的程序，程序运行界面，如图 4-28 所示。

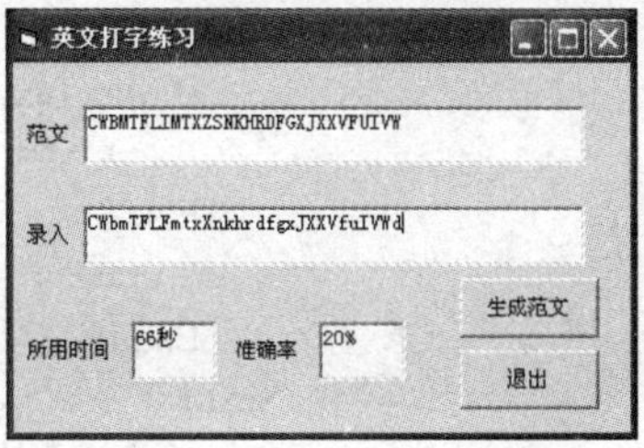

图 4-28 例 4-23 运行界面

程序编写的要求如下：

①在标签框内随机产生 30 个字母的范文。

②当焦点进入文本框时开始计时，并显示当时的时间。

③在文本框中按照产生的范文输入相应的字母。

④当输满 30 个字母时结束计时，禁止再向文本框输入内容，并显示打字的速度和正确率。

分析：在标签框内随机产生 30 个字母的方法是 a = Chr(Int(Rnd * 26) + 65)；打字所用时间的计算，可使用函数 DateDiff("s", t, Time)；当输满 30 个字母时结束计时，禁止再向文本框输入内容，其方法是 Text2.Locked = True。

程序设计方法和步骤如下：

在新建工程的窗体上添加四个标签 Label1～4、四个文本框 Text1～4 和两个命令按钮 Command2。设置标签 Label1～4 和命令按钮 Command1～2 的 Caption 属性值分别为"范文"、"录入"、"所用时间"、"准确率"、"生成范文"和"退出"。文本框 Text1 的 Locked 属性值为 True。

* "生成范文"命令按钮 Command1 的 Click 事件代码

```
Dim t As Date
Private Sub Command1_Click()        '产生 30 个字母的范文
    Dim i%, a$
    Randomize
    Text1 = ""
    For i = 1 To 30
        a = Chr(Int(Rnd * 26) + 65)      '随机产生大写字母
        Text1 = Text1 + a                '产生的字母放入范文框
    Next i
End Sub
```

* "退出"命令按钮 Command2 的 Click 事件代码

```
Private Sub Command2_Click()
    End
End Sub
```

* 文本框 Text2 的 GotFocus 事件代码

```
Private Sub Text2_GotFocus()
    t = Time       '输入文本框获得焦点，开始计时
End Sub
```

* 文本框 Text2 的 KeyPress 事件代码

```
Private Sub Text2_KeyPress(KeyAscii As Integer)
    Dim t1%, r%, e%                     'r 和 e 分别表示正确和错误的字母数
    If Len(Text2) = 30 Then             '输入满 30 个字母
        t1 = DateDiff("s", t, Time)      '计算所用时间
        Text3 = t1 & "秒"                '显示时间
```

```
            Text2.Locked = True          '不允许再修改
            For i = 1 To 30
                If Mid(Text1, i, 1) = Mid(Text2, i, 1) Then
                    r = r + 1                '计算正确率
                Else
                    e = e + 1                '计算错误率
                End If
            Next i
            r = r / (r + e) * 100            '比较正确率
            Text4 = r & "%"
        End If
    End Sub
```

习题四

一、单选题

1. 以下数组声明语句，（   ）正确。

    A）Dim a[2,4] As Integer   B）Dim a(2,4) As Integer

    C）Dim a(n,n) As Integer   D）Dim a(2 4) As Integer

2. 要分配存放如下方阵的数据（不能浪费空间），可使用（   ）数组声明语句来实现。

$$\begin{bmatrix} 1.1 & 1.2 & 1.3 \\ 2.1 & 2.2 & 2.3 \\ 3.3 & 3.2 & 3.3 \end{bmatrix}$$

    A）Dim x(9) As Single   B）Dim x(3,3) As Single

    C）Dim x(-1 to 1, -5 to -3) As Single   D）Dim x(-3 to -1, 5 to 7) As Integer

3. 能使一维数组 arr(6)元素个数加 1，但保留数组中原有元素的语句是（   ）。

    A）ReDim arr(7)   B）ReDim Preserve arr(7)

    C）Public arr(1 To 7)   D）Static arr(7)

4. 由 Array 函数建立的数组，其变量必须是（   ）类型。

    A）整型   B）字符串   C）变体   D）双精度

5. 若定义一维数组为：Dim a(N To M)，则该数组的元素为（   ）个。

    A）M-N   B）M-N+1   C）M*N   D）M+N

6. 下列语句中（假定变量 n 有值），能正确声明可调数组的是（   ）。

    A）Dim a() As Integer   B）Dim a() As Integer

        ReDim a(n)   ReDim a(n) As String

    C）Dim a() As Integer   D）Dim a(10) As Integer

        ReDim a(3,4)   ReDim a(n+10)

        ReDim Preserve

7. 在窗体上画三个单选按钮，组成一个名为 ChkOption 的控件数组。用于标识各个控件数组元素的参数是（   ）。

    A）Tag   B）Index   C）ListIndex   D）Name

8. 以下数据定义正确的是（   ）。

    A）dim a as variant   B）dim a(10) as integer

        a=array(1,2,3,4,5)   a=array(1,2,3,4,5)

C）dim a%(10)
    a(1)="ABCDE"

D）dim a(3),b(3)as integer
    a(0)=0
    a(1)=1
    a(2)=2
    b=a

9. 下面程序的输出结果是（   ）。

```
Option Base 1
Private Sub Command1_Click()
    Dim a%(3, 3)
    For i = 1 To 3
        For j = 1 To 3
            If j > 1 And i > 1 Then
                a(i, j) = a(a(i - 1, j - 1), a(i, j - 1)) + 1
            Else
                a(i, j) = i * j
            End If
            Print a(i, j);
        Next j
        Print
    Next i
End Sub
```

A）1 2 3
　　2 3 1
　　3 2 3

B）1 2 3
　　1 2 3
　　1 2 3

C）1 2 3
　　2 4 6
　　3 6 9

D）1 2 3
　　2 2 2
　　3 3 3

10. 假定建立了一个名为 Command1 的命令按钮数组，则以下说法中错误的是（   ）。

A）数组中每个命令按钮的标题（Caption 属性）都一样

B）数组中每个命令按钮的名称（名称属性）均为 Command1

C）数组中所有命令按钮可以使用同一个事件过程

D）用名称 Command1（下标）可以访问数组中的每个命令按钮

11. 设有如下的自定义数据类型

```
Type Student
    number As String
    name As String
    age As Integer
End Type
```

则正确引用该自定义数据类型变量的代码是（   ）。

A）Student.name ="张红"

B）Dim s As Student
　　s.name ="张红"

C）Dim s As Type Student
　　s.name ="张红"

D）Dim s As Type
　　s.name ="张红"

12. 在窗体上画一个命令按钮（其 Name 属性为 Command1），然后编写如下代码：

```
Option Base 1
Private Sub Command1_Click()
    Dim a
    s=0
    a=Array(1,2,3,4)
    j=1
    For i=4 To 1 Step -1
```

```
            s=s+a(i)*j
            j=j*10
        Next i
        Print s
    End Sub
```

运行上面的程序，单击命令按钮，其输出结果是（　　）。

　　A）4321　　　　　　　　B）1234　　　　　　　C）34　　　　　　　　D）12

13．在窗体上画一个名称为 Command1 的命令按钮，然后编写如下事件过程：

```
    Option Base 1
    Private Sub Command1_Click()
        Dim a
        a = Array(1, 2, 3, 4, 5)
        For i = 1 To UBound(A)
            a(i) = a(i) + i - 1
        Next
        Print a(3)
    End Sub
```

程序运行后，单击命令按钮，则在窗体上显示的内容是（　　）。

　　A）4　　　　　　　　　B）5　　　　　　　　C）6　　　　　　　　D）7

14．在窗体上画一个命令按钮，其名称为 Command1，然后编写如下事件过程：

```
    Private Sub Command1_Click()
        Dim M(10), N(10)
        I = 3
        For T = 1 To 5
            M(T) = T
            N(I) = 2 * I + T
        Next T
        Print N(I); M(I)
    End Sub
```

窗体运行后，单击命令按钮，输出结果为（　　）。

　　A）3　11　　　　　　　B）3　15　　　　　　C）11　3　　　　　　D）15　3

15．有以下程序：

```
    Option Base 1
    Dim arr() As Integer
    Private Sub Form_Click()
        Dim i As Integer, j As Integer
        ReDim arr(3, 2)
        For i=1 To 3
            For j=1 To 2
                arr(i,j)=i*2+j
            Next j
        Next i
        ReDim Preserve arr(3,4)
        For j=3 To 4
            arr(3,j)=j+9
        Next j
        Print arr(3,2);arr(3,4)
    End Sub
```

程序运行后，单击窗体，输出结果为（　　）。

A）8　13　　　　　　B）0　13　　　　　　C）7　12　　　　　　D）0　0

16. 在窗体上画一个命令按钮，名称为 Command1，然后编写如下代码：

```
Option Base 0
Private Sub Command1_Click()
    Dim A(4) As Integer, B(4) As Integer
    For k=0 To 2
        A(k+1)=InputBox("请输入一个整数")
        B(3-k)=A(k+1)
    Next k
    Print B(k)
End Sub
```

程序运行后，单击命令按钮，在输入对话框中分别输入 2、4、6，输出结果为（　　）。

A）0　　　　　　　　B）2　　　　　　　　C）3　　　　　　　　D）4

17. 在窗体上画一个命令按钮，然后编写如下事件过程：

```
Private Sub Command1_click()
    Dim a(5)as String
    For i = 1 to 5
        a(i)=Chr (Asc("A")+(i-1))
    Next i
    For Each b in a
        Print b;
    Next
End Sub
```

程序运行后，单击命令按钮，输出结果是（　　）。

A）ABCDE　　　　　　　　　　　　B）1 2 3 4 5

C）a b c d e　　　　　　　　　　　　D）出错信息

18. 下面叙述中不正确的是（　　）。

A）自定义类型只能在窗体模块的通用声明段进行声明

B）自定义类型中的元素类型可以是系统提供的基本数据类型或已声明的自定义类型

C）在窗体模块中定义自定义类型时必须使用 Private 关键字

D）自定义类型必须在窗体模块或标准模块的通用声明段进行声明

19. 在设定 Option Base 0 后，经 Dim arr(3,4) As Integer 定义的数组 arr 含有的元素个数为（　　）。

A）12　　　　　　　　B）20　　　　　　　　C）16　　　　　　　　D）9

20. 在窗体上画一个名称为 Label1 的标签，然后编写如下事件过程：

```
Private Sub Form_Click()
    Dim arr(10, 10) As Integer
    Dim i As Integer, j As Integer
    For i = 2 To 4
        For j = 2 To 4
            arr(i, j) = i * j
        Next j
    Next i
    Label1.Caption = Str(arr(2, 2) + arr(3, 3))
End Sub
```

程序运行后，单击窗体，在标签中显示的内容是（　　）。

A）12　　　　　　　　B）13　　　　　　　　C）14　　　　　　　　D）15

21. 设有如下程序，其功能是用 Array 函数建立一个含有 8 个元素的数组，然后查找并输出该数组中的最小值，请选择程序中空白处应为（　　）。

```
Option Base 1
Private Sub Command1_Click()
    Dim arr1
    Dim Min As Integer, i As Integer
    arr1 = Array(12, 435, 76, -24, 78, 54, 866, 43)
    Min = _____
    For i = 2 To 8
        If arr1(i) < Min Then Min=arr1(i)
    Next i
    Print "最小值是:"; Min
End Sub
```

  A）-24   B）886   C）arr1(1)   D）arr1(0)

22. 以下有关数组定义的语句序列中，错误的是（　　）。

A）
```
Static arr1(3)
Arr1(1)=100
Arr1(2)="Hello"
Arr1(3)=123.45
```

B）
```
Dim arr2() As Integer
Dim size As Integer
Private Sub Command2_Click()
    size=InputBox("输入：")
    ReDim arr2(size)
    ......
End Sub
```

C）
```
Option Base 1
Private Sub Command3_Click()
    Dim arr3() As Integer
    ......
End Sub
```

D）
```
Dim n As Integer
Private Sub Command4_Click()
    Dim arr4(n) As Integer
    ......
End Sub
```

23. 在窗体上画一个名称为 Command1 的命令按钮，然后编写如下程序：

```
Option Base 1
Private Sub Command1_Click()
    Dim c As Integer,d As Integer
    d=0
    c=6
    x=Array(2,4,6,8,10,12)
    For i=1 To 6
        If x(i)>c Then
            d=d+x(i)
        Else
            d=d-c
        End If
    Next i
    Print d
End Sub
```

程序运行后，如果单击命令按钮，则在窗体上输出的内容为（　　）。

  A）10   B）16   C）12   D）20

24. 阅读程序：

```
Option Base 1
Dim arr() As Integer
Private Sub Form_Click()
```

```
        Dim i As Integer, j As Integer
        ReDim arr(3, 2)
        For i = 1 To 3
            For j = 1 To 2
                    arr(i, j) = i * 2 + j
            Next j
        Next i
        ReDim Preserve arr(3, 4)
        For j = 3 To 4
            arr(3, j) = j + 9
        Next j
        Print arr(3, 2) + arr(3, 4)
    End Sub
```

程序运行后，单击窗体，输出结果为（　　）。

    A）21　　　　　　　　　B）13　　　　　　　　　C）8　　　　　　　　　D）25

25. 以下程序的输出结果是（　　）。

```
    Option Base 1
    Private Sub Command1_Click( )
        Dim a , b(3,3)
        A=Array(1,2,3,4,5,6,7,8,9)
        For i=1 To 3
            For j=1 To 3
                    b(i ,j)=a(i*j)
                    if (j>=i) Then Print Tab(j*3) ; Format(b(i , j) , "# # #") ;
            Next j
        Next i
    End Sub
```

    A）1　2　3　　　　　B）1　　　　　　　C）1　4　7　　　　　D）1　2　3
        4　5　6　　　　　　　　4　5　　　　　　　2　4　6　　　　　　　4　6
        7　8　9　　　　　　　　7　8　9　　　　　3　6　9　　　　　　　9

26. 在窗体上画四个文本框，并用这四个文本框建立一个控件数组，名称为 Text1（下标从 0 开始，自左至右顺序增大），然后编写如下事件过程：

```
    Private Sub Command1_Click()
        For Each TextBox In Text1
            Text1(i)= Text1(i).Index
            i = i + 1
        Next
    End Sub
```

程序运行后，单击命令按钮，四个文本框中显示的内容分别为（　　）。

    A）0123　　　　　　　B）1234　　　　　　　C）0132　　　　　　　D）出错信息

27. 若在某窗体模块中有如下事件过程：

```
    Private Sub Commandl_Click(Index As Integer)
        ……
    End Sub
```

则以下叙述中正确的是（　　）。

    A）此事件过程与不带参数的事件过程没有区别

    B）有一个名称为 Command1 的窗体，单击此窗体则执行此事件过程

    C）有一个名称为 Command1 的控件数组，数组中有多个不同类型控件

    D）有一个名称为 Command1 的控件数组，数组中有多个相同类型控件

28．如下程序段中包含一个错误。

```
x = 4
Dim a(x)
For m = 4 To 0 Step -1
    a(m) = m + 1
Next m
```

出错的原因是（　　）。

    A）第四行，数组元素 a(m)下标越界　　　B）第四行，不能用循环变量 m 进行运算

    C）第二行，不能用变量定义数组下标　　　D）以上原因都不对

29．要求产生 10 个随机整数，存放在数组 arr 中。从键盘输入要删除的数组元素的下标，将该元素中的数据删除，后面元素中的数据依次前移，并显示删除后剩余的数据。现有如下程序：

```
Option Base 1
Private Sub Command1_Click()
    Dim arr(10) As Integer
    For i = 1 To 10 '循环 1
        arr(i) = Int(Rnd * 100)
        Print arr(i);
    Next
    x = InputBox("输入 1-10 的一个整数：")
    For i = x + 1 To 10 '循环 2
        arr(i - 1) = arr(i)
    Next
    For i = 1 To 10 '循环 3
        Print arr(i);
    Next
End Sub
```

程序运行后发现显示的结果不正确。应该进行的修改是（　　）。

    A）产生随机数时不使用 Int 函数　　　　B）循环 2 的初值应为 i = x

    C）数组定义改为 Dim a(11) As Integer　　D）循环 3 的循环终值应改为 9

30．设有命令按钮 Command1 的单击事件过程，代码如下：

```
Option Base 1
Private Sub Command1_Click()
    Dim a(30) As Integer
    For i=1 To 30
        a(i)=Int(Rnd*100)
    Next
    For Each arrItem In a
        If arrItem Mod 7=0 Then Print arrItem;
        If arrItem>90 Then Exit For
    Next
End Sub
```

对于该事件过程，以下叙述中错误的是（　　）。

    A）a 数组中的数据是 30 个 100 以内的整数

    B）语句 For Each arrItem In a 有语法错误

    C）If arrItem Mod 7=0…语句的功能是输出数组中能够被 7 整除的数

    D）If arrItem>90…语句的作用是当数组元素的值大于 90 时退出 For 循环

二、填空题

1. 随机产生 6 位学生的分数（分数范围 0～100），存放数组 a 中，以每 2 分一个 "*" 显示，如下图所示。

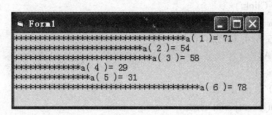

```
Private Sub Form_Click()
    Dim a%(1 To 6)
    For i = 1 To 6
        a(i) =        【1】
        Print         【2】
    Next i
End Sub
```

2. 输出大小可变的正方形图案，如右图所示，最外圈是第一层，要求每层上用的数字与层数相同。

```
Option Base 1
Private Sub Form_Click()
    Dim a()
    n = InputBox("输入  n")
    ReDim a(n, n)
    For i = 1 To (n + 1) / 2
        For j = i To n - i + 1
            For k = i To n - i + 1
                   【3】
            Next k
        Next j
    Next i
    For i = 1 To n
        For j = 1 To n
               【4】
        Next j
           【5】
    Next i
End Sub
```

3. 设有如下程序：

```
Option Base 1
Private Sub Command1_Click()
    Dim arr1
    Dim Min As Integer,i As Integer
    arr1=Array(12,435,76,-24,78,54,866,43)
    Min=     【6】
    For i=2 To 8
        If arr1(i)<Min Then     【7】
    Next i
    Print "最小值是："; Min
End Sub
```

以上程序的功能是：用 Array 函数建立一个含有 8 个元素的数组，然后查找并输出该数组中各元素的最小值。请填空。

4. 冒泡排序程序如下，请填空。

```
Private Sub Form_Click()
Dim a, i%, n%, j%
    a = Array(1, 5, 6, 4, 13, 23, 26, 31, 51)
    n = UBound(A）
    For i = 0 To n - 1
        For j = 0 To n - 1 - i
            If a(j) > a(j + 1) Then
                ___【8】___
                ___【9】___
                a(j + 1) = t
            End If
        Next j
    Next i
    For i = 0 To UBound(A）
        Print a(i)
    Next i
End Sub
```

5. 在窗体上画一个名称为"Command1"的命令按钮，然后编写如下事件过程：

```
Private Sub Command1_Click()
    Dim a As String
    a = "123456789"
    For i = 1 To 5
        Print Space(6 - i); Mid$(a,___【10】___, 2 * i - 1)
    Next i
End Sub
```

程序运行后，单击命令按钮，窗体上的输出结果是：

```
    5
   456
  34567
 2345678
123456789
```

请填空。

6. 以下程序段产生 100 个 1～4 之间的随机整数，并进行统计。数组元素 S(i)(i=1,2,3,4)的值表示等于 i 的随机数的个数，要求输出如下格式：

```
S(1)=…
S(2)=…
S(3)=…
S(4)=…
```

将程序补充完整。

```
Dim S(4) As Integer
Randomize
For I=1 To 100
    X=Int(Rnd * 4+1)
S(X)=S(X)+1
Next I
For I=1 To 4
```

　　　　　　　　　　【11】
　　　　Next I

7. 设在窗体上有一个文本框 Text1，一个标签数组 Label1，共有 10 个标签，以下程序代码实现在单击任一个标签时将标签的内容添加到文本框现有内容之后。

```
Private Sub Label1_Click(Index As Integer)
    Text1.Text=____【12】
End Sub
```

8. 在窗体上画两个标题分别为"初始化"和"求和"的命令按钮 Command1～2。程序运行后，如果单击"初始化"按钮，则对数组 a 的各元素赋值；如果单击"求和"按钮，则求出数组 a 的各元素之和，并在文本框中显示出来，如右图所示。

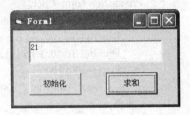

```
Option Base 1
Dim a(3, 2) As Integer
Private Sub Command1_Click()
    For i = 1 To 3
        For j = 1 To 2
            ____【13】____ = i + j
        Next
    Next
End Sub
Private Sub Command2_Click()
    For i = 1 To 3
        For j = 1 To 2
            s = s + ____【14】
        Next
    Next
    Text1.Text = ____【15】
End Sub
```

9. 在窗体上先画一个名为 Text1 的文本框和一个名为 Label1 的标签，再画一个名为 Op1 的有 4 个单选按钮的单选按钮数组，其 Index 属性按季度顺序为 0～3，如下图 1 所示。要求在程序执行时，鼠标单击 1 个单选按钮，则 Text1 中显示相应季度的销售总额，并把相应的文字显示在标签上，如下图 2 所示是单击"第 3 季度"单选按钮所产生的结果，请填空。

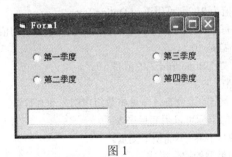

图 1

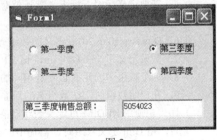

图 2

```
Option Base 1
Dim sales(12) As Long
Rem sales(12)中各元素已经存放了各月份的销售额
Private Sub ____【16】____ (Index As Integer)
    Dim sum As Long, k As Integer, month As Integer
    sum = 0
    month = Index * ____【17】
    For k = 1 To 3
```

```
            month = month + 1
            sum = sum + sales(month)
        Next k
        Label1.Caption = Op1(Index). ___【18】___ & "销售总额："
        Text1 = sum
    End Sub
```

10. 以下程序的功能是：将一维组 A 中的 100 个元素分别赋给二维数组 B 的每个元素并打印出来，要求把 A(1)到 A(10)依次赋给 B(1,1)到 B(1,10)，把 A(11)到 A(20)依次赋给 B(2,1)到 B(2,10,)，……，把 A(91)到 A(100)依次赋给 B(10,1)到 B(10,10)，请填空。

```
        Option Base 1
        Private Sub Form_Click()
            Dim i As Integer, j As Integer
            Dim A(1 To 100) As Integer
            Dim B(1 To 10, 1 To 10) As Integer
            For i = 1 To 100
                A(i) = Int(Rnd * 100)
            Next i
            For i = 1 To 10
                For j = 1 To ___【19】___
                    B(i, j) = ___【20】___
                    Print B(i, j);
                Next j
                Print
            Next i
        End Sub
```

三、判断题

（　　）1. 在 VB 中使用数组必须遵循"先定义，后使用"的原则。

（　　）2. 在 Visual Basic 中，根据数组占用内存的方式的不同，可以将数组分为常规数组和动态数组两种类型。

（　　）3. 使用 ReDim 语句既可以改变数组的大小，也可以改变数组的类型。

（　　）4. 若要定义数组下标下界默认值时，下界值为 2，则可用语句 Option Base 2。

（　　）5. 在 VB 中，用 Dim 定义数组时，数组的每个元素也自动赋相应初值，数值型数组初值为 0。

（　　）6. Dim Arr(10 to 20)所定义的数组元素的个数是 10。

（　　）7. 假设定义了一个数组 arr(1 to 5,1 to 10)，则 UBound(arr,2)的值是 10。

（　　）8. 一个数组中的元素必须是相同的数据类型。

（　　）9. 在声明数组时，在数组名的后面附以一个空的维数表，即可将数组声明为动态数组。

（　　）10. 在使用 REDIM 重定义数组动态数组时的下标可以用变量来表示。

（　　）11. 用 Dim 定义数组时，语句中的<下界>和<上界>不能使用变量。

（　　）12. 控件数组是由一组具有相同名称和相同类型的控件组成。

（　　）13. 一个模块只能出现一次 Option Base 语句。

（　　）14. Option Base 语句对 Array 函数不起作用，使用 Array 函数所创建数组的下标的下界始终为 0。

（　　）15. 在引用数组元素时，数组元素的下标表达式的值可以在规定的维界范围之外。

（　　）16. 在 VB 中，动态数组可以在需要时改变大小。

（　　）17. 动态数组在定义时已被分配存储空间。

（　　）18. 固定数组中的数组元素个数一旦定义好后，在程序运行过程中不再会发生变化，且数组中数组元素的值也不会变化。

参考答案

一、单选题

1	2	3	4	5	6	7	8	9	10	11	12	13	14	15
B	C	B	C	B	A	B	A	A	A	B	B	B	C	A

16	17	18	19	20	21	22	23	24	25	26	27	28	29	30
B	A	A	B	B	C	D	C	A	D	A	D	C	D	B

二、填空题

【1】Int(Rnd * 100 + 1) 　　【2】String(a(i) / 2, "*"); "a("; i; ")="; a(i)

【3】a(j, k) = i 　　【4】Print Tab(j * 3); a(i, j);

【5】Print 　　【6】12 或 arr1(1)

【7】Min=arr1(i) 　　【8】t = a(j)

【19】a(j) = a(j + 1) 　　【10】6-i

【11】Print "S(";I;")=";S(I) 　　【12】Text1.Text & Label1(Index).Caption

【13】a(i, j) 　　【14】a(i, j)

【15】s 　　【16】Op1_Click

【17】3 　　【18】Caption

【19】10 　　【20】A((i-1)*10+j)

三、判断题

1	2	3	4	5	6	7	8	9	10	11	12	13	14	15
√	√	×	×	√	×	√	×	√	√	√	√	√	×	×

16	17	18
√	×	×

第 5 章　常用标准控件

本章学习目标

- 了解什么是 VB 程序设计中的标准控件和使用目的。
- 学会直线控件、形状控件和框架控件的基本使用范围和方法。
- 重点掌握单选按钮、复选框、列表框、组合框、滚动条、计时器、驱动器列表框、目录列表框和文件列表框的使用方法和技巧。
- 了解图像框和图片框控件的基本使用方法。

本章将通过实例介绍 VB 界面设计所用的各种标准控件，以期让读者快速了解和掌握这些控件的各种属性、方法和事件。

通过前面几章的学习，读者已经对 VB 面向对象程序设计方法有了初步的认识，对象是 VB 程序设计的核心。对象具有各自的属性、方法和事件，不同的对象有着不同的用途，用户可根据应用目的的不同，选择不同的对象。

在第 1 章，我们为读者介绍了几个基本控件的使用，除此之外，VB 中还经常使用复选框、单选按钮、列表框和组合框等标准控件。本章将逐步介绍这些控件的使用。

5.1　图形类控件

在 VB 中，与图形有关的标准控件有 4 种，即直线（Line）、形状（Shape）、图片框（PictureBox）和图像框（Image）等控件。

直线控件和形状控件，也是图形控件。直线控件可以显示水平线、垂直线或者对角线，通过属性的设置可以改变直线的粗细、颜色和样式。形状控件预定义了 6 种形状，可以显示矩形、正方形、椭圆形、圆形、圆角矩形或者圆角正方形，同时可以设置形状的颜色和填充图案。图片框控件和图像框控件主要用来为用户显示图片（包括位图、图标、图元文件、JPEG 或 GIF 文件格式的图像）。

本节将介绍直线控件、形状控件、图片框和图像框等控件的用法。

5.1.1　直线（Line）控件

1. 常用属性

直线控件在工具箱上的图标是 ╲。直线控件除了具有 Name、Index、Visible 等常见属性外，还具有以下属性：

（1）X1、Y1、X2、Y2 属性。返回或设置直线控件的起始点（X1,Y1）和终止点（X2,Y2）的坐标。两端点的水平坐标是 X1 和 X2；垂直坐标是 Y1 和 Y2，如图 5-1（a）所示。

（2）BorderColor 属性。返回或设置直线的颜色。

（3）BorderStyle 属性。返回或设置直线的样式，取值如表 5-1 所示。

（4）BorderWidth 属性。返回或设置直线的宽度，默认单位为像素。直线控件 BorderColor 和 BorderStyle 属性的图形化表示，如图 5-1（b）所示。

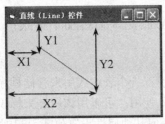

（a）X1、X2、Y1、Y2 属性

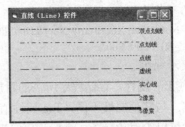

（b）BorderStyle 和 BorderWidth 属性

图 5-1　直线（Line）控件

表 5-1　BorderStyle 属性值

符号常数	取值	说明
vbTransparent	0	透明
vbBSSolid	1	（缺省值）实线。边框处于形状边缘的中心
vbBSDash	2	虚线
vbBSDot	3	点线
vbBSDashDot	4	点划线
vbBSDashDotDot	5	双点划线
vbBSInsideSolid	6	内收实线

（5）DrawMode 属性。表示画线模式，决定 Line（Shape）控件的外观（也可决定以图形方法的输出外观）。DrawMode 属性值共有 16 种，取值如表 5-2 所示。

表 5-2　DrawMode 属性值

常数	设置值	描述
VbBlackness	1	黑色。忽略画笔色和显示色
VbNotMergePen	2	非或笔－Not((画笔色) Or (背景色))
VbMaskNotPen	3	与非笔－Not(画笔色) And (背景色)
VbNotCopyPen	4	非复制笔－Not(画笔色)
VbMaskPenNot	5	与笔非－(画笔色) And (Not (背景色))
VbInvert	6	反转－Not (背景色)
VbXorPen	7	异或笔－(画笔色) Xor (背景色)
VbNotMaskPen	8	非与笔－Not((画笔色) And (背景色))
VbMaskPen	9	与笔－(画笔色) And (背景色)
VbNotXorPen	10	非异或笔－Not((画笔色) Xor (背景色))
VbNop	11	无操作－输出保持不变。该设置实际上关闭画图
VbMergeNotPen	12	或非笔－Not(画笔色) Or (背景色)
VbCopyPen	13	复制笔（缺省值）－由 ForeColor 属性指定的颜色
VbMergePenNot	14	或笔非－(画笔色) Or Not (背景色)
VbMergePen	15	或笔－(画笔色) Or (背景色)
VbWhiteness	16	白色。忽略画笔色和背景色

例如，窗体的背景色（BackColor 属性）为红色（&H000000FF&），在窗体上添加一个 BorderColor 属性为蓝色（Blue）的线条，然后再将线条的 DrawMode 属性设置为 10，这时线条显示的颜色为绿色。这是因为：

Not((Blue) Xor (Red))=Not (&H00FF0000& Xor &H000000FF&)=Not (&H00FF00FF&)
　　=&HFF00FF00&

即表示绿色。

（6）Tag 属性。存储程序所需的附加数据。返回或设置一个表达式用来存储程序中需要的额外数据。与其他属性不同，Tag 属性值不被 Visual Basic 使用；可以用该属性来标识对象。利用该属性可以给对象赋予一个标识字符串，而不会影响任何其他属性设置值或引起副作用。

2. 常用方法

直线控件的方法有 ZOrder 方法，使用该方法可以决定控件放置在其图层的 Z-顺序。在设计时，ZOrder 方法的作用等同于选择"编辑"菜单中的"置前"或"置后"菜单命令。

ZOrder 方法使用语法格式如下：

对象名称.ZOrder(<位置顺序>)

其中：<位置顺序>是一个可选项，表示一个整数，它用以指示同类对象相对的位置。如果<位置顺序>为 0 或被省略，则对象定位在 Z-顺序前面。如果<位置顺序>为 1，则对象定位在 Z-顺序后面。

例如，在新建窗体中添加三个命令按钮 Command1～3，选择"编辑"菜单中的"置前"或"置后"菜单命令，改变三个命令按钮的顺序，如图 5-2（a）所示。执行下面程序后，观察到的按钮顺序，如图 5-2（b）所示。

```
Private Sub Form_Load()
    Command1.ZOrder (1)
    Command2.ZOrder (0)
End Sub
```

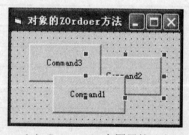 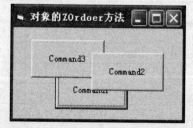

（a）Command2 在图层的下方　　　　　　　　（b）Command2 在图层的上方

图 5-2　对象 ZOrder 方法的使用

5.1.2　形状（Shape）控件

形状控件（Shape）在工具箱上的图标是 。使用形状控件可在窗体或其他控件容器中画出矩形、正方形、圆形、椭圆形、圆角矩形或圆角正方形。形状控件的 Shape 属性决定了它的图形样式；形状控件没有 Enabled 属性，也不支持任何的事件，但有 ZOrder 和 Move 方法。

1. 常用属性

（1）基本属性。和其他控件一样，形状控件有 Name、Left、Top、Width、Height、BorderColor、BackColor、BackStyle、Index、Visible、DrawMode、Tag 等基本属性。

（2）BorderStyle 和 BorderWidth 属性。这两个属性决定了形状控件的边框样式和边框宽度。与直线控件一样，图形的边框样式有 7 种（0～6），分别是：透明、实线、虚线、点划线、双点划线、内部实线。BorderWidth 属性的单位为像素。

（3）FillColor 属性。填充颜色。如果要为图形填充颜色（背景）时，首先应该将属性 FillStyle（填充方式）设置成 1（为透明），否则 FillColor（前景色）的颜色会遮盖了背景色，达不到预期的目的。

例如，将图形的 FillStyle 属性的值设为 0（实心，不透明），FillColor（填充颜色）设为蓝色，此时，不论 BackColor 为何种颜色，都被蓝色所遮盖，如果将 FillStyle 改为 1（透明），则图形内显示背景色。

（4）FillStyle 属性。填充方式，该属性用来设置图像填充的线形（风格和样式）。使用语法格式如下：

对象名称.FillStyle =[<数值>]

其中：<数值>的大小，如表 5-3 所示。

表 5-3　FillStyle 属性设置值

常数	设置值	描述
VbFSSolid	0	实线
VbFSTransparent	1	（缺省值）透明
VbHorizontalLine	2	水平直线
VbVerticalLine	3	垂直直线
VbUpwardDiagonal	4	上斜对角线
VbDownwardDiagonal	5	下斜对角线
VbCross	6	十字线
VbDiagonalCross	7	交叉对角线

（5）Shape 属性。该属性决定图形控件以什么形状显示（0～5）：矩形、正方形、椭圆形、圆形、圆角矩形、圆角正方形。该属性的使用语法格式如下：

对象名称.Shape =[<数值>]

其中：<数值>的大小，如表 5-4 所示。

表 5-4　Shape 属性设置值

常数	设置值	描述
VbShapeRectangle	0	（缺省值）矩形
VbShapeSquare	1	正方形
VbShapeOval	2	椭圆形
VbShapeOval	3	圆形
VbShapeRoundedRectangle	4	圆角矩形
VbShapeRoundedSquare	5	圆角正方形

【例 5-1】用 Shape 控件的 Shape 属性显示 Shape 控件的 6 种形状，并填充不同的图案，如图 5-3 所示。

图 5-3 不同形状、填充样式的形状（Shape）控件

分析：在窗体上放置一个 Shape 控件，设置其 Index 属性为 0。在循环中使用 Load 方法按行的顺序产生 7 个 Shape 控件数组对象，通过改变 Shape 属性和 FillStyle 属性，形成各种形状，并填充不同的图案。

在新建工程的窗体上设置单击事件，编写代码如下：

```
Private Sub Form_Activate()
    Dim i As Integer
    Print Space(5); i; Space(3);
    Shape1(0).Shape = 0 : Shape1(0).FillStyle = 0
    For i = 1 To 7
        Print Space(3); i; Space(3);
        Load Shape1(i)                              '装入数组控件
        Shape1(i).Left = Shape1(i - 1).Left + 805   '确定控件 Left 属性
        Shape1(i).Visible = True                    '显示该控件
        Shape1(i).BorderWidth = i                   '显示边框宽度
        If i <= 7 Then Shape1(i).Shape = i - 1      '确定所需要的几何形状
        Shape1(i).FillStyle = i                     '填充不同的图案
    Next i
End Sub
```

2. 常用方法

形状控件支持 ZOrder 和 Move 方法。ZOrder 方法的使用与线条相同，这里介绍 Move 方法的使用。语法格式如下：

对象名称.Move left, top, width, height

其中：left 是必选项，表示对象左边的水平坐标（x-轴）。而 top、width 和 height 是可选项，分别表示对象顶边的垂直坐标（y-轴），新的宽度和新的高度。但是，要指定任何其他的参数，必须先指定出现在语法中该参数前面的全部参数。例如，如果不先指定 left 和 top，则无法指定 width。任何没有指定的尾部的参数则保持不变。例如：

Shape1.Move 500, 300, 600, 700

5.2 图片框和图像框

5.2.1 图片框和图像框

图片框控件（PictureBox）和图像框控件（Image）在工具箱中的图标分别是▨和▨。图片框和图像框都能加载显示图像文件（包括位图、图标、图元文件、JPEG 或 GIF 文件格式的图像）。但图片框功能更强，它不仅可以显示图像，还可以用绘图方法绘制图形、用 Print 方法显示文本，图片框也能作为其他控件的容器。

图片框控件不能伸缩图形以适应控件的大小，但可以自动调整控件的大小以便完整显示图形。

图像框控件占用内存比图片框少，显示速度快。可以通过属性设置伸展图片的大小使之适应控件的大小。

1. 图片框的常用属性

图片框的属性除 Name、Left、Top、Height、Width、Enabled、Visible、FontBold、FontItalic、FontName、FontSize、FontUnderline、AutoRedraw 等通用属性外，还有下列主要属性：

（1）Picture 属性。默认属性，该属性用于设置控件要显示的图形。该属性不论是在属性窗口中设置还是在运行时由程序代码设置，均需要完整的路径和文件名。

（2）AutoSize 属性。返回或设置控件是否自动调整大小，以完整显示图形。如果设置为 True，控件则自动调整以适应加载的图形；如果设置为 False，若图形的原始大小比控件尺寸大，则超出部分自动被裁掉。

（3）CurrentX 和 CurrentY 属性。用来返回或设置下一个输出的水平（CurrentX）或垂直（CurrentY）坐标。这两个属性只能在运行时使用，使用格式如下：

[<对象名称>.]CurrentX[= x]

[<对象名称>.]CurrentY[= y]

其中，<对象名称>可以是窗体、图片框或打印机。默认单位为"缇（Twip）"。如果省略<对象名称>，则指当前窗体；如果省略"=x"、"=y"，则返回当前的坐标值。

2. 图像框的常用属性

图片框的大部分属性都适用于图像框。另外，图像框还具有 Stretch 属性。

Stretch 属性返回或设置一个值，该值用来指定由 Picture 属性（默认）设定的图形是否要自动调整大小，以适应图像框控件的大小。Stretch 属性设置为 False 时，图像框可自动改变大小以适应其中的图形；Stretch 属性设置为 True 时，加载到图像框的图形可自动调整尺寸以适应图像框的大小。图形的伸缩可能会导致图形质量的降低。

3. 图片框、图像框的常用事件和方法

图片框控件和图像框控件都支持 Click 和 DblClick 等事件。

图片框控件与窗体一样，支持 Print 方法、Cls 方法以及 Circle（画圆）、Line（画直线）和 Point（画点）等图形方法。

5.2.2　图形文件的装入和保存

窗体、图片框和图像框都可以通过在设计阶段装入图形文件或在运行期间装入图形文件两种方式把 VB 所能接受的图形文件装入其中。

1. 在设计阶段装入图形文件

在设计阶段装入图形有两种方法：

（1）使用对象的 Picture 属性。选择窗体上要显示图像的图片框或图像框，然后在对象的"属性窗口"的属性列表中选择 Picture 属性，VB 弹出一个"加载图片"对话框，从中可以选择图形文件并把它加载到窗体、图片框或图像框中。

（2）使用剪贴板。把图形从另一个应用程序（如 Windows 的画笔）复制到剪贴板上，然后返回 VB 环境，把它粘贴到窗体、图片框或图像框中。

2. 在运行期间装入图形文件

图片框或图像框，除了在设计阶段可以通过属性窗口装载图形外，也可以在运行时用程序代码加载图形。运行时装入图形有以下两种方法。

（1）使用 LoadPicture 函数装入图形文件。使用 LoadPicture 函数可以将指定的图形文件装入，并将该图形赋给对象的 Picture 属性。其一般格式为：

[<对象名称>.]Picture = LoadPicture（"文件名"）

其中，<对象名称>为窗体、图片框或图像框的 Name 属性。"文件名"为要装入图形文件的全称，包括驱动器和路径。例如，在窗体上建立了一个名为 Picture1 的图片框，则运行下边的语句：

```
Picture1.Picture = LoadPicture("c:\Windows\Web\Wallpaper\Wind.jpg")
```

可以把一个图标文件 Wind.jpg 装入该图片框中，如果该图片框中已有图形，则新的图形将覆盖原有的图形。

如果省略"文件名"，即括号中的参数为空串（""）时，将清除该对象所显示的图形。例如：

```
Picture1.Picture = LoadPicture()
```

清除使用 Picture 属性输入的图形时，只能通过这种方法，而不能使用 Cls 方法。

（2）使用 Picture 属性在对象间相互复制。图形一旦被加载或粘贴到窗体、图片框或图像框控件以后，运行时就可以把它赋值给另一窗体、图片框或图像框。例如，下列语句把名为 Picture1 的图片框中的图形复制到名为 Image1 的图像框中。

```
Picture1.Picture=Image1.Picture
```

【例 5-2】在窗体上添加一个图片框和两个命令按钮，运行时单击"显示"按钮，程序会将一张指定的图片装入图片框，并在图片框中输出一行文字。

分析：将一张指定的图片装入图片框，可以用 LoadPicture 函数；在图片中输出一行文字则用 Print 方法。

程序设计步骤如下：

①新建一工程，然后在窗体上添加一个图片框 Picture1 和两个命令按钮 Command1～2。

②设置命令按钮 Command1～2 的 Caption 属性值分别为"显示"和"退出"。

③为命令按钮 Command1～2 编写单击事件 Click 代码如下：

● 命令按钮 Command1（显示）的 Click 事件代码

```
Private Sub Command1_Click()
    Picture1.Picture = LoadPicture("c:\Windows\Web\Wallpaper\Wind.jpg") '加载图片
    Picture1.FontSize = 20
    Picture1.FontName = "隶书"
    Picture1.CurrentX = 200
    Picture1.CurrentY = 600
    Picture1.ForeColor = RGB(255, 255, 255)
    Picture1.Print "来自太空的风" '在图片框上输出文字
End Sub
```

● 命令按钮 Command2（退出）的 Click 事件代码

```
Private Sub Command2_Click()
    End
End Sub
```

运行程序的结果，如图 5-4 所示。

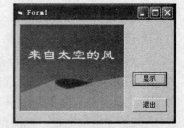

图 5-4　例 5-2 程序运行界面

3．图形文件的保存

可以使用语句 SavePicture 将图形文件进行保存，该语句的使用格式如下：

SavePicture 图形文件控件名称.Image，保存的图形文件名称

其中"图形文件控件名称"为产生图形文件的 PictureBox 控件或 Image 控件；"保存的图

形文件名称"为文件名。一般以 BMP 格式进行保存。但若图片框或图像框原来的格式为 ICON 或 Meta（元）格式，则以原格式进行保存。例如，以下语句可将图片框中的图形保存到当前工程所在文件夹中。

  SavePicture Picture1.Image, App.Path & "\TEST1.BMP"　　'将图片保存到文件

5.3　选择类控件

  在程序设计过程中，有时需要从多个选项中选择一个，各选项间的关系是互斥的，单选按钮（OptionButton）就能完成这个功能。复选框（CheckBox）的功能类似于单选按钮，也允许在多个选项中做出选择。但不同的是，多个单选按钮中只允许选择其中的一个，而复选框既可以选择其中的一项，也可以同时选择多项或全部不选。

5.3.1　单选按钮和复选框

  单选按钮和复选框在工具箱中的图标分别是 ⊙ 和 ☑。

1. 常用属性

  单选按钮和复选框的属性除了 Name、Caption、Enable、FontName、FontSize、FontBold、FontItalic、FontUnderline、Top、Height、Left、Width、BackColor、ForeColor、Visible 等通用属性外，其主要属性如下：

  （1）Style 属性。用来设置单选按钮或复选框控件的显示方式，以改善视觉效果。该属性的取值范围，如表 5-5 所示。

表 5-5　Style 属性取值表（复选框、单选按钮）

符号常数	取值	说明
VbButtonStandard	0	（缺省值）标准方式，同时显示控件和标题
VbButtonGraphical	1	图形方式，控件用图形样式显示，即单选按钮和复选框的外观和命令按钮相似

  Style 属性是只读属性，只能在设计时使用。使用时应注意，属性设置为不同的值（0 或 1），外观不一样，设为 1 时，控件的外观和命令按钮相似，但作用和命令按钮不相同。还可以用 Picture、DownPicture 和 DisablePicture 属性分别设置不同的图标或位图，以表示未选定、选定、和禁用。

  （2）Value 属性。用来返回或设置控件的状态。对于单选按钮来说，Value 属性取值有两个：False（缺省值），表示没有选中该按钮，是关闭的，按钮是一个圆圈；True，表示该按钮被选中，按钮是打开的，中心有一个圆点。

  对于复选框来说，Value 属性取值有三个：0（缺省值），没有选中该复选框；1，选中该复选框；2，该复选框不可用（变灰）。

  （3）Alignment 属性。用来设置单选按钮或复选框控件的标题对齐方式。可以在设计时设置，也可以在程序运行期间设置，使用格式如下：

    [<对象名称>].Alignment [= 值]

这里的<对象名称>指单选按钮或复选框，"值"取值如表 5-6 所示。

表 5-6　Alignment 属性取值表（复选框、单选按钮）

符号常数	取值	说明
VbLeftJustify	0	（缺省值）控件居左，标题在控件右侧
VbRightJustify	1	控件居右，标题在控件左侧

2．常用事件和方法

单选按钮和复选框支持 Click 事件，无论何时单击复选框控件或单选按钮都将触发 Click 事件。单选按钮同时还支持 DblClick 事件。

复选框也称检查框。在执行程序时单击复选框可以使"选"和"不选"交替起作用。即每单击一次复选框都产生一个 Click 事件，以"选"和"不选"响应。

【例 5-3】设计一个应用程序，窗体上有一个标签、三个单选按钮 Option1～3 和一个由三个复选框组成的复选框数组 Check1()。程序功能是利用单选按钮和复选框改变文字的颜色和字型，程序运行界面如图 5-5 所示。

分析：判断文字的颜色和字型的改变，可利用单选按钮和复选框的 Value 属性。

图 5-5　例 5-3 程序运行界面

程序设计步骤如下：

①新建一工程，然后在窗体上添加一个标签控件 Label1 和三个单选按钮控件 Option1～3 和一个由三个复选框组成的控件数组 Check1(2)。

②依照如图 5-5 所示的样式，修改三个单选按钮 Option1～3 和一个由三个复选框组成的控件数组 Check1(2)各元素的 Caption 属性。

③修改窗体 Form1 的 Caption 属性为"单选按钮和复选框"；设置标签 Label1 的 Caption、Alignment、BorderStyle、Font 的属性分别为"让城市生活更美好！"、"2-Center"、"1-Fixed Single"和"楷体、常规、二号"。

④编写各个控件的代码如下：

- 复选框控件数组 Check1()的 Click 事件代码

```
Private Sub Check1_Click(Index As Integer)
    Select Case Index
        Case 0
            If Check1(Index).Value = 1 Then '或 If Check1(0).Value = 1 Then
                Label1.FontBold = True
            Else
                Label1.FontBold = False
            End If
        Case 1
            If Check1(Index).Value = 1 Then '或 If Check1(1).Value = 1 Then
                Label1.FontItalic = True
            Else
                Label1.FontItalic = False
            End If
        Case 2
            If Check1(Index).Value = 1 Then '或 If Check1(2).Value = 1 Then
                Label1.FontUnderline = True
```

```
                    Else
                        Label1.FontUnderline = False
                    End If
                End Select
            End Sub
```

- 单选按钮 Option1（红色）的 Click 事件代码

```
            Private Sub Option1_Click()
                Label1.ForeColor = RGB(255, 0, 0)
            End Sub
```

- 单选按钮 Option2（绿色）的 Click 事件代码

```
            Private Sub Option2_Click()
                Label1.ForeColor = RGB(0, 255, 0)
            End Sub
```

- 单选按钮 Option3（蓝色）的 Click 事件代码

```
            Private Sub Option3_Click()
                Label1.ForeColor = RGB(0, 0, 255)
            End Sub
```

⑤最后运行程序，观察效果是否和预想的一致。

5.3.2　框架

框架控件（Frame）在工具箱上的图标是 ▦。

框架控件的主要作用是将控件进行分组。该控件是一个容器控件，它可以把不同的对象放在一个框架中，当框架设置为不能操作或不可见时，框架中的控件也变得不能操作或不可见。

为了将控件分组，首先需要绘制框架控件，然后绘制框架控件里面的控件，这样就可以把框架和里面的控件同时移动。如果在框架控件外绘制了一个控件并把它移到框架内部，那么该控件将在框架的上部，不属于框架的一部分，这时移动框架控件，该控件不会随框架一起移动。如果希望把已经存在的若干控件放在某个框架中，可以先选择所有控件，将它们剪贴到剪贴板上，再把它们粘贴到框架上。

为了选择框架内的控件，必须在框架处于非活动状态时，按住 Ctrl 键，然后用单击鼠标或框选，框住要选择的控件，选择一个或多个控件。

1. 常用属性

框架的主要属性除 Name、BackColor、Font、Height、Index、Left、Top、Tag、Visible、Width 等外，常用的主要属性有两个。

（1）Caption 属性。框架的标题，即框架的可见文字部分。

（2）Enabled 属性。一般设为 True，即框架内的对象是"活动"的。如果设为 False，则框架标题变灰，框架中的所有对象均被屏蔽。

2. 常用事件和方法

框架控件支持 Click 和 DblClick 事件，通常不编写这样的事件过程。

【例 5-4】在例 5-3 的基础上，将三个单选按钮控件 Option1～3 和三个复选框控件 Check1()进行分组，程序运行界面如图 5-6 所示。

图 5-6　例 5-4 程序运行界面

将已有控件进行分组的过程如下：

（1）按住 Ctrl 键，点选"红色"、"绿色"和"蓝色"三个单选按钮 Option1～3，然后按下 Ctrl+X 组合键（或标准工具栏上的"剪切"按钮 ✄ ）

（2）点选工具箱上的框架控件（Frame）图标 ▢ ，然后，在窗体上画出一个适当大小的框架 Frame1。按下 Ctrl+V 组合键（或标准工具栏上的"粘贴"按钮 🖹 ），将"红色"、"绿色"和"蓝色"三个单选按钮粘贴到框架 Frame1 中。

（3）同样的方法，将复选框控件数组"粗体"、"斜体"和"下划线"复制到框架 Frame2 中。

（4）修改两个框架 Frame1～2 的 Caption 属性值分别为"字体颜色"和"字型"。

（5）各控件的程序代码同例 5-3，在此不再列出。

5.4　列表框和组合框

当仅需要用户从少量选项中做出选择时，单选按钮与复选框完全可以满足要求，但当需要在有限空间里为用户提供大量选项时，单选按钮和复选框就不适合了。这时，使用 VB 为用户提供的列表框与组合框，就可以解决此问题了。

列表框（ListBox）以列表形式显示一列数据，利用列表框，可以接受用户对其中需要的项目的选择。组合框（ComboBox）则是文本框和列表框组合。

5.4.1　列表框

列表框控件在工具箱中的图标是 ▤ 。

列表框控件是一个可提供选择的列表，用户可以从中选择一项或多项。缺省时，选项以垂直单列方式显示，也可以设置成多列方式。如果待选项目超过列表框长度，将会自动提供滚动条，以供查看。

1．常用属性

列表框支持的属性除 Name、Left、Top、Height、Width、FontBold、FontItalic、FontName、FontSize、FontUnderline、BackColor、ForeColor、Enabled、Visible 等通用属性之外，还具有以下主要属性：

（1）Columns 属性。该属性决定列表框控件是水平还是垂直滚动以及如何显示列中的项目。如果水平滚动，则 Columns 属性决定显示多少列，取值如表 5-7 所示。

表 5-7　Columns 属性取值表

取值	说明
0	（缺省值）垂直单列列表
大于等于 1	ListBox 水平滚动并显示指定数目的列。项目安排在多个列中，先填第一列，再填第二列，等等

（2）List 属性。字符串数组，数组中的每个元素都是列表框的一个列表项内容。利用 List 属性可以输入列表项，在代码中可以引用该数组。List 属性数组的项目，可以通过下标进行访问（下标值从 0 开始，最后一个项目的值是 ListCount-1），语法格式为：

列表框名称. List（下标）

例如，Str=List1.List(6)

而语句：

List1.List(6)="中国"

则是将列表框中的第七项的内容设置为"中国"。

用户也可以利用该属性在设计阶段添加项目，方法是：
在属性窗口中，打开该属性，添加一个项目后，按下 Ctrl+Enter
组合键，再添加第二个项目，依次进行。在 List 属性窗口中，
添加项目的界面，如图 5-7 所示。

（3）ListCount 属性。返回列表框中项目的个数。该属
性是只读的，不能在属性窗口中设置，只能在运行时访问它。

图 5-7　利用 List 属性添加项目

（4）ListIndex 属性。返回或设置列表框中已选定项目的位置。该属性也是只读的，不能
在属性窗口设置。如果未选定项目，则 ListIndex 属性值是-1，列表框中的第一项是 0，ListCount
属性值总是比最大的 ListIndex 值大 1。

例如，下面语句的作用把当前选定的项目赋给标签 Label1 的标题 Caption。

Label1.Caption=List1.List(List1.ListIndex)

（5）MultiSelect 属性。只读属性，返回或设置一个值，该值指示是否能够在列表框控件
中选择多项以及如何进行选择，取值如表 5-8 所示。

表 5-8　MultiSelect 属性取值表

取值	说明
0-None	（缺省值）每次只能选择一项，不允许选择多项
1-Simple	可以同时选择多项，鼠标单击或按下 SpaceBar（空格键）可在列表中选中或取消选中项
2-Extended	可以选择指定范围内的表项。按下 Shift 键并单击鼠标或按下 Shift 键以及一个箭头键（上箭头、下箭头、左箭头和右箭头）将在以前选中项的基础上扩展选择到当前选中项。按下 Ctrl 键并单击鼠标可在列表中选中或取消选中项

注：如果选择了多个表项，则 ListIndex 和 Text 属性只表示最后一次的选择值。

（6）Selected 属性。只读属性，返回或设置在列表框控件中的一个项的选择状态。该属
性是一个布尔型数组，数组中的每个元素与列表框中的一项相对应。当元素为 True 时，表明
选择了该项；如果为 False，则表示未选择。

Selected 属性的使用语法格式如下：

列表框名称.Selected(下标)

其中，如果返回 True，说明指定表项被选择；返回 False，说明指定表项未选择。

还可以通过该属性选择指定的表项或者取消已选择的表项，使用语法如下：

列表框名称.Selected(下标) [= True|False]

（7）SelCount 属性。返回在列表框控件中被选中项的数目。如果没有项被选中，那么
SelCount 属性将返回 0 值；否则，它返回当前被选中的列表项的数目。该属性对能够做多项选
择是尤其有用的。

（8）Sorted 属性。用来确定列表框中的项目是否按字母、数字升序排列。如果 Sorted 的
属性设置为 True，则表项按字母、数字升序排列；如果设置为 False（默认值），则表项按添加
到列表框中的先后顺序排列。

（9）Style 属性。此属性决定控件外观，在设计时使用。Style 属性的取值如表 5-9 所示。

表 5-9　Style 属性取值表（列表框）

符号常数	取值	说明
VbListBoxStandard	0	缺省值为标准的。ListBox 控件按它在 Visual Basic 老版本中的样子显示
VbListBoxCheckbox	1	复选框。在 ListBox 控件中，每一个文本项的边上都有一个复选框。在 ListBox 中可以选择多项

（10）Text 属性。返回列表框最后一次选中项目的文本，是字符串类型。在列表框中该属性为只读属性，界面设计阶段不能修改。列表框的 Text 属性是默认属性，因此，如果把在列表框中选定列表项的值赋给某个控件，如文本框 Text 控件时，可省略不写，即可写成如下形式：

　　　　Text1=List1

2. 常用事件和方法

列表框支持 Click、DblClick、GotFocus、LostFocus 等事件，代码中常用 DblClick 事件过程。

列表框可以使用的方法有 AddItem、RemoveItem 和 Clear。利用它们可以在程序运行期间修改列表框的内容。

（1）AddItem 方法。向列表框添加一个新项目，格式是：

　　　　列表框名称.AddItem　项目字符串　[,序号]

其中，"项目字符串"是要添加到列表框中的新项目；"序号"是要添加的位置，其值为整数，若省略，则表示将新项目添加到最后。对于列表框或后面介绍的组合框来讲，项目首项序号为 0。

（2）RemoveItem 方法。从列表框中删除一个项目，格式是：

　　　　列表框名称.RemoveItem　序号

其中，序号是要删除的项目的顺序号，其值为整数，范围为 0～ListCount-1。

（3）Clear 方法。删除列表框中的所有项目，格式是：

　　　　列表框名称.Clear

【例 5-5】编写一个程序，判断一个数是否为"同构数"。"同构数"是指该数出现在其平方数的右端，如 5，其平方为 25，则 5 出现在平方数的右侧。

要求：在窗体中添加一个列表框，并将 10～999 添加到列表框项目中，选择一个数，单击"判别"按钮，将判别的信息显示在文本框中，程序运行界面如图 5-8 所示。

分析：设 n 表示 10～999 的数，将数添加到列表框中可使用 List1.AddItem n 语句；2 位同构数 n 应满足的条件是：$n=n^2 \bmod 100$；3 位同构数 n 应满足的条件是：$n=n^2 \bmod 1000$。

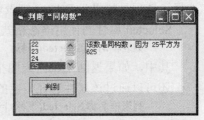

图 5-8　例 5-5 程序运行界面

程序设计步骤如下：

①新建一工程，然后在窗体上添加一个列表框控件 List1、一个文本框控件 Text1 和一个命令按钮控件 Command1（判别）。文本框控件 Text1 的 MultiLine 属性值为 True。

②编写窗体和"判别"命令按钮 Command1 的事件代码如下：

● "判别"按钮 Command1 的 Click 事件代码

```
Dim n%
Private Sub Command1_Click()
    n = List1.Text
    If n = n ^ 2 Mod 100 Or n = n ^ 2 Mod 1000 Then
        Text1 = "该数是同构数,因为" & Str(n) & "平方为" & Str(n ^ 2)
    Else
        Text1 = "该数不是同构数"
    End If
End Sub
```

● 窗体 Form1 的 Load 事件代码

```
Private Sub Form_Load()
    Text1 = ""
    For n = 10 To 999
        List1.AddItem n
    Next
End Sub
```

思考题:如果不用命令按钮 Command1(判别),而使用列表框的 Click 或 DblClick 事件,代码如何编写。

【例 5-6】设计一个应用程序,该程序可对流行歌曲进行排序。程序运行界面如图 5-9 所示。

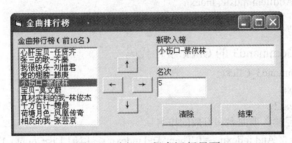

图 5-9 例 5-6 程序运行界面

要求如下:

①在列表框中选择一首歌后,单击"↑"按钮该歌曲的排名上升一位,单击"↓"按钮该歌曲的排名下降一位,单击"→"按钮,此歌下榜。

②在文本框中输入新歌曲名字和排名名次后,单击"←"按钮可将该首歌加入列表框指定的位次。

③单击列表框中的一项,在文本框中显示歌曲名和排名。

④单击"清除"按钮将清除列表框中所有内容。

⑤单击"结束"按钮将结束程序。

分析:对一首歌曲的排名上升或下降,首先要确定该歌曲的位置,然后利用删除和添加的方法进行位置的调整。在程序,用 Music 表示已选择或输入的歌曲名,Indexn 表示该歌曲的位置或名次。

单击列表框中的一项,在文本框中显示歌曲名和排名,需要用列表框的 Click 事件。

程序设计步骤如下:

①新建一工程,然后在窗体上添加一个列表框控件 List1、两个文本框控件 Text1～2、三

个标签控件 Label1～3 和六个命令按钮控件 Command1～6。

　　②依照图 5-10 所示的样式，修改窗体与各控件的属性和位置布局。

　　③编写各个控件的相关事件代码如下：

- "↑" 按钮 Command1 的 Click 事件代码

```
Dim music$, indexn% '分别表示歌曲名和排名位置
Private Sub Command1_Click()
    indexn = List1.ListIndex
    '判断已选择的歌曲是否逐步形成排名第一
    If indexn <> -1 And indexn <> 0 Then
        music = List1.List(indexn - 1)
        List1.RemoveItem indexn - 1
        List1.AddItem music, indexn
    End If
End Sub
```

- "↓" 按钮 Command2 的 Click 事件代码

```
Private Sub Command2_Click()
    indexn = List1.ListIndex
    '判断已选择的歌曲是否逐步形成排名最后
    If indexn <> -1 And indexn <> List1.ListCount - 1 Then
        music = List1.List(indexn + 1)
        List1.RemoveItem indexn + 1
        List1.AddItem music, indexn
    End If
End Sub
```

- "←" 按钮 Command3 的 Click 事件代码

```
Private Sub Command3_Click()
    music = Text1
    indexn = Text2
    '判断是否已输入歌曲名和有效的排名
    If music <> "" And indexn >= 0 Then 'And indexn <= List1.ListCount - 1 Then
        List1.AddItem music, indexn - 1
    End If
End Sub
```

- "→" 按钮 Command4 的 Click 事件代码

```
Private Sub Command4_Click()
    indexn = List1.ListIndex
    If indexn <> -1 Then
        List1.RemoveItem indexn
    End If
End Sub
```

- "清除" 按钮 Command5 的 Click 事件代码

```
Private Sub Command5_Click()
    List1.Clear
End Sub
```

- "结束" 按钮 Command6 的 Click 事件代码

```
Private Sub Command6_Click()
    End
End Sub
```

- 列表框 List1 的 Click 事件代码

```
Private Sub List1_Click()
        Text1 = List1.Text
        Text2 = List1.ListIndex + 1
End Sub
```

5.4.2　组合框

组合框控件在工具箱中的图标是▤。

组合框控件是列表框与文本框组合而成的控件，但它兼有列表框和文本框的功能。其功能既可以像列表框一样，让用户通过鼠标选择需要的项目，也可以像文本框一样，用键入的方式输入项目。

组合框有三种样式，改变组合框的 Style 属性值，可以得到组合框的三种样式，如图 5-10 所示。

（1）0-Dropdown Combo（下拉式组合框）：按下右侧的下三角箭头按钮▼后就会出现一个列表供用户选择其中一个项目，也可直接在文本框中输入文本，在 DropDown 等事件过程中把文本框内的文本添加到组合框中。

（2）1-Simple Combo（简单组合框）：没有下三角箭头按钮▼，列表始终都显示出来。用户可以选择表项，也可以在文本框中直接输入。

（3）2-Dropdown List（下拉式列表框）：用户不能在文本框中进行输入，只能从列表中选择一项。

对组合框来说，Text 属性只有在 Style 为 0 或 1 时可以输入文本。

组合框的 Style 属性取值不同，能响应的事件也有差异，只有简单组合框能响应 DblClick 事件，下拉式组合框和下拉式列表框能响应 DropDown 事件，所有组合框都能响应 Click 事件和 Change 事件。

组合框的方法与列表框基本相同，在此不再叙述。

【例 5-7】在文本框中输入数据，按回车键添加到下拉式组合框中，在列表框中选定项目，双击鼠标可移去选定项，如图 5-11 所示。

 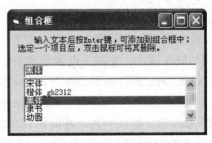

图 5-10　组合框的样式　　　　　　　　　图 5-11　例 5-7 运行界面

分析：当在文本框输入一个项目，按下回车键，将发生 KeyPress 事件，要添加一个项目，可使用组合框的添加方法 AddItem，双击鼠标将引发 DblClick 事件，同时用 RemoveItem 方法删除一个项目。

设计步骤如下：

①在新建工程窗体中，添加一个标签控件 Label1 和一个组合框控件 Combo1。标签控件

Label1 的 Caption 属性值设置为"输入文本后按 Enter 键，可添加到组合框中；选定一个项目后，双击鼠标可将其删除。"；设置 Combo1 控件的 Style 属性值为 1-Simple Combo（简单组合框）。安排好各控件的位置。

②编写简单组合框 Combo1 控件各事件代码如下：

● 简单组合框 Combo1 的 DblClick 事件代码

```
Private Sub Combo1_DblClick()
        Combo1.RemoveItem Combo1.ListIndex
End Sub
```

● 简单组合框 Combo1 的 KeyPress 事件代码

```
Private Sub Combo1_KeyPress(KeyAscii As Integer)
        If KeyAscii = 13 Then
            If Combo1.Text <> "" Then    '文本框内容不为空可进行添加
                Combo1.AddItem Combo1.Text
            End If
            Combo1.SelStart = 0
            Combo1.SelLength = Len(Trim(Combo1.Text))
        End If
End Sub
```

5.5　滚动条和计时器

5.5.1　滚动条

滚动条控件在工具箱中的图标是 ▣ 和 ▤ 。

滚动条可以作为数据输入工具，也可以用于辅助浏览显示内容、确定位置。主要用在列有较长项目或者大量信息的地方，这样用户就可以在小区域中巡视到所有的列表项目或者信息等。

滚动条分为两种：水平滚动条（HscrollBar）和垂直滚动条（VscrollBar）。除名称和方向不同以外，水平滚动条和垂直滚动条的结构和操作是一样的。

1. 滚动条的常用属性

滚动条的属性用来识别滚动条的状态，除支持 Name、Enabled、Visible、Top、Left、Height、Width、Parent、Tag 等属性外，还具有以下属性：

（1）Min 属性。返回或设置滚动条滚动范围的下界，即滚动块位于 HscrollBar 控件的最左端或 VscrollBar 控件的最上端时所代表的值，取值范围是-32 768～32 767。

（2）Max 属性。返回或设置滚动条滚动范围的上界，即滚动块位于 HscrollBar 控件的最右端或 VscorllBar 控件的最下端时所代表的值，取值范围是-32 768～32 767。

滚动条的 Max 和 Min 属性值可以在设计阶段设定，也可以在程序中对它们赋值。一般习惯设置 Max>Min，如果 Max 的值设置得比 Min 小，那么最大值将被置于水平滚动条的最左端或垂直滚动条的最上端。

（3）LargeChange 属性。返回和设置当用户单击滚动条和滚动箭头之间的区域时，滚动条控件的 Value 属性值的增量或减量。

（4）SmallChange 属性。返回或设置当用户单击滚动箭头时，滚动条控件的 Value 属性值的改变量。

以上两个属性，值都可以指定在 1～32767 之间（包括 1 和 32767 的整数值，默认值都设为 1）。一般在设计时设置这两个属性的值。当滚动条的状态必须改变时，也可以在运行应用程序时对其进行重新赋值。

（5）Value 属性。返回或设置滚动条的当前值（位置），其返回值始终介于 Max 和 Min 属性值之间，包括这两个值。

2. 滚动条的常用事件

滚动条控件最常用的事件是 Change 事件和 Scroll 事件。

在应用程序运行时，当单击滚动条两端箭头或单击滚动条的空白位置时，就会触发 Change 事件；当在滚动条内拖动滚动块时会触发 Scroll 事件，单击滚动条箭头或滚动条时不发生该事件。

图 5-12　例 5-8 程序运行界面

【例 5-8】如图 5-12 所示，设计一个应用程序，功能可对图片进行展开操作。

分析：为实现对图像展开的上下和左右控制，可使用滚动条。

设计步骤如下：

①在新建工程窗体中，添加一个图像控件 Image1、一个水平滚动条控件 HScroll1 和一个垂直滚动条控件 VScroll1。为窗体 Form1 和图像控件 Image1 的 Picture 属性设置一幅图片。修改窗体 Form1 的 Caption 属性为"滚动条与图像"，并安排好各控件的位置。

②水平滚动条控件 HScroll1 和垂直滚动条控件 VScroll1 相关事件代码。

* 水平滚动条控件 HScroll1 的 Change 事件代码
```
Private Sub HScroll1_Change()
    Image1.Width = HScroll1.Value
End Sub
```
* 水平滚动条控件 HScroll1 的 Scroll 事件代码
```
Private Sub HScroll1_Scroll()
    Image1.Width = HScroll1.Value
End Sub
```
* 垂直滚动条控件 VScroll1 的 Change 事件代码
```
Private Sub VScroll1_Change()
    Image1.Height = VScroll1.Value
End Sub
```
* 垂直滚动条控件 VScroll1 的 Scroll 事件代码
```
Private Sub VScroll1_Scroll()
    Image1.Height = VScroll1.Value
End Sub
```

③运行程序，拖动水平和垂直滚动条，观察图片的控制情况。

5.5.2　计时器

计时器（又称为定时器）控件在工具箱上的图标是 ⏱。

计时器控件与其他控件有点不同，计时器只是在设计界面时才会显示出来，而在窗体运行时是不可见的，所以无论把计时器放在窗体的什么地方，都不会影响窗体的界面。计时器能周期性地产生 Timer 事件，可用来处理反复发生的动作。

1. 计时器的主要属性

计时器控件的基本属性有 Enabled、Index、Left、Name、Tag、Top 等，其用法也和前面介绍的控件相同。与其他控件不同的重要属性是 Interval 属性。

计时器的作用是，每隔一定的时间间隔 Interval 就会自动地产生一个动作（事件）Timer。Interval 属性就是两个动作时间间隔的毫秒数，取值范围为 0～65535，因此其最大时间间隔不能超过 65 秒。如果该属性设置为 0（缺省值），则计时器控件失效。

如果把 Interval 属性设置为 1000，则表明每秒钟发生一个计时器的动作。如果希望每秒产生 n 个事件，则属性 Interval 的值为 1000/n。

2. 计时器的事件

计时器控件支持的唯一事件是 Timer 事件，是计时器在间隔一个 Interval 时间后所触发的事件。

计时器使用的要点如下：

（1）计时器每当计时间隔一到时就会产生一个 Timer 事件，因此需将执行的代码编写在 Timer 事件中。

（2）定时间隔通过 Interval 属性设置，定时单位为毫秒。

（3）启动计时器工作通过 Enabled 属性设置，如果希望计时器在加载窗体时就开始工作，需将 Enabled 属性设计为 True；否则将 Enabled 属性设计为 False。

【例 5-9】设计一个窗体，通过计时器控制上面的动态字符串在窗体中逐渐变大（在大到窗体无法容纳时，又会缩小到原来的大小），下面的字符串从左到右滚动，在滚动到窗体右侧边框时，再返回原始位置继续向右滚动，运行界面如图 5-13 所示。

（a）设计界面

（b）运行界面

图 5-13　例 5-9 程序运行界面

分析：本题需要两个计时器控件 Timer1～2，一个计时器用于控件动态字符串的变化，一个计时器用于控件字符串从左到右的移动。

程序设计步骤如下：

①创建一个新工程，将新建工程窗体的 Caption 属性设置为"计时器控件的使用"。

②在窗体上添加两个标签 Label1～2，其 Caption 属性分别设置为"小小又变大了"和"快来追我啊！"。

③添加两个计时器，并设置 Interval 属性值为 500。

④编写两个计时器的 Timer 事件。

- 计时器 Timer1 的 Timer 事件代码

```
Private Sub Timer1_Timer()
```

```
        If Label1.Width > Me.Width Then
            Label1.FontSize = 9
        Else
            Label1.FontSize = Label1.FontSize + 1
        End If
    End Sub
```

- 计时器 Timer2 的 Timer 事件代码

```
    Private Sub Timer2_Timer()
        If Label2.Left > Me.Width Then
            Label2.Caption = "快来追我啊！"
        Else
            Label2.Caption = Space(2) + Label2.Caption
        End If
    End Sub
```

思考题：如何设计一个"数字时钟"显示器，如图 5-14 所示。

图 5-14 "数字时钟"显示器

5.6 文件系统控件

为了管理计算机中的文件，VB 提供了文件系统控件，包括：驱动器列表框（DriverListBox）、目录列表框（DirListBox）和文件列表框（FileListBox），如图 5-15 所示。

图 5-15 文件系统控件

文件系统控件能自动执行文件数据获取任务，用户也可以编写代码，自定义控件的外观并指定显示的信息。用户可以单独使用，也可以组合起来使用文件系统控件，生成操作方便的文件系统对话框。本节将介绍这些控件的功能和用法。

5.6.1 驱动器列表框和目录列表框

1. 驱动器列表框控件

驱动器列表框控件的外观与组合框相似，用来显示驱动器名称。缺省时驱动器列表框显示当前驱动器名称。用户可以输入任何有效的驱动器名称，也可以单击右侧的下拉箭头，把系统中所有的驱动器全部下拉显示出来，如图 5-16 所示。从中选定一个驱动器，即可把它变为当前驱动器，在列表框的顶部显示。

驱动器列表框的基本属性有 Name、Enable、Top、Left、Width、Height、Visible、FontName、FontBold、FontItalic、

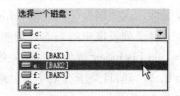

图 5-16 驱动器列表框控件的使用

FontSize 等。除此之外，驱动器列表框还有一个 Drive 属性，该属性用来返回或设置所选择的驱动器名。Drive 属性只能用程序代码设置，不能在设计时通过属性窗口设置。其格式为：

　　　　对象名称.Drive [=驱动器名]

例如，应用程序可通过下述简单赋值语句指定出现在驱动器列表框顶端的驱动器：

　　　　Drive1.Drive = "D:\"

这里的"驱动器名"是指定的驱动器，如果省略，则 Drive 属性默认的是当前驱动器。如果所选择的驱动器在当前的系统中不存在，则产生错误。

驱动器列表框显示可用的有效驱动器。从列表框中选择驱动器并不能自动地变更当前工作驱动器。然而，可用 Drive 属性在操作系统级变更驱动器，这时只需将它作为 ChDrive 语句的参数：

　　　　ChDrive Drive.Drive

每次重新设置驱动器列表框的 Drive 属性时，都将触发驱动器列表框的 Change 事件。例如，要实现驱动器列表框（Drive1）与目录列表框（Dir1）同步，就要在该事件过程中写入如下代码：

```
Private Sub Drive1_Change()
    Dir1.Path = Drive1.Drive    '驱动器与目录（文件夹）同步
End Sub
```

2.　目录列表框控件

目录（或文件夹）列表框控件用来显示当前驱动器上的目录和路径。外观与列表框相似，用来显示用户系统当前驱动器的目录结构（目录树），如图 5-17 所示。

程序执行时，目录列表框将显示当前目录名及其下一级目录名，如果用户选中某一个目录名，并双击它，将打开该目录，显示其子目录的结构。如果目录列表较多，将自动添加一个滚动条。

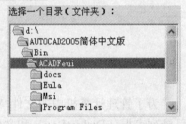

图 5-17　目录列表框控件的使用

目录列表框的基本属性有 Name、Enable、Top、Left、Width、Height、Visible、FontName、FontBold、FontItalic、FontSize 等。除此之外，目录列表框还有一个 Path 属性，该属性用来返回或设置当前路径。

Path 属性适用于目录列表框和文件列表框，用来返回或设置当前驱动器的路径。Path 属性也只能用程序代码设置，不能在设计时通过属性窗口设置。其格式为：

　　　　对象名称.Path [=路径字符串]

其中，"路径字符串"的格式与 Dos 下相同，如果省略"=路径字符串"，则显示当前路径。例如，下面的语句将重新设置路径，目录列表框将显示 D 盘 VB 目录下的目录结构。

　　　　Dir1.Path = "D:\VB6.0\例子"

另外，Path 属性也可以直接设置限定的网络路径，如，\\网络计算机名\共享目录名\path。

如果要在程序中对指定目录及其下级目录进行操作，就要用到 List、ListCount 和 ListIndex 等属性，这些属性与列表框（ListBox）控件基本相同。

目录列表框中的当前目录的 ListIndex 值为-1，紧邻其上的目录的 ListIndex 值为-2，再上一个的 ListIndex 值为-3，依次类推。当前目录（Dir1.Path）中的第一个子目录的 ListIndex 值为 0。若当前目录下有多个子目录，则从第二个子目录起，其 ListIndex 值依次是 1、2、3、……，如图 5-18 所示。

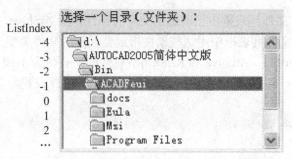

图 5-18　目录列表框的 ListIndex 属性值

例如，图 5-18 中 Dir1.Path 属性和 Dir1.List(Dir1.ListIndex)的值相同。

单击目录列表框中的某个项目时，将突出显示该项目，而双击目录时则把该路径赋值给 Path 属性，同时将其 ListIndex 属性设置为-1，然后重绘目录列表框以显示直接相邻的下级子目录。

目录列表框的重要事件是 Change 事件。当 Path 属性值改变时，将触发该事件。例如，要实现目录列表框（Dir1）与文件列表框 （File1）同步，就要在目录列表框的 Change 事件过程中添加如下代码：

```
Private Sub Dir1_Change()
        File1.Path = Dir1.Path
End Sub
```

5.6.2　文件列表框

文件列表框控件以列表的形式显示指定目录中所包含的指定类型的文件，外观与列表框形似。

1. 常用属性

文件列表框的基本属性有 Name、Enable、Top、Left、Width、Height、Visible、FontName、FontBold、FontItalic、FontSize 等。除此之外，还有以下几个常用的重要属性。

（1）FileName 属性。返回或设置所选文件的文件名。该属性只能在运行时通过代码设置，不能在设计时用属性窗口设置。

（2）ListCount、ListIndex、List、MultiSelect 属性。ListCount 属性返回控件内所列项目的总和；ListIndex 属性返回或设置控件上所选择的项目的"索引值"（即下标）；List 属性中存有文件列表框中所有项目的数组，可用来返回或设置某一项目；MultiSelect 属性返回或设置一个值，该值指示是否能够在 FileListBox 控件中进行复选以及如何进行复选。

（3）Path 属性。用于返回或设置文件列表框的当前目录，设计时不可用。使用格式与目录列表框的 Path 属性相同。当 Path 值改变时，会引发一个 PathChange 事件。

（4）Pattern 属性。用来设置在运行时显示在 FileListBox 控件中的文件类型。该属性可以在设计时用属性窗口设计，也可以在运行时通过代码设置。在默认情况下，Pattern 的属性值为*.*，即所有文件。例如，执行下面语句，将在文件列表框中只显示扩展名为.exe 的文件。

```
        File1.Pattern = "*.exe"
```

当 Pattern 属性改变时，将触发 PatternChange 事件。

在设置 Pattern 属性值时，除使用通配符外，还能够使用分号（;）分隔的多种模式。例如，"*.doc; *.docx *.xls;*xlsx"，表示显示所有 Word 文件和所有 Excel 文件的列表。

（5）使用文件属性。文件列表框中当前选定文件的属性包括 Archive、Normal、System、Hidden 和 ReadOnly。可在文件列表框中用这些属性指定要显示的文件类型。System 和 Hidden 属性的缺省值为 False，Normal、Archive 和 ReadOnly 属性的缺省值为 True。

例如，为了在列表框中只显示只读文件，直接将 ReadOnly 属性设置为 True 并把其他属性设置为 False：

```
File1.ReadOnly = True
File1.Archive = False
File1.Normal = False
File1.System = False
File1.Hidden = False
```

当 Normal = True 时，将显示无 System 或 Hidden 属性的文件；当 Normal =False 时，仍然可显示具有 ReadOnly 和/或 Archive 属性的文件，只需将这些属性设置为 True。

2. 主要事件

文件列表框最常用的事件有下面几个：

（1）PathChange 事件。当路径被代码中的 FileName 或 Path 值改变时，会引发一个 PathChange 事件。

说明：可使用 PathChange 事件过程引发文件列表框中路径的改变。当用包含新路径的字符串给 FileName 属性赋值时，文件列表框控件就调用了 PathChange 事件。

（2）PatternChange 事件。当 Pattern 属性改变时，将触发 PatternChange 事件。

（3）Click 和 DblClick 事件。在文件列表框中单击选中的文件，将改变 ListIndex 属性值，并将 FileName 的值设置为所单击的文件名字符串。

例如，下面语句的功能是单击可输入选中的文件名。

```
Private Sub File1_Click()
    MsgBox File1.FileName, , "选中的文件名称"
End Sub
```

利用 DblClick 事件，可以执行文件列表框中的某个可执行文件。也就是说，只要双击文件列表框中的某个可执行文件，即可通过 Shell 函数来实现该文件的执行。例如：

```
Private Sub File1_DblClick()
    x = Shell(File1.FileName, 1)
End Sub
```

【例 5-10】设计一个应用界面，当单击文件列表框中的一个文件时，可显示该文件的详细信息，如图 5-19 所示。

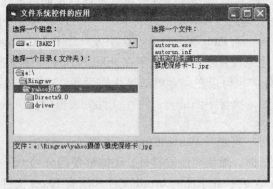

图 5-19   例 5-10 程序运行界面

分析：为了要在标签控件中显示选择文件的路径，可使用文件列表框控件的 Path 属性。

程序设计步骤如下：

①创建一个新工程，将新建工程窗体的 Caption 属性设置为"文件系统控件的应用"。

②在窗体上添加四个标签 Label1～4、一个驱动器列表框 Drive1、一个目录列表框 Dir1 和一个文件列表框 File1。标签控件 Label1～3 的 Caption 属性分别设置为"选择一个磁盘："、"选择一个目录（文件夹）："和"选择一个文件："；标签控件 Label14 的 Caption 和 WordWrap 属性分别设置为""和 True。

③编写驱动器 Drive1、目录列表框 Dir1 和文件列表框 File1 相关的事件代码。

- 目录列表框 Dir1 的 Change 事件代码

```
Private Sub Dir1_Change()
    File1.Path = Dir1.Path        '文件列表框与目录（文件夹）同步
End Sub
```

- 驱动器列表框 Drive1 的 Change 事件代码

```
Private Sub Drive1_Change()
    Dir1.Path = Drive1.Drive      '驱动器与目录（文件夹）同步
End Sub
```

- 文件列表框 File1 的 Click 事件代码

```
Private Sub File1_Click()
    Label4.Caption = "文件：" & File1.Path & "\" & File1.FileName '选中的文件名称
End Sub
```

习题五

一、单选题

1. 下列控件中没有 Caption 属性的是（　　）。

　　A）框架　　　　　　　B）列表框　　　　　C）复选框　　　　　　　D）单选按钮

2. 复选框的 Value 属性为 1 时，表示（　　）。

　　A）复选框未被选中　　　　　　　　B）复选框被选中

　　C）复选框内有灰色的勾　　　　　　D）复选框操作有误

3. 将数据项"China"添加到列表框 List1 中成为第二项应使用（　　）语句。

　　A）List1.AddItem "China",1　　　　B）List1.AddItem "China", 2

　　C）List1.AddItem 1, "China"　　　　D）List1.AddItem 2, "China"

4. 引用列表框 List1 最后一个数据项，应使用（　　）语句。

　　A）List1.List(List1.ListCount)　　　B）List1.List(ListCount)

　　C）List1.List(List1.ListCount-1)　　D）List1.List(ListCount-1)

5. 假如列表框 List1 有四个数据项，那么把数据项"China"添加到列表框的最后，应使用（　　）语句。

　　A）List1.AddItem 3, "China"　　　　B）List1.AddItem "China", List1.ListCount-1

　　C）List1.AddItem "China", 3　　　　D）List1.AddItem "China", List1.ListCount

6. 执行了下面的程序后，列表框中的数据项有（　　）。

```
Private Sub Form_Click()
    For i = 1 to 6
        List1.AddItem i
    Next i
```

```
        For i = 1 to 3
            List1.RemoveItem i
        Next i
    End Sub
```
A）1，5，6 B）2，4，6 C）4，5，6 D）1，3，5

7．如果列表框 List1 中没有选定的项目，则执行语句"List1.RemoveItem List1.ListIndex"的结果是（　　）。

　　A）移去第一项 B）移去最后一项

　　C）移去最后加入列表中的一项 D）以上都不对

8．如果列表框 List1 中只有一个项目被用户选定，则执行"Debug.Print List1.Selected(List1.ListIndex)"语句的结果是（　　）。

　　A）在 Debug 窗口输出被选定的项目的索引值

　　B）在 Debug 窗口输出 True

　　C）在窗体上输出被选定的项目的索引值

　　D）在窗体上输出 True

9．假定时钟控件的 Interval 属性为 1000，Enabled 属性为 True，并且有下面的事件过程，程序结束后变量 x 的值为（　　）。

```
    Dim x As Integer
    Private Sub Timer1_Timer()
        For i = 1 to 100
            x = x + 1
            beep
        Next i
    End Sub
```
A）1155 B）1000 C）100 D）以上都不对

10．下列说法中正确的是（　　）。

　　A）通过适当的设置，可以在程序运行期间，让时钟控件显示在窗体上

　　B）在列表框中不能进行多项选择

　　C）在列表框中能够将项目按字母从大到小排序

　　D）框架也有 Click 和 DblClick 事件

11．为了防止用户随意将光标置于控件之上，应（　　）。

　　A）将控件的 TabIndex 属性设置为 0 B）将控件的 TabStop 属性设置为 True

　　C）将控件的 TabStop 属性设置为 False D）将控件的 Enabled 属性设置为 False

12．滚动条产生 Change 事件是因为（　　）值改变了。

　　A）SmallChange B）Value C）Max D）LargeChange

13．如果要每隔 15s 产生一个 Timer 事件，则 Interval 属性应设置为（　　）。

　　A）15 B）900 C）15000 D）150

14．列表框的（　　）属性是数组。

　　A）List 和 ListIndex B）List 和 ListCount

　　C）List 和 Selected D）List 和 Sorted

15．使用驱动器列表框 Drive1、目录列表框 Dir1、文件列表框 File1 时，需要设置控件的同步，以下能够正确设置两个控件同步的命令是（　　）。

　　A）Dir1.Path = Drive1.Path B）File1.Path = Dir1.Path

　　C）File1.Path = Drive1.Path D）Drive1.Drive = Dir1.Path

16．在窗体上画一个名称为 Timer 的计时器控件，要求每隔 0.5 秒发生一次计时事件，则以下正确的属性设置语句是（　　）。

　　A）Timer.Interval=0.5 B）Timer.Interval=5

C）Timer.Interval=50　　　　　　　　D）Timer.Interval=500

17．通过设置 Line 控件的（　　　）属性可以绘制多种形状的图形。

A）Shape　　　　　　B）Style　　　　　　C）FillStyle　　　　　　D）BorderStyle

18．若在 Shape 控件内以 FillStyle 属性所指定的图案填充区域，而填充图案的线条的颜色由 FillColor 属性指定，非线条的区域由 BackColor 属性填充，则应（　　　）。

A）将 Shape 控件的 FillStyle 属性设置为 2 至 7 间的某个值，BackStyle 属性设置为 1

B）将 Shape 控件的 FillStyle 属性设置为 0 或 1，BackStyle 属性设置为 1

C）将 Shape 控件的 FillStyle 属性设置为 2 至 7 间的某个值，BackStyle 属性设置为 0

D）将 Shape 控件的 FillStyle 属性设置为 0 或 1，BackStyle 属性设置为 0

19．设窗体上有一个列表框控件 List1，且其中有若干列表项，则以下能表示当前被选中的列表项内容的是（　　　）。

A）List1.list　　　　B）List1.Text　　　　C）List1.Index　　　　D）List1.listIndex

20．下列（　　　）程序段能删除列表 List1 中的所有项。

A）Private Sub Command1_Click()　　　　B）Private Sub Command1_Click()

　　　For I=0 To List.ListCount-1　　　　　　　For I=0 To List.ListCount-1

　　　　List1.RemoveItem 0　　　　　　　　　　List1.RemoveItem 1

　　　Next I　　　　　　　　　　　　　　　　Next I

　　End Sub　　　　　　　　　　　　　　　End Sub

C）Private Sub Command1_Click()　　　　D）Private Sub Command1_Click()

　　　For I=0 To List1.ListCount　　　　　　　For I=0 To List1.ListCount-1

　　　　List1.RemoveItem 0　　　　　　　　　　List1.RemoveItem 1

　　　Next I　　　　　　　　　　　　　　　　Next I

　　End Sub　　　　　　　　　　　　　　　End Sub

21．要使列表框中的列表显示成复选框形式，则应将其 Style 属性设置为（　　　）。

A）0　　　　　　　　B）1　　　　　　　　C）True　　　　　　　　D）False

22．在窗体上画一个列表框和一个命令按钮，其名称分别为 List1 和 Command1，然后编写如下事件过程代码：

```
Private Sub Form_Load()
    List1.AddItem "Item1"
    List1.AddItem "Item2"
    List1.AddItem "Item3"
End Sub
Private Sub Command1_Click()
    List1.List(List1.Listcount)= "AAAA"
End Sub
```

程序运行后，单击命令按钮，其结果为（　　　）。

A）把字符串"AAAA"添加到列表框中，但位置不能确定

B）把字符串"AAAA"添加到列表框的最后（即 Item3 的后面）

C）把列表框中原有的最后一项改为"AAAA"

D）把字符串"AAAA"插入到列表框的最前面（即 Item1 的前面）

23．在窗体上画一个名称为 List1 的列表框，一个名称为 Label1 的标签，列表框中显示若干城市的名称。单击列表框中的某个城市名时，该城市名从列表框中消失，并在标签中显示出来。下列能正确实现上述操作的程序是（　　　）。

A）Private Sub List_Click()　　　　　　B）Private Sub List_Click()

　　　Label1.Caption=List1.ListIndex　　　　Label1.Name=List1.ListIndex

　　　List1.RemoveItem List1.Text　　　　　List1.RemoveItem List1.Text

　　End Sub　　　　　　　　　　　　　　End Sub

　　　C）Private Sub List_Click()　　　　　　D）Private Sub List_Click()

　　　　　Label1.Caption=List1.Text　　　　　　　　Label1.Name=List1.Text

　　　　　List1.RemoveItem List1.ListIndex　　　　　List1.RemoveItem List1.ListIndex

　　　End Sub　　　　　　　　　　　　　　　End Sub

24．在窗体上画一个文本框和一个计时器控件，名称分别为 Text1 和 Timer1，在属性窗口中把计时器的 Interval 属性设置为 1000，Enabled 属性设置为 False，程序运行后，如果单击命令按钮，则每隔一秒钟在文本框中显示一次当前的时间。以下是实现上述操作的程序：

```
Private Sub Command1_Click()
    Timer1._____
End Sub
Private Sub Timer1_Timer()
    Text1.Text = Time
End Sub
```

在____处应填入的内容是（　　）。

　　　A）Enabled=True　　B）Enabled=False　　C）Visible=True　　D）Visible=False

25．假定在图片框 Picture1 中装入了一个图形，为了清除该图形（不删除图片框），应采用的正确方法是（　　）。

　　　A）选择图片框，然后按 Del 键

　　　B）执行语句 Picture1.Picture=LoadPicture("")

　　　C）执行语句 Picture1.Picture=""

　　　D）选择图片框，在属性窗口中选择 Picture 属性，然后按回车键

26．在窗体上画一个名称为 Text1 的文本框，然后画一个名称为 HScroll1 的滚动条，其 Min 和 Max 属性分别为 0 和 100，程序运行后，如果移动滚动框，则在文本框中显示滚动条的当前值。以下能实现上述操作的程序段是（　　）。

　　　A）Private Sub HScroll1_Change()　　　B）Private Sub HScroll1_Click()

　　　　　Text1.Text = HScroll1.Value　　　　　　　Text1.Text = HScroll1.Value

　　　End Sub　　　　　　　　　　　　　　　End Sub

　　　C）Private Sub HScroll1_Change()　　　D）Private Sub HScroll1_ Click ()

　　　　　Text1.Text = HScroll1.Caption　　　　　　Text1.Text = HScroll1.Value

　　　End Sub　　　　　　　　　　　　　　　End Sub

27．在窗体上画两个滚动条，名称分别为 HScroll1、HScroll2；六个标签，名称分别为 Label1、Label2、Label3、Label4、Label5、Label6，其中标签 Label4～Label6 分别显示"A"、"B"、"A*B"等文字信息，标签 Label1、Label2 分别显示其右侧的滚动条数值，Label3 显示"A*B"的计算结果。当移动滚动框时，在相应的标签中显示滚动条的值。当单击命令按钮"计算"时，对标签 Label1、Label2 中显示的两个值求积，并将结果显示在 Label3 中，以下不能实现上述功能的事件过程是（　　）。

　　　A）Private Sub Command1_Chick()

　　　　　Label3.Caption = Str(Val(Label1.Caption) * Val(Label2.Caption))

　　　End Sub

　　　B）Private Sub Command1_Chick()

　　　　　Label3.Caption = HScroll1.Value * HScroll2.Value

　　　End Sub

　　　C）Private Sub Command1_Chick()

　　　　　Label3.Caption = HScroll1 * HScroll2

　　　End Sub

　　　D）Private Sub Command1_Chick()

　　　　　Label3.Caption = HScroll1.Text * HScroll2.Text

　　　End Sub

28. 在窗体上画两个单选按钮，名称分别为 Option1、Option2，标题分别为"宋体"和"黑体"；一个复选框，名称为 Check1，标题为"粗体"；一个文本框，名称为 Text1，Text 属性为"改变文字字体"。要求程序运行时，"宋体"单选按钮和"粗体"复选框被选中，则能够实现上述要求的语句序列是（　　）。

  A）Option1.Value=True   B）Option1.Value=True

     Check1.Value=False   Check1.Value=True

  C）Option2.Value=False   D）Option1.Value=True

     Check1.Value=True   Check1.Value=1

29. 如果只允许在列表框中每次只能选择一个列表项时，则应将其 MultiSelect 属性设置为（　　）。

  A）0   B）1   C）2   D）3

30. 要将一个组合框设置为简单组合框（Simple Combo），则应该将其 Style 属性设置为（　　）。

  A）0   B）1   C）2   D）3

31. 为了能在列表框中使用 Ctrl 和 Shift 键进行多个列表项的选择，则应将列表框的 MultiSelect 属性设置为（　　）。

  A）0   B）1   C）2   D）3

32. 设在窗体 Form1 上有一个列表框 List1，其中有若干个项目。要求单击列表框中某一项时，把该项显示在窗体上，正确的事件过程是（　　）。

  A）Prvate Sub List1_Click()   B）Private Sub Form1_Click()

     Print List1.Text   Print List1.Text

     End Sub   End Sub

  C）Private Sub List1_Click()   D）Private Sub Form1_Click()

     Print Form1.Text   List1.Print List1.Text

     End Sub   End Sub

33. 在窗体上有如下图所示的控件，各控件的名称与其标题相同，并有如下程序：

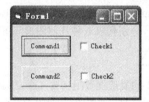

```
Private Sub Form_Load()
        Command2.Enabled=False
        Check1.Value=1
    End Sub
```

刚运行程序时，看到的窗体外观是（　　）。

  A）

  B）

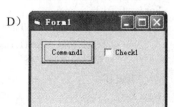

  C）

  D）

34. 设在窗体上有一个名称为 List1 的列表框，其中有若干个项目，如下图所示。要求选中某一项后单击 Command1 按钮，就删除选中的项，则正确的事件过程是（　　　）。

A）Private Sub Command1_Click()
　　　　List1.Clear
　　End Sub

B）Private Sub Command1_Click()
　　　　List1.Clear List1.ListIndex
　　End Sub

C）Private Sub Command1_Click()
　　　　List1.RemoveItem List1.ListIndex
　　End Sub

D）Private Sub Command1_Click()
　　　　List1.RemoveItem
　　End Sub

35. 某人在窗体上画了一个名称为 Timer1 的计时器和一个名称为 Label1 的标签。计时器的属性设置为 Enabled=True，Interval=0。并编程如下，希望每 2 秒在标签上显示一次系统当前时间。

```
Private Sub Timer1_Timer()
        Label1.Caption=Time$
End Sub
```

在程序执行时发现未能实现上述目的，那么，他应做的修改是（　　　）。

A）通过属性窗口把计时器的 Interval 属性设置为 2000

B）通过属性窗口把计时器的 Enabled 属生设置为 False

C）把事件过程中的 Label1.Caption=Time$语句改为 Timer1.Interval=Tims$

D）把事件过程中的 Label1.Caption=Time$语句改为 Label1.Caption=Timer1.Time

36. Shape 控件的属性有 6 种取值，分别代表 6 种几何图形。下列不属于这 6 种几何图形的是（　　　）。

A）　　B）　　C）　　D）

37. 在窗体上有一个名称为 Check1 的复选框数组（含 4 个复选框），还有一个名称为 Text1 的文本框，初始内容为空。程序运行时，单击任何复选框，则把所有选中的复选框后面的文字罗列在文本框中，如下图所示。下面能实现此功能的事件过程是（　　　）。

A）　　Private Sub Check1_Click(Index As Integer)
　　　　　　Text1.Text =""
　　　　　　For k = 0 To 3
　　　　　　　　If Check1(k).value = 1 Then
　　　　　　　　　　Text1.Text = Text1.Text & Check1(k).Caption & "　　"
　　　　　　　　　　'双引号中是空格
　　　　　　　　End If
　　　　　　Next k
　　　　End Sub

B）　Private Sub Check1_Click(Index As Integer)
　　　　For k = 0 To 3
　　　　　　If Check1(k).Value = 1 Then
　　　　　　　　Text1.Text = Text1.Text & Check1(k).Caption & "　"
　　　　　　　　'双引号中是空格
　　　　　　End If
　　　　Next k
　　End Sub

C）　Private Sub Check1_Click(Index As Integer)
　　　　Text1.Text = ""
　　　　For k = 0 To 3
　　　　　　If Check1(k).Value = 1 Then
　　　　　　　　Text1.Text = Text1.Text & Check1(Index).Caption & " "
　　　　　　　　'双引号中是空格
　　　　　　End If
　　　　Next k
　　End Sub

D）　Private Sub Check1_Click(Index As Integer)
　　　　Text1.Text = ""
　　　　For k = 0 To 3
　　　　　　If Check1(k).Value = 1 Then
　　　　　　　　Text1.Text = Text1.Text & Check1(k).Caption & " "
　　　　　　　　'双引号中是空格
　　　　　　　　Exit For
　　　　　　End If
　　　　Next k
　　End Sub

38. 窗体上有一个名为 Combo1 的组合框，含有 5 个项目，要删除最后一项，正确的语句是（　　）。

A）Combo1.RemoveItem Combo1.Text 　　　　B）Combo1.RemoveItem 4

C）Combo1.RemoveItem Combo1.ListCount 　D）Combo1.RemoveItem 5

39. 要使两个单选按钮属于同一个框架，正确的操作是（　　）。

A）先画一个框架，再在框架中画两个单选按钮

B）先画一个框架，再在框架外画两个单选按钮，然后把单选按钮拖到框架中

C）先画两个单选按钮，再用框架将单选按钮框起来

D）以上三种方法都正确

40. 窗体上有一个名称为 Frame1 的框架，若要把框架上显示的"Frame1"改为汉字"框架"，下面正确的语句是（　　）。

A）Frame1.Name="框架" 　　　　　　　　B）Frame1.Caption="框架"

C）Frame1.Text="框架" 　　　　　　　　　D）Frame1.Value="框架"

二、填空题

1. 复选框＿＿【1】＿＿属性设置为 2-Grayed 时，变成灰色，禁止用户使用。

2. 组合框是组合了文本框和列表框的特性而形成的一种控件。＿＿【2】＿＿风格的组合不允许用户输入列表框中没有的选项。

3. 滚动条响应的重要事件有＿＿【3】＿＿和 Change。

4. 当用户单击滚动条的空白处时，滑块移动的增量由＿＿【4】＿＿属性决定。

5．在程序运行时，如果将框架 ___【5】___ 属性设置为 False，则框架的标题呈灰色，表示框架内的所有对象均被屏蔽，不允许用户对其进行操作。

6．下面的程序段是将列表框 List1 中重复的项目删除，只保留一项。

```
For i = 0 To List1.ListCount - 1
    For j = List1.ListCount - 1 To ___【6】___ Step - 1
        If List1.List(i) = List1.List(j)    Then
            ___【7】___
        End If
    Next j
Next i
```

7．列表框中列表项的数目可通过 ___【8】___ 属性获得。

8．为了使计时器控件 Timer1 每隔 1 秒触发一次 Timer 事件，应将 Timer1 控件的 ___【9】___ 属性设置为 ___【10】___ 。

9．在窗体上画一个名称为 Command1 标题为"计算"的命令按钮；画两个文本框，名称分别为 Text1 和 Text2；然后画四个标签，名称分别为 Label1、Label2、Label3 和 Label4，标题分别为"操作数 1"、"操作数 2"、"运算结果"和空白；再建立一个含有四个单选按钮的控件数组，名称为 Option1，标题分别为"+"、"-"、"*"和"/"。程序运行后，在 Text1 和 Text2 中输入两个数值，选中一个单选按钮后单击命令按钮，相应的计算结果显示在 Label4 中。请填入适当的内容，将程序补充完整。

```
Private Sub Command1_Click()
    For i = 0 To 3
        If ___【11】___ = True Then
            opt = Option1(i).Caption
        End If
    Next
    Select Case ___【12】___
        Case "+"
            Result = Val(Text1.Text) + Val(Text2.Text)
        Case "-"
            Result = Val(Text1.Text) - Val(Text2.Text)
        Case "*"
            Result = Val(Text1.Text) * Val(Text2.Text)
        Case "/"
            Result = Val(Text1.Text) / Val(Text2.Text)
    End Select
    ___【13】___ = Result
End Sub
```

10．窗体上有一个组合框，其中已输入了若干个项目。程序运行时，单击其中一项，即可把该项与最上面的一项交换。例如：单击图 1 中的"重庆"，则与"北京"交换，得到图 2 的结果。下面是可实现此功能的程序，请填空。

```
Private Sub Combo1_Click()
    Dim temp
    temp = Combo1.Text
    ___【14】___ = Combo1.List(0)
    Combo1.List(0)= temp
End Sub
```

图 1　　　　　　　　　　　　　　　　　图 2

11. 如下图所示，在列表框 List1 中已经有若干人的简单信息，运行时在 Text1 文本框（即"查找对象"右边的文本框）输入一个姓或姓名，单击"查找"按钮，则在列表框中进行查找，若找到，则把该人的信息显示在 Text2 文本框中。若有多个匹配的列表项，则只显示第一个匹配项；若未找到，则在 Text2 中显示"查无此人"。请填空。

```
Private Sub Command1_Click()
    Dim k As Integer, n As Integer, found As Boolean
    found = False
    n = Len(        【15】        )
    k = 0
    While k < List1.ListCount And Not found
        If Text1 = Left$(List1.List(k), n)Then
            Text2 =      【16】
            found = True
        End If
        k = k + 1
    Wend
    If Not found Then    Text2 = "查无此人"
End Sub
```

12. 有一应用程序，其用户界面如下图所示，该程序用于增加、修改、删除列表框（List1 对象）中的项目。当用户在列表框中单击选中某一项时，该项将出现在下边的文本框（Text2 对象）中，用户可在该文本框中编辑该项，然后单击"修改"按钮（Command3 对象）以修改列表框中对应内容；若单击"删除"按钮（Command2 对象）则可删除用户所选中的列表框中的项目，同时清空文本框；当需要增加项目时，可将该项输入到上面的文本框（Text1 对象）中，然后单击"增加"按钮（Command1 对象）即可。

下面给出了控件的有关事件代码，请填空。

```
'选中列表框中的项目，并使其显示在 Text2 中
Private Sub List1_Click()
```

```
            【17】
    End Sub
    '该按钮用于将文本框中的内容增加到列表框中
    Private Sub Command1_Click()
        If (Text1.Text <> "") Then
                【18】
            Text1.Text = ""
        End If
    End Sub
    '该按钮用于删除你所选中的列表框中的项目，同时清空文本框
    Private Sub Command2_Click()
        If (List1.ListIndex <> -1) Then
            List1.RemoveItem        【19】
            Text2.Text = ""
        End If
    End Sub
    '在文本框中编辑选中的项目后单击该按钮，用于修改所选中的列表框中的项目
    Private Sub Command3_Click()
        【20】    = Text2.Text
    End Sub
```

13. 在窗体上建立一个有四个元素、名称为 Label1 的标签数组，下标从 0 开始，各元素的 Caption 属性值依次为"等"、"级"、"考"、"试"；再画一个名称为 Timer1 的计时器控件，Interval 属性设为 1000，窗体如下图所示。

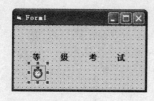 

程序运行时，从左到右反复显示这 4 个字，但每次只显示 1 个。请填空，使程序实现上述功能。

```
    Dim i As Integer
    Private Sub Form_Load()
        For i = 0 To 3
            Label1(i).Visible = False
        Next
    End Sub
    Private Sub Timer1_Timer()
        If i    【21】    Then
            Label1(i).Visible = True
            If i = 0 Then
                Label1(3).Visible =    【22】
            Else
                Label1    【23】    .Visible = False
            End If
            i = i + 1
        Else
            i = 0
        End If
    End Sub
```

14. 窗体上有一个名称为 Combo1 的组合框，其中已经添加了若干项目。程序运行时，单击 Command1 命令按钮，会把选中的项目从组合框中删除。请填空。

```
Private Sub Command1_Click()
    Dim str As String
    Dim i As Integer
    str = RTrim(____【24】____.Text)
    If str > "" Then
        For i = 0 To ____【25】____
            If Combo1.List(i) = str Then Combo1.RemoveItem ____【26】____
        Next i
    End If
End Sub
```

三、判断题

（　　）1．如果要时钟每分钟发生一个 Timer 事件，则 Interval 属性应设置为 1，Interval 属性值为 0 时，表示屏蔽计时器。

（　　）2．要在同一个窗体中建立几组相互独立的单选按钮时，就要用框架将每一组单选按钮框起来。

（　　）3．窗体上有一个 List1 控件和一个 Combo1 控件，则清除 List1 列表框对象的内容的语句是 List1.Cls，清除 Combo1 组合框的内容的语句是 Combo1.Clear。

（　　）4．若在列表框中第 5 项之后插入一个项目"ABCD"，则所用语句为 List1.AddItem "ABCD",6。

（　　）5．组合框的 Change 事件在用户改变组合框的选中项时被触发。

（　　）6．组合框兼有文本框和列表框两者的功能，用户可以通过键入文本或选择列表中的项目来进行选择。

（　　）7．移动框架时，框架内的控件也跟随移动，并且框架内各控件的 Top 和 Left 属性值也将分别随之改变。

（　　）8．在用户拖动滚动滑块时，滚动条的 Change 事件连续发生。

（　　）9．单选框控件和复选框控件都具有 Value 属性，它们的作用完全一样。

（　　）10．复选框不支持鼠标的双击事件，如果双击则系统会解释为两次单击事件。

（　　）11．当列表框中表项太多、超出了设计时的长度时，VB 会自动给列表框加上垂直滚动条。

（　　）12．列表框和文本框一样均没有 Caption 属性，但都有 Text 属性。

（　　）13．将组合框的 Style 属性设置为 0 时，组合框称为下拉式组合框，选项可以从下拉列表中选择，也可以由用户输入。

（　　）14．组合框有 List 属性，但没有 Text 属性。

（　　）15．滚动条控件可作为用户输入数据的一种方法。

（　　）16．由于定时器控件在运行时是不可见的，因此在设置时可任意地将其放在任何位置。

（　　）17．通用对话框 CommonDialog 的 FileName 属性返回的是一个输入或选取的文件名字符串。

（　　）18．图片框 PictureBox 可以通过 Print 方法来显示文本。

（　　）19．图像框和图片框都可以用 AutoSize 属性来控制控件大小调整的行为，当 AutoSize 属性值为 True 时，两者控件大小根据图片来调整，设置为 False 时，只有一部分图片可见。

（　　）20．驱动器列表框、目录列表框和文件列表框三者之间能够自动实现关联。

208 Visual Basic 程序设计教程（第二版）

参考答案

一、单选题

1	2	3	4	5	6	7	8	9	10	11	12	13	14	15
B	B	A	C	D	D	D	B	D	D	D	B	C	C	B

16	17	18	19	20	21	22	23	24	25	26	27	28	29	30
D	A	A	B	A	B	B	C	A	B	A	D	D	A	B

31	32	33	34	35	36	37	38	39	40
C	C	A	C	A	B	D	B	A	B

二、填空题

【1】Value

【2】下拉式列表框

【3】Scroll

【4】LargeChange

【5】Enabled

【6】i + 1

【7】List1.RemoveItem j

【8】ListCount

【9】Interval

【10】1000

【11】Option(i).Value

【12】opt

【13】Label4.Caption

【14】Combo1.List(ListIndex)

【15】Text1.Text

【16】List1.List(k)

【17】Text2.Text = List1.Text
或 Text2.Text=List.List(List1.ListIndex)

【18】List1.AddItem Text1.Text

【19】List1.ListIndex

【20】List1=Text2.Text
或 List1.List(List1.ListIndex) = Text2.Text

【21】<=3

【22】False

【23】(i-1)

【24】Combo1

【25】Combo1.ListCount - 1

【26】i

三、判断题

1	2	3	4	5	6	7	8	9	10	11	12	13	14	15
×	√	×	×	×	√	×	×	×	√	√	√	√	×	√

16	17	18	19	20
√	×	√	×	×

第6章 过程与函数

本章学习目标

- 掌握 Sub 子程序过程和 Function 函数过程的定义、调用方法及区别和联系。
- 掌握形参和实参按值传递和按地址传递信息的方法。
- 初步了解过程的嵌套调用和递归调用的概念和方法。
- 学会使用键盘和鼠标的常用事件处理过程和应用方法。

本章主要介绍 VB 中过程、函数的定义和使用方法，以及怎样使用（调用）一个已编制好的自定义过程，进而介绍在过程和函数调用时的参数传递机制。最后，介绍键盘和鼠标常用的几个事件过程和应用方法。

在应用系统的开发中，一般会根据实际的需要将整个系统划分成若干个模块，然后在主控模块的控制下，调用各个功能模块以实现系统的各种功能操作，通常将这些可调用的功能模块设计成过程或子程序。这样的程序设计称为模块化程序设计。

功能模块在调用时，并不是孤立不变的，而是相互依赖、相互作用的，确切地说，就是在模块调用时，它们之间有相互依存的数据信息传递。

在程序设计中，经常会遇到有些运算或程序段落在程序中多次调用的情况，为了有效地解决上述重复调用，可设计出相对独立并能完成特定功能的程序段，这种程序段称为过程（有时也称为子程序），用于调用程序段的程序称为主程序。

VB 的过程分为事件过程（Event Procedure）、通用过程（General Procedure）和属性过程（Property Procedure）。事件过程由系统在一个事件发生时自动调用，而通用过程必须在程序中需要的地方进行"显式"地调用。

【引例】设计一应用程序，在新建窗体上添加两个命令按钮 Command1～2，其 Caption 属性分别为"调用按钮 2 的功能"和"按钮 2"；命令按钮 Command2 的 Visible 属性设置为 False。分别编写两个命令按钮的 Click 事件代码如下：

- "调用按钮 2 的功能"命令按钮 Command1 的 Click 事件代码

```
Private Sub Command1_Click()
    Call Command2_Click   '调用了命令按钮 Command2 的 Click 事件过程
End Sub
```

- "按钮 2"命令按钮 Command2 的 Click 事件代码

```
Private Sub Command2_Click()
    Print "调用了第二命令按钮"
End Sub
```

程序运行的结果，如图 6-1 所示。试分析该程序的功能。

分析：程序运行时，当单击第一个命令按钮 Command1 时，程序代码只有一条语句，该语句的功能是调用命令按钮 Command2 的 Click 事件过程，即相当于直接单击了第二

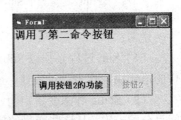

图 6-1 "引例"程序的运行界面

个命令按钮，功能在窗体上输出了"调用了第二命令按钮"。

　　上面的例子，就使用了程序调用过程。

　　VB 中的通用过程分为两类：一类是 Sub 过程；另一类是 Function 过程。VB 中的各种过程的关系，如图 6-2 所示。

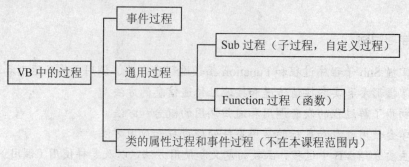

图 6-2　各种过程的相互关系

本章将详细介绍 Sub 过程和 Function 过程以及一些常用的键盘和鼠标事件过程。

6.1　Sub 过程

　　在 VB 应用程序过程中，将一段能够多次使用的，能独立完成特定任务的程序代码独立出来，或供其他程序或事件调用，这样的程序段，称为通用过程。在实际应用中，过程一般不能单独执行。

　　通用过程不与任何特定的事件相联系，只能由别的过程来调用。通常是在事件过程中调用通用过程，实际上由于事件过程也是过程（Sub 过程），所以，通用过程（包括 Function 过程）之间、事件过程之间、通用过程与事件过程之间，都可以相互调用。

　　通用过程可以放在标准模块中，也可以放在窗体模块中，事件过程只能放在窗体模块中。不同模块中的过程（通用过程、事件过程）也可以相互调用。

　　1. 定义 Sub 过程

　　通用 Sub 过程的结构与事件过程的结构类似。一般格式如下：

```
[Private] [Public] [Static] Sub 过程名（[参数列表]）
        语句块
        [Exit Sub]
        [语句块]
    End Sub
```

用上面的格式可以定义一个 Sub 过程，例如：

```
Private Sub test()
    Print "这是一个 Sub 过程。"
End Sub
```

说明：

　　（1）Sub 过程必须以 Sub 开头，以 End Sub 结束，在 Sub 和 End Sub 之间是描述过程操作的语句块，称为"过程体"或"子程序体"。

　　（2）Static 静态变量声明。如果使用 Static 关键字，则该过程中的所有局部变量的存储空间只分配一次，且这些变量的值在整个程序运行期间都存在，即在每次调用该过程时，各局部变量的值一直存在。如果省略 Static，过程每次被调用时重新为其变量分配存储空间，当该过程结束时释放其变量的存储空间。

（3）Private 定义该过程为局部的，只有该过程所在模块中的程序才能调用它。

（4）Public 定义该过程为公用的（默认值），应用程序可随处调用它。若定义在窗体模块中，其他窗体程序调用它时要指定窗体名。

（5）过程名是供调用的标识符，应符合 VB 标识符命名规则。

（6）参数列表又叫做形式参数或形参，可以有多个参数。若是多个参数，参数之间要用逗号分隔。参数列表指明了调用时传送给过程的参数的类型和个数，每个参数的格式为：

[ByVal | ByRef]　变量名[()][As　数据类型]

其中，"变量名" 代表参数的变量的名称，遵循标准的变量命名约定。如果是数组，要在数组名后加上一对括号。"数据类型" 代表传递的参数的数据类型，可以是 Integer、Single 等基本数据类型，或 Variant 或用户自定义类型。如果省略 "As 数据类型"，则默认为 Variant。"变量名" 前的 ByVal 是可选的，ByVal 表示该参数按值传递；ByRef 是缺省选项，表示该参数按地址传递（也称为引用）。

例如，下面是一个 Sub 过程的代码。

```
Sub Max(ByVal x As Integer, ByVal y As Integer)
    Dim z As Intcgcr
    z = IIf(x >= y, x, y)
    Print "数" & Str(x) & "和数" & Str(y) & "之间的最大值是：" & Str(z)
End Sub
```

在定义 Sub 过程时，"参数列表" 中的参数称为 "形式参数"，简称 "形参"，不能用定长字符串变量或定长字符串数组作为形式参数，不过，在调用语句中可以用简单定长字符串变量作为 "实际参数"。在调用 Sub 过程之前，VB 把它转换成变长字符串变量。过程可以有参数，也可以不带任何参数。没有参数的过程称为无参过程。

（7）过程中可以使用一个或多个 Exit Sub 语句，执行到 Exit Sub 语句时则从过程中退出，若无 Exit Sub 语句，则执行到 End Sub 语句时退出过程。

（8）Sub 过程不能嵌套。也就是说，在 Sub 过程内，不能定义 Sub 过程或 Function 过程；不能用 Goto 语句或 Return 语句进入或退出一个 Sub 过程，只能通过调用执行 Sub 过程，而且可以嵌套调用。

2. 建立 Sub 过程的方法

建立通用 Sub 过程有以下两种方法。

方法一：直接在代码编辑器窗口输入过程代码。

操作步骤是：执行 "工程" 菜单中的 "添加模块" 命令，打开代码编辑器窗口，然后键入过程的名字。例如，键入 "Sub Max"，然后按回车键后显示：

```
Sub Max(B)

End Sub
```

接下来，用户即可在 Sub 和 End Sub 之间键入程序代码。

上面建立的 Sub 过程，也可在窗体模块的通用声明区或任何一个过程的外面进行，如图 6-3 所示。

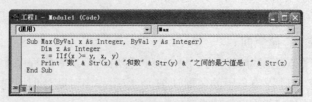

（a）标准模块中建立 Sub 过程

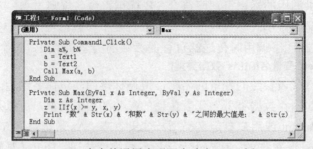

（b）在窗体通用声明区中建立 Sub 过程

图 6-3　建立 Sub 过程

方法二：使用"添加过程"对话框。

操作步骤如下：

①打开"标准模块"或窗体模块的代码窗口。

②执行"工具"菜单中的"添加过程"命令，打开"添加过程"对话框，如图 6-4 所示。

③在"名称"文本框中输入过程名，如 Max；从"类型"组中选择过程类型，这里选择"子程序"；从"范围"组中选择范围，这里选择"私有的"，即使用了 Private 关键字。如果勾选了"所有本地变量为静态变量"复选框，即使用 Static 关键字。

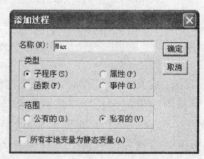

图 6-4　"添加过程"对话框

④单击"确定"按钮，回到模块代码窗口，接着就可键入程序代码了。

3. 调用 Sub 过程

Sub 过程编写完成后，接下来，就可被其他程序调用了。

调用 Sub 过程有两种方式：一种是把过程的名字放在一个 Call 语句中，另一种是把过程作为一个语句来使用。

（1）使用 Call 语句调用 Sub 过程。语法格式如下：

Call 过程名([实参表])

Call 语句把程序控制传送到一个 VB 的 Sub 过程。用 Call 语句调用一个过程时，如果过程本身没有参数，则"实参表"和括号可以省略；否则，应给出相应的实际参数，并把参数放在括号中。实际参数是传送给 Sub 过程的变量或常数。例如：

Call Max(56,89)

（2）把过程名作为一个语句来使用。语法格式如下：

过程名 [<实参表>]

例如：Max 56,89

以上两种方法的区别为：使用 Call 语句时，实参表必须用括号括起来；直接使用过程名调用时，实参表不必用括号括起来。

注意：不能在表达式中调用 Sub 过程，调用 Sub 过程必须是一个独立的语句。实参表和形参表的参数个数要一致，位置要对应，类型要匹配。

如果在窗体模块或标准模块中定义的过程是一个 Public 类型的过程，那么，除了与该过程在同窗体中的各过程可以互相调用以外，工程的任何其他模块都可调用该过程，称为外部调用。调用公用过程要同时指出窗体名和过程名，并给出实参。格式为：

　　　　Call 窗体名|模块名.过程名([实参表])

或

　　　　窗体名|模块名.过程名 [<实参表]

注：如果一个标准模块的过程名在工程中是唯一的，则调用时可不加模块名。

【例 6-1】编写一个计算三角形面积的 Sub 过程，然后在窗体上输入三角形的三个边长，调用该过程计算三角形的面积，程序运行界面，如图 6-5 所示。

图 6-5　例 6-1 程序运行界面

提示：计算三角形的面积的公式是"海伦－秦九韶公式"，公式如下：

$$S = \sqrt{p \times (p-a) \times (p-b) \times (p-c)} \ \text{其中：} \ p = \frac{1}{2} \times (a+b+c)$$

海伦（Heron，公元 10-75 年，古希腊数学家，代表作是《度量论（Metrica）》），秦九韶（1208-1268，南宋数学家，代表作是《数书九章》）。

分析：首先从窗体中取得三个边长值 a、b 和 c。然后，判断由 a、b 和 c 三边长组成的三角形是否成立，如果成立就调用 Sub 过程求出面积，否则提示重新输入三边长值。

在 Sub 过程中，利用"海伦－秦九韶公式"求出面积。

程序设计步骤如下：

①创建一个新工程，将新建工程窗体的 Caption 属性设置为"利用《海伦－秦九韶公式》求三角形面积"。

②在窗体上添加四个标签 Label1～4、三个文本框 Text1～3 和一个命令按钮 Command1。标签控件 Label1～3 的 Caption 属性分别设置为"边长 a："、"边长 b："和"边长 c："；标签控件 Label4 的 Caption 和 WordWrap 属性分别设置为""和 True；命令按钮 Command1 的 Caption 属性设置为"计算面积"。

③编写窗体和命令按钮的事件代码。

- "计算面积"命令按钮 Command1 的 Click 事件代码

```
Dim a!, b!, c!, S! 'a,b,c 和 S 分别表示三角形的三边长和面积
Private Sub Command1_Click()
    a = Text1
    b = Text2
    c = Text3
    If a + b > c And b + c > a And c + a > b Then
        Call Area
```

```
            Label4.Caption = "三角形的面积是： " & S
        Else
            Label4.Caption = "输入的三边长不能组成有效三角形，重新输入！ "
            Text1.SetFocus
        End If
    End Sub
    '以下是利用《海伦－秦九韶公式》求三角形面积的子程序 Area()
    Private Sub Area()
        Dim p!
        p = (a + b + c) / 2
        S = Sqr(p * (p - a) * (p - b) * (p - c))
    End Sub
```

● 窗体 Form1 的 Load 事件代码

```
    Private Sub Form_Load()
        Text1 = "": Text2 = "": Text3 = ""
    End Sub
```

过程调用时的执行流程如下：

在程序的执行过程中，当一个过程（事件过程或通用过程）中有调用其他过程的语句时，先暂停当前过程的执行（保留过程级变量的值和记录执行到的位置），转到被调用的过程中继续执行。被调用过程执行完毕后（遇到 End Sub 语句或 Exit Sub 语句），返回调用它的过程从暂停位置继续向下执行。

4．Sub Main 过程

一般来讲，VB 应用程序含有多个窗体。在缺省情况下，应用程序中的第一个窗体被指定为启动窗体。应用程序开始运行时，此窗体就被显示出来。如果想在应用程序启动时显示别的窗体，那么就得改变启动窗体。

要改变启动窗体，其操作步骤如下：

（1）从"工程"菜单中选取"工程属性"命令，打开如图 6-6 所示的"工程属性"对话框。

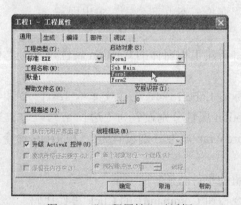

图 6-6　"工程属性"对话框

（2）单击"通用"选项卡，在其"启动对象"列表框中，选取要作为新启动窗体的窗体。

（3）单击"确定"按钮，关闭"工程属性"对话框。

（4）按下 F5 键，或单击标准工具栏中的"启动"按钮 ▶，将上面选择的窗体作为程序运行时显示的第一个窗体。

在图 6-6 中，我们看到在"通用"选项卡的"启动对象"列表框中，有一个 Sub Main 项，那么 Sub Main 是一个什么程序？

Sub Main 叫做"启动过程"，其功能和启动对象一样，但又和单纯的启动对象不同，它可以在 VB 应用程序开始运行时，进行一些初始化的工作或者先装入数据文件的代码，然后再根据初始化的结果或数据文件的内容决定载入几个不同窗体中的一个。

建立 Sub Main 过程的方法是，打开一个标准模块代码窗口（如果没有标准模块，须事先添加），输入 Sub Main，按下回车键，然后在该过程中编写代码即可。

```
Sub main()
    MsgBox "你好，欢迎使用教学管理系统 2.0 版", vbOKOnly, "欢迎"
    Form1.Show
End Sub
```

上述程序的功能，显示一个问候对话框，当用户单击了"确定"按钮后，应用程序的第一个窗体被显示。

如果程序启动时有一个较长的执行过程，例如要从数据库中装入大量数据或者要装入一些大型位图，这时可能希望在启动时给出一个快速显示。快速显示是一种窗体，它通常显示的是诸如应用程序名、版权信息和一个简单的位图等内容。例如，启动 VB 时所显示的屏幕就是一个快速显示。

要显示快速显示窗体，需用 Sub Main 过程作为启动对象，并用 Show 方法显示快速显示窗体。其实上面的程序段就相当于一个快速显示程序。

快速显示能吸引用户的注意，造成应用程序装载很快的错觉。当这些启动例程完成以后，可以装入第一个窗体并将快速显示窗体卸载。

6.2　函数

在 VB 应用程序中，函数分为内部函数和外部函数，内部函数是系统预先定义的，能完成特定功能的一段程序，如 Abs、Len、Mid、Sin、Sqr 等，请参阅 2.4 节。但仅有内部函数还不够，这时就要用到外部函数，外部函数或自定义函数就是用户根据需要用关键字 Function 定义的函数过程。与 Sub 过程不同的是，Function 函数过程会返回一个值，通常出现在表达式中。

下面，我们介绍 Function 函数过程的建立和调用。

6.2.1　建立 Function 过程

定义 Function 函数过程的一般格式如下：

[Static] [Private] [Public] Function 过程名([<参数列表>]) [As <类型>]
　　　　　　　　　　语句块
　　　　　　　　[过程名= 表达式]
　　　　　　　　[Exit Function]
　　　　　　　　[语句块]
　　　　　　　　[过程名= 表达式]
End Function

说明：

（1）Function 过程以 Function 开头，以 End Function 结束，中间是描述过程操作的语句，即"过程体"或"函数体"。

（2）格式中的 Static、Private、Public、"过程名"、"参数列表"、"Exit Function"的含义

与 Sub 过程相同。"As 类型"是 Function 过程返回值的类型，可以是 Integer、Long、Single、Double、Currency、Date 或 String，如果省略，则为 Variant。

（3）通过"过程名 = 表达式"赋给过程名，该值就是 Function 过程返回的值。如果在 Function 过程中没有"过程名 = 表达式"语句，则该过程返回一个默认值，即相当于把 Function 函数过程看作一个变量，而变量具有一定的默认值，如字符串函数过程返回空字符串。因此，为了能使一个 Function 过程完成所指定的操作，通常要在过程中为"过程名"赋值。

（4）Exit Function 语句使执行立即从一个 Function 过程中退出。程序接着从调用该 Function 过程的语句之后的语句执行。在 Function 过程的任何位置都可以有 Exit Function 语句。

（5）前面提到，过程不能嵌套，因此不能在事件过程中定义通用过程（包括 Sub 过程和 Function 函数过程），只能在事件过程内调用通用过程。

建立 Sub 通用过程的方法也可用来建立 Function 过程，只是当用第二种方法建立时，在对话框的"类型"栏中应选择"函数"，另外一种方法中的 Sub 应换成 Function。

【例 6-2】将例 6-1 中计算三角形的面积的过程改成函数过程，代码如下：

```
Private Function Area() As Single
    Dim p!
    p = (a + b + c) / 2
    Area = Sqr(p * (p - a) * (p - b) * (p - c))
End Function
```

6.2.2　调用 Function 过程

因为 Function 过程包含了 Sub 过程的所有功能，所以调用 Sub 过程的方法也可以用来调用 Function 过程。

（1）用 Call 语句调用函数。语法如下：

Call　函数名([参数列表])

（2）使用函数名直接调用，格式如下

函数名　[<参数列表>]

（3）在表达式中调用。前两种方法都忽略了函数的返回值，一般较少使用。大多数情况下，把函数用于赋值语句、表达式中或作为实际参数调用其他过程。这时使用函数名调用并且必须加括号把实参括起来。例如：

```
a = f()                ' 函数 f 返回值用于赋值
b = f1() + a           ' 函数 f1 返回值用于表达式计算
c = sub2(f1()) + b     ' 函数 f1 返回值用于过程 sub2 的实际参数
```

同 Sub 过程一样，当程序执行到有函数调用的过程时，先暂停当前过程，转而去执行被调用的函数，函数执行完毕，将返回值返回，父过程使用返回值继续进行暂停的运算和操作。

例如，下面的代码调用了例 6-2 定义的计算三角形面积的 Function 过程：

```
Label4.Caption= "三角形的面积是："& Area
```

【例 6-3】将例 6-2 编写的计算三角形面积 Area 过程，应用到例 6-1 中，程序如下。

● "计算面积"命令按钮 Command1 的 Click 事件代码

```
Dim a!, b!, c!    'a,b,c 表示三角形的三边长
Private Sub Command1_Click()
    a = Text1 : b = Text2 : c = Text3
    If a + b > c And b + c > a And c + a > b Then
```

```
        Call Area
        Label4.Caption = "三角形的面积是：" & Area
    Else
        Label4.Caption = "输入的三边长不能组成有效三角形，重新输入！"
        Text1.SetFocus
    End If
End Sub
'以下是利用《海伦－秦九韶公式》求三角形面积的函数 Area()
Private Function Area() As Single
    Dim p!
    p = (a + b + c) / 2
    Area = Sqr(p * (p - a) * (p - b) * (p - c))
End Function
```

6.3　过程之间的数据传递

一个大的应用程序包含若干个不同功能的模块程序，在调用模块时，必将涉及模块间的数据信息传递。那么，过程之间是如何传递数据的？本节将讨论过程之间的数据传递的手段和方式。

6.3.1　数据传递的方式

模块间的数据信息传递有两种形式，公用变量传递和参数传递。

1．变量传递

利用变量传递数据时，数据显得零乱。由于变量的个数可能很多，加上变量的作用范围的影响，程序也不便于分析，容易出错，最后返回的值不是用户想要的结果；同时，定义变量要占用内存空间并长期使用，信息安全得不到保证。

例如，在例 6-1 和例 6-2 中，就是通过三角形的三个边长 a、b、c 在各个过程之间进行数据的传递。

【例 6-4】分析下面的程序的运行结果是什么？

```
    Dim I%, J%, K%
    Sub Main()
        I = 1
        J = 1
        Call Proc1
        Call Proc2
        MsgBox "I=" + Str(I) + vbCr + "J=" + Str(J) + vbCr + "K=" + Str(K)
    End Sub
    Sub Proc1()
        Dim J%
        I = I * 2 + 1
        J = I * 2 + 1
        Call Proc2
    End Sub
    Sub Proc2()
        K = 2 * J + 1
    End Sub
```

分析：在 Sub Main()过程之前，定义了 3 个模块级变量 I、J 和 K，I 和 J 分别赋予了值 1。在调用过程 Proc1 后，变量 I 是主程序中定义的变量 I，所以 I 在过程中进行计算后，其值将带回主程序；由于在过程中定义了和模块级变量名称相同的过程级变量 J，在过程中使用该变量时，将屏蔽模块级变量 J（不使用），过程运行完毕后，过程级变量 J 被释放，主程序中的 J 变量被恢复；同样道理，在过程 Proc2 中 J 将引用模块级变量 J（在过程 Proc1 定义的变量 J，本过程也不能使用）。最后程序运行后的结果是：I=3，J=1，K=3。

2. 参数传递

采用参数来传递数据可充分保证数据传递的一致性，数据不会出现交叉，也不容易引起混乱。

调用过程语句所使用的参数，称为"实际参数"，简称实参；在被调用过程中能够接受实参传递过来数据的变量，称为"形式参数"，简称形参。

被调用过程中的形参相当于过程中的过程级变量，参数传递相当于给变量赋值。过程结束后，程序返回到调用它的过程中继续执行，形参所占用内存空间被释放。

形参是在被调用过程中的参数，出现在 Sub 过程和 Function 过程中。在过程被调用之前，形参并未被分配内存，只是说明形参的类型和在过程中的作用。形参列表中的各参数之间用逗号分隔，形参可以是变量名和数组名，但不能是定长字符串变量。

实参是在主调过程中的参数，在过程调用时实参将数据传递给形参。实参表可由常量、表达式、有效的变量名、数组名组成，实参表中各参数用逗号分隔。在调用过程时，实参被插入形参中的各变量处进行"形实结合"，形实结合是按位置结合的，即第一个实参与第一个形参结合，第二个实参与第二个形参结合，依此类推。

实参和形参使用的一般格式如下：

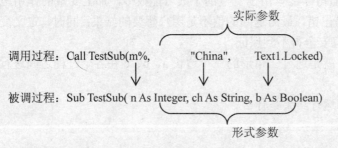

形参列表和实参列表中的对应变量名可以不同，但实参和形参的个数、顺序以及数据类型必须相符。所谓类型相符，对于变量参数就是类型相同，对于值参数则要求实际参数对形式参数赋值相容。

【例 6-5】分别利用 Sub 过程和 Function 函数过程，使用参数调用求例 6-1 中的三角形的面积。

分析：三角形的面积公式中有三个边长，这时就要定义三个变量，我们用 a、b 和 c 分别表示实参，而用 x、y、z 分别表示 Sub 过程和 Function 函数过程中接受实参数据的三个形参。下面是求三角形面积的 Sub 过程和 Function 函数过程。

● 使用 Sub 过程，求三角形的面积

```
Private Sub Command1_Click()
    Dim a!, b!, c!, S! 'a，b，c 和 S 分别表示三角形的三边长和面积
    a = Text1
```

```
        b = Text2
        c = Text3
        If a + b > c And b + c > a And c + a > b Then
            Call Area(a, b, c, S)
            Label4.Caption = "三角形的面积是: " & S
        Else
            Label4.Caption = "输入的三边长不能组成有效三角形,重新输入! "
            Text1.SetFocus
        End If
    End Sub
'以下是利用《海伦一秦九韶公式》求三角形面积的子程序 Area()
Private Sub Area(x As Single, y As Single, z As Single, W!)
    Dim p!
    p = (x + y + z) / 2
    W = Sqr(p * (p - x) * (p - y) * (p - z))
End Sub
```

思考题：如果不用参数 S 和 W，那么三角形的面积，如何求出？

- 使用 Function 函数过程，求三角形的面积

```
Private Sub Command1_Click()
    Dim a!, b!, c! 'a, b, c 分别表示三角形的三边长
    a = Text1
    b = Text2
    c = Text3
    If a + b > c And b + c > a And c + a > b Then
        Label4.Caption = "三角形的面积是: " & Area(a, b, c)
    Else
        Label4.Caption = "输入的三边长不能组成有效三角形,重新输入! "
        Text1.SetFocus
    End If
End Sub
'以下是利用《海伦一秦九韶公式》求三角形面积的函数 Area()
Private Function Area(x As Single, y As Single, z As Single) As Single
    Dim p!
    p = (x + y + z) / 2
    Area = Sqr(p * (p - x) * (p - y) * (p - z))
End Function
```

结论：

（1）无论我们用求三角形面积的 Sub Area()过程，还是用 Function Area()函数过程，均可正确得出三角形的面积。

（2）通过比较可以发现，如果一个过程要带回一定的值的话，那么最好使用 Function 函数过程，这样用的参数较少。

（3）在使用求三角形面积的 Sub Area()过程时，变量 S 的初始值是 0，S 的值可以传递给形参变量 W，反过来 W（三角形面积）也可以将值传递给 S。

6.3.2　值传递与地址传递

参数在传递数据时，有值传递和地址传递两种方式。

（1）值传递。如果调用语句中的实际参数是常量或表达式，或定义过程时选用 ByVal 关键字，就是按值传递。

（2）地址传递。如果调用语句中实际参数为变量，或定义过程时选用 ByRef 关键字或不加说明，就是按地址传递。

1. 按值传递参数

按值传递是单向的，如果在被调用的过程中改变了形参变量的值，则不会影响实参变量本身，当被调用过程结束返回主调过程时，VB 将释放形参变量，实参变量的值不变。

从变量占用内存的角度来看待值传递的方式，则过程如下：

按值传递参数时，VB 给传递的形参分配一个临时的内存单元，将实参的值传递到这个临时单元去。如果在被调用的过程中改变了形参值，则只是临时单元的值变动，不会影响实参变量本身。当被调用过程结束返回主调过程时，VB 将释放形参的临时内存单元。

如果要将一个变量按值传递给形参，可以把变量变成一个表达式。把变量转换成表达式的方法就是把它放在括号内。

例如，把变量"A"用括号括起来，"(A)"就成为一个表达式了。或者定义过程时用 ByVal 关键字指出参数是按值来传递的。

【例 6-6】分析下面程序运行结束后，屏幕上显示的结果。

```
Dim Y As Integer
Private Sub Command1_Click()
    Dim X As Integer
    X = 1 : Y = 1
    Call AA(Y + 1)
    Z = BB((X))
    Print X, Y, Z
End Sub
Private Sub AA(ByVal Z As Integer)
    Y = Z + X : Z = X + Y
End Sub
Private Function BB(Y As Integer)
    Y = Y + 1 : BB = X + Y
End Function
```

分析：语句 Call AA(Y + 1)，表示在调用 Sub AA()过程时，Y+1 是一个表达式，所以是一个按值传递，即将 Y+1 的值 2 传递给 Sub AA()过程中的形参 Z（实际上，ByVal 表明形参 Z，只能接收值传递）。

语句 Y=Z+X 中的变量 X，未加说明，我们认为是 Sub AA()过程中隐含定义的一个变量。由于 Y 和"+"的关系，X 的值是 0。经过计算，Y 值为 2。

语句 Z=BB((X))，表明调用了 Function BB()函数过程。其中，"(X)"将变量 X 转换成了一个表达式，即将 X 的值 1 传递给形参 Y，因此 Y 的值也是 1。经过计算，BB=2。

程序运行后，屏幕上最后显示的结果是：1 2 2。

2. 按地址传递参数

形式参数前面没有 ByVal 关键字，或用 ByRef 关键字说明的，是一种将实参的地址传递给过程中对应的形参变量的方式，简称按地址传递（或引用），也称为传址调用。

从变量占用内存的角度来看，所谓按地址传递，就是实参和形参共享一段存储单元。因此，在被调过程中改变形参的值，则相应实参的值也被改变，也就是说，与按值传递参数不同，按地址传递参数可以在被调过程中改变实参的值。系统缺省情况下是按地址传递参数。

按地址传递时，实参必须是变量，不能为常量或表达式，常量或表达式无法传址。按地址传递时，值的传递是双向的，即实参的值传递给形参，形参在使用完毕后，再将变化了的形参值传递给实参。

【例 6-7】分析下面程序运行结束后，屏幕上显示的结果。

```
Public Sub Swap1(ByVal x As Integer, ByVal y As Integer)
    Dim t As Integer
    t = x : x = y : y = t
End Sub
Public Sub Swap2(x As Integer, y As Integer)
    Dim t As Integer
    t = x : x = y : y = t
End Sub
Private Sub Command1_Click()
    Dim a As Integer, b As Integer
    a = 10
    b = 20
    Print "第一次交换前： "
    Print "A1="; a, "B1="; b
    Swap1 a, b
    Print "第一次交换后： "
    Print "A1="; a, "B1="; b
    Print "第二次交换前： "
    Print "A2="; a, "B2="; b
    Swap2 a, b
    Print "第二次交换后： "
    Print "A2="; a, "B2="; b
End Sub
```

分析：语句"Swap1 a, b"，表示调用 Sub Swap1 过程。由于 Swap1 定义的形参为"ByVal"，即按值传递。Swap1 过程执行完毕后，形参的值不回传给实参。

语句"Swap2 a, b"，表示调用 Sub Swap2 过程。在 Swap2 过程中参数传递方式未加说明，表示是一种按地址传递。Swap2 过程执行完毕后，形参的值回传给实参。

在 Swap1 和 Swap2 程中，语句"t = x : x = y : y = t"的作用，是将 x 和 y 的值通过中间变量 t，进行了交换。

程序运行后，单击命令按钮，屏幕上输出结果为如下：

```
第一次交换前：
A1=10        B1=20
第一次交换后：
A1=10        B1=20
第二次交换前：
A2=10        B2=20
第二次交换后：
A2=20        B2=10
```

值传递和地址传递各有特点，采用哪一种更合适，则视情况而定。一般来说，需要传出参数值时应该用地址传递，否则采用值传递较好。

（1）采用值传递只能从外界向过程传入信息，但不能传出；而采用地址传递则既能传入、又能传出。正是由于不能传出，过程结束后，值传递中形参值变化就不会影响外界的任何量，因而在一定意义上说，值传递比较安全。

（2）当把常数和表达式作为实参传递给形参时，应注意类型匹配。通常有以下 3 种情况：

● 字符串常数和数值常数分别传递给字符串类型的形参和数值类型的形参。

● 当传递数值常数时，如果实参表中的某个数值常数的类型与 Function 或 Sub 过程形参表中相应的形参类型不一致，则这个常数被强制变为相应形参的类型。

● 当实参的数值表达式与形参类型不一致时，通常也强制变为相应形参的类型。

6.3.3　数组参数

在编写通用过程时，允许定义数组参数，这样便可以使用一个参数传递大量的值。过程传递数组只能按地址传递，形参与实参共用同一段内存单元。

数组形参的定义格式如下：

[ByRef]　数组形参名()　As　数据类型名

例如，在下面函数 Average 中定义了一个数组参数。

```
Private Function Average(stu() As Single) As Single

End Function
```

说明：

（1）数组形参名后必须加空括号，并且不能使用 ByVal 关键字修饰，因为数组参数必须按地址传递。

（2）调用时，相应的实参必须是与形参相同类型的数组名，不需要用括号，也可以带空括号。

（3）一个通用过程可以定义多个数组参数。

（4）作参数的数组可以是任意维的，由实参数组决定。

因为是按地址传递，在通用过程中修改形参数组的元素值可以改变父过程中实参数组的元素值。如果实参是动态数组，则相应的形参也可以被看作动态数组，在子过程中可以使用 ReDim 语句重新定义，改变数组维数、下标上下界以及元素值，同时也改变了父过程的数组。

【例 6-8】10 个数组元素的值分别为 1、3、5、……、19，编写一个用于求数组各元素值和的 Sum 函数过程，函数要求使用数组作为参数。

分析：10 个数组元素值的产生可使用循环方式来进行，生成数组元素值的公式为：

a(i) = 2 * i − 1　i=1、2、3、……、10

求和函数 Sum 的参数使用数组，函数形式如下：

Sum(b() As Integer)

程序设计步骤如下：

①在新建工程中窗体上，添加一个命令按钮 Command1。

②编写命令按钮 Command1 和 Sum 函数过程的代码。

● 命令按钮 Command1 的 Click 事件代码

```
Option Base 1
Private Sub Command1_Click()
    Dim i As Integer
    Dim a(10) As Integer                    '定义整型数组
    Print "数组元素的值是：";
```

```
        For i = 1 To 10                              '为数组元素赋值
            a(i) = 2 * i - 1
            Print a(i);
        Next
        Print
        Print "数组元素值的和是：" & Sum(a)          '数组作参数，计算数组元素之和
    End Sub
```

- 求和函数 Sum 代码

```
Private Function Sum(b() As Integer) As Long      'b 为数组参数
    Dim i As Integer
    For i = LBound(b) To UBound(b)
    '数组下界 Lbound(b)和数组上界 Ubound(b)决定了循环的次数
        Sum = Sum + b(i)
    Next
End Function
```

如果要传递数组中的某一元素，则在调用语句中只需直接写上该数组元素，就如同使用普通变量一样。例如，Call test(a(3),10)。

6.3.4 对象参数

在 Visual Basic 中，允许使用 Object、Control、Form、TextBox、CommandButton 等关键字将形参定义为对象型。调用具有对象型形参的过程时，应该给该形参提供类型相匹配的对象名作为实参。

其中，把形参变量的类型声明为 "Control"，可以向过程传递控件；若声明为 "Form"，则可向过程传递窗体；若声明为 "Object"，则可向过程传递全体对象。

对象的传递只能按地址传递。

下面给出两个例子，说明对象参数的用法。

【例 6-9】创建一个窗体 Form1，标题 Caption 属性值为 "对象参数的使用"。然后，在窗体上添加一个文本框 Text1，一个命令按钮 Command1，其 Caption 属性值为 "显示"。程序运行时，单击 "显示" 命令按钮，窗体中的标题显示 Text1 中的内容，如图 6-7 所示。

图 6-7　例 6-9 的运行效果图

"显示" 命令按钮的 Click 事件代码如下：

```
Private Sub Command1_Click()
    Call ChangeCaption(Text1)
End Sub
Private Sub ChangeCaption(txt As TextBox)
    Rem txt 为对象型形参，也可使用 txt As Object 或 txt As Control
    Form1.Caption = txt.Text
End Sub
```

【例 6-10】以窗体作为参数编写一个过程，设置窗体的属性。单击窗体时窗体的大小发生变化。程序的运行界面，如图 6-8 所示。

 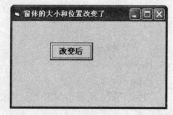

（a）单击按钮前　　　　　　　　　　　　　（b）单击按钮后

图 6-8　例 6-10 的运行效果图

"改变前"命令按钮的 Click 事件代码如下：

```
Private Sub Command1_Click()
    Dim f As Form
    FormSet Form1
    Command1.Caption = "改变后"
    Me.Caption = "窗体的大小和位置改变了"
End Sub
Sub FormSet(Num As Form)    '窗体为参数
    Num.Left = 1800
    Num.Top = 2800
    Num.Width = 4500
    Num.Height = 2900
End Sub
```

6.3.5　可选参数和可变参数

1. 可选参数

在第 2 章中，有些内部函数的参数是可选的，如随机函数 Rnd 等。类似地，用户自定义函数的参数也可以是可选参数，即有些参数在过程调用时可提供或不提供。

指定可选参数及默认值的语法格式如下：

Sub|Function 过程名(…,Optional 可选参数 [As 数据][=默认值],…)

说明：

（1）在过程的形参表中列入了 Optional 关键字，则可以指定过程的形式参数为可选参数，参数表中此参数后面的其他参数也必须是可选的，并要用 Optional 来声明。

（2）调用具有多个可选参数的过程时，可以省略它的任意一个或多个可选参数对应的实参。如果被省略的不是最后一个参数，则它的位置必须用逗号保留和分隔。

例如，定义了如下过程：

```
Private Sub Command1_Click()
    Print f(1)          '省略第 2 个和第 3 个参数，显示 1
    Print f(1, 2)       '省略第 3 个参数，由于第 3 个参数提供了默认值 10，因此显示 21
    Print f(1, , 3)     '省略第 2 个参数，显示 1
    Print f(1, 2, 3)    '不省略参数，显示 7
    Print f()           '出错，第一个参数不能省略
End Sub
'定义了一个带有可选参数的函数 f
Private Function f(a%, Optional b%, Optional c As Integer = 10) As Integer
    f = a + b * c
End Function'
```

在这个过程中，函数 f 有 a、b 和 c 三个形式参数，其中后两个是可选的，c 指定了默认值 10。事件过程 Command1_Click 使用 5 种不同的方法调用该函数，得到了不同的返回值。如果未给非可选参数提供实参，会引发错误。

2．可变参数*

一般来说，过程调用中的参数个数应等于过程说明的参数个数，但所有参数同时定义有时又显得繁琐，这时我们可以通过使用"ParamArray"关键字修饰形参。这样定义的参数，称为可变参数。

用"ParamArray"关键字修饰了形参，则该过程被调用时可以接受任意多个普通实参值，这些实参值按顺序存于数组中，在通用过程中可以访问这些值。

指定可变参数及默认值的语法格式如下：

Sub|Function 过程名(…, ParamArray 可变参数())

使用 ParamArray 参数有以下特点：

（1）ParamArray 关键字修饰的形参必须是过程中唯一的或最后一个形参。

（2）一个过程只能有一个这样的形参。

（3）ParamArray 不能与 ByVal、ByRef 或 Optional 同时修饰同一形参。

（4）使用 ParamArray 关键字修饰的参数只能是 Variant 类型。

（5）调用时，前面的实参传递给相应的形参，多余的实参都会以数组元素的形式传递给 ParamArray 修饰的数组参数。

（6）ParamArray 修饰的数组参数只能是一维的，只有名字和括号，没有上下界。

【例 6-11】分析下面程序的功能，程序如下：

```
Private Sub Command1_Click()
    Text1.Text = Sum(1, 2, 3, 4, 5)          '可以使用任意多个实参来调用
End Sub
'定义一个可以接受不定数量的参数的函数 Sum
Function Sum(x As Integer, ParamArray a()) As Integer
    Dim i As Integer, s As Integer
    s = x
    For i = LBound(a) To UBound(a)           '得到数组的大小，并进行循环
        s = s + a(i)
    Next
    Sum = s                                  '返回累加的计算结果
End Function
```

分析：在 Sum 函数过程中，有两个形参，一个是 x，一个是可变形参 a()。语句"Text1.Text = Sum(1, 2, 3, 4, 5)"，调用的 Sum 函数过程，但提供的实参有 5 个，值分别为 1、2、3、4、5。其中，值"1"传递给形参 x，由于定义形参时使用了 ParamArray 关键字，则值 2、3、4、5 组成了一个数组，传递给可变形参 a()。Sum 函数过程的功能是求 1、2、3、4、5 的数值之和。

3．命名参数*

在调用通用过程时，如果使用以下方式在指定实参时同时指定形参名，则不要求严格地按顺序指定。

形式参数名 ：= 实际参数

说明：

（1）在同一次调用中，如果某个实参使用了命名参数，则其后面的所有实参都必须使用命名参数。未使用命名参数的实参按位置传递给相应的形参。

（2）使用命名参数时，应避免出现两个实参对应一个形参的情况。

例如，下面程序提供了命名参数的使用方法。

```
Private Sub Command1_Click()
    Print f(1, c:=2)              '省略参数 b，显示 1
    Print f(b:=1, a:=2)           '省略参数 c，显示 12
    Print f(1, a:=1)              '出错，提供了两个参数 a
    Print f(1,, b:=3)             '出错，提供了两个参数 b
    Print f(1, b:=3,4)            '出错，参数 c 也应是命名参数
End Sub
'以下定义的函数过程 f，有三个形参，其中后两个是可变参数
Private Function f(a%, Optional b%, Optional c% = 10) As Integer
    f = a + b * c
End Function
```

6.4　嵌套调用和递归算法

如果在过程调用中，过程 A 调用了过程 B，过程 B 又调用了过程 C，这样的过程调用称为嵌套调用。VB 允许嵌套调用，并且不限制嵌套的层数。

在过程调用中，如果被调用的过程又调用自身过程，这种调用称为递归调用。

6.4.1　嵌套调用

由前面，我们知道，VB 的过程定义是互相平行和独立的，也就是说在定义过程时，一个过程内不能包含另一个过程。虽然不能嵌套定义过程，但 VB 允许在过程的调用中，嵌套调用其他过程，也就是主程序可以调用子过程，在子过程中还可以调用另外的子过程。过程的嵌套调用，如图 6-9 所示。

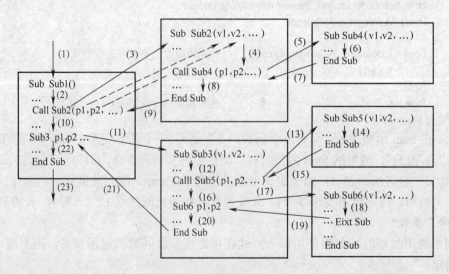

图 6-9　过程的嵌套调用

图 6-9（图中的数字表示执行顺序）清楚地表示，主程序或子过程遇到调用子过程语句就转去执行子过程，而本程序的余下的部分需等到子过程返回后才得以继续执行。

【例 6-12】有一分数数列：$\dfrac{2}{1}, \dfrac{3}{2}, \dfrac{5}{3}, \dfrac{8}{5}, \dfrac{13}{8}, \dfrac{21}{13}, \cdots$，
它第 n 项的分子与分母分别是 Fibonacci 数列第 n+2 项和第
n+1 项。编程求此分数数列前 n 项之和(n 通过文本框指定)，
程序运行的结果，如图 6-10 所示。

分析：Fibonacci 数列即斐波拉契数列，它的特点是前
面两个数的和等于后面的一个数。Fibonacci 数列的数学定
义如下：

图 6-10　例 6-12 程序运行界面

$$F(0)=0$$
$$F(1)=1$$
$$F(n)=F(n-1)+F(n-2)$$

将 Fibonacci 数列应用到本题时，需要进行如下改造：分母第一项是 Fibonacci 数列的第一
项+1；分子第一项是 Fibonacci 数列的第一项+2。

程序设计步骤如下：

①创建一个新工程，将窗体的 Caption 属性设置为"计算分数数列前 n 项的和"。利用 Word
的公式编辑器，将分数数列编辑出来。然后，复制该公式，直接在窗体进行"粘贴"，窗体上
方，可出现分数数列的样式。

②在窗体上添加两个标签 Label1～2、两个文本框 Text1～2 和一个"计算"命令按钮
Command1。标签控件 Label1～2 的 Caption 属性分别设置为"项数 n"和"前 n 项之和"。并
将窗体和各控件进行合理的布局。

③编写"计算"命令按钮 Command1 的单击事件过程、计算 Fibonacci 数列中的数的函数
过程 Fib 和计算分数数列之和的函数过程 Series。

● "计算"命令按钮 Command1 的 Click 事件代码

```
Option Explicit
Private Sub Command1_Click()
    Dim n As Integer
    n = Text1.Text
    Text2.Text = Series(n)                          '调用函数过程 Series
End Sub
```

● 计算数列前 n 项的和的函数过程 Series

```
'此函数过程计算数列前 n 项的和
Function Series(n As Integer) As Single
    Dim i As Integer, a As Single
    For i = 1 To n
        a = a + Fib(i + 2) / Fib(i + 1)             '调用函数过程 Fib
    Next
    Series = a
End Function
```

● 计算 Fibonacci 数列第 n 项值的函数过程 Fib

```
'此函数过程计算 Fibonacci 数列第 n 列的值
Private Function Fib(n As Integer) As Long
    If n = 1 Or n = 2 Then
        Fib = 1
    Else
```

```
                    Dim f1 As Long, f2 As Long, f3 As Long
                    Dim i As Integer
                    f1 = 1: f2 = 1
                    For i = 3 To n
                            f3 = f1 + f2
                            f1 = f2
                            f2 = f3
                    Next
                    Fib = f3
                End If
            End Function
```

6.4.2　递归算法

VB 允许一个过程直接或间接地调用其自身，称为"递归"。递归是一种技巧，可以将程序设计得非常紧凑，甚至有些问题必须使用递归来实现。但是，如果程序设计得不好，递归调用的程序很容易出错。

尽管函数调用的是自身，但是每调用一次自己都会在内存中复制一份，因此调用的次数越多，占用的空间越大。如果超过一定的限制，就会出错。

递归分为两种类型，一种是直接递归，即在过程中调用过程本身；另一种是间接递归，即间接地调用一个过程，例如第一个过程调用了第二个过程，第二个过程又回过头来调用第一个过程。

【例 6-13】用递归的方法计算 n!。

在数学上，阶乘的定义为 n!=1×2×3×...×n，归纳起来为：

$$n! = \begin{cases} n \times (n-1)! & \text{当} n > 1 \text{时} \\ 1 & \text{当} n = 1 \text{时} \end{cases}$$

这个归纳公式总结了递归的思想：n>1 时，n 的阶乘等于 n 乘于 n-1 的阶乘。递归的结束条件为：n=1 时，n!=1。

建立好的用户界面如图 6-11 所示。

程序设计步骤如下：

①创建一个新工程，将窗体的 Caption 属性设置为"递归计算阶乘"。

②在窗体上添加两个标签控件 Label1～2、两个文本框控件 Text1～2 和一个"计算"命令按钮控件 Command1。标签控件 Label1～2 的 Caption 属性分别设置为"n="和"n!="。并将窗体和各控件进行合理的布局。

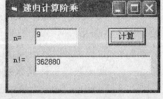

图 6-11　例 6-13 程序运行界面

③编写"计算"命令按钮 Command1 的单击事件过程和计算阶乘 n!的函数过程 Fact。

● "计算"命令按钮 Command1 的 Click 事件代码

```
    Private Sub Command1_Click()
        Dim n As Integer
        n = Text1.Text
        If n <= 0 Or n > 12 Then                    '避免溢出错误
                Text2.Text = "请输入小于 12 的正整数！"
                Exit Sub                            '跳出过程
        End If
```

```
        Text2.Text = Fact(n)                    '调用递归函数
    End Sub
```
● 求阶乘的递归函数 Fact
```
Private Function Fact(n As Integer) As Long     '求阶乘的递归函数
    If n > 1 Then
        Fact = n * Fact(n - 1)                  '递归调用
    Else
        Fact = 1
    End If
End Function
```

当 n>0 时，在过程 Fact 中调用 Fact 过程，参数为 n-1，这种操作一直持续到 n=1 为止。例如，当 n=5 时，求 Fact(5) 的值变为求 5×Fact(4)；求 Fact(4) 的值又变为求 4×Fact(3)，……，当 n=0 时，Fact 的值为 1，递归结束，其结果为 5×4×3×2×1。如果把第一次调用过程 Fact 叫做 0 级调用，以后每调用一次级别增加 1，过程参数 n 减 1，则递归调用过程如图 6-10 所示。

递归级别	执行操作
0	Fact(5)
1	Fact(4)
2	Fact(3)
3	Fact(2)
4	Fact(1)
4	返回 1 Fact(1)
3	返回 2 Fact(2)
2	返回 6 Fact(3)
1	返回 24 Fact(4)
0	返回 120 Fact(5)

图 6-10　求 5!的递归过程

思考题： 编写递归函数计算 Fibonacci 数列第 n 项的值。

6.5　键盘与鼠标事件过程

读者一定对 Word 字处理软件不陌生，在 Word 中，用户按下键盘上的回车键（Enter），系统将在编辑窗口中产生一个回车符号（换行符）"↵"；移动鼠标到合适位置，按下鼠标左键，可移动插入点"|"；右击鼠标，将弹出一个操作对象的快捷菜单。这些，称为键盘事件和鼠标事件。

键盘事件可以处理当按下或释放键盘上某个键时所执行的操作，而鼠标事件可用来处理与鼠标光标的移动和位置有关的操作。本节介绍与键盘和鼠标有关的事件过程。

6.5.1　键盘事件

在 VB 中，对象能够识别的键盘事件包括 KeyPress、KeyUp 和 KeyDown 三种。当一个对象具有焦点时，用户按下并且释放一个 ANSI 键时就会触发 KeyPress 事件；按下一个键时触发 KeyDown 事件，释放则引发 KeyUp 事件。在引发键盘事件的同时，用户所按的键盘码作为实参传递给相应的事件过程，供程序判断识别用户的操作。

1. KeyPress 事件

当用户按下并松开一个 ANSI 键时将触发 KeyPress 事件。只有字母、数字和符号等可打印字符键以及 Enter、退格（BackSpace）等有相应 ASCII 码的按键才能引发此事件。支持 KeyPress 事件的对象有窗体、命令按钮、文本框、复选框、单选按钮、列表框、组合框、滚动条与图片框。

KeyPress 事件过程的语法格式如下：

```
Private Sub Object_KeyPress( [ index As Integer, ] KeyAscii As Integer)
```

其中：

（1）Object 表示一个对象，即接收按键的对象。

（2）index 用于控件数组，用来唯一标识在控件数组中的一个控件（如果没有控件数组则不出现该参数）。

（3）KeyAscii 返回按键对应的 ASCII 码的整型数值。KeyAscii 的值通过引用传递，对它进行改变可给接收按键对象发送一个不同的字符。

【例 6-14】在窗体上放置一个文本框 Text1，编写文本框的 KeyPress 事件过程，功能为确保在该文本框内只能输入数字 0、1~9 以及 "+"、"-" 和 "."。

文本框 Text1 的 KeyPress 事件过程代码如下：

```
Private Sub Text1_KeyPress(KeyAscii As Integer)
    Select Case KeyAscii
        Case 8
        Case 13
        Case 46
        Case 48 To 57
        Case Else
            Beep
            MsgBox "只能输入数字 0、1-9 以及 "+"、"-" 和 "." "
            KeyAscii = 0
    End Select
End Sub
```

思考题：如果只能输入字母且以大写出现，文本框的 KeyPress 事件如何编写？

2. KeyDown 及 KeyUp 事件

KeyPress 事件只识别 Enter、Tab 和 Backspace 及标准键盘上的字母、数字、标点等标准 ASCII 字符。但是，如果要识别组合键、功能键、光标移动键、数字键盘键，区别按下和松开的动作，对输入字符进行筛选，就需要使用 KeyDown 和 KeyUp 事件。

当一个对象具有焦点时，用户按下或松开一个键盘键时引发 KeyDown 和 KeyUp 事件。支持 KeyPress 事件的对象有窗体、命令按钮、文本框、复选框、单选按钮、列表框、组合框、滚动条与图片框。

KeyDown 和 KeyUp 事件过程的语法格式如下：

```
Private Sub Object_KeyDown([ index As Integer, ] KeyCode As Integer, Shift As Integer)
Private Sub Object_KeyUp([ index As Integer, ] KeyCode As Integer, Shift As Integer)
```

其中：

（1）Object 和 index 意义与 KeyPress 事件中用法相同。一样用来唯一标识一个在控件数组中的控件（如果没有控件数组则不出现该参数）。

（2）KeyCode 表示按键对应的 ASCII 码的整型数值，如 F1 键的 ASCII 码为 112。注意，KeyCode 以 "键" 为准，而不是以 "字符" 为准，也就是说，大写字母与小写字母使用同一个键，它们的 KeyCode 也相同（使用大写字母的 ASCII 码）。大键盘上的数字键与小键盘上的数字键相同的数字键的 KeyCode 是不同的。对于有上档字符和下档字符的键，其 KeyCode 为下档字符的 ASCII 码。表 6-1 列出了部分字符的 KeyCode 和 KeyAscii。

表 6-1　部分字符的 KeyCode 和 KeyAscii

键（字符）	KeyCode 值	KeyAscii 值
"A"	&H41	&H41
"a"	&H41	&H61
"%"	&H35	&H25
"1"（大键盘上）	&H31	&H31
"1"（小键盘上）	&H61	&H31
Home 键	&H24	&H24
F10	&H79	无

（3）Shift 是用来表示按键时 Shift、Ctrl 和 Alt 键的状态的一个整数。用二进制方式表示，Shift 键为 001、Ctrl 键为 010、Alt 键为 100。

如果同时按下上面两个或三个键时，Shift 参数的值即为上述两者或二者之和。例如，如果 Shift 参数的值为 6，表示按下了 Ctrl 和 Alt 两个键。如果三个键均被按下，这个参数的值为 0。Shift 参数取值有 8 种，如表 6-2 所示。

表 6-2　Shift 参数返回值

Shift、Ctrl、Alt 键状态	系统常数	二进制数	十进制数
均未按下		000	0
Shift 按下	vbShiftMask	001	1
Ctrl 按下	vbCtrlMask	010	2
Alt 按下	vbAltMask	100	4
Shift+Ctrl 按下	vbShiftMask+vbCtrlMask	011	3
Shift+Alt 按下	vbShiftMask+vbAltMask	101	5
Ctrl+Alt 按下	vbCtrlMask+ vbAltMask	110	6
Shift、Ctrl、Alt 都按下	vbShiftMask+vbCtrlMask+ vbAltMask	111	7

【例 6-15】设计一个窗体，窗体上有一个文本框控件 Text1 和一个标签控件 Label1，编写一个程序，使得用户在文本框中进行操作都将在标签 Label1 中显示按键的状态。程序运行界面，如图 6-12 所示。

文本框 Text1 的 KeyDown 事件过程代码如下：

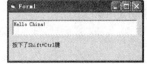

图 6-12　例 6-15 程序运行界面

```
Private Sub Text1_KeyDown(KeyCode As Integer, Shift As Integer)
    Dim ShiftKey As Integer
    ShiftKey = Shift And 7     '表示按下了什么键
    Select Case ShiftKey
        Case 1
            Label1.Caption = "按下了 Shift 键"
        Case 2
```

```
                Label1.Caption = "按下了 Ctrl 键"
            Case 3
                Label1.Caption = "按下了 Shift+Ctrl 键"
            Case 4
                Label1.Caption = "按下了 Alt 键"
            Case 5
                Label1.Caption = "按下了 Shift+Alt 键"
            Case 6
                Label1.Caption = "按下了 Ctrl+Alt 键"
            Case 7
                Label1.Caption = "按下了 Shift+Ctrl+Alt 键"
        End Select
    End Sub
```

6.5.2　鼠标事件

鼠标操作对于 Windows 应用程序设计来说，无处不在，尤其是在图形图像处理的程序设计中，地位十分重要。

鼠标事件除了单击（Click）和双击（DblClick）外，基本的鼠标事件还有 3 个：MouseDown、MouseUp 和 MouseMove。工具箱中的大多数控件都能响应这 3 个事件。MouseDown 表示按下鼠标键按钮时发生；MouseUp 表示释放鼠标键按钮时发生；MouseMove 表示鼠标指针移动到屏幕新位置时发生。

MouseDown、MouseUp 和 MouseMove 事件过程的语法格式如下：

Private Sub Object_MouseDown([index As Integer,] Button As Integer, Shift As Integer, X As Single, Y As Single)

Private Sub Object _MouseUp([index As Integer,] Button As Integer, Shift As Integer, X As Single, Y As Single)

Private Sub Object _MouseMove([index As Integer,] Button As Integer, Shift As Integer, X As Single, Y As Single)

其中：

（1）Object 和 index 意义与键盘事件中的含义和用法相同。

（2）Button 返回一个整数，用来标识鼠标哪个键被按下或释放。当按下或松开鼠标的不同按钮时，得到的值也不同。

通常，用一个 3 位二进制数的 L、R、M 三位表示鼠标按钮的状态，如图 6-13 所示。L 代表鼠标左键、R 表示鼠标右键、M 表示鼠标中间键（已不常用），相应二进制位为 0 表示未按下，为 1 时表示按下了对应按钮。因此当按下左键时，Button 参数的值为 1（二进制是 001）；按下右键时，Button 参数的值为 2（二进制是 010）；按下中间键时，Button 参数的值为 4（二进制是 100）。

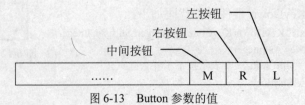

图 6-13　Button 参数的值

Button 取值与鼠标按键的对应关系，如表 6-3 所示。

表 6-3 Button 取值与鼠标按键对应关系

鼠标按钮状态	系统常数	Button 值
未按任何按钮		0
按下左键	vbLeftButton	1
按下右键	vbRightButton	2
按下中间键	vbMiddleButton	4
按下左、右键	vbLeftButton+vbRightButton	3
按下左、中键	vbLeftButton+vbMiddleButton	5
按下中、右键	vbMiddleButton+vbRightButton	6
按下左、中、右键	vbLeftButton+vbMiddleButton+vbRightButton	7

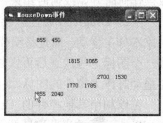

（3）Shift 为 Shift、Ctrl、Alt 键的状态，其含义同键盘事件中的 Shift。X、Y 表示鼠标在当前获得焦点的控件上的相对坐标，即鼠标指针的位置。

【例 6-16】在窗体上按下鼠标右键时，在当前位置处显示鼠标的位置，程序运行界面，如图 6-14 所示。

图 6-14 例 6-16 程序运行界面

分析：按下鼠标右键时，Button 的值为 2。

编写的新建工程的窗体 MouseDown 事件过程代码如下：

```
Private Sub Form_MouseDown(Button As Integer, Shift As Integer, X As Single, Y As Single)
    If Button = 2 Then
        CurrentX = X
        CurrentY = Y
        Print X; Y
    End If
End Sub
```

6.5.3 拖放操作

拖放是指运行时将控件拖（拖动）到新（放下）的位置。拖动是按下鼠标键并移动控件，而放下是指释放鼠标键。拖放操作涉及被拖动的对象，即源对象和将要放在其上的目标对象。例如，在 VB 设计界面下，各控件都可用鼠标随意拖放的方式来改变控件的大小与位置；在 Windows 资源管理器中，拖动一个文件可以复制或移动到一个文件夹中。

在 VB 中，除菜单、计时器和通用对话框外，其他控件都支持拖放功能。通常拖放操作要使用到表 6-4 中列出的拖放属性、事件和方法。下面详细介绍与拖放操作相关的属性、事件和方法。

表 6-4 拖放属性、事件和方法

类别	名称	说明
属性	DragMode	返回或设置一个值，确定在拖放操作中所用的是手动还是自动拖动方式
	DragIcon	返回或设置图标，它将在拖放操作中作为指针显示
	MouseIcon	返回或设置自定义的鼠标图标
	MousePointer	设置和返回一个整数值

类别	名称	说明
事件	DragDrop	将一个控件"图标"对象拖动到一个目标之后，释放鼠标按钮时发生
	DrapOver	当拖动对象越过另一个对象时，产生该事件
方法	Drag	用于设置除了 Line、Menu、Shape、Timer 或 CommonDialog 控件之外的任何控件的开始、结束或取消拖动操作

（1）DragMode 属性。确定在拖放操作中所用的是手工还是自动拖动方式。该属性有两种取值：缺省值为 0-Manual，表示手工拖放模式，需要在源控件中用 Drag 方法来启动拖放操作的开始与结束；如果设为 1-Automatic，表示被设置为自动拖放模式。

如果 DragMode 属性设置为 1 时，控件不能正常响应鼠标事件，可以用手动方式来确定拖放操作何时开始或何时结束。

（2）DragIcon 属性。设置或返回拖放操作中的图标。在拖动一个对象的过程中，并不是对象本身在移动，而是移动代表对象的图标。也就是说，一旦要拖动一个控件，这个控件就变成一个图标，等放下后再恢复成原来的控件。DragIcon 属性含有一个图片或图标的文件名，在拖动时作为控件的图标。

可以利用其他控件的 DragIcon 或 Picture 属性来设置 DragIcon 获取图标，也可以利用 LoadPicture 函数来获取图标。例如下面的语句都可以设置 Image 对象的 DragIcon 属性。

```
Image1.DragIcon = Image2.DragIcon
Image1.DragIcon = Image2.Picture
Image1.DragIcon = LoadPicture("..\Common\Graphics\Icons\Arrows\Files02a.Ico")
```

（3）MousePointer 属性。返回或设置一个整数值，该值指示在运行时当鼠标移动到对象的一个特定部分时，被显示的鼠标指针的类型。MousePointer 属性取值有 17 种，各种取值的含义，如表 6-5 所示。

表 6-5　鼠标指针的形状

常数	值	描述
vbDefault	0	（缺省值）形状由对象决定
vbArrow	1	箭头
vbCrosshair	2	十字线
vbIbeam	3	Ｉ型
vbIconPointer	4	图标（矩形内的小矩形）
vbSizePointer	5	尺寸线（指向上、下、左和右四个方向的箭头）
vbSizeNESW	6	右上-左下尺寸线（指向右上和左下方向的双箭头）
vbSizeNS	7	垂直尺寸线（指向上下方向的双箭头）
vbSizeNWSE	8	左上-右下尺寸线（指向左上和右下方向的双箭头）
vbSizeWE	9	水平尺寸线（指向左右方向的双箭头）
vbUpArrow	10	向上的箭头
vbHourglass	11	沙漏（表示等待状态）
vbNoDrap	12	无法执行某操作

续表

常数	值	描述
vbArrowHourglass	13	箭头和沙漏
VbArrowQuestion	14	箭头和问号
VbSizeAll	15	四向尺寸线
VbCustom	99	通过 MouseIcon 属性所指定的自定义图标

鼠标光标的形状既可以在属性窗口中设置，也可以在程序代码中设置。在程序代码中可随意设置对象的鼠标形状，其语法格式如下：

对象.MousePointer [= 值]

例如，下面程序演示了通过单击窗体，鼠标指针形状不断发生变换。

```
Private Sub Form_Click()
        Static x As Integer '静态变量，记录鼠标光标形状值
        Form1.MousePointer = x
        x = x + 1
        If x = 16 Then x = 0 '鼠标光标形状取最后一个值后设为 0，重新开始循环
    End Sub
```

利用该属性用户可以使用自己制作的图标文件来显示鼠标形状。如果要用自定义的光标形状，首先把对象的 MousePointer 属性设为 99，然后再把对象的 MouseIcon 属性设成自定义的图标文件。图标文件（扩展名为.ico）必须和其他光标图标一样为 16×16 像素。

（4）MouseIcon 属性。返回或设置自定义的鼠标图标，它在 MousePointer 属性设为 99 时使用。该属性既可以在属性窗口中设置，也可以通过代码设置。其语法格式如下：

对象.MouseIcon = LoadPicture(pathname)

或

对象.MouseIcon [= picture]

其中，pathname 是指包含自定义图标文件的路径和文件名的字符串；picture 是窗体、图片框控件或图像控件的 Picture 属性。

（5）DragDrop 事件。当把一个控件拖动到目标对象，并释放鼠标按钮时（或使用 Drag 方法，并将其 Action 参数设置为 2-Drop 时），该事件发生。

DragDrop 事件的语法格式为：

Private Sub Object_DragDrop([index As Integer,]Source As Control, X As Single, Y As Single)
……
End Sub

其中：index 表示一个整数，用来唯一地标识一个在控件数组中的控件；X 和 Y 表示当完成拖动过程松开鼠标时，鼠标的位置；Source 参数引用被拖动的对象，可以通过 Source 来引用或设置被拖动对象的各种属性。

当 Source 参数中可能使用多个控件时，需要按下列方法进行处理：

①应使用 TypeOf 关键字和 If 一起确定用 Source 表示的控件的类型。

②应使用该控件的 Tag 属性来标识一个控件，然后使用 DragDrop 事件过程。

【例 6-17】在新建工程窗体上添加三个图像控件 Image1～3，将 Image1 和 Image2 的 DragMode 属性设置为 1-Automatic（自动）。编写拖动程序，使得拖动 Image1 和 Image2 时，将其图像赋值给 Image3。程序运行界面，如图 6-15 所示。

分析：将一图像拖动到另一图像框，将发生目标对象的 DragDrop 事件。

窗体上图像框 Image3 的 DragDrop 事件代码如下：

图 6-15 例 6-17 程序运行界面

```
Private  Sub  Image3_DragDrop(Source  As  Control,  X  As
Single, Y As Single)
    If TypeOf Source Is Image Then
        '将 image3 位图设置为与源控件相同
        Image3.Picture = Source.Picture
    End If
End Sub
```

（6）DragOver 事件。当拖放操作正在进行并越过一个控件时，触发该控件的 DragOver 事件，语法格式为：

Private Sub Object_DragOver([index As Integer,]Source As Control, X As Single, Y As Single, State As Integer)

......

End Sub

其中，该事件的前四个参数的含义与 DragDrop 事件相同。State 参数是一个整数，表示拖动的状态，其取值如下：

0：进入（源控件正向一个目标控件范围内拖动）

1：离开（源控件正向一个目标控件范围外拖动）

2：跨越（源控件在目标控件范围内从一个位置移到了另一位置）

例如，下面程序代码的功能是：当一个 TextBox 控件被拖过一个 PictureBox 控件时，指针从缺省的箭头变为特定的图标。当被拖到其他地方时，指针恢复到缺省的状态。

```
Private Sub Picture1_DragOver(Source As Control, X As Single, Y As Single, State As Integer)
    Select Case State
        Case 0   ' 装载图标
Source.DragIcon = LoadPicture("..\COMMON\Graphics\ICONS\ARROWS\POINT03.ICO")
        Case 1
            Source.DragIcon = LoadPicture()   '卸载图标
    End Select
End Sub
```

（7）Drag 方法。该方法用于设置拖动操作的开始或结束，其使用语法格式如下：

对象.Drag action

其中，action 参数为一整数值，表示 Drag 方法的具体动作，其取值如表 6-6 所示。

表 6-6　Drag 方法的参数值

常数	值	含义
VbCancel	0	取消拖动操作
VbBeginDrag	1	开始拖动操作（缺省值）
VbEndDrag	2	结束拖动操作

说明：只有当对象的 DragMode 属性设置为手工（0）时，才需要使用 Drag 方法控制拖放操作。但是，也可以对 DragMode 属性设置为自动（1 或 vbAutomatic）的对象使用 Drag。

【例 6-18】改造例 6-17，使用手动的方式拖动 Image1 和 Image2 到 Image3。

分析：要使用手动方式拖动对象，须将源对象的 DragMode 属性设置为 0。在拖动对象时，再将该对象的 DragMode 属性设置为 1。

修改后的程序代码如下：

- 窗体上图像框 Image1～2 的 MouseDown 事件代码

```
Private Sub Image1_MouseDown(Button As Integer, Shift As Integer, X As Single, Y As Single)
    If Button = 1 Then Image1.Drag (1)
End Sub
```

- 窗体上图像框 Image1～2 的 MouseUp 事件代码

```
Private Sub Image1_MouseUp(Button As Integer, Shift As Integer, X As Single, Y As Single)
    Image1.Drag (2)
End Sub
```

- 窗体上图像框 Image3 的 DragDrop 事件代码

```
Private Sub Image3_DragDrop(Source As Control, X As Single, Y As Single)
    If TypeOf Source Is Image Then
        ' 将 Image3 位图设置为与源控件相同
        Image3.Picture = Source.Picture
    End If
End Sub
```

习题六

一、单选题

1. 在过程定义中用（ ）表示形参的传值。

　　A）Var　　　　　　　B）ByRef　　　　　　C）ByVal　　　　　　D）ByValue

2. 若已经编写一个 Sort 子过程，在该工程中有多个窗体，为了方便调用 Sort 子程序，应该将子过程放在（ ）中。

　　A）窗体模块　　　　B）类模块　　　　　C）工程　　　　　　　D）标准模块

3. 下面的子过程语句说明合法的是（ ）。

　　A）Sub f1(ByVal n%())　　　　　　　B）Sub f1(n%) As Integer

　　C）Function f1%(f1%)　　　　　　　D）Function f1(ByVal n%)

4. 要想从子过程调用后返回两个结果，下面子过程语句说明合法的是（ ）。

　　A）Sub f(ByVal n%, ByVal m%)　　　B）Sub f(n%, ByVal m%)

　　C）Sub f(ByVal n%, m%)　　　　　　D）Sub f(n%, m%)

5. 下面程序运行的结果是（ ）。

```
Private Sub Command1_Click()        Public Sub f(n%,ByVal m%)
    Dim x%, y%                          n = n Mod 10
    x = 12 : y = 34                     m = m \ 10
    Call f(x,y)                     End Sub
    Print x,y
End Sub
```

　　A）2　34　　　　　B）12　34　　　　　C）2　3　　　　　　D）12　3

6. 在窗体上画一个名称为 Command1 的命令按钮，再画两个名称分别为 Label1、Label2 的标签，然后编写如下程序代码：

```
Private X As Integer
Private Sub Command1_Click()
```

```
        X = 5 : Y=3
        Call proc(X,Y)
        Label1.Caption = X
        Label2.Caption = Y
    End Sub
    Private Sub proc(ByVal a As Integer, ByVal b As Integer)
        X = a * a
        Y = b + b
    End Sub
```

程序运行后，单击命令按钮，则两个标签中显示的内容分别是（   ）。

    A）5 和 3 　　　　　　B）25 和 3 　　　　　　C）25 和 6 　　　　　　D）5 和 6

7. 下列叙述中正确的是（   ）。

    A）在窗体的 Form_Load 事件过程中定义的变量是全局变量

    B）局部变量的作用域可以超出所定义的过程

    C）在某个 Sub 过程中定义的局部变量可以与其他事件过程中定义的局部变量同名，但其作用域只限于该过程

    D）在调用过程时，所有局部变量被系统初始化为 0 或空字符串

8. 以下关于变量作用域的叙述中，正确的是（   ）。

    A）窗体中凡被声明为 Private 的变量只能在某个指定的过程中使用

    B）全局变量必须在标准模块中声明

    C）模块级变量只能用 Private 关键字声明

    D）Static 类型变量的作用域是它所在的窗体或模块文件

9. 单击一次命令按钮之后，下列程序代码的执行结果为（   ）。

```
    Private Sub Command1_Click( )
        S=P(1)+P(2)+P(3)+P(4)
        Print S;
    End Sub
    Private Function P(N As Integer)
        Static Sum
        For I= 1 TO N
        Sum=Sum+1
        Next I
        P=Sum
    End Function
```

    A）135 　　　　　　B）115 　　　　　　C）35 　　　　　　D）20

10. 可以在窗体模块的通用声明段中声明（   ）。

    A）全局变量 　　　　B）全局常量 　　　　C）全局数组 　　　　D）全局用户自定义类型

11. 以下关于函数过程的叙述中，正确的是（   ）。

    A）函数过程形参的类型与函数返回值的类型没有关系

    B）在函数过程中，通过函数名可以返回多个值

    C）当数组作为函数过程的参数时，既能以传值方式传递，也能以传址方式传递

    D）如果不指明函数过程参数的类型，则该参数没有数据类型

12. 单击窗体时，下列程序代码的执行结果为（   ）。

```
    Private Sub Form_Click()
        Test 2
    End Sub
    Private Sub Test(x As Integer)
        x=x*2+1
```

```
        If x<6 Then
            Call Test(x)
        End If
        x=x*2+1
        Print x;
    End Sub
```
　A）5　11　　　　　　　B）23　47　　　　　　C）10　22　　　　　　D）23　23

13. 假定已定义了一个过程 Sub Add(a As Single,b As Single)，则正确的调用语句是（　　）。

　　A）Add 12,12　　　　　　　　　　　B）Call(2*x,Sin(1.57))

　　C）Call Add x,y　　　　　　　　　　D）Call Add(12,12,x)

14. 一个工程中包含两个名称分别为 Form1、Form2 的窗体，一个名称为 MdlFunc 的标准模块。假定在 Form1、Form2 和 MdlFunc 中分别建立了自定义过程，其定义格式为：

　　Form1 中定义的过程：

　　Private Sub frmFunction1()

　　　　……

　　End Sub

　　Form2 中定义的过程：

　　Private Sub frmFunction2()

　　　　……

　　End Sub

　　mdlFunc 中定义的过程：

　　Public Sub mdlFunction()

　　　　……

　　End Sub

在调用上述过程的程序中，如果不指明窗体或模块的名称，则以下叙述中正确的是（　　）。

　　A）上述三个过程都可以在工程中的任何窗体或模块中被调用

　　B）frmFunction2 和 mdlFunction 过程能够在工程中各个窗体或模块中被调用

　　C）上述三个过程都只能在各自被定义的模块中调用

　　D）只有 MdlFunction 过程能够被工程中各个窗体或模块调用

15. 下面的过程定义语句中合法的是（　　）。

　　A）Sub Proc1(ByVal n())　　　　　　B）Sub Proc1(n) As Integer

　　C）Function Proc1(Procl)　　　　　　D）Function Proc1(ByVal n)

16. 设有如下通用过程：

```
    Public Function Fun(xStr As String) As String
        Dim tStr As String, strL As Integer
        tStr = ""
        strL = Len(xStr)
        i = 1
        Do While i <= strL / 2
            tStr = tStr & Mid(xStr, i, 1) & Mid(xStr, strL - i + 1, 1)
            i = i + 1
        Loop
        Fun = tStr
    End Function
```

在窗体上画一个文本框 Text1 和一个命令按钮 Command1，然后编写如下事件过程：

```
    Private Sub Command1_Click()
        Dim S1 As String
        S1 = "abcdef"
```

```
        Text1.Text = UCase(Fun(S1))
    End Sub
```
程序运行后，单击命令按钮，则 Text1 中显示的是（　　）。

  A）ABCDEF   B）abcdef   C）AFBECD   D）DEFABC

17．在过程中定义的变量，若希望在离开该过程后，还能保存过程中局部变量的值，则使用（　　）关键字在过程中定义局部变量。

  A）Dim   B）Private   C）Public   D）Static

18．以下正确的描述是：在 VB 应用程序中（　　）。

  A）过程的定义可以嵌套，但过程的调用不能嵌套

  B）过程的定义不可以嵌套，但过程的调用可以嵌套

  C）过程的定义和过程的调用均可以嵌套

  D）过程的定义和过程的调用均不能嵌套

19．有子过程语句说明：Sub fsum(sum%,ByVal m%,ByVal n%)，且在事件过程中有如下变量说明：Dim a%,b%,c!。下列调用语句中正确的是（　　）。

  A）fsum a,a,b   B）fsum 2,3,4   C）fsum a+b,a,b   D）Call fsum (c,a,B)

20．在窗体上画两个名称分别为 Text1、Text2 的文本框，一个名称为 Label1 的标签，窗体外观如图 a 所示。要求当改变任一个文本框的内容，就会将该文本框的内容显示在标签中，如图 b 所示。实现上述功能的程序如下：

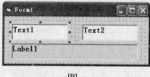 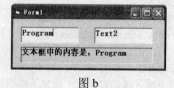

     图 a   图 b

```
    Private Sub Text1_Change()
        Call ShowText(Text1)
    End Sub
    Private Sub Text2_Change()
        Call ShowText(Text2)
    End Sub
    Private Sub ShowText(T As TextBox)
        Label1.Caption = "文本框中的内容是：" & T.Text
    End Sub
```
关于上述程序，以下叙述中错误的是（　　）。

  A）ShowText 过程的参数类型可以是 Control

  B）ShowText 过程的参数类型可以是 Variant

  C）两个过程调用语句有错，应分别改为 Call ShowText(Text1.Text)、Call ShowText(Text2.Text)

  D）ShowText 过程中的 T 是控件变量

21．阅读程序：

```
    Function F(a As Integer)
        b = 0
        Static c
        b = b+1
        c = c+1
        f = a+b+c
    End Function
    Private Sub Command1_Click ()
```

```
        Dim a As Integer
        a =2
        For i =1 To 3
                Print F(a);
        Next i
    End Sub
```

运行上面的程序，单击命令按钮，输出结果为（　　）。

    A）4 4 4   B）4 5 6   C）4 6 8   D）4 7 9

22．在过程调用中，参数的传递可以分为（　　）和按地址传递两种方式。

    A）按值传递   B）按地址传递   C）按参数传递   D）按位置传递

23．某人为计算 n!(0<n<=12)编写了下面的函数过程：

```
Private Function fun(n As Integer) As Long
        Dim p As Long
        p = 1
        For k = n - 1 To 2 Step -1
                p = p * k
        Next k
        fun = p
End Function
```

在调试时发现该函数过程产生的结果是错误的，程序需要修改。下面的修改方案中有 3 种是正确的，错误的方案是（　　）。

    A）把 p=1 改为 p=0

    B）把 For k=n-1 To 2 Step-1 改为 For k=1 To n-1

    C）把 For k=n-1 To 2 Step-1 改为 For k=1 To n

    D）把 For k=n-1 To 2 Step-1 改为 For k=2 To n

24．假定有以下函数过程：

```
Function Fun(S As String)As String
        Dim s1 As String
        For i = 1 To Len(S)
                s1 = UCase(Mid(S,i,1))+s1
        Next i
        Fun = s1
End Function
```

在窗体上画一个命令按钮，然后编写如下事件过程：

```
Private Sub Command1_Click()
        Dim Str1 As String, Str2 As String
        Str1 = InputBox("请输入一个字符串")
        Str2 = Fun(Str1)
        Print Str2
End Sub
```

程序运行后，单击命令按钮，如果在输入对话框中输入字符串"abcdefg"，则单击"确定"按钮后在窗体上的输出结果为（　　）。

    A）abcdefg   B）ABCDEFG   C）gfedcba   D）GFEDCBA

25．单击命令按钮时，下列程序代码的执行结果为（　　）。

```
Private Function FirProc(x As Integer,y As Integer,z As Integer)
        FirProc=2*x+y+3*z
End Function
Private Function SecProc(x As Integer,y As Integer,z As Integer)
```

```
            SecProc=FirProc(z,x,y)+x
        End Function
        Private Sub Command1_Click()
            Dim a As Integer,b As Integer,c As Integer
            a=2:b=3:c=4
            Print SecProc(c,b,a)
        End Sub
```

A）21   B）19   C）17   D）34

26. 窗体上有一个名为 Command1 的命令按钮，并有下面的程序：

```
    Private Sub Command1_Click()
        Dim arr(5) As Integer
        For k=1 To 5
            arr(k)=k
        Next k
        prog arr()
        For k=1 To 5
            Print arr(k)
        Next k
    End Sub
    Sub prog(a() As Integer)
        n=Ubound(A)
        For i=n To 2 step -1
            For j=1 To n-1
                if a(j)<a(j+1) Then
                    t=a(j):a(j)=a(j+1):a(j+1)=t
                End If
            Next j
        Next i
    End Sub
```

程序运行时，单击命令按钮后显示的是（   ）。

A）12345   B）54321   C）01234   D）43210

27. 某人编写了一个能够返回数组 a 中 10 个数中最大数的函数过程，代码如下：

```
    Function MaxValue(a() As Integer) As Integer
        Dim max%
        max = 1
        For k = 2 To 10
            If a(k) > a(max) Then
                max = k
            End If
        Next k
        MaxValue = max
    End Function
```

程序运行时，发现函数过程的返回值是错的，需要修改，下面的修改方案中正确的是（   ）。

A）语句 max = 1 应改为 max = a(1)

B）语句 For k = 2 To 10 应改为 For k = 1 To 10

C）If 语句中的条件 a(k)>a(max) 应改为 a(k)>max

D）语句 MaxValue = max 应改为 MaxValue = a(max)

28. 已知有下面过程

```
    Private Sub procl(a As Integer,b As String,Optional x As Boolean)……
```

```
End Sub
```

正确调用此过程的语句是（   ）。

A）Call procl(5)   B）Call procl 5,"abc",False

C）procl(12,"abc"，True)   D）procl 5,"abc"

29．在窗体上画两个标签和一个命令按钮，其名称分别为 Label1、Label2 和 Command1，然后编写如下程序：

```
Private Sub func(L As Label)
        L.Caption = "1234"
End Sub
Private Sub Form_Load()
        Label1.Caption = "ABCDE"
        Label2.Caption = 10
End Sub
Private Sub Command1_Click()
        a = Val(Label2.Caption)
        Call func(Label1)
        Label2.Caption = a
End Sub
```

程序运行后，单击命令按钮，则在两个标签中显示的内容分别为（   ）。

A）ABCD 和 10 B）1234 和 100 C）ABCD 和 100 D）1234 和 10

30．在窗体上画一个名称为 Command1 的命令按钮，然后编写如下程序：

```
Dim SW As Boolean
Function func(X As Integer) As Integer
        If X < 20 Then
                Y = X
        Else
                Y = 20 + X
        End If
                func = Y
End Function
Private Sub Command1_Click()
Dim intNum As Integer
        intNum = InputBox("")
        If SW Then
                Print func(intNum)
        End If
End Sub
Private Sub Form_MouseDown(Button As Integer, Shift As Integer, X As Single, Y As Single)
        SW = False
End Sub
Private Sub Form_MouseUp(Button As Integer, Shift As Integer, X As Single, Y As Single)
        SW = True
End Sub
```

程序运行后，单击命令按钮，将显示一个输入对话框，如果在对话框中输入 25，则程序的执行结果是（   ）。

A）输出 0 B）输出 25 C）输出 45 D）无任何输出

31．对窗体编写如下代码：

```
Option Base 1
Private Sub Form_KeyPress(KeyAscii As Integer)
```

```
a=Array(237,126,87,48,498)
m1=a(1)
m2=1
If KeyAscii=13 Then
    For i=2 To 5
        If a(i)>m1 Then
            m1=a(i)
            m2=i
        End If
    Next i
End If
Print m1
Print m2
End Sub
```

程序运行后，按回车键，输出结果为（　　）。

A）48	B）237	C）498	D）498
4	1	5	4

32. 当用户按下并且释放一个键后会触发 KeyPress、KeyUp、KeyDown 事件，这三个事件发生的顺序是（　　）。

A）KeyPress、KeyDown、KeyUp　　　　B）KeyDown、KeyUp、KeyPress

C）KeyDown、KeyPress、KeyUp　　　　D）没有规律

33. 下列关于键盘事件的说法中，正确的是（　　）。

A）按下键盘上的任意一个键，都会引发 KeyPress 事件

B）大键盘上的"1"键和数字键盘的"1"键的 KeyCode 码相同

C）KeyDown 和 KeyUp 的事件过程中有 KeyAscii 参数

D）大键盘上的"4"键的上档字符是"$"，当同时按下 Shift 和大键盘上的"4"键时，KeyPress 事件过程的 KeyAscii 参数值是"$"的 ASCII 值

34. 窗体上有一个名称为 Option1 的单选按钮数组，程序运行时，当单击某个单选按钮时，会调用下面的事件过程：

```
Private Sub Option1_Click(Index As Integer)
    …
End Sub
```

下面关于此过程的参数 Index 的叙述中正确的是（　　）。

A）Index 为 1 表示单选按钮被选中，为 0 表示未选中

B）Index 的值可正可负

C）Index 的值用来区分哪个单选按钮被选中

D）Index 表示数组中单选按钮的数量

35. 以下叙述中错误的是（　　）。

A）在 KeyPress 事件过程中不能识别键盘的按下与释放

B）在 KeyPress 事件过程中不能识别回车键

C）在 KeyDown 和 KeyUp 事件过程中，将键盘输入的"A"和"a"视作相同字母

D）在 KeyDown 和 KeyUp 事件过程中，从大键盘输入的"1"和从小键盘输入的"1"被视作不同的字符

36. 以下关于 KeyPress 事件过程中参数 KeyAscii 的叙述中正确的是（　　）。

A）KeyAscii 参数是所按键的 ASCII 码　　　B）KeyAscii 参数的数据类型为字符串

C）KeyAscii 参数可以省略　　　　　　　　D）KeyAscii 参数是所按键上标注的字符

37. 假定编写如下事件过程：

```
Private Sub Form_MouseMove(Button As Integer,Shift As Integer,X As Single,Y As Single)
```

```
    If(Button And 2)=2 Then
        Print"Hi"
    End If
End Sub
```

程序运行后，为了在窗体上输出"Hi"，应在窗体上执行以下（　　）操作。

A）只能按下左按钮并拖动　　　　　　　　　B）只能按下右按钮并拖动

C）必须同时按下左、右按钮并拖动　　　　　D）按下左按钮拖动或按下右按钮拖动都可

38．对窗体编写如下事件过程：

```
Private Sub Form_MouseDown(Button As Integer, _ Shift As Integer, X As Single ,Y As Single)
    If Button =2 Then
        Print "AAAAA"
    End If
End Sub
Private Sub Form_ MouseUp(Button As Integer, _ Shift As Integer, X As Single, Y As Single)
    Print "BBBBB"
End Sub
```

程序运行后，如果单击鼠标右键，则输出结果为（　　）。

A）AAAAA　　　　　　B）BBBBB　　　　　C）AAAAA　　　　　D）BBBBB

　　BBBBB　　　　　　　　AAAAA

39．在窗体上画一个文本框，其名称为 Text1，然后编写如下过程：

```
Private Sub Text1_KeyDown(KeyCode As Integer,Shift As Integer)
    Print Chr(KeyCode)
End Sub
Private Sub Text1_KeyUp(KeyCode As Integer,Shift As Integer)
    Print Chr(KeyCode+2)
End Sub
```

程序运行后，把焦点移到文本框中，此时如果敲击"A"键，则输出结果为（　　）。

A）A　　　　　　B）A　　　　　　C）A　　　　　　D）A

　　A　　　　　　　　B　　　　　　　　C　　　　　　　　D

40．窗体的 MouseDown 事件过程"Form_MouseDown(Button As Integer,Shift As Integer,X As Single,Y As Single)"中有 4 个参数，关于这些参数，正确的描述是（　　）。

A）通过 Button 参数判定当前按下的是哪一个鼠标键

B）Shift 参数只能用来确定是否按下 Shift 键

C）Shift 参数只能用来确定是否按下 Alt 和 Ctrl 键

D）参数 x，y 用来设置鼠标当前位置的坐标

二、填空题

1．阅读下面程序，子过程 Swap 的功能是实现两个数的交换，请将程序填写完整。

```
Public Sub Swap(x As Integer, y As Integer)
    Dim t As Integer
    t = x : x = y : y = t
End Sub
Private Sub Command1_Click()
    Dim a As Integer, b As Integer
    a = 10 : b = 20
        【1】
    Print "a = "; a , "b ="; b
End Sub
```

2．如下程序，运行的结果是＿＿＿＿【2】＿＿＿＿，函数过程的功能是＿＿＿＿【3】＿＿＿＿。

```
Public Function f(ByVal n% , ByVal r%)
    If n <> 0 Then
        f =f(n\r,r)
        Print n Mod r;
    End If
End Function
Private Sub Command1_Click()
    Print f(100,8)
End Sub
```

3．如下程序，运行的结果是＿＿＿＿【4】＿＿＿＿，函数过程的功能是＿＿＿＿【5】＿＿＿＿。

```
Public Function f(m% , m%)
Do While m <> n
    Do While m > n : m = m – n : Loop
    Do While m < n : n = n – m : Loop
Loop
    f = m
End Function
Private Sub Command1_Click()
    Print f(24,18)
End Sub
```

4．统计输入的文章中单词数，并将出现的定冠词 The 全部去除，同时统计删除定冠词的个数。假定单词以一个空格间隔。

```
Public Sub PWord(s% ,CountWord% ,CountThe%)
    Dim len%,i%,st$
    CountWord = 0 : CountThe = 0
    st = Trim(s)
        【6】
    Do While i > 0
        CountWord = CountWord + 1
        st =     【7】
        i = InStr(st," ")
    Loop
    CountWord = CountWord + 1
    st=Trim(s)
        【8】
    Do While i > 0
        CountThe = CountThe + 1
        st =     【9】
        i = InStr(st,"The")
    Loop
        【10】
    End Sub
```

5．全局变量必须在＿＿＿＿【11】＿＿＿＿模块中定义，所用的关键字为＿＿＿＿【12】＿＿＿＿。

6．设有以下函数过程：

```
Function Fun (m as Integer) As Integer
    Dim k As Integer, Sum As Integer
    Sum =0
    For k = m To 1 Step -2
        Sum =Sum + k
```

```
        Next k
        Fun =Sum
    End Function
```

若在程序中用语句 s =fun(10)调用此函数，则 s 的值为___【13】___。

7. 下面的程序是检查输入的算术表达式中圆括号是否配对，并显示相应的结果。本程序在文本框输入表达式，边输入边统计，以输入回车作为表达式输入结束。

```
    Dim Count1%
    Private Sub Text1_KeyPress(KeyAscii As Integer)
        If Chr(KeyAscii) = "(" Then    【14】
        ElseIf Chr(KeyAscii) = ")" Then
            Count1 = Count1 - 1
        End If
        If KeyAscii = 13 Then
            If Count1 = 0 Then
                Print "左右括号配对"
            ElseIf    【15】    Then
                Print "左括号多于右括号"; Count1; "个"
            Else
                Print "右括号多于左括号"; -Count1; "个"
            End If
        End If
    End Sub
```

8. 在对象的 KeyPress 事件过程中，参数 KeyAscii 表示所按键的___【16】___值。

9. 单击右键时，MouseDown、MouseUp 和 MouseMove 事件过程的 Button 参数值为___【17】___。

10. 当用户同时按下 Ctrl 和 Shift 键并单击鼠标时，MouseDown、MouseUp 和 MouseMove 事件过程的 Shift 参数值为___【18】___。

11. 只要将 MousePoint 属性设置为___【19】___，鼠标指针就恢复原样。

12. 如果将窗体的___【20】___属性设置为 True，则控件的 KeyPress 事件过程可以接收到在窗体的 KeyPress 过程中修改过的 KeyAscii 值。

13. 下面的程序段是将列表框 List1 中重复的项目删除，只保留一项。

```
    For i = 0 To List1.ListCount - 1
        For j = List1.ListCount - 1 To    【21】    Step - 1
            If List1.List(i) = List1.List(j)    Then
                    【22】
            End If
        Next j
    Next i
```

14. 下列程序段是允许用户按 Enter 键将一个组合框（CboComputer）中没有的项目添加到组合框中。

```
    Sub CboComputer_Keypress(KeyAscii As Integer)
        Dim flag As Boolean
        If KeyAscii = 13 Then
            flag = False
            For i = 0 To CboComputer.ListCount - 1
                If    【23】    Then
                    flag = True
                    Exit for
                End If
            Next i
            If    【24】    Then
```

```
        【25】
    Else
        MsgBox("组合框中已有该项目！")
    End If
    End If
End Sub
```

15. 在窗体上画一个命令按钮和一个文本框，其名称分别为 Command1 和 Text1，然后编写如下代码：

```
Dim SaveAll As String
Private Sub Command1_Click()
    Textl.Text=Left(UCase(SaveAll),4)
End Sub
Private Sub Texl1_KeyPress(KeyAscii As Integer)
    SaveAll=SaveAll+Chr(KeyAscii)
End Sub
```

程序运行后，在文本框中输入 abcdefg，单击命令按钮，则文本框中显示的内容是＿＿＿＿【26】＿＿＿＿。

三、判断题

（　　）1. 定义一个过程时有几个形参，则在调用该过程时就必须提供几个实参。

（　　）2. 因为 Function 过程有返回值，所以只能在表达式中调用，而不能使用 Call 语句调用它。

（　　）3. 事件过程只能由系统调用，在程序中不能直接调用。

（　　）4. VB 过程可以直接或间接调用自身称为递归调用。

（　　）5. 在定义了一个函数后，可以像调用任何一个 VB 内部函数那样使用它，即可以在任何表达式、语句或函数中引用它。

（　　）6. 如果在定义过程时，一个形参使用地址方式说明的，则调用过程时与之对应的实参只能按地址方式传递。

（　　）7. 在过程中用 Dim 和 Static 定义的变量都是局部变量。

（　　）8. 全局变量用 Public 关键字声明，且仅在通用声明处可以定义。

（　　）9. 如果某子程序 Add 用 Public Static Sub Add()定义，则该子程序的变量都是局部变量。

（　　）10. 一个使用 Static 语句声明的过程级（局部）变量，能在该过程的多次调用之间保持它的值，并且其他过程也可以使用这个变量的值。

（　　）11. 过程中的静态变量是局部变量，当过程再次被执行时，静态变量的初值是上一次过程调用后的值。

（　　）12. 在过程调用中，"实参表"和"形参表"中对应的变量名不必相同，但是变量的个数必须相等，而且实际参数的类型必须与相应形式参数的类型相符。

（　　）13. Function 函数有参数传递，并且一定有返回值。

（　　）14. Visual Basic 程序的运行可以从 Main()过程启动，也可以从某个窗体启动。

（　　）15. VB 函数中的参数可以是常量、变量、表达式，还可以是另一个函数。

（　　）16. 过程的参数可以是控件名称。

（　　）17. 用数组作为过程的参数时，使用的是"传递地址"方式。

（　　）18. 如果在过程调用时使用按地址传递参数，则在被调过程中不可以改变实参的值。

（　　）19. 如果在过程调用时使用按值传递参数，则在被调过程中可以改变实参的值。

（　　）20. 声明形参处缺省传递方式声明，则为按值传递（ByVal）。

（　　）21. 触发 KeyPress 事件必定触发 KeyDown 事件。

（　　）22. 当按下键盘并放开，将依次触发获得焦点对象的 KeyDown、KeyUp 和 KeyPress 事件。

（　　）23. 如果在 KeyDown 事件中将 KeyCode 设置为 0，KeyPress 事件中的 KeyAscii 参数不会受到影响。

（　　）24. 当单击鼠标，将依次触发所指向对象的 MouseDown、MouseUp 和 Click 事件。

参考答案

一、单选题

1	2	3	4	5	6	7	8	9	10	11	12	13	14	15
C	D	D	D	A	B	C	B	D	A	A	B	A	D	D

16	17	18	19	20	21	22	23	24	25	26	27	28	29	30
C	D	B	A	B	C	A	B	D	A	B	D	B	D	D

31	32	33	34	35	36	37	38	39	40
C	C	D	C	B	A	B	A	C	A

二、填空题

【1】Swap a,b

【2】1　4　　4

【3】用递归函数实现将十进制数以 r 进制显示

【4】6

【5】用辗转相减法求 m、n 的最大公约数

【6】i = InStr(st," ")

【7】Mid(st,i+1)

【8】i = InStr(st,"The")

【9】Left(st,i-1)+ Mid(st,i+4)

【10】s = st

【11】标准

【12】Public

【13】30

【14】Count1 = Count1 + 1

【15】Count1 > 0

【16】ASCII 码值

【17】2(vbRightButton)

【18】3(vbShiftMask or vbCtrlMask)

【19】0(vbDefault)

【20】KeyPreview

【21】i + 1

【22】List1.RemoveItem j

【23】CboComputer.Text = CboComputer.List(i)

【24】Not flag

【25】CboComputer.AddItem CboComputer.Text

【26】ABCD

三、判断题

1	2	3	4	5	6	7	8	9	10	11	12	13	14	15
√	×	×	√	×	√	√	×	√	×	√	√	√	√	√

16	17	18	19	20	21	22	23	24
√	√	×	×	×	√	√	×	√

第7章　菜单与界面设计

本章学习目标

- 熟悉菜单编辑器，并掌握用菜单编辑器设计菜单的方法。
- 掌握快捷菜单的设计方法。
- 学会如何增加和减少菜单的编程方法。
- 了解几个常用 ActiveX 控件的添加方法和在界面设计时的应用目的。
- 了解多重窗体和多文档窗体的概念和基本应用。

本章将介绍如何使用菜单编辑器给程序增加菜单、如何使用程序代码处理菜单选择，如何使用通用对话框控件显示各种标准的对话框。同时，还将为读者介绍多重窗体、多文档窗体以及常用的 ActiveX 控件的使用方法等。

菜单（Menu），在国家科学词汇中称为选单，是应用程序与用户之间的接口，它能为用户的操作提供方便并迅速地使用应用程序。

用户界面是应用程序的一个重要组成部分，是程序运行时用户与计算机之间进行交互的可视化接口。界面设计是 VB 程序设计中一个十分重要的环节，编写应用程序应该首先设计一个简单、美观、易用的界面，然后再编写各控件的事件过程。在 VB 中，系统提供了大量用于界面设计的工具和方法。

接下来，本章将向读者介绍菜单、对话框等其他界面设计的主要内容。

7.1　设计菜单的一般步骤

设计一个菜单，通常需要考虑应用系统的总体功能，通过菜单把系统功能有机地组织起来，当用户选择某个菜单选项时就能实现该选项的功能。

7.1.1　菜单的类型

菜单的类型如图 7-1 所示。

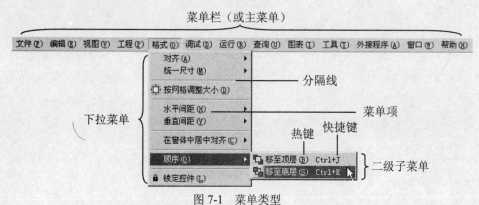

图 7-1　菜单类型

菜单用来表示程序的各项命令，并可以按应用程序的功能把命令分组，使得用户很容易访问不同类别的命令。功能类似的命令放在同一个子菜单中，功能相距较远的命令放在不同的子菜单中，这样组成一个个的子菜单，并用菜单栏中的各项来代表它们，便构成了整个菜单。

1．菜单栏

菜单栏（或主菜单）是指菜单以条形、水平地放置在窗体标题栏的下面，由若干个菜单标题构成的菜单条，常称为主菜单，菜单栏通常由若干菜单选项所组成。

2．下拉式菜单

"下拉式菜单"是一个主菜单的菜单项和弹出菜单的组合，是一种能从菜单栏的选项下拉出来的弹出式菜单。在 Windows 中很多应用程序都采用下拉式菜单，如 VB 本身的菜单就是一种下拉式菜单。

"下拉式菜单"在操作完毕即可从屏幕上消失，并恢复原来的屏幕状态。

3．弹出式菜单

"弹出式菜单"是指一个具有封闭边框，由若干个垂直排列的菜单项组成的菜单。弹出式菜单的特点是当需要时就弹出来，不需要时就隐藏起来。在 Windows 应用程序中往往用右键单击对象，就会动态地弹出一个弹出式菜单，此时称为"快捷菜单"，弹出式菜单也称为"上下文菜单"。

如图 7-2 所示，就使用了一个弹出式菜单进行加、减、乘和除的运算。

图 7-2　弹出式菜单（快捷菜单）

7.1.2　菜单设计的一般步骤

设计菜单一般按下述步骤进行。

1．规划菜单

在规划应用程序的菜单系统时，应考虑下列问题：

（1）根据应用程序的功能，确定需要哪些菜单，是否需要子菜单，每个菜单项完成什么操作，实现什么功能等。所有这些问题都应该在定义菜单前就确定下来。

（2）按照用户所要执行的任务组织菜单，而不要按应用程序的层次组织菜单。

（3）给每个菜单一个有意义的菜单标题，看到菜单，用户就能对功能有一个大概认识。

（4）按照菜单的逻辑顺序组织菜单项。

2．打开菜单编辑器

可使用下面的几种方法打开菜单编辑器：

（1）使用菜单。打开"工具"菜单，单击"菜单编辑器"命令。

（2）使用工具栏。单击"标准"工具栏左侧第三个图标按钮，即"菜单编辑器"按钮 。

（3）使用快捷键。按下快捷键 Ctrl+E。

（4）用鼠标右键单击窗体，然后单击"菜单编辑器"命令。

以上 4 种方法，均可打开"菜单编辑器"对话框。

3．定义和保存菜单

定义菜单，就是在"菜单编辑器"对话框中定义菜单栏、子菜单、菜单项的名称和执行的命令等内容。定义菜单之后，单击"确定"按钮，可将设计好了的菜单添加到当前窗体上。

7.2 "菜单编辑器" 简介

在 VB 中系统提供了一个菜单设计工具，即菜单编辑器，使用菜单编辑器能设计出各种类型的菜单。

在介绍菜单设计之前，先介绍一些有关菜单的术语。

7.2.1 有关的菜单术语

1. 菜单标题

也叫菜单名，是应用程序的第一层菜单，位于菜单栏上，是用以表示菜单的一个单词、短语。

2. 菜单项

菜单中的某一项称为菜单项。

3. 子菜单

从某个菜单项分支出来的另外一个菜单。有子菜单的菜单项右侧带有一个三角符号"▶"。

4. 分隔线

分隔线是在菜单项之间的一条水平直线，用于修饰菜单，它也看作是一个菜单项，其作用是将功能相近的菜单项进行分组。

5. 复选菜单

复选菜单也是一个菜单项，可以标记该菜单项是否被选择，如果被选择则在菜单项的左边加上一个对勾符。

在 Visual Basic 中，把每个菜单项（主菜单或子菜单）看作是一个图形对象，即看作控件对象。菜单控件与其他控件一样，也具有定义外观与行为的属性，在设计或运行时可以设置 Caption、Enabled、Visible 等属性。菜单控件只包含一个事件，即 Click 事件，当用鼠标或键盘选中该菜单控件时，将调用该事件，其编程方法与其他控件没有差别。

7.2.2 菜单编辑器功能说明

如图 7-3 所示，"菜单编辑器"对话框打开后，菜单编辑器分为 3 部分：菜单控件属性栏、菜单编辑按钮栏和菜单控件列表框。

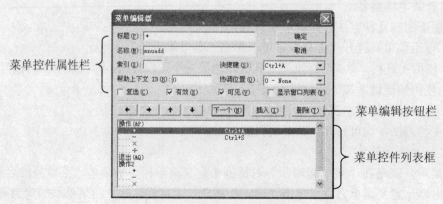

图 7-3 "菜单编辑器"对话框与说明

1. 菜单控件属性栏

菜单控件属性栏，用来输入或修改菜单项，设置属性。分为若干栏区，各栏区的作用如下：

（1）标题（Caption）。用于设置菜单或菜单项显示的文本信息。如果想定义热键，可以在标题中使用 "&访问字母" 的格式，该字母即为这个菜单项的热键字母，显示时该字母下面有下划线，然后可通过 Alt+该字母打开菜单或执行相应的操作。如果要分隔线，在该栏中输入一个减号 "- "，即可以在菜单中加入一条分隔线。

（2）名称（Name）。用来设置菜单项的名称，只在程序中引用。每个菜单项都必须有个名字，就像命令按钮、文本框一样。菜单名字一般以 mnu 作为前缀，后面的为菜单的名称，如 "+" 的名称为 "mnuAdd"。

（3）索引（Index）。用来设置菜单控件数组下标，相当于控件数组的 Index 属性。

（4）快捷键（Shortcut）。用来为菜单项选择一个快捷键（主菜单不能设置快捷键）。快捷键将自动出现在菜单右侧。也可以选取功能键、组合键来设置。要删除快捷键应选取列表顶部的 "None"。

（5）帮助上下文 ID（HelpContext ID）。指定一个唯一的数值作为帮助文本的标识符，可根据该数值在帮助文件中查找合适的帮助主题。

（6）协调位置（Negotiate Position）。是一个下拉列表框，决定当一个具有菜单的链接或嵌入对象是活动的时，菜单或菜单项是否出现或在什么位置出现。该项有 4 个选项，其取值情况如下：

0-None	当前菜单项不显示
1-Left	当前菜单项显示在链接或嵌入对象菜单栏的左端
2-Middle	菜单项显示在链接或嵌入对象菜单栏的中间
3-Right	菜单项显示在链接或嵌入对象菜单栏的右端

（7）复选（Checked）。当选择这个选项时，设置是否在菜单项旁边显示一个复选标记，当该属性为 True 时，可以在相应的菜单项旁边加上记号 "√"，表明该菜单项处于活动状态。反之则处于非活动状态。

（8）有效（Enabled）。默认情况下，该属性的值为 True，表明相应的菜单项可以对用户事件作出响应。如果该属性被设置为 False，则相应的菜单项将会变 "灰"，不响应用户事件。

（9）可见（Visible）。该属性用于设置菜单项在程序运行时是否可见。如果该属性被设置为 False，则相应的菜单项将被暂时从菜单中去掉；如果该属性被设置为 True，则该菜单项将重新出现在菜单中。

如果某个菜单项不可见，那么其下一级菜单的所有菜单项均不可见。

（10）显示窗口列表（Windows List）：当选择该项时，将显示当前打开的一系列子窗口。该选项应用于多窗口应用程序。

2. 菜单编辑按钮栏

菜单编辑按钮栏共有 7 个按钮，用来对输入的菜单项进行简单的编辑。

（1）左箭头 ← 和右箭头 → ：用来产生或取消内缩符号。单击一次右箭头可以产生 4 个点 "...."；单击一次左箭头则删除 4 个点。这 4 个点称为内缩符号，用来确定菜单的层次。

（2）上箭头 ↑ 和下箭头 ↓ ：用来在菜单控件列表框中移动菜单项的位置。选择某个菜单项后，单击上箭头将使该菜单项上移，单击下箭头将使该菜单项下移。

（3）"下一个" 下一个(N) ：用于进入下一个菜单项的设计（与按回车键作用相同）。

（4）"插入"　插入(I)：编辑菜单时，可以在当前菜单项之前插入一个新的菜单项。

（5）"删除"　删除(I)：删除当前菜单项。

3. 菜单控件列表框

菜单控件列表框位于菜单设计器的底部，用来显示用户输入的菜单项。根据显示的各菜单项前内缩符号的多少，可以确定菜单的级别。一个菜单项前面的内缩符号最多可以有 5 个，主菜单没有内缩符号。因此，VB 菜单最多有 6 级。

菜单设计完毕后，单击"确定"按钮，创建的菜单标题将显示在窗体上。

4. 菜单控件的 Click 事件代码

对于设计的每一个菜单项，窗体上会显示出如图 7-2 所示的菜单项，每个菜单项可以看成是一个控件，称为"菜单控件"。菜单控件支持 Click 事件，因此菜单设计好后，还要为每个菜单项编写事件代码。编写菜单控件的事件过程，只要单击某个菜单项，即可打开事件过程代码编辑窗口，接着编写程序代码即可。

例如，"退出"菜单项的代码为：

```
Private Sub mnuExit_Click()
        End
End Sub
```

【例 7-1】建立下拉式菜单，通过菜单控件控制文本框中选定文字的字体、颜色等。程序运行界面，如图 7-4 所示。

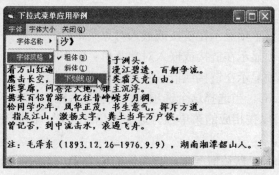

图 7-4　例 7-1 程序运行界面

本题的设计步骤如下：

①界面设计。在新建工程窗体上添加一个文本框 Text1，用于显示文字信息，窗体的 Caption 属性设置为"下拉式菜单应用举例"。

②设计菜单，打开菜单编辑器，菜单项的各属性设置如表 7-1 所示。

表 7-1　例 7-1 程序菜单项属性

标题	名称	索引值	快捷键	是否复选
字体	mnuFont			
....字体名称	mnuFontName			
........宋体	FontN	0	Ctrl+S	
........楷体	FontN	1	Ctrl+K	
........黑体	FontN	2	Ctrl+H	

续表

标题	名称	索引值	快捷键	是否复选
........隶书	FontN	3	Ctrl+D	
....-	mnuSep			
....字体风格	mnuFontStyle			
........粗体(B)	FstyleB		B	☑
........斜体(I)	FstyleI		I	☑
........下划线(U)	FstyleU		U	☑
字体大小	mnuFontSize			
....12	Fsize12			
....16	Fsize16			
....20	Fsize20			
关闭(Q)	mnuQuit			

设计完成后的窗口如图 7-5 所示。

③编写窗体及菜单控件的事件代码，代码如下：

- 窗体 Form1 的 Load 事件代码

```
Private Sub Form_Load()
    FstyleB.Checked = False    '运行开始时，菜单项不起作用
    FstyleI.Checked = False
    FstyleU.Checked = False
End Sub
```

- "字体名称"菜单控件的 Click 事件代码

```
Private Sub FontN_Click(Index As Integer)   '创建了一个菜单控件数组
    Select Case Index
        Case 0
            Text1.FontName = "宋体"
        Case 1
            Text1.FontName = "楷体_gb2312"
        Case 2
            Text1.FontName = "黑体"
        Case Else
            Text1.FontName = "隶书"
    End Select
End Sub
```

- "12"菜单控件的 Click 事件代码

```
Private Sub Fsize12_Click()
    Text1.FontSize = 12
End Sub
```

- "16"菜单控件的 Click 事件代码

```
Private Sub Fsize16_Click()
    Text1.FontSize = 16
End Sub
```

- "20"菜单控件的 Click 事件代码

```
        Private Sub Fsize20_Click()
            Text1.FontSize = 20
        End Sub
```
● “粗体”菜单控件的 Click 事件代码
```
        Private Sub FstyleB_Click()
            If Text1.FontBold Then
                Text1.FontBold = False
                FstyleB.Checked = False
            Else
                Text1.FontBold = True
                FstyleB.Checked = True
            End If
        End Sub
```
● “斜体”菜单控件的 Click 事件代码
```
        Private Sub FstyleI_Click()
            If Text1.FontItalic Then
                Text1.FontItalic = False
                FstyleI.Checked = False
            Else
                Text1.FontItalic = True
                FstyleI.Checked = True
            End If
        End Sub
```
● “下划线”菜单控件的 Click 事件代码
```
        Private Sub FstyleU_Click()
            If Text1.FontUnderline Then
                Text1.FontUnderline = False
                FstyleU.Checked = False
            Else
                Text1.FontUnderline = True
                FstyleU.Checked = True
            End If
        End Sub
```
● “关闭(Q)”菜单控件的 Click 事件代码
```
        Private Sub mnuQuit_Click()
            End
        End Sub
```

7.2.3　制作弹出式菜单

建立弹出式菜单的步骤有以下三步：

（1）首先用菜单编辑器建立菜单。

（2）设置其主菜单项的 Visible 属性为 False（不可见，这一步也可在程序中实现）。

（3）在窗体或控件的 MouseUp 或 MouseDown 事件中调用 PopupMenu 方法显示该菜单，即菜单弹出显示。一般通过单击鼠标右键显示弹出式菜单，这可以用 Button 变量实现。

PopupMenu 方法的格式为：

[对象.]PopupMenu <菜单名> [,flags [,x [,y [,BoldCommand]]]]

其中：

（1）对象。即窗体名，省略该项将打开当前窗体的菜单。

（2）菜单名。是指通过菜单编辑器设计的菜单、至少有一个子菜单项的名称（Name）。

（3）flags 参数。是一些常量数值，用来定义菜单显示位置和行为，其取值如表 7-2 所示。

表 7-2 flags 参数值

参数	系统常量	参数值	说明
位置常数	vbPopupMenuLeftAlign	0（默认）	指定的 x 位置作为弹出式菜单的左上角
	vbPopupMenuCenterAlign	4	指定的 x 位置作为弹出式菜单的中心点
	vbPopupMenuRightAlign	8	指定的 x 位置作为弹出式菜单的右上角
行为常数	vbPopupMenuLeftButton	0（默认）	菜单命令只接受左键单击
	vbPopupMenuRightButton	2	菜单命令可接受左、右键单击

flags 参数有两组，表 7-2 中前 3 个为位置常数，后 2 个是行为常数。这两组常数可以相加或以 or 相连，如 Flags 可表示如下：

vbPopupMenuCenterAlign+ vbPopupMenuRightAlign 或 6 或 2+4

（4）x 和 y。用来指定弹出式菜单显示位置的横坐标（x）和纵坐标（y）。如果省略，则弹出式菜单在鼠标光标的当前位置显示。

（5）BoldCommand。指定在显示的弹出式菜单中将以粗体字体出现的菜单项的名称。在弹出式菜单中只能有一个菜单项被加粗。

【例 7-2】将例 7-1 中的"字体大小"菜单，通过弹出式菜单实现。程序运行界面，如图 7-5 所示。

分析：要完成本题功能，只需要将主菜单中的"字体大小"的"可见性"属性设置成 False，然后在文本框 Text1 的 MouseUp 或 MouseDown 事件代码调用该菜单即可。

对于本题，实现菜单"字体大小"作为弹出式菜单的方法和步骤如下：

①打开例 7-1，工程及窗体等所需文件另保存在其他文件夹中。

②按下 Ctrl+E 快捷键，打开"菜单编辑器"对话框。在菜单控件列表框处选择菜单项"字体大小"，并将其"可见"复选框勾去，如图 7-6 所示。

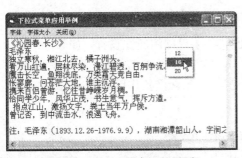

图 7-5 例 7-2 程序运行界面

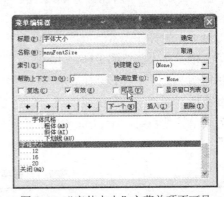

图 7-6 "字体大小"主菜单项不可见

③为实现弹出式菜单的功能，编写文本框 Text1 的 MouseUp 或 MouseDown 事件代码，代码如下：

```
Private Sub Text1_MouseDown(Button As Integer, Shift As Integer, X As Single, Y As Single)
    If Button = 2 Then
        PopupMenu mnuFontSize, , , , Fsize16    '默认子菜单项加粗
    End If
End Sub
```

在本题中，如果是在程序中实现"字体大小"主菜单项不可见，用户在窗体 Form1 的 Load 事件代码添加下面一条语句即可。

```
Private Sub Form_Load()
    …
    mnuFontSize.Visible = False    '运行开始时，菜单项不可见
    …
End Sub
```

7.2.4　制作动态菜单

动态菜单是指随着应用程序的运行而不断改变的一种菜单，在运行时菜单项可以增加，也可以减少。Word 软件的"文件"菜单是一个典型的动态菜单，菜单的下方列出了最近使用过的文件名，这部分内容随着应用程序的运行而不断改变。在实际应用中，有时候需要这种能自动增减菜单项的操作。

使用前面的菜单设计方法，建立的菜单是固定的，菜单项不能增减。

动态菜单的创建必须使用菜单控件数组。一个菜单控件数组含有若干个控件，这些控件的名称相同，所使用的事件过程相同，但其中的每一个菜单控件元素都可以有自己的属性。和普通数组一样，通过下标（Index）访问菜单控件数组的元素。菜单控件数组，可以在设计阶段建立，也可以在运行时建立。

例如，在例 7-1 中，我们为"字体名称"菜单下的二级菜单"宋体"、"楷体"、"黑体"和"隶书"等 4 个子菜单项创建了一个菜单控件数组，其方法就是为这些菜单项的 Index 属性值分别设置了 0、1、2 和 3。

下面，我们以一个具体的例子，来讲解如何制作动态菜单。

【例 7-3】设有一个刚刚建立的菜单，它有一个主菜单"应用程序"，其下有两个子菜单"打开程序"、"关闭程序"及分隔线。要求单击"打开程序"时在分隔线下增加一个新的菜单项，单击"关闭程序"时删除分隔线下面一个指定的菜单项，如果单击新增加的菜单项，则可以执行这一指定的应用程序。

按以下步骤设计动态菜单：

第一步：基本菜单的设计。

仿照例 7-1 设计一个含有基本菜单的窗体界面，各菜单项的属性设置，如表 7-3 所示。其中，倒数第二项是一个空白菜单项，但不可见。"索引"值设置成 0，以使"AppaName"菜单项成为菜单控件数组，AppName(0)是控件数组的第一个元素，其作用是以后用来保存或删除菜单项。

表 7-3　各菜单项及其属性值设置

标题	名称	索引（Index）	是否可见
应用程序(A)	Appa	无	True
....打开程序	RunAppa	无	True

续表

标题	名称	索引（Index）	是否可见
....关闭程序	DelAppa	无	True
....-	SepBar	无	True
....空白，无标题	AppaName	0	False
退出(Q)	Quit	无	True

菜单设计完毕后，单击"菜单编辑器"右上角的"确定"按钮，菜单显示在窗体上，其界面如图 7-7 所示。

第二步：动态菜单项的增加和减少。

①在窗体的通用声明区定义一个整型变量，用于菜单控件数组的下标。

图 7-7　含有基本菜单的窗体

```
Dim MenuCounter As Integer
Dim Temp As String    'Temp 表示要运行的程序名称
```

②编写添加菜单项代码。单击"打开程序"菜单项，在菜单控件（RunAppa）的 Click 事件过程中添加以下代码：

```
Private Sub RunAppa_Click()    '打开程序
    Temp = InputBox("输入要运行的程序名称：", "应用程序")
    MenuCounter = MenuCounter + 1              '下标值增 1
    Load AppaName(MenuCounter)                 '用 Load 语句建立控件数组新元素
    AppaName(MenuCounter).Caption = Temp       '把输入的应用程序名设置为该元素的 Caption 属
性（即菜单项）
    AppaName(MenuCounter).Visible = True       '使该菜单项可见
End Sub
```

上述过程是单击子菜单项 RunAppa 时产生的操作，它首先显示一个输入对话框，提示用户输入要运行的程序名称，接着 AppaName 菜单控件数组的下标 MenuCounter 增加 1。用 Load 语句添加菜单控件数组的新元素，并把输入的应用程序的名字设置为该元素的 Caption 属性（菜单项标题），用"Visual = True"使该菜单项可见。

执行"打开程序"菜单项的结果，如图 7-8 所示。

③编写"关闭程序"菜单项代码。单击"关闭程序"菜单项，在菜单控件（DelAppa）的 Click 事件过程中添加以下代码：

图 7-8　"打开程序"菜单项的运行结果

```
Private Sub DelAppa_Click()
    Dim i As Integer, n As Integer, k%
    Temp = InputBox("输入要关闭的程序名称：", "关闭程序")
    '输入要删除的应用程序的程序名称
    For i = 1 To MenuCounter
        If UCase(Temp) = UCase(AppaName(i).Caption) Then
        '判断要关闭的程序是否存在
            For n = i To MenuCounter - 1
                AppaName(n).Caption = AppaName(n + 1).Caption
        Next
        Else
```

```
                    If UCase(Temp) <> UCase(AppaName(i).Caption) Then k = k + 1
                    '变量 k 用于判断关闭的文件是否存在
                End If
            Next i
            If k = MenuCounter Then
                MsgBox "要删除的程序文件名不存在，重新输入！"
                Exit Sub
            Else
                Unload AppaName(MenuCounter)
                MenuCounter = MenuCounter - 1
            End If
    End Sub
```

在运行时用 Load 语句增加的菜单项可以使用 Unload 语句删除，但不能删除设计时建立的菜单项。

程序中，语句 "If UCase(Temp) = UCase(AppaName(i).Caption) Then …"，用于判断要关闭的程序是否存在。如果要关闭的程序不存在，则变量 k 增加 1，变量 k 的值和动态菜单项数量相等时，则显示提示信息"要删除的程序文件名不存在，重新输入！"。如果用户输入的程序在动态菜单项中，则后面的菜单项的标题依次覆盖前项的标题。

最后用语句 "Unload AppaName(MenuCounter)" 删除动态菜单的最后一项。

执行"关闭程序"菜单项的结果，如图 7-9 所示。

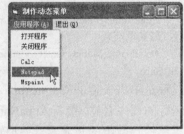

（a）关闭的程序不存在时，出现的信息　　　　　　（b）成功关闭程序时界面

图 7-9　"关闭程序"菜单项的运行结果

7.3　对话框设计

在 VB 中，对话框（Dialog Box）是一种特殊的窗口，用户与它进行交互来显示和获取信息。虽然，对话框有其本身的特性，但从结构上来看，对话框与窗体类似。

VB 中的对话框分为 3 类：预定义对话框、自定义对话框和通用对话框。

VB 提供了两种预定义对话框，即输入对话框和输出对话框（或消息框），前者启用了InputBox 函数；后者则调用了 MsgBox 函数。

自定义对话框是用户根据自己的需要自行设计的，这种对话框由用户根据需要进行定义。两种预定义对话框尽管容易建立，但在应用上有一定的限制，因此，很多情况下无法满足需要，用户可以根据具体需要建立自己的对话框。

通用对话框（CommonDialog Box）是一种 ActiveX 控件，它可以产生 6 种不同的可用于应用程序的标准对话框，用它可以方便地定义较为复杂的对话框。

下面，我们将向读者介绍自定义对话框和通用对话框。

7.3.1 自定义对话框

1. 对话框的特点

如前所述，对话框与窗体是类似的，但它是一种特殊的窗体，具有区别于一般窗体的不同的属性，主要表现在以下几个方面：

（1）在一般情况下，用户没有必要改变对话框的大小，因此其边框是固定的。

（2）为了退出对话框，必须单击其中的某个按钮，不能通过单击对话框外部的某个地方关闭对话框。

（3）在对话框中不能有最大化按钮（Max Button）和最小化按钮（Min Button），以免被意外地扩大或缩成图标。

（4）对话框不是应用程序的主要工作区，只是临时使用区，使用后就必须关闭。

（5）对话框中控件的属性可以在设计阶段设置，但在有些情况下，必须在运行时（即在代码中）设置控件的属性，因为某些属性设置取决于程序中的条件判断。

VB 的预定义对话框体现了前面 4 个特点，在设计自定义对话框时，也必须考虑到上述特点。

2. 自定义对话框的设计

前面我们提到，预定义对话框（信息框和输入框）很容易建立，但在应用上有一定的限制。例如，对于信息框来说，只能显示简单信息、一个图标和有限的几种命令按钮，程序设计人员不能改变命令按钮的说明文字，也不能接收用户输入的任何信息。用输入框可以接收输入的信息，但只限于使用一个输入区域，而且只能使用"确定"和"取消"两种命令按钮。

如果需要比输入框或信息框功能更多的对话框，则只能由用户自己建立。下面通过一个例子，说明如何建立用户自己的对话框。

【例 7-4】设计一个工程，该工程由两个窗体组成，其中第二个窗体作为对话框。

本题的设计方法和步骤如下：

①新建一个标准 EXE 工程，这时工程中含有一个窗体，我们把该窗体作为工程的第一个窗体。

③在窗体中添加两个命令按钮 Command1～2，其标题 Caption 属性分别为"输入数据"和"退出"，如图 7-10 所示。

③执行"工程"菜单中的"添加窗体"命令，建立第二个窗体。该窗体作为对话框使用，其主要属性设置，如表 7-4 所示。

图 7-10 第一个窗体

表 7-4 窗体的属性

属性	设置值
（名称）	Form2（默认）
Caption	Form2（默认）
ControlBox	False
MaxButton	False
MinButton	False

窗体的控制菜单（系统菜单）、最大化、最小化按钮被设置为 False，但在设计阶段窗体不

会发生变化，只有在程序运行后，控制菜单及最大化、最小化按钮才会消失。

④在窗体内建立控件，其主要属性的值设置，如表 7-5 所示。

表 7-5　窗体内控件及其属性

控件	Name 属性	Caption 属性	Text 属性
框架	Frame1	数据类型	无
单选按钮 1	Option1	数值	无
单选按钮 2	Option2	字符串	无
标签	Label1	输入数据	无
文本框	Text1	无	空白
命令按钮 1	Command1	确定	无
命令按钮 2	Command2	取消	无

设计后的窗体，如图 7-11 所示。

⑤为第一个窗体中的两个命令按钮编写如下事件过程。

● "输入数据"命令按钮 Command1 的 Click 事件代码

```
Private Sub Command1_Click()
    Form2.Show
End Sub
```

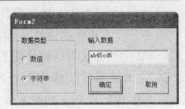

图 7-11　第二个窗体（对话框）

● "退出"命令按钮 Command2 的 Click 事件代码

```
Private Sub Command2_Click()
    End
End Sub
```

第一个事件过程以模式方式显示第二个窗体，第二个事件过程用来结束程序运行。单击命令按钮 Command1 后，将显示第二个窗体；单击命令按钮 Command2 后，则将结束程序。

⑥为第二个窗体中的两个命令按钮编写如下事件过程。

● "确定"命令按钮 Command1 的 Click 事件代码

```
Private Sub Command1_Click()
    Dim dat, msg$
    If Option1 Then
        dat = Val(Text1.Text)
        msg = "数据的类型为数值型，大小是："
    End If
    If Option2 Then
        dat = Text1.Text
        msg = "数据的类型为字符型，其文本是："
    End If
    MsgBox msg & dat
End Sub
```

● "取消"命令按钮 Command2 的 Click 事件代码

```
Private Sub command2_Click()
    Form2.Hide
End Sub
```

第二个窗体被设计成一个对话框，用户可以在该对话框中输入数据。程序运行时，可以看出，在这个窗体上，没有控制菜单，也没有最大化、最小化按钮，且可设计成一个模式或非模式窗口。

操作时，如果框架中的第一个单选按钮被选中，则表示输入数值数据；如果第二个单选按钮被选中，则表示输入字符串数据，在默认情况下输入数值数据。

为了输入某种类型的数据，应先单击相应的单选按钮。选择输入的数据类型后，再单击文本框，即可输入数据。输入后单击"确定"按钮，所输入的值即被存入变量 dat，并通过消息框显示出来。在该命令按钮的事件过程中，根据选择第一个或第二个单选按钮对输入的数据进行不同的处理（即转换为数值或直接作为字符串保存）。

dat 是一个变体类型变量，既可存放数值数据，也可存放字符串数据。如果单击第二个命令按钮"取消"，则关闭对话框，即第二个窗体。

7.3.2 通用对话框

用 MsgBox 和 InputBox 函数可以建立简单的对话框，即信息框和输入框。如果需要，也可以用上面介绍的方法，定义自己的对话框。当要定义的对话框较复杂时，将会花费较多的时间和精力。为此，VB 提供了通用对话框控件，用它可以定义较为复杂的对话框。

通用对话框是一种 ActiveX 控件，在一般情况下，启动 VB 后，在工具箱中没有通用对话框控件。为了把通用对话框控件加到工具箱中，可按如下步骤作：

（1）执行"工程"菜单中的"部件"命令，打开"部件"对话框。

（2）在对话框中选择"控件"选项卡，然后在控件列表框中选择"Microsoft Common Dialog Control 6.0"（SP6），如图 7-12 所示。

（3）单击"确定"按钮，通用对话框即被加到工具箱中，如图 7-13 所示。

图 7-12 "部件"对话框   图 7-13 通用对话框图标

在应用程序中要使用通用对话框控件时，可以直接在设计阶段将其添加到窗体中。通用对话框控件将以图标的形式显示在窗体中，该图标的大小不能改变，可以放置在窗体的任何位置。程序运行时通用对话框控件并不显示，只有在程序运行时通过代码使用不同的方法才能显示相应的对话框。

通用对话框 Name 属性的默认值为 CommonDialog1～x，在实际应用中，为了提高程序的可读性，最好能使 Name 属性具有一定的意义，如 GetFile、SaveFile 等。此外，每种对话框都有自己的默认标题，如"打开"、"保存"等，如果需要，用户可以在属性窗口中设置该属性，也可以通过 DialogTitle 属性设置有实际意义的标题。例如：

GetFile.DialogTitle="选择要打开的位图文件"

用通用对话框工具在窗体上可以创建以下对话框窗口，分别为打开（Open）、另存为（Save As）、颜色（Color）、字体（Font）、打印（Print）及帮助（Help）窗口。设计时，只需将通用对话框添加到窗体上，通过在代码中设置其属性调用所需的对话框。

对话框的类型可以通过 Action 属性设置，也可以用相应的方法设置，如表 7-6 所示。

表 7-6　通用对话框控件的方法和 Action 属性值列表

对话框类型	Action 属性值	方法
打开文件	1	ShowOpen
保存文件	2	ShowSave
颜色	3	ShowColor
字体	4	ShowFont
打印	5	ShowPrinter
显示帮助文件	6	ShowHelp

下面将介绍如何建立 Visual Basic 提供的几种通用对话框，即文件对话框、颜色对话框、字体对话框和打印对话框。

1. 文件对话框

文件对话框包括"打开"（Open）文件对话框和"另存为"（Save As）对话框，主要用来获取用户指定的文件信息供程序使用。"打开"与"另存为"对话框的界面，如图 7-14 所示。

图 7-14　"打开"和"另存为"对话框

"打开"和"另存为"对话框的主要属性如下：

（1）DefaultExt 属性。设置对话框缺省的文件扩展名。当打开或保存一个没有扩展名的文件时，自动给该文件指定由 DefaultExt 属性指定的扩展名。

（2）DialogTitle 属性。设置对话框的标题，在缺省情况下，"打开"对话框的标题是"打开"；"另存为"对话框的标题是"另存为"。

（3）FileName 属性。设置或返回要打开或保存文件的路径及文件名。可以设置默认打开或保存的文件名和返回用户在对话框中所选文件的路径和文件名。

（4）FileTitle 属性。返回用户所选文件的文件名（不包含路径）。该属性与 FileName 属性的主要区别是：FileName 属性返回包含路径的文件名，例如"d:\vb\例 1-1\form1.frm"；FileTitle 属性只返回文件的名称。

（5）Filter 属性。用来指定在对话框中显示的文件类型。用该属性可以设置多个文件类型，供用户在对话框的"文件类型"下拉列表框中选择。

Filter 的属性值由一对或多对文本字符串组成，每对字符串用管道符"|"隔开，在"|"前面的部分称为描述符，后面的部分一般为通配符和文件扩展名，称为"过滤器"，如*.txt 等，各对字符串之间也用管道符隔开。其格式如下：

[窗体.]对话框名.Filter=描述符 1|过滤器|描述符 2|过滤器 2……

其中，如果省略窗体，则为当前窗体。例如：

CommonDialog1.Filter=Word Files |(*.DOC)

执行该语句后，在文件列表栏内将只显示扩展名为.DOC 的文件。再如：

CommonDialog1.Filter="图形文件|*.BMP;*.JPG;*.GIF|WORD 文档|*.DOC"

该语句的功能是设置了两个过滤器：第一个过滤器的文字说明是"图形文件"，只显示文件扩展名为.BMP、JPG、GIF 类型的文件；第二个过滤器的文字说明是"WORD 文档"，只显示文件扩展名为.DOC 类型的文件。

（6）FilterIndex 属性。设置默认的过滤器。用 Filter 属性设置好过滤器后，每个过滤器都有一个值，第一个过滤器的值为 1，第二个过滤器的值为 2，依此类推。FilterIndex 属性用来设置默认的过滤器。例如：

CommonDialog1.FilterIndex＝2

把第二个过滤器设为默认过滤器。对于上面的例子来说，打开对话框后，在文件类型下拉列表框中显示的是"Word 文档"，文件列表框中只显示扩展名为.doc 的文件。其他过滤器可以通过在"文件类型"下拉列表框中选择切换。

（7）Flags 属性。为文件对话框设置选择开关，用来控制对话框的外观，其格式如下：

对象.Flags[=值]

其中"对象"为通用对话框的名称；"值"是一个整数，可以使用 3 种形式，即符号常量、十六进制整数和十进制整数。文件对话框的 Flags 属性值，如表 7-7 所示。

表 7-7　Flags 取值（文件对话框）

符号常量	十六进制整数	十进制整数
vbOFNAllowMultiselect	&H200&	512
vbOFNCreatePrompt	&H2000&	8192
vbOFNExtensionDifferent	&H400&	1024
vbOFNFileMustExist	&H1000&	4096
vbOFNHideReadOnly	&H4&	4
vbOFNNoChangeDir	&H8&	8
vbOFNNoReadOnlyReturn	&H8000&	32768
vbOFNNoValidate	&H100&	256
vbOFNOverwritePrompt	&H2&	2
vbOFNPathMustExist	&H800&	2048
vbOFNReadOnly	&H1&	1
vbOFNShareAware	&H4000&	16384
vbOFNShowHelp	&H10&	16

在应用程序中，可以使用 3 种形式中的任一种，例如：

```
CommonDialog1.Flags = vbOFNFileMustExist        '符号常量
CommonDialog1.Flags = &H1000&                   '十六进制整数
CommonDialog1.Flags = 4096                      '十进制整数
```

一般来说，使用整数可以简化代码，而使用符号常量则可以提高程序的可读性，因为从符号常量本身可以大致看出属性的含义。此外，Flags 属性允许设置多个值，这可以通过以下两种方法来实现：

①如果使用符号常量，则将各值之间用"Or"运算符连接，例如：

```
CommonDialog1.Flags=vbOFNOverwritePrompt Or vbOFNPathMustExist
```

②如果使用数值，则将需要设置的属性值相加。例如，上面的例子可以写作：

```
CommonDiaog1.Flags=2050（即 2048+2）
```

当设置多个 Flags 属性值时，注意各值之间不要发生冲突。

文件对话框 Flags 属性各种取值的意义，如表 7-8 所示（只列出十进制值）。

表 7-8　Flags 属性取值的含义（文件对话框）

值	作用
1	在对话框中显示"只读检查"（Read Only Check）复选框
2	如果用磁盘上已有的文件名保存文件，则显示一个信息框，询问用户是否覆盖现有文件
4	取消"只读检查"复选框
8	保留当前目录
16	显示一个 Help 按钮
256	允许在文件中有无效字符
512	允许用户选择多个文件（Shift 键与光标移动键或鼠标结合使用），所选择的多个文件作为字符串存放在 FileName 中，各文件名用空格隔开
1024	用户指定的文件扩展名与由 DefaultExt 属性所设置的扩展名不同。如果 DefaultExt 属性为空，则该标志无效
2048	只允许输入有效的路径。如果输入了无效的路径，则发出警告
4096	禁止输入对话框中没有列出的文件名。设置该标志后，将自动设置 2048
8192	询问用户是否要建立一个新文件。设置该标志后，将自动设置 4096 和 2048
16384	对话框忽略网络共享冲突的情况
32768	选择的文件不是只读文件，并且不在一个写保护的目录中

（8）InitDir 属性。设置并返回对话框的初始目录。如果没有设置 InitDir 属性，对话框则显示当前目录下的文件。例如：

```
CommonDialog1.InitDir="D:\VB"
```

则打开文件对话框后显示"D:\VB"目录下的文件。

（9）MaxFileSize 属性。设置文件名的最大长度，以字节为单位。取值范围 1～32k，缺省值是 256。

（10）CancelError 属性。控制当在对话框中单击"取消"按钮时，是否显示错误信息。如果设为 True，则显示错误信息，如果设为 False（缺省设置），则不显示错误信息。

【例 7-5】设计一个窗体，窗体上添加一个标签 Label1、一个文本框 Text1、一个通用对话框 CommonDialog1 和两个命令按钮 Command1～2。程序运行时，单击"打开"按钮，将在"打开"对话框中选择的文件显示在文本框 Text1 中；单击"保存"按钮，则将文件以文本框 Text1 中输入的信息为文件名进行保存。程序运行界面，如图 7-15 所示。

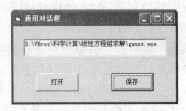

（a）设计界面　　　　　　　　　　　　　　　（b）运行效果

图 7-15　例 7-5 程序运行界面

程序设计操作步骤如下：

①新建一个标准 EXE 工程，在窗体上添加有关控件。设置窗体和控件的有关属性，并进行位置和大小的布局。

②分别为"打开"按钮 Command1 和"保存"按钮 Command2 编写 Click 事件过程。

● "打开"按钮 Command1 的 Click 事件代码

```
Private Sub Command1_Click()
    CommonDialog1.InitDir = "D:\VBres"
    CommonDialog1.Action = 1      '也或使用语句：CommonDialog1.ShowOpen
    Text1 = CommonDialog1.FileName
End Sub
```

事件过程在运行时，用来弹出一个"打开"对话框。在这个对话框中可以选择要打开的文件，然后单击"打开"按钮，所选择的文件名即作为对话框的 FileName 属性值显示在窗体文本框中。

过程中的"CommonDialog1.Action = 1"用来建立"打开"对话框，它与语句"CommonDialog1.ShowOpen"等价。

"打开"对话框其实并不真正打开文件，而是仅仅用来选择一个文件，至于选择后的处理，包括打开、显示等，由代码中的相关语句来处理，"打开"对话框已无能为力了。有关文件处理的内容，请参阅第 8 章。

● "保存"命令按钮 Command2 的 Click 事件代码

```
Private Sub Command2_Click()
    Dim ch$, Str$, i%, n%
    n = Len(Text1)
    For i = n To 1 Step -1
        ch = Mid(Text1, i, 1)
        If ch <> "\" Then
            Str = ch & Str     '取出文件名
        Else
            Exit For
        End If
    Next
    CommonDialog1.FileName = Str
    CommonDialog1.ShowSave
End Sub
```

该事件过程用来建立一个"另存为"对话框。"另存为"对话框也只能用来选择文件，并不真正保存文件。可以在这个对话框中决定保存文件的位置、文件名和文件扩展名或选择要保存的文件，选择后单击"保存"按钮，所选择或设置的文件名将作为对话框的 FileName 属性值。

过程中的语句"CommonDialog1.ShowSave"与语句"CommonDialog1.Action = 2"等价。

2. 颜色（Color）对话框

"颜色"对话框是当通用对话框的 Action 属性值为 3（ShowColor）时显示的对话框。"颜色"对话框允许在调色板中选择颜色，或生成和选择自定义颜色，如图 7-16 所示。

"颜色"对话框具有和文件对话框相同的一些属性，还有两个属性最为常用。

（1）Color 属性。设置对话框的初始颜色，并可返回用户所选择的颜色给应用程序。该属性是一个长整型数。如以下代码表示设置窗体的背景色：

```
CommonDialog1.Action = 3
Form1.BackColor = CommonDialog1.Color
```

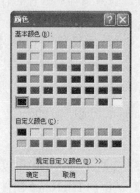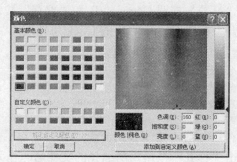

图 7-16　"颜色"对话框

（2）Flags 属性。Flags 属性用来设置"颜色"对话框的一些外观选项，属性值如表 7-9 所示。

表 7-9　Flags 属性值列表（颜色对话框）

常数	十六进制	十进制	作用
vbCCRGBInit	&H1	1	为对话框设置初始值
vbCCFullOpen	&H2	2	显示全部的对话框
vbCCPreventFullOpen	&H4	4	使自定义颜色命令按钮无效
vbCCShowHelp	&H8	8	显示帮助按钮

例如，执行下面的程序代码，显示"颜色"对话框。用户选择一种颜色，单击对话框上的"确定"按钮，将文本框的背景色设置为选择的颜色。

```
Private Sub Command1_Click()
    CommonDialog1.ShowColor
    Text1.BackColor = CommonDialog1.Color
End Sub
```

3. 字体（Font）对话框

"字体"对话框是当 Action 属性值为 4（ShowFont）时显示的通用对话框。利用"字体"对话框控件，可以建立一个字体对话框，供用户选择字体，如图 7-17 所示。

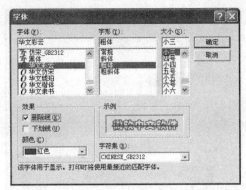

图 7-17 "字体"对话框

"字体"对话框有如下常用的属性。

（1）FontBold、FontItalic、FontName、FontSize、FontUnderline、FontStikeThru、Color 属性。这些分别用来设置粗体，斜体，字体名称，字体大小，下划线，删除线效果，以及选择文字的颜色。

如果要使用这些属性，必须先将 Flags 属性设为 cdlCFEffects 或 256。

（2）Flags 的属性。在显示"字体"对话框之前必须设置 Flags 属性，否则将发生不存在字体的错误。Flags 属性的主要取值，如表 7-10 所示。

表 7-10 字体对话框 Flags 主要属性值含义

符号常量	值	描述
cdlCFScreenFonts	1	使对话框只列出系统支持的屏幕字体
cdlCFPrinterFonts	2	使对话框只列出打印机支持的字体
cdlCFBoth	3	使对话框列出可用的打印机和屏幕字体
cdlCFEffects	256	指定对话框允许删除线、下划线，以及颜色效果
cdlCFLimitSize	8192	指定对话框只能在由 Min 和 Max 属性规定的范围内选择字体大小

例如，以下代码可以用"字体"对话框设置文本框中显示的字体。

```
Private Sub Command1_Click()
    CommonDialog1.Flags = cdlCFBoth Or cdlCFEffects    '或使用 3+256
    CommonDialog1.Action = 4
    Text1.FontName = CommonDialog1.FontName
    Text1.FontSize = CommonDialog1.FontSize
    Text1.FontBold = CommonDialog1.FontBold
    Text1.ForeColor = CommonDialog1.Color
End Sub
```

4. 打印（Printer）对话框

"打印"对话框是当 Action 属性值为 5（ShowPrinter）时显示的通用对话框。"打印"对话框并不能处理打印工作，仅仅是一个供用户选择打印参数的界面，如打印范围、数量等。所选参数在于各属性中，再由编程来实现打印功能，如图 7-18 所示。

"打印"对话框除具有前面讲过的 CancelError、DialogTitle、HelpCommand、HelpContext、HelpFile 和 HelpKey 等属性外，还具有以下属性：

（1）Copies 属性。指定要打印的文档的份数。

图 7-18 "打印"对话框

（2）Flags 属性。返回或设置"打印"对话框的选项。该属性的取值，如表 7-11 所示。

表 7-11 Flags 属性的取值（打印对话框）

符号常量	十六进制值	十进制值	作用
vbPDAllPages	&H0&	0	返回或设置"所有页"（All Pages）选项按钮的状态
vbPDCollate	&H10&	16	返回或设置校验（Collate）复选框的状态
vbPDDisablePrintToFile	&H80000&	524288	禁止"打印到文件"复选框
vbPDHidePrintToFile	&H10000&	1048576	隐藏"打印到文件"复选框
vbPDNoPageNums	&H8&	8	禁止"页"选项按钮
vbPDNoSelection	&H4&	4	禁止"选定范围"选项按钮
vbPDNoWarning	&H80&	128	当没有默认打印机时，显示警告信息
vbPDPageNums	&H2&	2	返回或设置"页"（Pages）选项按钮的状态
vbPDPrintSetup	&H40&	64	显示"打印设置"（Print Setup）对话框（不是 Print 对话框）
vbPDPrintToFile	&H20&	32	返回或设置"打印到文件"（Print To File）复选框的状态
vbPDReturnDC	&H100&	256	在对话框的 hDC 属性中返回"设备环境"（Device context），hDC 指向用户所选择的打印机
vbPDReturnIC	&H200&	512	在对话框的 hDC 属性中返回"信息上下文"（Information Context），hDC 指向用户所选择的打印机
vbPDSelection	&H1&	1	返回或设置"选定范围"（Selection）选项按钮的状态
vbPDShowHelp	&H800&	2048	显示一个 Help 按钮
vbPDUseDevModeCopies	&H40000&	262144	如果打印机驱动程序不支持多份拷贝，则设置这个值将禁止拷贝

如果把 Flags 属性值设置为 262144，则 Copies 属性值总为 1。

（3）FromPage 和 ToPage 属性。指定要打印文档的页范围。如果要使用这两个属性，必须把 Flags 属性设置为 2。

（4）Max 和 Min 属性。用来限制 FromPage 和 ToPage 的范围，其中 Min 指定所允许的起始页码，Max 指定所允许的最后页码。

（5）PrinterDefault 属性。该属性值为 True 时，如果选择了不同的打印设置（如将 Fax 作为默认打印机等），VB 将对 Win.ini 文件做相应的修改。如果把该属性设为 False，则对打印设置的改变不会保存在 Win.ini 文件中，并且不会成为打印机的当前默认设置。

例如，在窗体上画一个通用对话框 CommonDialog1、一个文本框 Text1 和一个命令按钮 Command1，然后编写如下的事件过程：

```
Private Sub Command1_Click()
    Dim FirstPage%, LastPage%, i%
    FirstPage = 1
    LastPage = 50
    CommonDialog1.Copies = 5    '设置打印份数
    CommonDialog1.Min = FirstPage
    CommonDialog1.Max = LastPage    'Min 和 Max 指定所允许的起始页码和最后页码
    CommonDialog1.Flags − vbPDUseDevM0deCopies Or vbPDSelection
    CommonDialog1.Action = 5
    For i = 1 To CommonDialog1.Copies
        Printer.Print Text1.Text        '通过打印机打印
    Next
    Printer.EndDoc '结束文档打印
End Sub
```

运行上面的程序，单击命令按钮，将显示"打印"对话框，并通过打印机将文本框中的内容打印出来。

利用"打印"对话框，可以选择要使用的打印机、设定打印范围和打印份数。如果单击"属性"按钮，则可以打开所选择的打印机的属性对话框，在这个对话框中可以设置打印纸尺寸、页边距等。

应当注意的是，与 VB 环境下的"打印"对话框不同，用上面程序建立的"打印"对话框并不能启动实际的打印过程。若要执行具体的打印操作，必须编写相应的程序代码。

7.4　ActiveX 控件

在第 5 章中，我们为读者介绍了一些标准控件，用户可以使用它们来设计一些简单的界面，但是如果需要设计工具栏、状态栏以及进度条、选项卡、Animation 动画控件等较为复杂的界面，仅仅靠这些标准控件是不够的。为此，VB 和一些第三方软件开发商提供了很多扩充的控件，称为 ActiveX 控件。例如，7.3.2 节中介绍的通用对话框就是一种 ActiveX 控件。下面我们向读者介绍几个常用的 ActiveX 控件的使用。

7.4.1　制作工具栏*

工具栏（ToolBar）中含有工具栏命令按钮，以其直观、快捷的方式提供了对于应用程序中最常用的命令的快速访问，例如，在 VB 事件过程代码编辑窗口中，经常使用"标准"工具栏中的"复制" 、"剪切" 、"粘贴" 等按钮对源程序进行编辑等操作。使用"打开"
、"保存" 等按钮可对工程进行操作。

实际上，工具栏是一个上面放置了一些工具按钮的图片框。通过设置图片框的 Align 属性，
可以控制工具栏（图片框）在窗体中的位置，当改变窗体的大小时，Align 属性值非 0 的图片
框会自动地改变大小，以适应窗体的宽度或高度。

图片框上各种工具按钮，如命令按钮、图形方式的选项和复选框、下拉列表控件等，可
以通过不同的图像来表示对应的功能，还可以设置按钮的 ToolTipText 属性为工具按钮添加
工具提示。对于有些按钮如复选框等，需在其上放置两个图像，分别代表按钮弹起及按下时
的外观。

由于工具按钮通常用于提供对其他（菜单）命令的快捷访问，所以一般都是在其 Click 事
件代码中调用对应的菜单命令。

要在工具栏中放置一系列图片按钮，最直接的方法是在窗体上添加工具栏（Toolbar）控
件和图像列表（ImageList）控件。Toolbar 控件和 ImageList 控件是 ActiveX 控件，在使用前必
须打开图 7-11 所示的"部件"对话框，并且加载"Microsoft Windows Common Controls
6.0(SP6)"，然后才能使用工具箱中新添加的 ImageList 控件和 Toolbar 控件。

1. 创建 ImageList 控件

ImageList 控件在工具箱中的图标是 。

ImageList 控件的作用是放置一些工具栏中所需的图像，控件本身不能独立使用，它需
要 Toolbar 控件（或 ListView、TabStrip、TreeView 控件等）来显示所存储的图像。ImageList
控件可以包含任意大小的所有图片文件，但是图片的显示大小都相同。通常，加入该控件的第
一幅图像决定了随后加入图像的显示大小。

在设计时，可以在 ImageList 属性页中添加图像，按照顺序将需要的图像插入到 ImageList
中，其方法步骤如下：

（1）在窗体上创建一个 ImageList1 控件。

（2）鼠标右击 ImageList1 控件，在出现的快捷菜单中选择"属性"命令（或者在属性窗
口选择"（自定义）"右边的三点按钮"…"），打开"属性页"对话框。

（3）选择"图像"选项卡，单击"插入图片"按钮
就可以插入图片了，如图 7-19 所示。

ImageList 控件支持的图片文件类型有.bmp，.cur，.ico，
.jpg 和.gif 等，并可通过索引（Index）或关键字（Key）来
引用每个对象。

ImageList 控件的属性和方法，主要有如下 3 个。

（1）Index 属性。控件数组的下标。

（2）ListImages 属性。指向 ImageList 控件所包含的
ImageList 对象的图像集合。

图 7-19 ImageList 控件属性页

可以用标准的集合方法（如 Add、Clear、Remove 等方法）来操作 ImageList 对象。集合
中的每一个成员都可以通过其索引或唯一关键字来访问。当把 ImageList 对象添加到一个集合
中时，这些索引或唯一关键字被分别存储在 Index 和 Key 属性中。ImageList 对象集合的属性
和方法，如表 7-12 所示。

表 7-12 ImageList 图像集合的属性和方法

属性或方法	功能说明和使用方法
Index	从 1 开始的图像集合的图像索引号
Key	读取或设置用于图像集合中的识别标识名
Picture	返回或设置将显示在控件中的图片
Count	返回图像集合的图像个数
Item	访问本集合指定的对象 Picture1.Picture = ImageList1.ListImages.Item(1).Picture
Add 方法	向图像集合中添加一个图像，语法格式为： 对象.add([Index], [Key],[Picture]) As ListImage 如：ImageList1.ListImages.Add 2, "cut", LoadPicture("cut.bmp")
Clear 方法	清除图像集合中的所有图像，语法格式为： 对象.Clear
Remove 方法	从图像集合中删除一个图像，语法格式为： 对象.Remove (index)

（3）OverLay 方法。它将来自 ListImage 集合中的图像附加在另一个映像上。

ImageList 控件设置完毕后，接下来在窗体上添加一个工具栏控件，并将 ImageList 控件中的图像与工具栏相关联。

ImageList 控件可以和多个其他控件一起使用，一旦 ImageList 被关联到第二个控件，就不能删除图像，也不能将图像插入到 ListImage 集合中间，但是可以在集合的末尾添加图像。实际上，ImageList 控件和第一个其他控件相关联后，删除图像就不能操作。

2. 设置工具栏的属性

Toolbar 控件在工具箱上的图标是 ▦。

（1）Toolbar 控件的设置。

在 VB 工具箱中，双击 Toolbar 控件，它将加入窗体并出现在窗体的顶部。通过设置 Toolbar 的 Align 属性可以控制工具栏在窗体中的位置。当改变窗体的大小时，Align 属性值为非 0 的工具栏会自动改变大小以适应窗体的宽度或高度。

右击 Toolbar 控件，选择快捷菜单中的"属性"命令，打开"属性页"对话框，如图 7-20 所示。

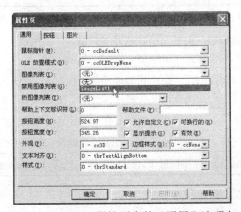

图 7-20 Toolbar 属性页中的"通用"选项卡

在"通用"选项卡中，单击"图像列表"列表框，选择其中的 ImageList1 控件与工具栏控件建立关联。

如图 7-21 所示，将属性页切换到"按钮"选项卡，创建按钮（Button）对象。

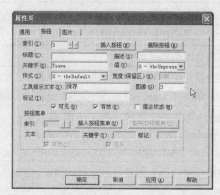

图 7-21　Toolbar 属性页中的"按钮"选项卡

其中各项功能说明如下：

①插入按钮、删除按钮。在 Button 集合中添加或删除按钮元素。通过 Button 集合可以访问工具栏中的各个按钮。

②索引、关键字。工具栏中的按钮通过 Button 集合进行访问，集合中的每个按钮都有唯一的标识，Index 属性和 Key 属性就是这个标识。Index 为整型，Key 为字符串型，访问按钮时可以引用二者之一。

③标题（Caption）和描述。标题是显示在按钮上的文字；描述是按钮的说明信息。

④值（Value）。Value 属性决定按钮的状态，0-tbrUnpressed 为弹起状态，1-tbrPressed 为按下状态。

⑤图像（Image）。用来设置工具栏显示的图形，以 0、1、2 等来标识，数字 1、2、…表示引用了 ImageList 控件中的图像，数字 0 表示没有图像。

⑥样式（Style）。Style 属性决定按钮的行为特点。与按钮相关联的功能可能受到按钮样式的影响，如表 7-13 所示。

表 7-13　Button 对象 Style 属性设置值

常数	值	说明
tbrDefault	0	默认值。按钮是一个规则的下压按钮，如保存文件
tbrCheck	1	复选按钮。具有下压、放开两种状态。当按钮代表的功能是某种开关类型时，可用复选样式，如加粗、倾斜、下划线等
tbrButtonGroup	2	选项按钮。当一组按钮功能相互排斥时，可使用选项按钮组样式。同一时刻只能有一个按钮被按下，但可同时处于抬起状态，如两端对齐、居中、右对齐
tbrSeparator	3	分隔符。按钮的功能是作为有 8 个像素的固定宽度的分隔符
tbrPlaceholder	4	占位符。按钮在外观和功能上像分隔符，但具有可设置的宽度
tbrDropDown	5	MenuButton 按钮放下。用这种样式查看 MenuButton 对象

（2）Toolbar 控件的常用属性和事件。

Toolbar 控件的常用属性和事件，如表 7-14 所示。

表 7-14 ToolBar 控件的属性和事件

属性和事件	说明
Align	返回或设置对象在窗体中的显示位置，它有 5 个值，用来设置工具栏是在窗体的上部、下部、左边或右边等
Buttons	访问控件中使用的 Button 对象的集合
ImageList	返回和设置与控件相关联的 ImageList 控件。该属性被设置后，可以向工具栏按钮添加图形
Index	控件名相同时，用来产生一个数组的下标号
ToolTipText	设置当鼠标指针在工具栏某一按钮暂停时所显示的提示文本
ShowTips	设置是否显示工具栏按钮上的提示文本
AllowCustomSize	设置控件是否被用户自定义，比如，可以增加或删除某一按钮
Wrappable	设置如果窗体尺寸发生变化时，是否自动包括本控件按钮
Key	设置某一按钮与其他按钮的标识符
Style	设置工具栏中按钮的工作方式
Image	设置按钮中显示的图形，以 0、1、2 等来标识，ImageList 控件中的图形将按顺序显示不同的按钮。为 0，则不显示图形
ButtonClick 事件	单击控件上的一个按钮时，响应的事件过程
ButtonMenuClick 事件	当一个按钮被设置了按钮菜单时，响应的事件过程
Click 事件	单击控件时进行响应事件过程

【例 7-6】如图 7-22 所示，利用工具栏来实现字体变化。

分析：从图 7-22 可以看出，本程序窗体上需要设计一个菜单、一个工具栏 ToolBar1 和一个文本框 Text1。为了能够在文本框 Text1 中输入更多的文字，需要将文本框的 MultiLine 属性值设为 True，ScrollBars 属性值设为 2-Vertical。

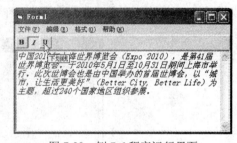

图 7-22 例 7-6 程序运行界面

程序设计步骤如下：

①新建一个标准 EXE 工程。首先为程序设计一个菜单，菜单详细设计可参考 7.2 节，这里不再叙述。

②在窗体上添加一个图像列表框 ImageList1。然后，通过其属性窗口，依次将 COMMON\Graphic\Bitmaps\Tlbr_w95 目录中的图片文件 Bld.bmp，Itl.bmp，Undrln.bmp 加入到图像框内。

③双击工具箱中的 Toolbar 控件，在窗体的顶部添加一个工具栏 Toolbar1。打开 Toolbar1 属性对话框，在"通用"选项卡中将"图像列表"的属性值改为 ImageList1，建立与图像列表控件 ImageList1 的关联。

④在"属性页"的"按钮"选项卡中，依次插入 3 个按钮，同时修改"图像"属性值（这里依次为 1、2、3）。由于加粗、倾斜、下划线为复选按钮，还应将三个按钮的"样式"属性值设为 1-tbrCheck。

分别为 3 个按钮的 ToolTipText 属性设置提示文本：加粗、倾斜、下划线。

⑤编写窗体 Form1 和工具栏控件 ToolBar1 有关的事件过程代码。

- 窗体 Form1 的 Resize 事件代码

```
Private Sub Form_Resize()
    With Text1
        .Top = Toolbar1.Height
        .Left = 0
        .Height = Form1.ScaleHeight - Toolbar1.Height
        .Width = Form1.ScaleWidth
    End With
End Sub
```

- 工具栏控件 ToolBar1 的 ButtonClick 事件代码

```
Private Sub Toolbar1_ButtonClick(ByVal Button As MSComctlLib.Button)
    Select Case Button.Index
        Case 1
            Text1.FontBold = Not Text1.FontBold
        Case 2
            Text1.FontItalic = Not Text1.FontItalic
        Case 3
            Text1.FontUnderline = Not Text1.FontUnderline
    End Select
End Sub
```

注 1：

工具栏控件提供的另一功能是用户定制工具栏。如果将工具栏控件的 AllowCustomize 属性设置为 True，则当用户双击工具栏时，即可显示出"自定义工具栏"对话框，如图 7-23 所示。

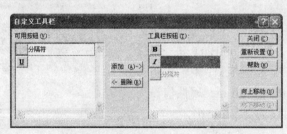

图 7-23 "自定义工具栏"对话框

注 2：

为工具栏上的一个按钮指定一个快捷菜单。在例 7-6 的基础上，添加一个用于设置文本框字体大小的按钮，有 12、16 和 20 三种字体大小。

①在工具栏属性页的"按钮"选项卡中，找到你要添加下拉菜单的按钮，这里是第 4 个按钮。设置该按钮的"样式"属性为 5-tbrDropdown。

如图 7-24 所示，在"按钮菜单"栏处，单击"添加按钮菜单"，此时"索引"文本框可用，其值自动变为"1"。类似地，为该按钮添加另外 2 个按钮菜单，其"索引"值分别为 2 和 3。为区别按钮菜单的每一项，也可设置"关键字"，如"12"、"16"和"20"等或"四号"、"三号"等。

为使工具栏的按钮具有下拉菜单形式，需要编写工具栏控件的 ButtonMenuClick 事件代码。功能是单击该按钮后，弹出一个下拉菜单。

```
Private Sub Toolbar1_ButtonMenuClick(ByVal ButtonMenu _
As MSComctlLib.ButtonMenu)
    Select Case ButtonMenu.Index '如果使用关键字，要用 ButtonMenu.Key
        Case 1
            Text1.FontSize = 12
        Case 2
            Text1.FontSize = 16
        Case 3
            Text1.FontSize = 20
    End Select
End Sub
```

按钮菜单的运行效果如图 7-25 所示。

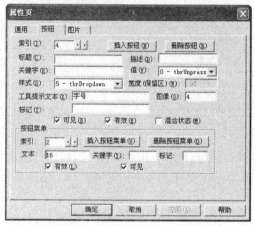

图 7-24　为工具按钮添加"按钮菜单"

图 7-25　"按钮菜单"的运行效果

7.4.2　创建状态栏*

状态栏（StatusBar）控件在工具箱中的图标是 ▆。

界面的状态栏通常位于窗口的底部，它和菜单栏、工具栏一样是 Windows 应用程序的一个特征，用来显示程序的运行状态及其他信息，通常用于以下几个方面。

①显示系统信息，如日期、时间、软件版本和磁盘空间。

②显示菜单、按钮或其他对象的功能或使用方法。

③显示键盘状态，如数字键、大小键、插入键的状态。

④显示鼠标或光标的当前位置，也可设置一些常用命令等。

如图 7-26 所示显示的是 Word 状态栏，它由一组窗口风格的框架组成。

| 265 页 | 9 节 | 285/526 | 位置 5.5厘米 | | 7 行 | 1 列 | 录制 | 修订 | 扩展 | 改写 | 中文(中国) | ☐☒ |

图 7-26　Word 的状态栏

本节将介绍状态栏的制作方法。

1．创建状态栏控件

状态栏控件是一个 ActiveX 控件，添加到工具箱中的方法与 ImageList 和 ToolBar 控件相同。双击状态栏控件图标，在窗体底部将会出现一个状态栏。

状态栏控件是由面板（Panels）集合构成的，在集合中最多可包含 16 个窗格对象，每个对象都可以显示图像和文本。

2. 状态栏的属性和事件

状态栏控件的常用属性和事件，如表 7-15 所示。

表 7-15　状态栏控件的属性和事件

属性和事件	说明
Align	返回或设置状态栏控件在窗体上的位置，它有 5 个值，用来设置状态栏是在窗体的上部、下部、左边或右边等
Panels	状态栏控件用到的窗格（Panel）对象集合
SimpleText	返回和设置本控件为简单类型状态栏的文本。若该设置有效，则 Style 属性必须设置为简单型
Style	用来设置状态栏是普通型还是简单型
Click/DblClick 事件	单击或双击控件时进行响应事件过程
PanelClick 事件	单击控件上的某一个窗格时，响应的事件过程
PanelDblClick 方法	双击控件上的某一个窗格时，响应的事件过程

3. 通过"属性页"对话框设置属性

和工具栏控件一样，可以通过"属性页"对话框设置属性。使用"属性"窗口的"自定义"属性，或鼠标右击状态栏控件，然后选择快捷菜单中的"属性"命令，都可显示"属性页"对话框。

在状态栏控件的"属性页"对话框中，"通用"选项卡上为状态栏的通用属性，包括"样式（Style）"、"鼠标指针（MousePointer）"、"简单文本（SimpleText）"，"OLE 放置模式（OLEDropMode）"以及"有效（Enabled）"和"显示提示（ShowTips）"等属性，如图 7-27 所示。

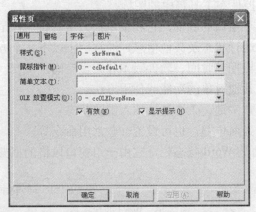

图 7-27　状态栏"属性页"对话框中的"通用"选项卡

在"通用"选项卡中，只有当"样式（Style）"设置为 1-sbrSimple 时，"简单文本"栏中的文本才有效。

如图 7-28 所示是状态栏"属性页"对话框中的"窗格"选项卡，"窗格"选项卡上的选项是状态栏中窗格对象的属性，各属性介绍如下：

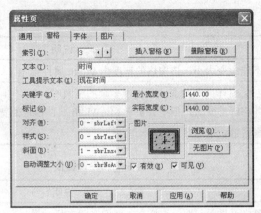

图 7-28　状态栏"属性页"对话框中的"窗格"选项卡

（1）索引（Index）是一个从 1 开始的数值，用它来唯一标识窗格对象集合中的元素。"插入窗格"按钮创建一个新的窗格，"删除窗格"按钮删除当前索引号所指的窗格。

（2）文本（Text）属性设置窗格对象的标签。

（3）图片（Picture）属性设置窗格上显示的图片，其与文本属性显示的相对位置要根据对齐方式的设置。

（4）工具提示文本（ToolTipText）属性设置当用户将鼠标放在窗格上时显示的提示信息。

（5）关键字（Key）属性设置一个唯一标识集合中对象的字符串，它的作用和索引类似。

（6）对齐（Alignment）属性设置窗格对象上文本的对齐方式，有 0-SbrLeft（左对齐）、1-SbrCenter（居中对齐）和 2-SbrRight（右对齐）。

（7）样式（Style）属性设置窗格的样式，这也是状态栏控件最有用的部分，能够用最少的代码显示键盘状态、时间和日期。如表 7-16 所示，列出了 Style 属性的设置值。

表 7-16　状态栏控件窗格对象的 Style 属性设置值

常数	值	说明
sbrText	0	默认值。显示文本和图片
sbrCaps	1	显示 Caps Lock 键状态。当 Caps Lock 键处于激活状态时，显示粗体字母 CAPS，反之则显示灰色字母 CAPS，可以通过设置文本属性更改显示的字符串
sbrNum	2	显示 Num Lock 键状态。当 Num Lock 键处于激活状态时，显示粗体字母 NUM，反之则显示灰色字母 NUM，可以通过设置文本属性更改显示的字符串
sbrIns	3	显示 Insert 键状态。当 Insert 键处于激活状态时，显示粗体字母 INS，反之则显示灰色字母 INS，可以通过设置文本属性更改显示的字符串
sbrScrl	4	显示 Scroll Lock 键状态。当 Scroll Lock 键处于激活状态时，显示粗体字母 SCRL，反之则显示灰色字母 SCRL，可以通过设置文本属性更改显示的字符串
sbrTime	5	显示系统时间。此时忽略该窗格的文本属性
sbrDate	6	显示系统日期。此时忽略该窗格的文本属性
sbrKana	7	显示 Kana Lock 键状态（仅在日文操作系统中有效）

（8）窗格对象的最小宽度、实际宽度和"自动调整大小（AutoSize）"属性是和它的显示宽度有关的。"斜面（Bevel）"属性决定窗格的外观，是凹的、凸的或平面的。

"自动调整大小"属性和"斜面"属性的值，如表 7-17 和表 7-18 所示。

表 7-17　"自动调整大小"属性设置值

常数	值	说明
sbrNoAutoSize	0	不能改变大小，该窗格的宽度由 Width 属性指定
sbrSpring	1	当父窗体大小改变，产生了多余的空间时，所有具有该设置的窗格均分空间，并相应地变大，但不会小于 MinWidth 属性指定的宽度
sbrContents	2	窗格的宽度与其内容自动匹配

表 7-18　"斜面"属性设置值

常数	值	说明
sbrNoBevel	0	窗格不显示斜面，这样文本就像在状态栏一样
sbrInset	1	窗格显示凹陷样式
sbrRaised	2	窗格显示凸起样式

状态栏"属性页"对话框中的"字体"和"图片"选项卡用于设置状态栏文字的字体格式和鼠标指针样式。

【例 7-7】为例 7-6 中的窗体添加一个状态栏，其功能可以显示大小写状态，单击"日期"和"时间"图标可显示当前日期和当前时间，时间每隔一秒刷新一次。程序运行的界面，如图 7-29 所示。

图 7-29　例 7-7 程序运行界面

程序设计步骤如下：

①打开例 7-6 保存的工程，并将工程和相关窗体等换名保存。

②在窗体上添加一个计时器控件 Timer1，设置 Interval 和 Enabled 属性值分别为 1000 和 False。

③在窗体上添加一个状态栏控件 StatusBar1，利用属性窗口中的"自定义"属性，打开如图 7-28 所示的"属性页"对话框。

④单击"属性页"对话框中的"窗格"选项卡，在"索引"处，单击"插入窗格"按钮插入三个窗格。三个窗格的主属性设置，如表 7-19 所示。

表 7-19　例 7-7 状态栏中各窗格的属性设置值

常数	Panel1	Panel2	Panel3
索引 Index	1	2	3
文本 Text		日期	时间
样式 Style	1-sbrCaps		
图像 Picture	自定义		
斜面 Bevel	1-sbrInset		
自动调整大小 AutoSize	1-sbrSpring		

⑤编写有关事件代码。

● 窗体 Form1 的 Resize 事件代码

```
Private Sub Form_Resize()
    With Text1
        .Top = Toolbar1.Height
        .Left = 0
        .Height = Form1.ScaleHeight - Toolbar1.Height - StatusBar1.Height
        '文本框的高度处在工具栏和状态栏的中间
        .Width = Form1.ScaleWidth    '文本框的宽度和窗体内部宽度一样
    End With
End Sub
```

● 状态栏 StatusBar1 的 PanelClick（窗格单击）事件代码

```
Private Sub StatusBar1_PanelClick(ByVal Panel As MSComctlLib.Panel)
    Select Case Panel.Index
    Case 2
        StatusBar1.Panels(2).Text = Date    '显示当前日期
    Case 3
        Timer1.Enabled = True    '计时器开始工作
    End Select
End Sub
```

● 计时器 Timer1 的 Timer 事件代码

```
Private Sub Timer1_Timer()
    StatusBar1.Panels(3).Text = Time    '在状态栏第二个窗格中显示当前时间
End Sub
```

工具栏 Toolbar1 的 ButtonClick 和 ButtonMenuClick 事件过程代码，已在例 7-6 中给出，这里略去。

7.4.3　进度条和滑块*

1. 进度条（ProgressBar）

进度条（ProgressBar）在工具箱中的图标是 ▦ 。

进度条控件位于 Microsoft Windows Common Controls 6.0（SP6）部件中，常用于观察一个耗时较长的操作的完成进度，从左到右用一些矩形块填充进度条，直观地描述当前操作完成的程度。如果进度条被填满了矩形块，表示操作已完成。例如，在安装一个软件时，常有一个代表安装进度的变化长条。

进度条控件除 Name（名称）、Align、Enabled、Visible 等常见属性外，还有几个重要属性，如表 7-20 所示。

表 7-20　进度条控件的常用属性

属性	说明
Appearance	设置或返回对象在窗体上是否以 3D 效果显示。1，以 3D 效果显示；2，以平面效果显示。
Max	设置或返回控件的最大值。默认值是 100
Min	设置或返回控件的最小值。默认值是 0
Orientation	决定进度条是水平还是垂直显示。默认值 0，水平显示；1，垂直显示
Scrolling	决定控件显示进度的样式。默认值 0，使用标准的分段进度条；1，使用平滑的进度条
Value	设置进度时。要显示某个操作的进展情况，该属性将持续增长，直到达到了由 Max 属性定义的最大值。该属性在设计时不可见，其值总是在 Min 和 Max 属性值之间

进度条的属性一般可通过该控件的"属性页"对话框设置，如图 7-30 所示。

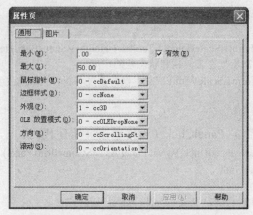

图 7-30　进度条"属性页"对话框

进度条控件常用的事件有 Click、MouseDown、MouseMove 等，但一般不编写代码。

2. 滑块

滑块（Slider）控件在工具箱上的图标是 <img>。

滑块控件是包含滑块和可选择性刻度标记的窗口。可以通过拖动滑块，用鼠标单击滑块的任意一侧或者使用键盘移动滑块。如果需要选择离散数值或某个范围内的一组连续数值时，滑块控件十分有用。

滑块的常用属性，如表 7-21 所示。

表 7-21　滑块控件的常用属性

属性	说明
LargeChange	决定在滑块左（上）方或右（下）方区域单击时改变的值
Max	决定滑块最右端或最下端所代表的值
Min	决定滑块最左端或最顶端所代表的值
Orientation	决定滑块是水平还是垂直显示
SmallChange	决定在滑块两端的箭头钮上单击时改变的值
SelLength	返回或设置滑块选择范围长度
SelStart	返回或设置滑块的起始位置
SelectRange	设置滑块能否有一个可选择的范围
TickFrequency	设置滑块上显示的点号数
TickStyle	设置滑块上点号的定位
Value	代表当前滑块所处位置的值，这个值由滑块的相对位置决定

要选择某个范围内的数值，需将 SelectRange 属性设置为 True 并对控件编程，这样当按下 Shift 键时就可选择范围。

滑块属性的设置，也可通过该控件的"属性页"对话框进行，如图 7-31 所示。

滑块的常用方法有 GetNumTicks 和 ClearSel。其中 GetNumTicks 方法可以返回控件的 Min 和 Max 属性之间的刻度数目；而 ClearSel 方法的功能则是清除控件的当前选择。

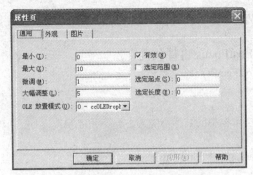

图 7-31　滑块"属性页"对话框

滑块的常用事件有 Click、Change 和 Scroll。其中，Change 事件是当滑块位置发生变化时就引发的事件；Scroll 事件是当拖动滑块时引发的事件。

下面程序代码运行时，单击滑块，不断增加滑块的刻度数目。

```
Private Sub Slider1_Click()
    MsgBox Slider1.GetNumTicks
    Slider1.Max = Slider1.Max + 10
'End Sub
```

【例 7-8】创建一个数字模拟减少或增加的进度条，如图 7-32 所示。程序实现的功能是：在窗体文本框 Text1 中随便输入一个数字，当点击"开始"按钮 Command1 以后，文本框 Text1 里面的数字开始每一秒钟减 1，进度条开始增加；当数字为 0 时，进度条为百分之百。单击"手动调整"按钮 Command2 时，文本框 Text1 中的数字减 1，进度条增加，当文本框 Text1 中的数字为 0 时，进度条为百分之百。

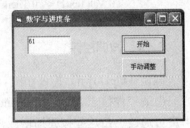

图 7-32　例 7-8 程序运行界面

程序设计步骤如下：

①新建一个标准 EXE 工程。然后，在窗体上添加一个计时器控件 Timer1，一个文本框控件 Text1、两个命令按钮控件 Command1～2 和一个进度条控件 ProgressBar1。

②设置两个命令按钮控件 Command1～2 的 Caption 属性分别为"开始"和"手动调整"。

③设置进度条控件 ProgressBar1 的 Scrolling 属性值为"1-ccScrollingSmooth"。

④编写有关事件代码。

- "开始"命令按钮 Command1 的 Click 事件代码

```
Dim n As Integer
Private Sub Command1_Click()
    Timer1.Interval = 100
    Timer1.Enabled = True
End Sub
```

- "手动调整"命令按钮 Command2 的 Click 事件代码

```
Private Sub Command2_Click()
    If Val(Text1) <= 0 Then Exit Sub
    Text1 = Val(Text1) - 1
    ProgressBar1.Value = n - Val(Text1)
End Sub
```

- 窗体 Form1 的 Load 事件代码

```
Private Sub Form_Load()
```

```
        ProgressBar1.Width = Form1.ScaleWidth
    End Sub
```

● 文本框 Text1 的 LostFocus 事件代码

```
    Private Sub Text1_LostFocus()
        n = Val(Text1)
        If n <= 0 Then
            MsgBox "文本框中的数字不能为小于等于 0"
        Else
            ProgressBar1.Max = Val(Text1)
        End If
    End Sub
```

● 计时器 Timer1 的 Timer 事件代码

```
    Private Sub Timer1_Timer()
        Text1.Text = Val(Text1) - 1
        ProgressBar1.Value = n - Val(Text1)
        If Val(Text1) <= 0 Then Timer1.Enabled = False
    End Sub
```

7.4.4　微调控件*

微调（UpDown）控件在工具箱上的图标是 ⊡ 。

微调控件位于 Microsoft Windows Common Control-2 6.0（SP6）部件中，是一对箭头按钮，用户可通过单击这些按钮递增或递减数值，例如滚动位置或在关联（绑定）控件中显示的数字。与微调控件相关联的控件，称为伙伴控件。

关联控件可以是其他任何类型的控件，只要它具有可被 UpDown 控件更新的属性。例如，微调控件和一个文本框关联，当用户单击向上或向下的箭头按钮时，文本框中的值相应地增加或减少。

微调控件的常用属性，如表 7-22 所示。

表 7-22　微调控件的常用属性

属性	说明
AutoBuddy	如果将 AutoBuddy 属性设置为 True，那么控件自动把 TabOrder 中位于它前面的控件作为它的"伙伴"，反之，则用 BuddyControl 指定的控件作为伙伴控件
BuddyControl	设置或返回用作伙伴控件的控件
Increment	设置或返回一个值，它决定 Value 属性在微调控件的按钮被单击时改变的量
Max	设置或返回滚动范围的最大值
Min	设置或返回滚动范围的最小值
SyncBuddy	决定控件是否使 Value 属性与伙伴控件中的某一属性同步
Value	Value 属性指定在 Min 和 Max 属性值范围中的当前值

微调控件的属性值，可以在属性窗口中设置，也可以在该控件的"属性页"对话框的"滚动"选项卡中设置，如图 7-33 所示。

用"属性页"对话框设置微调属性的基本操作如下：

①用鼠标右键单击微调控件，在弹出的快捷菜单中选择"属性"命令，打开"属性页"对话框。

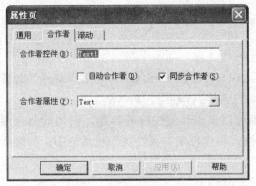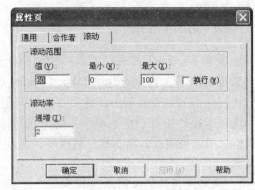

图 7-33　微调控件的"属性页"对话框

②单击"合作者"选项卡。如果勾选"自动合作者"复选框将 AutoBuddy 属性设置为 True。勾选"同步合作者"复选框将 SyncBuddy 属性设置为 True。

③单击"滚动"选项卡。在此处，可设置微调的滚动范围和滚动率（Increment），称为增长率。滚动范围栏处可设置当前值，最小值和最大值。

④如果勾选"换行"，即设置 Wrap 属性为 True，反之为 False。如果设置为 False，当达到 Max 或 Min 值时，该控件将停止滚动，并停在 Max 或 Min 位置。如果设置为 True，该控件会折回到 Min 或 Max 值，并从头出 Min 或 Max 确定的值继续递增（或递减）。

微调控件支持的常见事件有 Change、DownClick 和 UpClick。其中，Change 事件是在 Value 属性改变时发生。DownClick（UpClick）事件是在单击向下（上）或向左（右）箭头按钮时发生。

例如，在新建窗体上添加一个微调控件 UpDown1 和一个文本框，其设计界面如图 7-34（a）所示。然后在代码编辑窗口中输入下面的程序代码：

- 窗体 Form1 的 Load 事件代码

```
Private Sub Form_Load()
    UpDown1.BuddyControl = Text1
    UpDown1.Increment = 5
    UpDown1.Min = 0
    UpDown1.Max = 50
End Sub
```

- 微调控件 UpDown1 的 Change 事件代码

```
Private Sub UpDown1_Change()
    Text1 = UpDown1.Value
End Sub
```

程序运行后，我们将看到微调控件和文本框控件关联后，微调控件自动出现在文本框的右侧，单击微调控件的上下箭头，文本框的数值跟着发生改变，如图 7-34（b）所示。

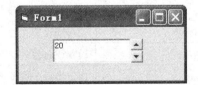

（a）设计界面　　　　　　　　　　　　（b）运行时的界面

图 7-34　微调控件与文本框控件相关联

7.4.5　选项卡控件*

选项卡（SSTab）控件在工具箱中的图标是 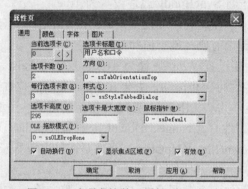。

选项卡控件位于 Microsoft Tabbed Dialog Control 6.0（SP6）部件中，通过"部件"对话框将这一控件添加到工具箱中，然后就能像其他标准控件那样使用它。

选项卡控件中有一组选项卡，每个选项卡都可以作为其他控件的容器，例如前面介绍的工具栏、图像列表框、状态栏、进度条、滑块、微调等控件的"属性页"对话框中，都有几个选项卡。

1. 选项卡控件的常用属性

选项卡控件是一个非常简单的控件，其大部分属性可以在其"属性页"对话框中进行设置，如图 7-35 所示。

图 7-35　选项卡控件"属性页"对话框

选项卡控件常用的属性含义如表 7-23 所示。

表 7-23　选项卡控件的常用属性

属性	说明
（自定义）	打开属性页
Caption	获得或设置活动选项卡中显示的文本
Picture	当前选项卡标题中的图像
Style	获得或设置选项卡的样式
Tab	获得或设置活动的选项卡号
TabIndex	获得或设置父窗体中对象响应 Tab 键的顺序
TabMaxWidth	获得或设置每个选项卡最大宽度
TabOrientation	获得或设置一个值，决定选项卡出现在控件的位置
Tabs	获得或设置选项卡数目
TabsPerRow	获得或设置在每一行中出现的选项卡号
ToolTipText	设置该对象的提示行
WordWrap	决定当每个选项卡的标题中的文本太长时，是否自动换行
ShowFocusRect	返回或设置一个值，当控件上的选项卡得到焦点时，由这个值可确定在该选项卡上的焦点矩形是否可见

2. 选项卡控件的主要事件

选项卡控件常用的事件是 Click 事件，该事件是在用户选定一个选项卡时发生的。Click 事件过程的格式如下：

> Private Sub SSTab1_Click(PreviousTab As Integer)
>   …
> End Sub

Click 事件过程中有一个特殊的参数 PreviousTab，它代表先前的活动选项卡。Click 事件发生在选项卡控件上，不是发生在其中的某一选项卡上，即在同一个选项卡控件的不同选项卡上实施鼠标单击触发的是同一个事件，执行的是同一个事件过程，区别仅仅是 PreviousTab 参数的值不同。

【例 7-9】设计一个窗体，在窗体上添加一个含有两页的多页控件，在第一页中输入用户名和口令，单击第二页时，显示用户名和口令，如图 7-36 所示。

图 7-36 例 7-9 程序运行界面

程序设计步骤如下：

① 新建一个标准 EXE 工程，然后在窗体上添加一个选项卡控件 SSTab1。

② 单击选项卡控件 SSTab1 第一个选项卡，在其页面中，添加两个标签控件 Label1～2 和两个文本框控件 Text1～2；选择选项卡控件 SSTab1 第二个选项卡，在其页面中，添加一个标签控件 Label1。

③ 设置窗体和各个控件的属性，属性设置如表 7-24 所示。

表 7-24　窗体与各控件的属性设置值

控件		属性	值
Form1		Caption	选项卡（SSTab）控件的使用
		MaxButton	False
		MinButton	False
SSTab1	Tab1	Caption	用户名和口令
		Height	550
		Picture	自定义
	Tab2	Caption	口令显示
		Height	550
		Picture	自定义
Tab1	Label1	Caption	用户名：
	Label2	Caption	口　令：
	Text1	Text	" "

控件		属性	值
Tab1	Text2	Text	" "
		PasswordChar	*
		MaxLength	6
Tab2	Label3	Caption	" "
		AutoSize	True

④编写窗体与选项卡控件的有关事件代码。

- 窗体的 Load 事件代码

```
Private Sub Form_Load()
    With SSTab1
        .Left = 0
        .Top = 0
        .Height = Form1.ScaleHeight
        .Width = Form1.ScaleWidth
    End With
    SSTab1.Tab = 1
End Sub
```

- 选项卡控件的 Click 事件代码

```
Private Sub SSTab1_Click(PreviousTab As Integer)
    If PreviousTab <> 0 Then Text1.SetFocus
    Label3.Caption = "用户名称是： " & Text1.Text & vbCrLf _
& "你的口令是： " & Text2.Text
End Sub
```

7.4.6 动画控件*

动画（Animation）控件在工具箱中的图标是 ▦ 。

动画控件主要用来播放动画文件，它允许创建按钮，当单击时即显示动画，如.avi 文件。该控件只能播放无声的 AVI 文件，如果该文件含有声音数据或具有不受支持的压缩格式，运行时将会引发一个错误。

动画控件不是标准控件，该控件位于 Microsoft Windows Common Controls-2 6.0（SP6）部件中，通过"部件"对话框将这一控件添加到工具箱中，然后就能像其他标准控件那样使用它。

1. 动画控件的常用属性

动画控件除 Name、BackColor、Enabled、Visible 等基本属性外，还有以下几个常用的属性，如表 7-25 所示。

表 7-25 动画控件的常用属性

属性	说明
AutoPlay	返回或设置一个值，以确定将.avi 文件加载到动画控件对象中是否自动播放
BackStyle	返回或设置一个值，它指定动画控件对象的背景是透明的还是非透明的
BorderStyle	返回或设置一个值，以确定动画控件对象是在透明的背景上还是在动画剪辑指定的背景颜色上绘制动画
Center	返回或设置一个值，以确定在动画控件对象中 AVI 文件是否居中

2．动画控件的常用方法和事件

动画控件的常用方法，如表 7-26 所示。

表 7-26　动画控件的常用方法

方法	说明
Close	表示关闭动画控件对象当前打开的 AVI 文件，使用语法是：对象名.Close
Open	打开一个要播放的 AVI 文件
Play	在动画控件对象中播放 AVI 文件
Stop	在动画控件对象中终止播放 AVI 文件。使用语法格式是：对象名.Stop

说明：

（1）Open 方法。Open 方法的使用语法如下：

**　　对象名.Open FilePath**

其中，FilePath 参数为必需的参数，取值为一个字符表达式，表示要播放动画的文件名及路径。如下面的语句可打开指定的动画文件。

```
Animation1.Open "D:\test\test.avi"          '指定动画的路径
```

（2）Play 方法。Play 方法的使用语法如下：

**　　对象名.Play[=Repeat,Start,End]**

其中：

①Repeat 是一个可选的参数，取值为一个整数表达式，用来指定重复剪辑的次数。默认值为-1。

②Start 是一个可选的参数，取值为一个整数表达式，用来指定开始的帧。其取值范围为 0～65535。默认值为 0。

③End 为一个可选的参数，取值为一个整数表达式，用来指定结束的帧。其取值范围为 0～65535。默认值是-1，表示上一次剪辑的帧。

动画控件常用的事件有 Click、DblClick、GotFocus、LostFocu、Validate 等。

【例 7-10】制作一个在 Windows 系统中复制文件时的动画。在窗体单击"播放"按钮就可播放动画，单击"停止"按钮将暂停动画的播放，程序运行效果如图 7-37 所示。

图 7-37　例 7-10 程序运行界面

程序设计步骤如下：

①新建一个标准 EXE 工程，然后在窗体上添加一个进度条控件 ProgressBar1、一个动画控件 Animation1、一个计时器 Timer1 控件和三个命令按钮控件 Command1～3。

②设置窗体上控件对象的属性和调整控件对象的位置和大小，各个控件均使用默认控件名称。Timer1 的 Interval 属性设置为 100。

③双击窗体，在打开的代码窗体中输入以下代码。

● "播放"命令按钮 Command1 的 Click 事件代码

```
Private Sub Command1_Click()                          '播放按钮
    Animation1.Open App.Path & "\FILECOPY.AVI"       '设置播放动画的路径
    Animation1.Play                                   '开始播放
    ProgressBar1.Visible = True                       '进度条可见
```

```
            Timer1.Enabled = True                         '计时器开始工作
        End Sub
```

- "停止"命令按钮 Command2 的 Click 事件代码

```
Private Sub Command2_Click()                          '停止按钮
    Animation1.Stop                                  '停止播放动画
    Timer1.Enabled = False                           '计时器不可用
End Sub
```

- "退出"命令按钮 Command3 的 Click 事件代码

```
Private Sub Command3_Click()                          '退出按钮
    End
End Sub
```

- 窗体 Form1 的 Load 事件代码

```
Private Sub Form_Load()                               '窗体加载
    Animation1.AutoPlay = False                       '不允许自动播放
    ProgressBar1.Visible = False                      '进度条不可见
    ProgressBar1.Value = 0                            '当前值为 0
    Timer1.Enabled = False                            '计时器不可用
End Sub
```

- 计时器 Timer1 的 Timer 事件代码

```
Private Sub Timer1_Timer()                            '计时器触发事件
    If ProgressBar1.Value < ProgressBar1.Max Then     '判断当前值是否大于最大值
        ProgressBar1.Value = ProgressBar1.Value + 1   '当前值加 1
    Else
        Animation1.Stop                               '如当前值等于大于最大值时停止播放
        Timer1.Enabled = False                        '计时器不可用
    End If
End Sub
```

思考题：MediaPlay 控件是 Windows Media Player 部件的控件，请设计一个应用程序，用 MediaPlay 控件播放音乐或视频。

7.5　多重窗体与多文档界面

到本节为止，前面介绍的应用程序基本都是只含有一个窗体的简单程序。然而，在实际应用中，单窗体程序往往不能满足需要，须通过多个独立的窗体来实现，这就是多重窗体。在多重窗体中，每个窗体可以有自己的界面和程序代码，分别完成不同的功能。

多文档界面（Multiple Document Interface）是指一个应用程序（父窗体）中包含多个文档（子窗体），如 Microsoft Word、Excel 等应用程序。多文档界面可以同时打开多个文档，简化了文档之间的信息交换。

下面我们为读者介绍多重窗体和多文档界面的设计。

7.5.1　多重窗体

建立一个多重窗体应用程序时，首先应该在工程中添加多个与用户交互的窗体，然后再设计这些窗体之间的调用关系，以及窗体的加载、卸载、删除等操作，同时还包括各个窗体自身功能的实现。

1．添加窗体

在一个新建的工程中，添加窗体的方法如下：

（1）执行"工程"菜单下的"添加窗体"菜单命令（或单击"标准"工具栏中"添加窗体"按钮 ），打开"添加窗体"对话框，如图 7-38 所示。

（2）选取"新建"选项卡，在其列表框中选择"窗体"项。

（3）单击"打开"按钮，完成"添加窗体"操作。

实际上，要添加一个窗体，也可以在"工程资源管理器"窗口中单击鼠标右键，执行快捷菜单的"添加"子菜单中的"添加窗体"菜单项来完成窗体添加。窗体添加完成后，工程资源管理器窗口就会显示出新增加的窗体，如图 7-39 所示。

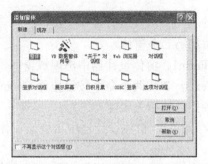

图 7-38　"添加窗体"对话框

图 7-39　窗体列表

如果将其他工程已设计好的窗体添加到当前工程中，其方法如下：

（1）在 Windows 资源管理器中，将已保存的窗体文件（*.frm）复制到当前工程所在文件夹。

（2）在 VB 环境下，执行"工程"菜单下的"添加窗体"菜单命令，在弹出的"添加窗体"对话框中，选择"现存"选项卡。在"现存"列表框中，查找并选择所需要的窗体。

（3）单击"打开"按钮完成操作。

2．设置启动窗体

在多重窗体程序中，需要在多个窗体中确定第一个出现的窗体——启动窗体。如果没有指定，那么系统就把设计时的第一个窗体作为启动窗体。

确定启动窗体的方法，请参考 6.1.1 节"Sub Main 过程"内容，这里不再叙述。启动窗体在运行程序时自动显示出来，其他窗体必须通过 Show 方法才能显示。

3．多重窗体操作的语句和方法

在拥有多个窗体的工程中，经常需要在多个窗体之间进行切换、显示或隐藏某个窗体等操作。有关窗体间的操作方法和语句有：

（1）Load 和 UnLoad 语句。这两条语句的使用方法，请参考 3.5.5 节有关的内容。

（2）Show 和 Hide 语句。这两条语句的使用方法，请参考 1.5.3 节有关的内容。

4．多重窗体间的数据存取

在多个窗体间的数据一般是通过在标准模块中定义全局变量来实现共享的，如果要直接存取另一个窗体上的数据，则必须按下格式来存取：

窗体名称.窗体级变量名|控件名.属性

【例 7-11】设计一个程序登录窗体，要求用户输入用户名和密码，输入错误时可给予适当提示，如果三次输入错误则退出程序。程序运行效果如图 7-40 所示。

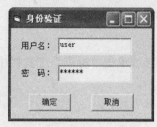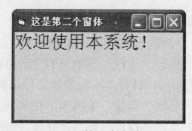

（a）第一个窗体　　　　　　　　　　　　（b）第二个窗体

图 7-40　例 7-11 程序运行界面

分析：为完成本题的功能，应用程序中需要两个窗体，一个窗体的功能是完成用户的身份验证，当用户身份确定后，出现另一个窗体。

程序设计步骤如下：

①新建一个标准 EXE 工程，然后在工程中添加第二个窗体。

②在"工程资源管理器"窗口中，双击窗体 Form1，窗体设计器中出现该窗体。在窗体上添加两个标签控件 Label1～2、两个文本框控件 Text1～2 和两个命令按钮控件 Command1～2。依照图 7-40（a）所显示的内容，修改该窗体和各控件的相关属性。

③在"工程资源管理器"窗口中，双击窗体 Form2，窗体设计器中出现该窗体。依照图 7-40（b）所显示的内容，修改该窗体相关属性。

④在"工程资源管理器"窗口中，再次双击窗体 Form1，窗体设计器中出现该窗体。双击窗体，在打开的代码窗体中输入以下代码。

- 窗体 Form1 的 Load 事件代码

```
Dim UserName As String
Dim Password As String
Dim i As Integer
Private Sub Form_Load()
    Text1 = ""
    Text2 = ""
    UserName = "user"      '预设的用户名
    Password = "123456"    '预设的密码
End Sub
```

- "确定"命令按钮 Command1 的 Click 事件代码

```
Private Sub Command1_Click()
    If LCase(Text1.Text) = "user" And Text2.Text = "123456" Then
        Form2.Show                      '显示第二个窗体
        Form2.Caption = "这是第二个窗体"
        Form2.FontSize = 18
        Form2.Print "欢迎使用本系统！"
    Else
        MsgBox "用户密码输入错误。", , "错误"
        i = i + 1
        If i >= 3 Then
            MsgBox "您不是合法用户！", , "抱歉"
            End
        End If
        Text1 = ""
        Text2 = ""
```

```
        Text1.SetFocus
    End If
End Sub
```

● "取消"命令按钮 Command2 的 Click 事件代码

```
Private Sub Command2_Click()
    Text1 = ""
    Text2 = ""
    Text1.SetFocus
End Sub
```

● 文本框 Text1 的 KeyPress 事件代码

```
Private Sub Text1_KeyPress(KeyAscii As Integer)
    If KeyAscii = 13 Then
        Text2.SetFocus
    End If
End Sub
```

● 文本框 Text1 的 LostFocus 事件代码

```
Private Sub Text1_LostFocus()
    If Text1 <> "" Then
        Text2.SetFocus
    Else
        MsgBox "用户名未输入！",, "错误"
        Text1.SetFocus
    End If
End Sub
```

● 文本框 Text2 的 KeyPress 事件代码

```
Private Sub Text2_KeyPress(KeyAscii As Integer)
    If KeyAscii = 13 Then
        If LCase(Text1.Text) = "user" And Text2.Text = "123456" Then
            Form2.Show                      '显示第二个窗体
            Form2.Caption = "这是第二个窗体"
            Form2.FontSize = 18
            Form2.Print "欢迎使用本系统！"
        Else
            MsgBox "用户密码输入错误。",, "错误"
            i = i + 1
            If i >= 3 Then
                MsgBox "您不是合法用户！",, "抱歉"
                End
            End If
            Text1 = "" : Text2 = ""
            Text1.SetFocus
        End If
    End If
End Sub
```

● 文本框 Text2 的 LostFocus 事件代码

```
Private Sub Text2_LostFocus()
    If Text2 = "" Then
        MsgBox "密码未输入！",, "错误"
```

```
                Text2.SetFocus
            End If
        End Sub
```

7.5.2　多文档界面

用户一定对 Windows 下的记事本（NotePad）和 Word 程序界面非常熟悉，一个是单文档界面（Single Document Interface，SDI），一个是多文档界面（Multiple Document Interface，MDI）。记事本应用程序在使用时，一次只能打开一个文档，如果要打开另外一个文档，就必须先关闭当前已打开的文档。而 Word 应用程序，一次可同时容纳多个文档。

多文档界面由一个父窗体和多个子窗体组成。MDI 窗体作为子窗体的容器，子窗体包含在父窗体之内，用来显示各自的文档。父窗体和子窗体中都可以使用菜单和工具栏，它们的命令处理只能在自己的模块中执行。

1．添加 MDI 窗体

选择"工程"菜单中的"添加 MDI 窗体"命令，窗体窗口中就会出现 MDI 画面，其默认名称为 MDIForm1，如图 7-41 所示。

要在 MDI 窗体中添加子窗体，则可通过下面的两个动作完成：

（1）添加一个窗体。

（2）将其 MDIChild 属性设置为 True。

当然，若将 Form1 窗体设为 MDI 窗体的子窗体，则只需修改其 MDIChild 属性即可。如果，在 MDI 窗体下再添加一个窗体 Form2，并将 Form1、Form2 的 MDIChild 属性改为 True，然后在 MDIForm_Load 事件过程中输入语句：

```
        Form2.Show
```

运行程序后，即可看到 Form1、Form2 都包含在 MDIForm1 窗体里面，如图 7-42 所示。

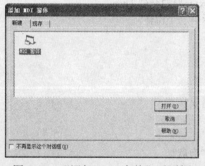

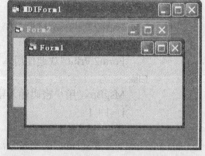

图 7-41　"添加 MDI 窗体"对话框　　　　　图 7-42　含有两个子窗体的 MDI 界面

此后，如果想在程序运行时添加其他子窗体，即可以使用上面介绍的方法，也可以利用如下程序代码：

```
        Dim newForm As New Form1
        newForm.Show
```

其中，newForm 为窗体变量。一般可利用这种方式设计程序菜单的"新建"命令，每单击一次该命令就增加一个子窗体画面。为了显示出不同的标题，可以在使用 Show 之前修改其 Caption 属性，比如利用一个公共变量 Filnum 累加，即可显示文件 1、文件 2 等顺序变化：

```
        newform.Caption = "文件" & Filnum
        Filnum = Filnum + 1
```

2. 自动定位窗体

利用坐标系统可以将窗体定位于屏幕或 MDI 的任意位置。将定位窗体的代码放在窗体的 Load 过程，这样会在窗体实际出现在屏幕上之前将窗体定位。要将子窗体居于父窗体的中间，需在窗体的 Load 过程中简单地添加代码来计算并指定窗体左上角的位置，如下列代码所示：

子窗体名.Left = (MDI 窗体名.ScaleWidth − 子窗体名.Width) \ 2
子窗体名.Top = (MDI 窗体名.ScaleHeight − 子窗体名.Height) \ 2

3. 有关属性和事件

在应用 MDI 窗体时，我们经常用到 ActiveForm 属性和 Arrange 方法。

（1）ActiveForm 属性。如果 MDI 窗体对象是活动的或者被引用时，则所指定的是活动的 MDI 子窗体，即 ActiveForm 属性表示一个活动的子窗体。

（2）Arrange 方法。MDI 应用程序中可以包含多个子窗体。当打开多个子窗体时，用 MDIForm 的 Arrange 方法能够使子窗体（或其图标）按一定的规律排列。语法格式如下：

MDI 窗体名.Arrange <参数>

其中，"参数"可以是一个常量或一个整数，表示所使用的排列方式，系统提供四种选择，如表 7-27 所示。

表 7-27　Arrange 方法参数值

符号常量	值	说明
Vbcascade	0	各子窗体按层叠方式排列
VbTileHorizontal	1	各子窗体按水平平铺方式排列
VbTileVertical	2	各子窗体按垂直平铺方式排列
vbArrange	3	当各子窗体被最小化为图标时，能够使图标重新排列

【例 7-12】新建一个工程，包含主窗体 MDIForm1（MDI 窗体）和文档录入窗体 FrmDocument 两个窗体，如图 7-43 所示。

MDIForm1 窗体"文件"菜单包含"新建"、"关闭"和"退出"三个子菜单，分别实现新建文档、关闭当前文档窗口和退出应用程序功能；"窗口"菜单包含"水平平铺"、"垂直平铺"、"层叠"和"排列图标"，打开"窗口"菜单时，同时显示窗口列表项。FrmDocument 窗体上只有一个文本框控件 Text1，用于录入文本。

图 7-43　例 7-12 程序运行界面

多文档界面建立的过程如下。

①建立工程，设置默认窗体 Form1 的 Caption 值为"文档 1"、MDIChild 属性值为 True、名称（Name）属性为 FrmDocument。

②通过"工程"菜单中的"添加 MDI 窗体"命令，添加一个 MDI 窗体（一个工程只能有一个 MDI 窗体），并将 MDIForm1 窗体的 Caption 属性改为"模拟 Word 程序"。

③执行"工程"菜单中的"工程属性"命令，选择启动对象为 MDIForm1。

④利用"菜单编辑器"为 MDIForm1 窗体建立菜单，菜单属性设置如表 7-28 所示。

⑤窗体 MDI、子窗体 Form1 和各菜单的有关程序代码如下。

● MDI 窗体"通用"声明区的代码

Dim documentNum As Integer 'documentNum 表示新建文档的个数

表 7-28 菜单项的属性设置

菜单项标题	名称	显示窗口列表
文件(F)	File	
....新建	NewFile	
....关闭	CloseFile	
....退出	Quit	
窗口(W)	Win	True
....水平平铺	HorizontalWin	
....垂直平铺	VerticalWin	
....层叠	CascadeWin	
....排列图标	ArrangeIcons	
帮助(H)	Help	

- 新建子窗体过程程序代码

```
Private Sub newdocfrm()
    Dim frmDoc As New frmDocument '创建新文档
    documentNum = documentNum + 1
    frmDoc.Caption = "文档" & documentNum
    frmDoc.Show   '显示子窗体
End Sub
```

- 多文档窗体 MDIForm1 的 Load 事件代码

```
Private Sub MDIForm_Load()   '加载 MDI 时，将第一个窗体显示的窗口添加到"窗口"主菜单中
    Call newdocfrm
End Sub
```

- "文件"菜单中的"新建"菜单项程序代码

```
Private Sub NewFile_Click()
    Call newdocfrm   '单击"新建"菜单
End Sub
```

- "文件"菜单中的"关闭"菜单项程序代码

```
Private Sub CloseFile_Click()  '关闭窗体
    Unload ActiveForm
End Sub
```

- "文件"菜单中的"退出"菜单项程序代码

```
Private Sub Quit_Click()
    End
End Sub
```

- "窗口"菜单中的"层叠"菜单项程序代码

```
Private Sub CascadeWin_Click()
    Me.Arrange vbCascade     '层叠窗口
End Sub
```

- "窗口"菜单中的"水平平铺"菜单项程序代码

```
Private Sub HorizontalWin_Click()
    Me.Arrange vbTileHorizontal    '水平平铺窗口
End Sub
```

- "窗口"菜单中的"垂直平铺"菜单项程序代码

```
Private Sub VerticalWin_Click()
    Me.Arrange vbTileVertical        '垂直平铺窗口
End Sub
```

- "窗口"菜单中的"排列图标"菜单项程序代码

```
Private Sub ArrangeIcons_Click()
    Me.Arrange vbArrangeIcons        '所有窗体最小化时的图标排列
End Sub
```

- 子窗体 frmDocument 的 Load 事件代码

```
Private Sub Form_Load()
    Text1 = ""
End Sub
```

- 子窗体 frmDocument 的 Resize 事件代码

```
Private Sub Form_Resize()
    With Text1
        .Top = 0
        .Left = 0
        .Height = ScaleHeight
        .Width = ScaleWidth
    End With
End Sub
```

⑥运行程序，单击"文件"菜单下的"新建"菜单项，运行结果如图 7-44、图 7-45、图 7-46 和图 7-47 所示。

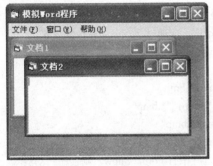

图 7-44　新建文档 2

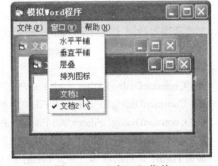

图 7-45　"窗口"菜单

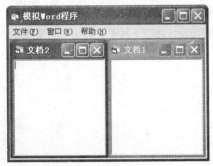

图 7-46　垂直平铺窗口

图 7-47　排列图标

习题七

一、单选题

1．用户在使用 ActiveX 控件之前，需要将它们加载到工具箱中，下面（　　）操作可进行 ActiveX 控件的加载。

    A）"工程" → "部件…"　　　　　　　　B）"视图" → "工具箱"

    C）"工具" → "选项…"　　　　　　　　D）"工程" → "引用…"

2．在用菜单编辑器设计菜单时，必须输入的项有（　　）。

    A）标题　　　　　　B）快捷键　　　　　　C）索引　　　　　　D）名称

3．在下列关于菜单的说法中，错误的是（　　）。

    A）每个菜单项与其他控件一样也有自己的属性和事件

    B）除了 Click 事件之外，菜单项还能响应其他如 DblClick 等事件

    C）菜单项的快捷键不能任意设置

    D）程序运行时，若菜单项的 Enabled 属性为 False，则该菜单项变成灰色

4．在下列关于对话框的叙述中，错误的是（　　）。

    A）CommonDialog1.ShowFont　显示字体对话框

    B）在打开对话框中，用户选择的文件名可以经 FileTitle 属性返回

    C）在打开对话框中，用户选择的文件名及路径可以经 FileName 属性返回

    D）通用对话框中可以制作和显示帮助对话框

5．菜单的热键指使用 Alt 键和菜单标题中的一个字符来打开菜单，建立热键的方法是在菜单标题的某个字符前加上一个（　　）字符。

    A）%　　　　　　　　B）$　　　　　　　　C）&　　　　　　　　D）#

6．要将通用对话框 CommonDialog1 设置成不同的对话框，应通过（　　）属性来设置。

    A）Name　　　　　　B）Action　　　　　　C）Tag　　　　　　D）Left

7．以下语句正确的是（　　）。

    A）CommonDialog1.Filter = All Files|*.*|Picture(*.bmp)|*.bmp

    B）CommonDialog1.Filter="All Files"|"*.*"|"Picture(*.bmp)"|"*.bmp"

    C）CommonDialog1.Filter="All Files|*.*|Picture(*.bmp)|*.bmp"

    D）CommonDialog1.Filter={All Files|*.*|Picture(*.bmp)|*.bmp}

8．如果 Form1 是启动窗体，并且 Form1 的 Load 事件过程中有 Form2.Show，则程序启动后（　　）。

    A）发生一个运行错误　　　　　　　　B）在所有的初始化代码运行后 Form1 是活动窗体

    C）发生一个编译　　　　　　　　　　D）在所有的初始化代码运行后 Form2 是活动窗体

9．窗体上有名称分别为 Text1、Text2 的两个文本框，要求文本框 Text1 中输入的数据小于 500，文本框 Text2 中输入的数据小于 1000，否则重新输入。为了实现上述功能，在以下程序中问号（?）处应填入的内容是（　　）。

```
Private Sub Text1_LostFocus()
    Call CheckInput(Text1,500)
End Sub
Private Sub Text2_LostFocus()
    Call CheckInput(Text2,1000)
End Sub
Sub CheckInput(t As ?,x As Integer)
    If Val(t.text)>x Then
        MsgBox"请重新输入!"
```

```
            End If
      End Sub
```
A）Text   B）SelText   C）Control   D）Form

10. 设菜单中只有一个菜单项为 Open。若要为该菜单项设置访问键，即按下 Alt 键及字母 O 时，能够执行 Open 命令，则在菜单编辑器中设置 Open 命令的方式是（   ）。

A）把 Caption 属性设置为 &Open   B）把 Caption 属性设置为 O&pen

C）把 Name 属性设置为 &Open   D）把 Name 属性设置为 O&pen

11. 在 VB 工程中，可以作为"启动对象"的程序是（   ）。

A）任何窗体或标准模块   B）任何窗体或过程

C）Sub Main 过程或其他任何模块   D）Sub Main 过程或任何窗体

12. 以下叙述中错误的是（   ）。

A）在程序运行时，通用对话框控件是不可见的

B）在同一个程序中，用不同的方法（如 ShowOpen 或 ShowSave 等）打开的通用对话框具有不同的作用

C）调用通用对话框控件的 ShowOpen 方法，可以直接打开在该通用对话框中指定的文件

D）调用通用对话框控件的 ShowColor 方法，可以打开颜色对话框

13. 以下叙述中错误的是（   ）。

A）下拉式菜单和弹出式菜单都用菜单编辑器建立

B）在多窗体程序中，每个窗体都可以建立自己的菜单系统

C）除分隔线外，所有菜单项都能接收 Click 事件

D）如果把一个菜单项的 Enable 属性设置为 False，则该菜单项不可见

14. 假定有下面所列的菜单结构：

标题	名称	层次
显示	Appear	1（主菜单）
大图标	Bigicon	2（子菜单）
小图标	Smallicon	3（子菜单）

要求程序运行后，如果单击菜单项"大图标"，则在该菜单项前添加一个"√"。以下正确的事件过程是（   ）。

A）Private Sub Bigicon_Click()   B）Private Sub Bigicon_Click()
    Bigicon.Checked=False   Me.Appear.Bigicon.Checked=True
    End Sub   End Sub

C）Private Sub Bigicon_Click()   D）Private Sub Bigicon_Click()
    Bigicon.Checked=True   Appear.Bigicon.Checked=False
    End Sub   End Sub

15. 在用菜单编辑器设计菜单时，必须输入的项是（   ）。

A）名称   B）标题   C）快捷键   D）索引

16. 假定一个工程由一个窗体文件 Form1 和两个标准模块文件 Model1 及 Model2 组成，Model1 代码如下：

```
Public x As Integer
Public y As Integer
Sub S1()
    x = 1
    S2
End Sub
Sub S2()
    y = 10
```

```
        Form1.Show
    End Sub
    Model2 代码如下：
    Sub Main()
        S1
    End Sub
```

其中 Sub Main 被设置为启动过程。程序运行后，各模块的执行顺序是（　　）。

A）Form1→Model1→Model2　　　　　B）Model1→Model2→Form1

C）Model2→Model1→Form1　　　　　D）Model2→Form1→Model1

17. 如果一个工程含有多个窗体及标准模块，则以下叙述中错误的是（　　）。

A）如果工程中含有 Sub Main 过程，则程序一定首先执行该过程

B）不能把标准模块设置为启动模块

C）用 Hide 方法只是隐藏一个窗体，不能从内存中清除该窗体

D）任何时刻最多只有一个窗体是活动窗体

18. VB 的对话框分为三类，这三类对话框是（　　）。

A）输入对话框、输出对话框和信息对话框

B）预定义对话框、自定义对话框和文件对话框

C）预定义对话框、自定义对话框和通用对话框

D）函数对话框、自定义对话框和文件对话框

19. 假定有一个菜单项，名为 MenuItem，为了在运行时使该菜单项失效（变灰），应使用的语句为（　　）。

A）MenuItem.Enabled=False　　　　　B）MenuItem.Enabled=True

C）MenuItem.Visible=True　　　　　D）MenuItem.Visible=False

20. 以下叙述中错误的是（　　）。

A）在同一窗体的菜单项中，不允许出现标题相同的菜单项

B）在菜单的标题栏中，"&" 所引导的字母指明了访问该菜单项的访问键

C）程序运行过程中，可以重新设置菜单的 Visible 属性

D）弹出式菜单也在菜单编辑器中定义

21. 对话框在关闭之前，不能继续执行其他操作，这种对话框属于（　　）。

A）输入对话框　　　　　　　　　　　B）输出对话框

C）模式（模态）对话框　　　　　　　D）无模式对话框

22. 将窗体的 Visible 属性设置为 True，与使用（　　）产生的效果一样。

A）Load 语句　　　　B）Unload 语句　　　　C）Show 方法　　　　D）Hide 方法

23. 和 CommonDialog1.Action=3 等效的方法是（　　）。

A）CommonDialog1.ShowOpen　　　　B）CommonDialogl.ShowFont

C）CommonDialog1.ShowColor　　　　D）CommonDialogl.ShowSave

24. 为了将菜单项分组，使不同类型菜单项之间用一条水平线分隔开。设置方法是在菜单中插入一个菜单项，将该菜单控件的（　　）属性设为一个连字符（-）即可。

A）Name　　　　　　B）Visible　　　　　C）ShortCut　　　　D）Caption

25. 下面 4 个选项中，错误的选项是（　　）。

A）菜单名称是显示在菜单项上的字符串　　B）菜单名称是程序使用菜单的标识

C）菜单名称是设置菜单项属性的对象　　　D）菜单名称是引用菜单项属性的对象

26. 文件操作对话框中 FileName 属性是（　　）。

A）只含有文件名的字符串

B）含有相对于当前文件夹的路径和文件名的字符串

C）含有相对于当前盘的绝对路径和文件名的字符串

D）含有盘符、绝对路径和文件名的字符串

27. 菜单项能触发的事件有（　　）。

    A）MouseDown　　　　　　　　　　B）MouseUp、Click 和 DblClick

    C）Click　　　　　　　　　　　　　　D）DblClick 和 Click

28. 使用"打开"对话框的方法是（　　）。

    A）双击工具箱中的"打开"控件，将其添加到窗体上

    B）单击 CommonDialog 控件，然后在窗体上画出"打开"对话框

    C）在程序中用 Show 方法显示"打开"对话框

    D）在程序中用 ShowOpen 方法显示"打开"对话框

29. 要让菜单项不显示出来，应将（　　）属性值设置为 False。

    A）Visible　　　　　B）Enabled　　　　　C）Moveable　　　　　D）Checked

30. 激活弹出式菜单的命令是（　　）。

    A）Load　　　　　　B）Show　　　　　　C）SetFocus　　　　　D）PopupMenu

31. 窗体上有一个文本框 Text1 和一个菜单，菜单标题、名称如下表，结构见下图。要求程序执行时单击"保存"菜单项，则把其标题显示在 Text1 文本框中。下面可实现此功能的事件过程是（　　）。

标题	名称
文件	file
新建	new
保存	save

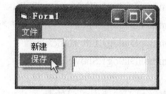

    A）Private Sub save_Click()　　　　　　B）Private Sub save_Click()

        Text1.Text=file.save.Caption　　　　　　　　Text1.Text=save.Caption

    End Sub　　　　　　　　　　　　　　　End Sub

    C）Private Sub file_Click()　　　　　　D）Private Sub file_Click()

        Text1.Text=file.save.Caption　　　　　　　　Text1.Text=save.Caption

    End Sub　　　　　　　　　　　　　　　End Sub

32. 窗体上有一个用菜单编辑器设计的菜单。运行程序，并在窗体上单击鼠标右键，则弹出一个快捷菜单，如图所示，以下叙述中错误的是（　　）。

    A）在设计"粘贴"菜单项时，在菜单编辑器窗口中设置了"有效"属性（有"√"）

    B）菜单中的横线是在该菜单项的标题输入框中输入了一个"-"（减号）字符

    C）在设计"选中"菜单项时，在菜单编辑器窗口中设置了"复选"属性（有"√"）

    D）在设计该弹出菜单的主菜单项时，在菜单编辑器窗口中去掉"可见"前面的"√"

33. 在菜单编辑器中建立一个名称为 Menu0 的菜单项，将其"可见"属性设置为 False，并建立其若干子菜单，然后编写如下过程：

```
Private Sub Form_MouseDown(Button As Integer,Shift As Integer,X As Single,Y As Single)
    If Button=1 Then
        PopupMenu Menu0
    End If
End Sub
```

则以下叙述中错误的是（　　　）。

　　A）该过程的作用是弹出一个菜单

　　B）单击鼠标右键时弹出菜单

　　C）Menu0 是在菜单编辑器中定义的弹出菜单的名称

　　D）参数 X、Y 指明鼠标当前位置的坐标

34．以下关于菜单的叙述中，错误的是（　　　）。

　　A）除了 Click 事件之外，菜单项不可以响应其他事件

　　B）每个菜单项都是一个控件，与其他控件一样，有其属性和事件

　　C）菜单项的索引项必须从 1 开始

　　D）菜单的索引号可以不连续

35．窗体上有一个名称为 CommonDialog1 的通用对话框，一个名称为 Command1 的命令按钮，并有如下事件过程：

```
Private Sub Command1_Click()
    CommonDialog1.DefaultExt = "doc"
    CommonDialog1.FileName = "VB.txt"
    CommonDialog1.Filter = "All(*.*)|*.*|Word|*.Doc|"
    CommonDialog1.FilterIndex = 1
    CommonDialog1.ShowSave
End Sub
```

运行上述程序，如下叙述中正确的是（　　　）。

　　A）打开的对话框中文件"保存类型"框中显示"All(*.*)"

　　B）实现保存文件的操作，文件名是 VB.txt

　　C）DefaultExt 属性和 FileName 属性所指明的文件类型不一致，程序出错

　　D）对话框的 Filter 属性没有指出 txt 类型，程序运行出错

36．设工程中有两个窗体：Form1、Form2，Form1 为启动窗体。Form2 中有菜单。其结构如下表。要求在程序运行时，在 Form1 的文本框 Text1 中输入口令并按回车键（回车键的 ASCII 码为 13）后，隐藏 Form1，显示 Form2。若口令为"Teacher"，所有菜单项都可见；否则看不到"成绩录入"菜单项。为此，某人在 Form1 窗体文件中编写如下程序：

菜单结构

标题	名称	级别
成绩管理	Mrk	1
成绩查询	Query	2
成绩录入	input	3

```
Private Sub Text1_KeyPress(KeyAscii As Integer)
    If KeyAscii = 13 Then
        If Text1.Text = "Teacher" Then
            Form2.input.Visible = True
        Else
            Form2.input.Visible = False
        End If
    End If
    Form1.Hide
    Form2.Show
End Sub
```

程序运行时发现刚输入口令就隐藏了 Form1，显示了 Form2，程序需要修改。下面修改方案中正确的是（　　）。

A）把 Form1 中 Text1 文本框及相关程序放到 Form2 窗体中

B）把 Form1.Hide、Form2.Show 两行移到两个 End If 之间

C）把 If KeyAscii=13 Then 改为 If KeyAscii="Teaeher" Then

D）把两个 Form2.input.Visible 中的 "Form2" 删去

37．设工程文件包含两个窗体文件 Form1.frm、Form2.frm 及一个标准模块文件 Module1.bas。两个窗体上分别只有一个名称为 Command1 的命令按钮。

Form1 的代码如下：

```
Public x As Integer
Private Sub Command1_Click()
        Form2.Show
End Sub
Private Sub Form_Load()
        x=1
        y=5
End Sub
```

Form2 的代码如下：

```
Private Sub Command1_Click()
        Print Form1.x,y
End Sub
```

Module1 的代码如下：

```
Public y As Integer
```

运行以上程序，单击 Form1 的命令按钮 Command1，则显示 Form2；再单击 Form2 上的命令按钮 Command1，则窗体上显示的是（　　）。

A）15 　　　　　　B）05 　　　　　　C）00 　　　　　　D）程序有错

38．执行多窗体应用程序时，（　　）。

A）打开一个窗体后，其他窗体都会被关闭

B）在某一时刻只能打开一个窗体

C）打开一个窗体后，其他窗体都会被隐藏起来

D）允许同时打开多个窗体

39．关于多窗体应用程序的叙述正确的是（　　）。

A）连续向工程中添加多个窗体，会生成多个窗体模块

B）连续向工程中添加多个窗体，存盘后只生成一个窗体模块

C）每添加一个窗体，即生成一个工程文件

D）只能以第一个建立的窗体作为启动界面

40．下列添加窗体的操作错误的是（　　）。

A）可以选择菜单栏中的菜单命令来添加窗体

B）可以选择工具栏中的 "添加工程" 命令来添加窗体

C）可以在工程资源管理器中选择快捷菜单中的相应选项来添加窗体

D）可以从控件工具箱中选择相应的控件来添加窗体

41．某人创建了一个工程，其中的窗体名称为 Form1，之后又添加了一个名为 Form2 的窗体，并希望程序执行时先显示 Form2 窗体，那么，他需要做的工作是（　　）。

A）在 "工程属性" 对话框中把 "启动对象" 设置为 Form2

B）在 Form1 的 Load 事件过程中加入语句 Load Form2

C）在 Form2 的 Load 事件过程中加入语句 Form2.Show

D）把 Form2 的 TabIndex 属性设置为 1，把 Form1 的 TabIndex 属性设置为 2

42．关于多重窗体的叙述中，正确的是（   ）。

A）作为启动对象的 Main 子过程只能放在窗体模块内

B）如果启动对象是 Main 子过程，则程序启动时不加载任何窗体，以后由该过程根据不同情况决定是否加载哪一个窗体

C）没有启动窗体，程序不能运行

D）以上都不对

43．在 VB 中，除了可以指定某个窗体作为启动对象外，还可以指定（   ）作为启动对象。

A）事件   B）Main 子过程   C）对象   D）菜单

44．工程中有两个窗体，名称分别为 Form1、Form2，From1 为启动窗体，该窗体上有命令按钮 Command1。要求程序运行后单击该命令按钮时显示 Form2，则按钮的 Click 事件过程应该是（   ）。

A）Private Sub Command1_Click()
　　　　Form2.Show
　　　End Sub

B）Private Sub Command1_Click()
　　　　Form2.Visible
　　　End Sub

C）Private Sub Command1_Click()
　　　　Load Form2
　　　End Sub

D）Private Sub Command1_Click()
　　　　Form2.Load
　　　End Sub

45．下面哪个窗体不属于一个 MDI 应用程序可以包含的窗体（   ）。

A）标准窗体   B）运行窗体   C）MDI 父窗体   D）MDI 子窗体

46．若要将一普通窗体设置为 MDI 窗体的子窗体，应将（   ）属性值设为 True。

A）Enabled   B）Visible   C）Moveable   D）MDIChild

47．关闭 MDI 窗体时，会触发的事件是（   ）。

A）Load   B）Click   C）Resize   D）QueryUnload

48．多文档界面应用程序中的子窗体排列是通过调用 MDI 窗体的 Arrange 方法来实现的，垂直平铺所有非最小化 MDI 子窗体是设置（   ）常数。

A）VbCascade   B）VbTileHorizontal

C）VbTileVertical   D）VbArrangeIcons

二、填空题

1．菜单的热键指使用　　【1】　　键和菜单项标题中的一个字符可打开菜单。

2．建立热键的方法是在菜单标题的某个字符前加一个　　【2】　　符号，在菜单中这一字符会自动加上下划线，表示该字符是一个热键。

3．如果把菜单的　　【3】　　属性设置为 True，则该菜单将成为一个复选项。

4．不管是在窗口顶部的菜单条上显示菜单还是隐藏菜单，都可以用　　【4】　　方法把它们作为弹出菜单，在程序运行期间显示出来。

5．假定有一个通用对话框 CommonDialog1，除了可以用 CommonDialog1.Action=3 显示颜色对话框外，还可以用　　【5】　　方法显示。

6．在显示字体对话框之前必须设置　　【6】　　属性，否则将发生不存在的字体错误。

7．在用 Show 方法显示自定义的对话框时，如果 Show 方法之后带　　【7】　　参数，就将窗体作为模式对话框显示。

8．如果在建立菜单时，在标题文本框中输入一个"　　【8】　　"，那么菜单显示时，形成一个分隔线。

9．建立一个菜单，名为 pmenu，用下面的语句可以把它作为弹出式菜单弹出，请填空。

Form1.　　【9】　　.pmenu

10. 在菜单编辑器中建立一个菜单，其主要菜单项的名称为 mnuEdit，Visible 属性为 False。程序运行后，如果用鼠标右键单击窗体，则弹出与 mnuEdit 对应的菜单。以下是实现上述功能的程序，请填空。

```
Private Sub Form ____【10】____(Button As Integer,Shift As Integer,X As Single,Y As Single)
    If Button = 2 Then
        ____【11】____ mnuEdit
    End If
End Sub
```

11. 本程序有一个标准模块和一个窗体模块。Sub Main 过程是本程序的启动过程，其他过程是窗体模块的事件过程。执行本程序，依次单击命令按钮 Command1 和 Command2，在窗体上输出的三行内容分别是 ____【12】____、____【13】____ 和 ____【14】____。

```
'标准模块
Public x As Integer
Sub Main()
    x = 5
    Form1.Show
    Form1.Print x
End Sub
'窗体模块
Dim y As Integer
Private Sub Command1_Click()
    y = x * 2
    Print y
End Sub
Private Sub Command2_Click()
    y = x / 2
    Print y
End Sub
```

12. 菜单编辑器窗口有三个区域：菜单属性区、菜单编辑区和 ____【15】____。

13. 菜单分为 ____【16】____ 菜单和 ____【17】____ 菜单，菜单总与 ____【18】____ 相关联，设计菜单需要在 ____【19】____ 中设计。

14. Load 语句的功能是只装载窗体但不显示窗体，而 Show 方法与它在功能上的区别是 ____【20】____。

15. CommonDialog 控件是属于 ____【21】____ 的一个组件。

16. 菜单编辑器的"标题"选项对应于菜单控件的 Caption 属性；菜单编辑器的"名称"选项对应于菜单控件的 ____【22】____ 属性；菜单编辑器的"索引"选项对应于菜单控件的 Index 属性；菜单编辑器的"复选"选项对应于菜单控件的 ____【23】____ 属性；菜单编辑器的"有效"选项对应于菜单控件的 Enabled 属性；菜单编辑器的"可见"选项对应于菜单控件的 ____【24】____ 属性。

17. 弹出式菜单的设计是在 ____【25】____ 窗口中进行的。

18. 要使某一个菜单项不能操作，应把 False 赋给菜单项的属性是 ____【26】____。

19. 一个窗体对象至少包含 ____【27】____。

20. "闲置循环"指的是 ____【28】____。

21. 程序运行时要使某一个窗体暂时隐藏，但不从内存中清除，应使用 ____【29】____。

22. 要卸载窗体，需要用到的语句是 ____【30】____，要隐藏窗体，需要用到的语句是 ____【31】____。

23. 在 VB 中窗体具有两种状态：分别是 ____【32】____ 和 ____【33】____，窗体的 Show 方法有模式参数可以选择这两种状态。

24. 多文档界面由 ____【34】____ 和 ____【35】____ 组成。

25. 对于多文档界面所有子窗体均显示在 ____【36】____ 的工作区中。用户可改变、移动子窗体的大小，

但被限制在　　【37】　　窗体中。

26. 当最小化 MDI 窗体时，所有的　　【38】　　窗体也被最小化，只有 MDI 窗体的　　【39】　　出现在任务栏上。

27. 在 MDI 窗体上显示的子窗体不止一个时，可以通过　　【40】　　属性得到或指定哪一个子窗体为活动的。

28. 设定 MDI 窗体名称为 frmMDI，层叠、平铺和排列图标菜单项的名称分别为 MnuCD、MnuPP 和 MnuPLTB。VbCascade、VbTileHorizontal 和 VbArrangeIcons 是 Visual Basic 的三个内部常数，按 Click 事件要求填写代码。

```
Sub MnuPLTB_Click()
    FrmMDI.Arrange    【41】
End Sub
Sub MnuCD_Click()
    FrmMDI.Arrange    【42】
End Sub
Sub MnuPP_Click()
    FrmMDI.Arrange    【43】
End Sub
```

29. 一个应用程序只能有一个　　【44】　　。

30. 加入窗体时无论窗体的 BorderStyle、ControlBox、MinButton 和 MaxButton 属性的设置值如何，所有　　【45】　　都有可调整大小的边框、控制菜单框，以及最小化和最大化按钮。

三、判断题

1. Menu 控件显示应用程序的自定义菜单，每一个创建的菜单最多有三级子菜单。

2. 菜单编辑器的快捷键是指无需打开菜单就可以直接由键盘输入选择菜单项的按键。

3. CommandDialog 控件就像 Timer 控件一样，在运行时是看不见的。

4. 通用对话框的 FileName 属性返回的是一个输入或选取的文件名字符串。

5. 当用户关闭应用程序，MDI 窗体被卸载时，MDI 窗体将触发 QueryUnLoad 事件，然后每个打开的子窗体也都触发该事件。

6. 当一个菜单项不可见时，其后的菜单项就会往上填充留下来的空位。

7. 菜单控件只有一个事件。

8. “菜单编辑器”中至少要填“名称”和“标题”这两个框，才能正确完成菜单栏的设计。

9. 若已在窗体中加入了一个通用对话框：要求在运行时，通过 ShowOpen 打开对话框时，只显示扩展名为 DOC 的文件，则对通用对话框的 Filter 的属性设置应该是："(*.DOC)| (.DOC)"。

10. 菜单设计中的每一个菜单项分别是一个控件，每个控件都有自己的名字。

11. 通用对话框只能用 Show 方法进行调用。

12. 在多文档应用中，每次只能有一个活动的子窗体可以进行输入/编辑。

13. 多文档界面是指在一个父窗口下面可以同时打开多个子窗口。

14. 子窗口归属于父窗口，当父窗口关闭时，所有子窗口全部关闭。

15. 为了使一项菜单项在运行时不可见，应将该控件的 Enable 属性值设置为 False。

16. 一个应用程序只能有一个 MDI 窗体，但可以有多个 MDI 子窗体。

17. 当关闭 MDI 子窗体时，其 MDI 窗体也随之关闭。

18. MDI 子窗体是 “MDIChild” 属性为 True 的普通窗体。

19. 在 MDI 应用程序中，MDI 窗体和子窗体上都可以建立菜单。

参考答案

一、单选题

1	2	3	4	5	6	7	8	9	10	11	12	13	14	15
A	D	B	D	C	B	C	B	C	A	D	C	D	C	A
16	17	18	19	20	21	22	23	24	25	26	27	28	29	30
C	A	C	A	A	C	C	C	D	A	D	C	D	A	D
31	32	33	34	35	36	37	38	39	40	41	42	43	44	45
B	A	B	C	A	A	D	A	D	A	D	B	B	A	B
46	47	48												
D	D	C												

二、填空题

【1】Alt
【2】&
【3】Checked
【4】PopupMenu
【5】CommonDialog1.ShowColor
【6】Flags
【7】1（vbModal）
【8】_（下划线）
【9】PopupMenu
【10】MouseDown 或 MouseUp
【11】PopupMenu
【12】5
【13】10
【14】2
【15】菜单项显示区
【16】下拉式
【17】弹出式
【18】菜单编辑器
【19】窗体
【20】Show 既能装载窗体又能显示窗体
【21】ActiveX 控件
【22】Name
【23】Checked
【24】Visible
【25】菜单编辑器
【26】Enabled
【27】一个或多个事件过程
【28】当程序处于闲置状态时，所执行的循环操作
【29】Hide 方法
【30】Unload
【31】Hide
【32】模式
【33】非模式
【34】父窗口
【35】子窗口
【36】MDI 窗体
【37】MDI
【38】子
【39】图标
【40】ActiveForm
【41】VbArrangeIcons
【42】VbCascade
【43】VbTileHorizontal
【44】MDI 窗体
【45】子窗体

三、判断题

1	2	3	4	5	6	7	8	9	10	11	12	13	14	15
×	√	√	√	√	×	√	×	×	√	×	√	√	√	×
16	17	18	19											
√	×	√	×											

第8章 图形操作

本章学习目标

- 了解坐标系统、绘图的属性和事件
- 了解图形的色彩和图形的几种表示方法和函数。
- 学会使用几种不同的绘图方法绘制图形。

本章将介绍 VB 程序中的图形的概念、坐标系统的变换、色彩的表示方法以及常用的几种绘图方法，通过示例的演示操作，达到为应用程序的界面增加趣味性。

图形可以为应用程序的界面增加趣味性和生动性。VB 为用户提供了强大的二维图形图像处理功能。我们已经知道，用户可以将图片装入窗体、图片框和图像控件中，利用这些控件对图像进行简单的处理和显示。除此之外，VB 还提供了一系列的图形函数、语句和方法，可以在窗体或图片框中产生优美复杂的文字、图形、图像和颜色。VB 的图形方法还可作用到打印机对象。

下面，我们为读者介绍有关图形操作的函数、语句和方法。

8.1 绘图操作基础

在 VB 中绘制图形，其过程可分为以下几步。

（1）定义图形载体窗体或图片框对象的坐标系统。

（2）设置线宽、线型和色彩等属性。

（3）指定笔的起始点位置，即确定图形对象起点和终点坐标。

（4）调用绘图方法绘制图形。

接下来，我们将介绍如何定义图形的坐标系统；如何设置线宽、线型和色彩等属性，调用何种图形方法，利用什么公式原理绘制所需要的图形。

8.1.1 默认坐标系统

图形的绘制需要一个可绘制的对象，VB 中的窗体和图片框就是能够用来绘制图形的两个容器。为了能在窗体或图片框中定位图形，需要一个二维坐标系统。

二维坐标系统是 VB 绘制各种图形的基础，坐标包括横坐标（X 轴）和纵坐标（Y 轴），X 值是指点与原点的水平距离，Y 值是指点与原点的垂直距离。坐标系统选择得恰当与否将直接影响图形的质量和效果，设置坐标系统的目的在于确定图形对象在容器中的位置。

构成坐标系统需要 3 个要素：坐标原点、坐标单位、坐标轴的长度和方向。

窗体和图片框等容器的默认坐标系统，其容器内部（即窗体不含标题栏和左右边框线，图片框控件不包括上边和左边的边框线）的左上角为坐标原点（0,0），X 轴的正方向水平向右，Y 轴的正方向垂直向下，默认坐标的刻度单位是缇（Twips）。

如图 8-1 所示是窗体和图片框对象的默认坐标系统。从图中可以看出，窗体的 Height 属性值包括了标题栏和上下水平边框线的宽度，同样 Width 属性值包括了左右垂直边框线的宽度。实际可用高度和宽度由 ScaleHeight 和 ScaleWidth 属性确定，窗体（控件）的 Left、Top属性告诉了窗体（控件）在屏幕（窗体）内的位置。

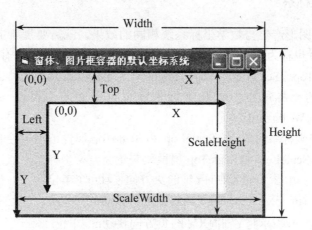

图 8-1　窗体和图片框的默认坐标系统

坐标系统的原点、方向和刻度（量度）都可以重新设置，坐标系统的刻度单位可通过容器的 ScaleMode 属性来设置，设置对象的 ScaleMode 属性可以改变坐标系统的单位，例如可以采用像素或毫米为单位。其语法格式为：

[对象].ScaleMode = 值

其中，对象省略时，指当前窗体。ScaleMode 属性值如表 8-1 所示。

表 8-1　ScaleMode 属性设置值

常数	值	说明
vbUse	0	自定义坐标系统。当用 ScaleWidth，ScaleHeight，ScaleTop，ScaleLeft 设置坐标系统后，ScaleMode 自动设置为 0
vbTwips	1	缇（Twip），默认单位，567twips/cm，1440twips/inch
vbPoints	2	点（Point），72points/inch
vbPixels	3	像素（Pixel），显示器分辨率的最小单位
vbCharacters	4	字符（Character），水平和垂直每个单位等于 120twips 和 240twips
vbInches	5	英寸（Inch）
vbMillimeters	6	毫米（Millimeter）
vbCentimeters	7	厘米（Centimeter）

例如，设置图片框 Picture1 的刻度单位为厘米。

　　Picture1.ScaleMode=7

属性 ScaleTop、ScaleLeft 表示容器对象左边和顶端的坐标，根据这 2 个属性值可确定坐标原点。所有容器对象的 ScaleTop、ScaleLeft 属性的默认值均为 0，即默认坐标原点在容器对象的左上角。

属性 ScaleHeight、ScaleWidth 确定容器内部水平方向和垂直方向的单位数，即容器可操作区域的大小。

当设置容器对象（窗体或图片框）的 ScaleMode 属性值>0 时，窗口对象的 ScaleTop 和 ScaleLeft 自动设置为 0，ScaleHeight 和 ScaleWidth 大小也将发生改变。用 ScaleMode 属性只能改变刻度单位，不能改变坐标原点及坐标轴的方向，也不会改变容器的大小或在屏幕的位置。

8.1.2　用户坐标系

要使所绘制的图形产生与数学坐标系统相同的效果，就需要重新定义对象的坐标系，称为"用户坐标系"，也称为"自定义坐标系"。定义用户坐标系的方法有以下两种。

1. 使用 ScaleTop、ScaleLeft、ScaleHeight 和 ScaleWidth 确定用户坐标系

用户坐标系的坐标原点位置和坐标刻度单位受其四个属性 ScaleLeft、ScaleTop、ScaleHeight 和 ScaleWidth 的值决定。

（1）确定用户坐标系的原点。ScaleLeft 和 ScaleTop 属性值用于控制容器对象左上角的坐标，因此可以通过 ScaleLeft 和 ScaleTop 属性值来重新定义坐标系原点，公式如下：

$$ScaleTop = \begin{cases} = m & \text{表示将X轴向Y轴的负方向移动m个单位} \\ = -m & \text{表示将X轴向Y轴的正方向移动m个单位} \end{cases}$$

$$ScaleLeft = \begin{cases} = n & \text{表示将Y轴向X轴的负方向移动n个单位} \\ = -n & \text{表示将Y轴向X轴的正方向移动n个单位} \end{cases}$$

例如，将窗体坐标系统的 X 轴向 Y 轴的正方向（向下）、Y 轴向 X 轴（向右）的正方向分别平移 m 和 n 个单位，结果如图 8-2 所示。

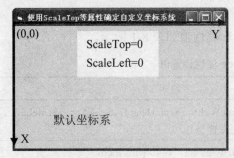
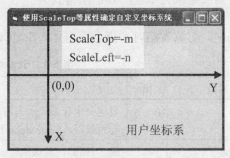

图 8-2　使用 ScaleTop、ScaleLeft、ScaleHeight 和 ScaleWidth 确定自定义坐标系统

（2）确定坐标轴方向和刻度单位。使用容器对象的 ScaleHeight 和 ScaleWidth 属性值可以确定用户坐标系 X 轴和 Y 轴的正方向及最大坐标值。默认值时，其值均>0，此时，X 轴的正方向向右，Y 轴的正方向向下。容器对象右下角坐标值为(ScaleLeft+ScaleWidth,ScaleTop+ScaleHeight)。

根据左上角和右下角坐标值的大小，就可确定坐标轴的方向。当 ScaleWidth 的值<0 时，X 轴的正方向向左，当 ScaleHeight 的值<0 时，Y 轴的正方向向上。X 轴与 Y 轴的刻度单位分别为 1/ScaleWidth 和 1/ ScaleHeight。

【例 8-1】将窗体 Form1 的坐标系的原点定义在其中心，X 轴向右为正方向，Y 轴向上为正方向，窗体的左上角和右下角的坐标大小分别为(-3.14,1)和(3.14,-1)，建立的窗体坐标系，如图 8-3 所示。

图 8-3　用户定义的坐标系

要建立本题的坐标系统，使用的程序代码如下：

```
Private Sub Form_Load()
    Form1.ScaleMode = 0
    Form1.ScaleWidth = 6.28
    Form1.ScaleHeight = -2
    Form1.ScaleTop = 1
    Form1.ScaleLeft = -3.14
End Sub
```

2. 使用 Scale 方法确定用户坐标系

使用容器的 Scale 方法是建立用户坐标系最方便的方法，其使用语法格式如下：

[对象.]Scale [(xLeft,yTop) - (xRight,yBottom)]

其中：对象可以是窗体、图片框或打印机。如果省略对象名，则为带有焦点的窗体对象。(xLeft,yTop)表示对象的左上角的坐标值，(xRight,yBottom)为对象的右下角的坐标值，均为单精度数值。

例如，将图片框 Picture1 的左上角和右下角设置为(-360,1)和(360,-1)，则使用的 Scale 方法代码是：

```
Picture1.Scale (-360, 1)-(360, -1)
```

又如，在例 8-1 中，使用语句"Scale (-3.14, 1)-(3.14, -1)"可建立所用坐标系。

用容器对象的 Scale 方法确定的坐标系统与其 ScaleTop、ScaleLeft、ScaleHeight 和 ScaleWidth 属性的关系如下：

ScaleLeft = xLeft
ScaleTop = yTop
ScaleWidth = xRight - xLeft
ScaleHeight = yBottom – yTop

8.2 绘图属性

一个图形以适当的位置、合适的线条和颜色在容器中显示出来，就要设置图形的当前坐标、线宽、线型和色彩，以便满足绘图时的需要。下面介绍这些与绘图有关的属性。

8.2.1 当前坐标

窗体、图片框或打印机的 CurrentX、CurrentY 属性给出这些对象在绘图时的当前坐标。这两个属性在设计阶段不能使用。

在程序中，CurrentX 和 CurrentY 属性的使用语法格式如下：

对象.CurrentX [= X]
对象.CurrentY [= Y]

说明：

当前坐标总是相对于对象的坐标原点。在默认或用户坐标系中，CurrentX 和 CurrentY 属性值默认为 0，坐标以缇或用户定义刻度为单位。

当使用了某些图形方法后，对象的 CurrentX 和 CurrentY 属性值将发生变化，其具体的改变如表 8-2 所示。

表 8-2　图形方法与当前坐标的关系

方法	CurrentX 和 CurrentY 属性值	方法	CurrentX 和 CurrentY 属性值
Circle	对象的中心	NewPage	(0,0)
Cls	(0,0)	Print	下一个打印位置
Line	线的终点	Pset	画出点

【例 8-2】用 Print 方法在窗体上随机显示 50 个"●"、"○"和"◎"符号，程序运行的界面，如图 8-4 所示。

分析：利用 CurrentX、CurrentY 属性可指定 Print 方法在窗体上的输出位置。用 Rnd 函数与窗体的 ScaleWidth 和 ScaleHeigth 属性相乘，产生 CurrentX、CurrentY 的值。由于 Rnd 函数产生的值在 0～1 之间，故 CurrentX、CurrentY 必定在窗口有效区域内。可以用公式"i Mod 3"的值控制"●"、"○"和"◎"符号的输出。

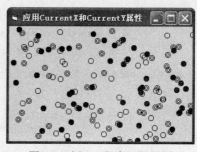

图 8-4　例 8-2 程序运行界面

设置新建窗体 Form1 的 Click 事件代码如下：

```
Private Sub Form_Click()
    Dim i As Integer
    Randomize
    For i = 1 To 150
        CurrentX = Form1.ScaleWidth * Rnd
        CurrentY = Form1.ScaleHeight * Rnd
        Select Case i Mod 3
            Case 0
                Print "● "
            Case 1
                Print "○ "
            Case 2
                Print "◎"
        End Select
    Next i
End Sub
```

8.2.2　线宽与线型

1. DrawWidth 属性

窗体、图片框或打印机的 DrawWidth 属性给出这些对象上所画线的宽度或点的大小，DrawWidth 属性以像素为单位来度量，最小值为 1。DrawWidth 属性的语法格式如下：

　　　对象.DrawWidth [= size]

说明：

（1）参数 size 是一个数值表达式，其范围从 1～32767。

（2）DrawWidth 属性值大于 1，DrawStyle 属性值设置为 1～4 时会画出一条实线（DrawStyle 属性值不会改变）。

2. DrawStyle 属性

DrawStyle 属性返回或设置一个数值，以决定图形方法输出的线型的样式。DrawStyle 属

性的语法格式如下:

对象.DrawStyle [= number]

其中:参数 number 表示一个整数,用于指定线条的样式,其值如表 8-3 所示。

表 8-3 参数 number 的设置值

常数	设置值	描述
VbSolid	0	(缺省值)实线
VbDash	1	虚线
VbDot	2	点线
VbDashDot	3	点划线
VbDashDotDot	4	双点划线
VbInvisible	5	无线
VbInsideSolid	6	内实线

说明:当 DrawWidth 的值大于 1 且 DrawStyle 属性值为 1～4 时,只能产生实线效果。当 DrawWidth 的值大于 1,而 DrawStyle 属性值为 6 时,所画的内收实线仅当是封闭线时才起作用。

若 DrawStyle = 6,在画封闭图形时,线宽的计算从边界向内,而实线方式(DrawStyle = 0)画封闭图形时,线宽的计算以边界为中心,一半在边界内,一半在边界外。

如果使用控件,则通过 BorderWidth 属性定义线的宽度或点的大小,通过 BorderStyle 属性给出所画线的形状。

【例 8-3】通过改变 DrawStyle 属性值在窗体上画出不同的线型,产生如图 8-5 所示效果。

图 8-5 当 DrawWidth=1 时,不同 DrawStyle 属性值产生的线型

分析:要产生不同 DrawStyle 属性值时的线条,可使用循环的方法进行。

在新建窗体上,编写鼠标的单击(Click)事件代码如下:

```
Private Sub Form_Click()
    Dim j As Integer
    Print "DrawStyle 0 1 2 3 4 5 6"
    Print " 线 型   实线    长划线    点线    点划线   点点划线    透明线  内实线"
    Print
    Print " 图 示 "
    CurrentX = 600              '设置直线的开始位置
    CurrentY = ScaleHeight / 3
    DrawWidth = 1               '宽度为 1 时 DrawStyle 属性才能产生线型
    For j = 0 To 6
        DrawStyle = j           '定义线的形状
        CurrentX = CurrentX + 150
        Line -Step(600, 0)      '画线长 600 的线段
    Next j
End Sub
```

8.2.3　AutoRedraw 属性

AutoRedraw 属性用于窗体和图片框控件。当此属性为 True 时，使用绘图方法绘制的图形会被保存在内存中，当窗体或图片框被其他窗体遮盖后又显示出来，图形会自动显示；当此属性为 False 时，窗体或图片框重新显示出来时，图形不会被重画。此属性为 True 时，窗体和图片框的 Cls 方法不能清除已绘制的图形。

AutoRedraw 属性的语法格式如下：

对象.AutoRedraw [= True|False]

8.2.4　Image 属性和 SavePicture 语句

窗体和图片框对象具有 Image 属性。当 AutoRedraw 属性为 False 时，Image 属性只保存窗体或图片框对象 Picture 属性指定的图片；当 AutoRedraw 属性为 True 时，Image 属性保存 Picture 属性指定的图片和使用绘图方法绘制的图形。

使用 SavePicture 语句可以将 Image 属性所保存的绘图结果保存为磁盘位图文件（.bmp）。例如，下面语句在图片框上画一个圆，然后保存为文件。

```
Picture.AutoRedraw = True
Picture1.Circle (100, 100), 500, vbRed
SavePicture Picture1.Image, "d:\Circle1.bmp"    '保存图形文件
```

8.2.5　Paint 事件

窗体和图片框对象支持 Paint 事件。当 AutoRedraw 属性为 False 时，窗体、图片框被遮盖后又显示出来或被缩放时（即有部分区域需要更新显示时），VB 向窗体或图片框发送 Paint 事件，允许程序进行重新绘制。

当 AutoRedraw 属性为 True 时，不引发 Paint 事件。

8.2.6　图形的填充

封闭图形的填充方式由 FillStyle 和 FillColor 两个属性决定。FillColor 属性确定填充图案的颜色，默认的颜色与 ForeColor 相同。FillStyle 属性确定填充的图案，共有 8 种内部图案。FillStyle 和 FillColor 属性的详细介绍，请参考本书 5.1.2 节有关内容。

8.2.7　图形的色彩

在计算机中，任何一种颜色都被认为是红（R）、绿（G）、蓝（B）三种颜色的混合结果。因此设定任何一种颜色，只要指定其红绿蓝分量即可，VB 中颜色的表示就是基于此概念。在绘制图形时，VB 默认采用对象的前景色（ForeColor 属性）绘图，给一个颜色属性赋值主要有下面几种方法。

1．使用整数

在 VB 中，任何一个颜色都可以用四个字节的十六进制整数来表示，第一个字节为 0，第二个字节表示的是蓝色（B）分量的大小，第三个字节表示的是绿色（G）分量的大小，第四个字节表示的是红色（R）分量的大小。每个分量的取值十六进制为从&H00到&HFF，十进制为从 0 到 255。

十六进制数表示一个颜色值的使用格式如下：

&H00BBGGRR&

其中：最高一个字节（两位十六进制数）未使用。例如：&H00000000&，表示黑色；&H00FFFFFF&，表示白色；&H00FF0000&，表示浅蓝色等。

2．使用系统颜色

如果一个表示颜色的整数的最高位为 1，也就是第一字节值为&H80，则不表示一个 RGB 颜色值，而是一个系统颜色。系统颜色由用户在控制面板的显示器属性中设定，如：菜单颜色、按钮表面颜色、桌面颜色等。同一个系统颜色有可能不同用户的设置不同。系统颜色目前有 25 个，从&H80000000&到&H80000018&。

例如，语句"Form1.Line (1000,1000)-(2000,2000),&H80000001&,B"的功能是使用当前桌面颜色来绘制一个矩形。

3．RGB 函数

可以使用 RGB 函数返回一个颜色值，此函数要求三个参数，分别表示红（R）、绿（G）、蓝（B）分量的大小，如：RGB(0,0,0)返回黑色。RGB 函数的语法格式如下：

Result=RGB(红,绿,蓝)

其中：括号中红、绿、蓝三基色的成份使用 0～255 之间的整数。

4．QBColor 函数

QBColor 函数采用 Quick Basic 所使用的 16 种颜色，其语法格式为：

QBColor(color)

其中：color 参数是一个界于 0～15 之间的整数，如表 8-4 所示。

表 8-4　QBColor 函数中的颜色

color 值	颜色	color 值	颜色	color 值	颜色	color 值	颜色
0	黑色	4	红色	8	灰色	12	亮红色
1	蓝色	5	洋红色	9	亮蓝色	13	亮洋红色
2	绿色	6	黄色	10	亮绿色	14	亮黄色
3	青色	7	白色	11	亮青色	15	亮白色

将标签控件 Label1 的背景色设置为红色，可使用下面的语句：

    Label1.BackColor=QBColor(4)   '设置标签的背景色为红色

5．使用颜色常数

在 VB 系统内部，定义了一些经常使用的颜色值常数，如表 8-5 所示。

表 8-5　使用 VB 定义的颜色常量

常数	值	描述	常数	值	描述
vbBlack	&H0&	黑色	vbRed	&HFF&	红色
vbGreen	&HFF00&	绿色	vbYellow	&HFFFF&	黄色
vbBlue	&HFF0000&	蓝色	vbMagenta	&HFF00FF&	紫红
vbCyan	&HFFFF00&	青色	vbWhite	&HFFFFFF&	白色

如语句"Form1.BackColor = vbRed"，可将窗体背景色设置为红色。

除上述 5 种方法外，也常常使用"颜色"对话框取得所需颜色，如下面的语句可将"颜色"对话框取得的颜色用于设置标签控件的背景色。

```
CommonDialog1.Action=3
Label1.BackColor=CommonDialog1.Color        '设置标签的背景色
```

【例 8-4】利用三个进度条控件，设计一个调色板演示器，如图 8-6 所示。

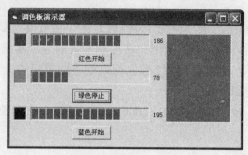

图 8-6　调色板演示器

功能实现，单击"红色开始"按钮，按钮标签改变为"红色停止"。进度条不断地变化，其数值显示在右侧的标签控件中，同时图片框中的背景色不断变化。单击"红色停止"按钮，则进度条停止变化。

"绿色开始"按钮和"蓝色开始"按钮，同样具有上面的功能。

分析：为实现题目的功能，需要在窗体上添加三个进度条 ProgressBar1～3，用于显示红色、绿色及蓝色的大小，并将其 Min 属性设为 0、Max 属性设为 255。添加三个标签 Label1～3，用于表示进度条的当前数值。添加四个图片框，其中图片框 Picture2～4 的 BackColor 属性分别设置为红色、绿色及蓝色，图片框 Picture1 用于响应调出的颜色。

为了让三个进度条的进度不受彼此干扰，窗体上需要添加三个计时器控件 Timer1～3，其 Interval 属性值设置为 100。

在窗体上添加三个命令按钮 Command1～3，用于控制进度条控件。

编写新建窗体 Form1 和三个命令按钮 Command1～3 的有关事件代码。

- "红色开始/停止"命令按钮 Command1 的 Click 事件代码

```
Private Sub Command1_Click()
    If Command1.Caption = "红色开始" Then
        Timer1.Enabled = True
        Command1.Caption = "红色停止"
    Else
        Command1.Caption = "红色开始"
        Timer1.Enabled = False
    End If
End Sub
```

- "绿色开始/停止"命令按钮 Command2 的 Click 事件代码

```
Private Sub Command2_Click()
    If Command2.Caption = "绿色开始" Then
        Timer2.Enabled = True
        Command2.Caption = "绿色停止"
    Else
        Command2.Caption = "绿色开始"
        Timer2.Enabled = False
    End If
End Sub
```

- "蓝色开始/停止" 命令按钮 Command3 的 Click 事件代码

```
Private Sub Command3_Click()
    If Command3.Caption = "蓝色开始" Then
        Timer3.Enabled = True
        Command3.Caption = "蓝色停止"
    Else
        Command3.Caption = "蓝色开始"
        Timer3.Enabled = False
    End If
End Sub
```

- 窗体 Form1 的 Load 事件代码

```
Private Sub Form_Load()
    Command1.Caption = "红色开始"
    Command2.Caption = "绿色开始"
    Command3.Caption = "蓝色开始"
End Sub
```

- 计时器 Timer1 的 Timer 事件代码

```
Private Sub Timer1_Timer()
    ProgressBar1.Value = ProgressBar1.Value + 1
    Label1.Caption = ProgressBar1.Value
    Picture1.BackColor = RGB(ProgressBar1.Value, ProgressBar2.Value, _
ProgressBar3.Value)
    If ProgressBar1.Value >= 255 Then
        Timer1.Enabled = False
        Command1.Caption = "红色停止"
    End If
End Sub
```

- 计时器 Timer2 的 Timer 事件代码

```
Private Sub Timer2_Timer()
    ProgressBar2.Value = ProgressBar2.Value + 1
    Label2.Caption = ProgressBar2.Value
    Picture1.BackColor = RGB(ProgressBar1.Value, ProgressBar2.Value, _
ProgressBar3.Value)
    If ProgressBar2.Value >= 255 Then
        Timer2.Enabled = False
        Command2.Caption = "绿色停止"
    End If
End Sub
```

- 计时器 Timer3 的 Timer 事件代码

```
Private Sub Timer3_Timer()
    ProgressBar3.Value = ProgressBar3.Value + 1
    Label3.Caption = ProgressBar3.Value
    Picture1.BackColor = RGB(ProgressBar1.Value, ProgressBar2.Value, _
ProgressBar3.Value)
    If ProgressBar3.Value >= 255 Then
        Timer3.Enabled = False
        Command3.Caption = "蓝色停止"
    End If
End Sub
```

8.3 绘图方法

VB 为用户提供了 Line、Circle、Pset、Point 和 PrintPicture 等绘图方法，这些方法不仅能制作多种图案，还可以通过参数的选用绘制出不同的花样。

8.3.1 Line 方法

Line 方法可以在对象上的两点之间画直线或矩形，其使用格式如下：

[对象.]Line [[Step](x1,y1)]-[Step] (x2,y2) [,颜色] [,B[F]]

说明：

（1）(x1,y1)为起点坐标，(x2,y2)为终点坐标，如果省略(x1,y1)，则起点位于由 CurrentX 和 CurrentY 指示的位置。

（2）带 Step 关键字表示与当前坐标的相对位置，即从当前坐标分别平移 x，y 个单位，其绝对坐标值为(CurrentX+x,CurrentY+y)。

（3）B 为可选项。省略此项是画直线，如果选择 B 则以(x1,y1)为左上角坐标、(x2,y2)为右下角坐标画出矩形。

（4）不能单独使用 F。如果使用了 B 选项，则 F 选项规定矩形以矩形边框的颜色填充。

执行 Line 方法后，CurrentX 和 CurrentY 属性被设置为终点，利用此特性可用 Line 方法画连接线。

用 Line 方法在窗体上绘制图形时的代码，如果放在 Form_Load 事件内，必须设置窗体的 AutoRedraw 属性值为 True，否则所绘制的图形无法在窗体上显示出来。

【例 8-5】用 Line 方法在图片框中画出指定长度和宽度构成的矩形及矩形块。要求矩形由 4 条不同颜色的连接而成，如图 8-7 所示。

图 8-7 绘制三个矩形

分析：依照题目，首先要建立图片框的坐标系，使得所画图形显示在图片框中，再用文本框输入矩形指定的长和宽的数值，用图片框的 Line 方法通过绝对与相对坐标的连接，绘制出矩形的 4 条线段及画出矩形块。

程序设计步骤如下：

①在新建工程窗体上添加一个图片框控件 Picture1、两个标签控件 Label1～2、两个文本框控件 Text1～2 和三个命令按钮控件 Command1～3。

②按照图 8-7 所示，设置窗体及各控件的属性值，调整各控件的位置、大小，并做适当的布局。

③编写窗体及控件的相关事件代码，代码如下：

- "直线边矩形"命令按钮 Command1 的 Click 事件代码

```
Dim L%, W% 'L 和 W 分别表示矩形的长和宽
Private Sub Command1_Click()
        L = Text1 : W = Text2
        If L <> 0 And W <> 0 Then '判断长和宽是否为 0
                Picture1.Line (0, 0)-Step(L, 0), QBColor(0)
                Picture1.Line -Step(0, W), QBColor(1)
                Picture1.Line -Step(-L, 0), QBColor(2)
                Picture1.Line -Step(0, -W), QBColor(3)
                '以上采用相对坐标画矩形的 4 条边
        End If
End Sub
```

- "画矩形块"命令按钮 Command2 的 Click 事件代码

```
Private Sub Command2_Click()
        Picture1.Line (L, W)-Step(L, W), QBColor(13), BF
        '用 Line 方法画矩形
End Sub
```

- "清屏"命令按钮 Command3 的 Click 事件代码

```
Private Sub Command3_Click()
        Text1 = "" : Text2 = ""
        Picture1.Cls : Text1.SetFocus
End Sub
```

- 窗体 Form1 的 Load 事件代码

```
Private Sub Form_Load()
        Picture1.Scale (-100, -100)-(1000, 1000) '设置图片框坐标系有效绘图区域
        Text1 = "" : Text2 = ""
End Sub
```

④按下 F5 功能键,启动程序,观察程序运行效果。

8.3.2　Circle 方法

Circle 方法可以在对象上画圆、椭圆或圆弧,使用语法格式如下:

[对象.]Circle [Step](x, y),半径[,颜色,起点,终点,长短轴纵横比]

说明:

(1)(x,y)是圆、椭圆或圆弧的中心坐标,带 Step 关键字时表示与当前坐标的相对位置,半径是圆、椭圆或圆弧的半径。

(2)起点、终点指定(以弧度为单位)弧或扇形的起点以及终点位置。其范围从-2π 到 2π。起点的缺省值是 0,终点的缺省值是 2π。正数画弧,负数画扇形。画圆弧时,方向以 X 轴为基,方向为逆时针。

(3)长短轴纵横比是垂直半径与水平半径之比。当纵横比大于 1 时,椭圆沿垂直方向拉长,当纵横比小于 1 时,椭圆沿水平方向拉长。纵横比的缺省值为 1,即在屏幕上产生一个标准的圆。在椭圆中,半径总是对应长轴。

(4)可以省略中间的某个参数,但不能省略分隔参数的逗号。

例如,通过以下代码可以在窗体上画出一个扇形、圆、椭圆和一个半封闭的扇形,如图 8-8 所示。

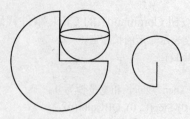

图 8-8　用 Circle 方法画不同类型的圆、椭圆或扇形图

```
Private Sub Form_Click()
        Const PI = 3.14159
        Circle (1500, 1500), 1000, vbBlue, -PI / 2, -2 * PI    '画扇形
        Circle Step(500, -500), 500 '画半径为 500 的圆
        Circle Step(0, 0), 500, , , , 5 / 25 '  画椭圆
        Circle (3500, 1500), 500, vbBlue, 0, -3 / 2 * PI       ' 画不封闭的扇形
End Sub
```

【例 8-6】在窗体的五个文本框输入班级的优、良、中、及格和不及格的人数，计算所占百分比，然后分别用不同的颜色绘制出圆形的饼图。程序运行界面如图 8-9 所示。

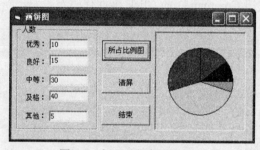

图 8-9　例 8-6 程序运行界面

分析：图片框中的饼图由五块扇形组成，扇形的中心点坐标为同一个坐标，可取图片框的中心点坐标。扇形的每一部分所点比例为各成绩段人数点总人数的比例，因此可将各成绩段人数所点比例作为扇形弧度所占比例，画出对应的扇形图。在画每一块扇形图之前，用 FillColor 属性设置扇形填充的颜色。

程序设计步骤如下：

①在新建工程窗体上添加一个图片框控件 Picture1、三个命令按钮控件 Command1～3、一个框架控件 Frame1、五个标签控件 Label1～5 和五个文本框控件 Text1～5。

②按照图 8-9 所示，设置窗体及各控件的属性值，调整各控件的位置、大小，并做适当的布局。

③编写代码，这里给出"所占比例图"按钮 Command1 的 Click 事件代码，其他控件的事件代码略去，请读者自行补充。

```
Private Sub Command1_Click()
        Const pi! = 3.1415926
        Dim x!, y!, z!, u!, v!
        Dim r!, midx!, midy!, sum!
        Picture1.FillStyle = 0
        sum = Val(Text1) + Val(Text2) + Val(Text3) + Val(Text4) + Val(Text5)
         '以下 5 行语句计算出各人数段所占比例
        x = Val(Text1) / sum
```

```
        y = Val(Text2) / sum
        z = Val(Text3) / sum
        u = Val(Text4) / sum
        v = Val(Text5) / sum
        midx = Picture1.ScaleWidth / 2
        midy = Picture1.ScaleHeight / 2
        r = Picture1.ScaleWidth / 2 - 300
        If x <> 0 And y <> 0 And z <> 0 And u <> 0 Then
            Picture1.FillColor = QBColor(1)    '填充色设置
            Picture1.Circle (midx, midy), r, , -2 * pi, -2 * pi * x    '绘制优秀扇形
            Picture1.FillColor = QBColor(2)    '填充色设置
            Picture1.Circle (midx, midy), r, , -2 * pi * x, -2 * pi * (x + y)    '绘制良好扇形
            Picture1.FillColor = QBColor(12)    '填充色设置
            Picture1.Circle (midx, midy), r, , -2 * pi * (x + y), -2 * pi * (x + y + z)
            Picture1.FillColor = QBColor(14)    '填充色设置
            Picture1.Circle (midx, midy), r, , _
    -2 * pi * (x + y + z), -2 * pi * (x + y + z + u)
            Picture1.FillColor = QBColor(11)
        Picture1.Circle (midx, midy), r, , _
    -2 * pi * (x + y + z + u), -2 * pi * (x + y + z + u + v)
        End If
    End Sub
```

思考题：用画圆的方法在图像上画一个太极圆，如图 8-10 所示。

图 8-10　太极图

8.3.3　PSet 方法

PSet 方法可以在对象的指定位置按确定的像素颜色画点，使用语法格式如下：

[对象.]PSet [Step] (x, y) [,Color]

说明：

（1）(x,y)是画点的坐标，可以是整数也可以包含小数，但必不可少。

（2）Step 表示采用当前位置的相对值。

（3）Color 用于为该点指定颜色，缺省时，使用当前的 ForeColor 属性值，采用背景色可清除某个位置上的点。

例如，下面一条语句可在坐标(1000,1000)处画一个红点：

```
PSet (1000, 1000), RGB(255, 0, 0)
```

【例 8-7】设计一个应用程序，其模拟平抛运动，运行界面如图 8-11 所示。

分析：平抛运动可分为水平匀速运动和竖起自由落体运动，水平位移 X = V0*t（t 是表示时间），竖直位移是 Y = g*t*t/2（g 是重力加速度）。

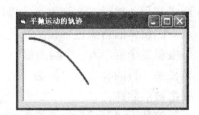

图 8-11　例 8-7 程序运行界面

对于点动画来说，找出 PSet(x,y)中坐标 x 和 y 的动态变化值，即可作出任意的曲线。

程序设计步骤如下：

①在新建工程窗体上添加一个图片框控件 Picture1 和一个计时器控件 Timer1。

②编写窗体和计时器有关事件代码。

- 窗体 Form1 的 Resize 事件代码

```
Private Sub Form_Resize()
    Picture1.Top = 0
    Picture1.Left = 0
    Picture1.Height = Form1.ScaleHeight
    Picture1.Width = Form1.ScaleWidth
End Sub
```

- 计时器 Timer 的 Timer 事件代码

```
Private Static Sub Timer1_Timer()
    Dim t As Single, v0 As Single
    Const g! = 9.8
    t = t + 0.01
    v0 = 30              '水平初速度
    x = v0 * t - 280     '起始横坐标
    y = -g * t * t / 2 + 180   '起始纵坐标
    If x < 300 Then
        Picture1.PSet (x, y), RGB(255, 0, 0)
    End If
End Sub
```

- 窗体 Form1 的 Load 事件代码

```
Private Sub Form_Load()
    Picture1.ScaleMode = 3
    Picture1.DrawWidth = 3
    Picture1.Scale (-300, 200)-(300, -200)
    Picture1.BackColor = &H80000009    '图片框的背景颜色
    Timer1.Interval = 10    '每 10 毫秒发生一次 Timer 事件
End Sub
```

思考题：用 Line 方法模拟平抛运行。

【**例 8-8**】要求设计一个窗体，程序运行时，单击"开始"按钮后，在窗体上画出一个圆，再将此圆抹去。

分析：为完成本题，首先要定位圆心的位置(x0,y0)，再设定一个圆的初始半径为 r=100，这样，圆周上的一个点可用以下公式定位：

$$x = Cos(i) * r + x0$$
$$y = Sin(i) * r + y0$$

设置窗体的背景色为白色，画圆时，利用一个循环用指定的蓝颜色显示出一个点，从而形成圆周；然后在此圆周上，再用"Pset(x,y),qbcolor(15)"在原来的轨迹上绘制出一圈白色的点，因窗体的背景色已设为白色，所以给人的感觉是将原来的圆擦去了；然后半径增加 100，再做第二个圆，第二个圆为绿色。然后再将此圆擦去，每绘制一个彩色圆后立即用一个圆心和半径都一致的亮白色"擦去"所画的彩色的圆，共循环 16 次。程序运行结束时，窗体上画的圆都被清除掉。

窗体上"开始"命令按钮 Command1 的 Click 事件代码如下：

```
Private Sub Command1_Click()
    c = 1
    r = 100
    y0 = ScaleHeight / 2
    x0 = ScaleWidth / 2
```

```
        Do
            For i = 0 To 2 * 3.141596 Step 0.01 '用不同的颜色画圆
                y = Sin(i) * r + y0
                x = Cos(i) * r + x0
                PSet (x, y), QBColor(c)
                For j = 1 To 2000
                Next j
            Next i
            For i = 0 To 2 * 3.141596 Step 0.01    '用白色圆点抹去圆周上的点
                y = Sin(i) * r + y0
                x = Cos(i) * r + x0
                PSet (x, y), QBColor(15)
                For j = 1 To 2000
                Next j
            Next i
            c = c + 1
            r = r + 100
        Loop Until c = 16    '画 16 次圆周
    End Sub
```

【例 8-9】自己动手做一个数学函数作图器，程序运行界面，如图 8-12 所示。

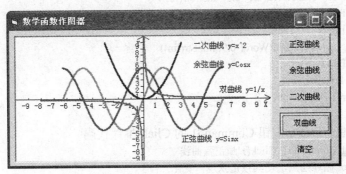

图 8-12　例 8-9 程序运行界面

分析：用语句"Picture1.Scale(-10,10)-(10,-10)"将整个 Picture1 控件定义为一个 20×20 的区域用于绘图，以 Picture1 的中心为坐标原点(0,0)。

程序设计步骤如下：

①启动 VB，建立一标准 EXE 工程，再在窗口上布置五个命令按钮控件 Command1～5 和一个图片框控件 Picture1，设置窗体及控件的相关属性、位置和大小。

②编写窗体及控件有关的事件代码。

```
Const Pi = 3.1415926535 '定义圆周率
Dim a, wor
'定义用于 Picture1 上的一个位置打印字符函数
Private Function PrintWord(X, Y, Word As String)
    With Picture1
        .CurrentX = X : .CurrentY = Y
        .ForeColor = RGB(0, 0, 255)
    End With
    Picture1.Print Word
End Function
```

```vb
'定义画点函数
Private Function DrawDot(Px, Py, Color)
    Picture1.PSet (Px, Py), Color
End Function
Sub XY() '建立直角坐标系
    Picture1.DrawWidth = 1 '设置线条宽度
    Picture1.Cls
    '设定用户坐标系，坐标原点在 Picture1 中心
    Picture1.Scale (-10, 10)-(10, -10)
    Picture1.Line (-10, 0)-(10, 0), RGB(0, 0, 255)
    Picture1.Line -(9.5, 0.5), RGB(0, 0, 255)        '画箭头>
    Picture1.Line (10, 0)-(9.5, -0.5), RGB(0, 0, 255) '画箭头>
    Picture1.ForeColor = RGB(0, 0, 255)
    Picture1.Print "X"      '以上画 X 轴
    Picture1.Line (0, -10)-(0, 10), RGB(0, 0, 255)
    Picture1.Line -(0.5, 9.5), RGB(0, 0, 255)
    Picture1.Line (0, 10)-(-0.5, 9.5), RGB(0, 0, 255)
    Picture1.Print "Y"     '以上画 Y 轴
    For lin = -9 To 9
        Picture1.Line (lin, 0)-(lin, 0.25)
        wor = PrintWord(lin - 0.5, -0.5, Str(lin))
        Picture1.Line (0, lin)-(-0.25, lin)
        If lin <> 0 Then
            wor = PrintWord(-0.9, lin, Str(lin))
        End If
    Next lin
    Picture1.DrawWidth = 2
End Sub
```

- "正弦曲线"命令按钮 Command1 的 Click 事件代码

```vb
Private Sub Command1_Click() '画正弦曲线
    '用 For 循环绘点，使其按正弦规律变化
    '步长小，使曲线比较平滑，还能形成动画效果
    For a = -2 * Pi To 2 * Pi Step Pi / 6000
        Dot = DrawDot(a, Sin(a) * 5, RGB(0, 255, 0))
    Next a
    wor = PrintWord(3, -6, "正弦曲线  y=Sinx")
End Sub
```

- "余弦曲线"命令按钮 Command2 的 Click 事件代码

```vb
Private Sub Command2_Click()
    For a = -2 * Pi To 2 * Pi Step Pi / 6000
        Dot = DrawDot(a, Cos(a) * 5, RGB(255, 0, 0))
    Next a
    wor = PrintWord(4, 6, "余弦曲线  y=Cosx")
End Sub
```

- "二次曲线"命令按钮 Command3 的 Click 事件代码

```vb
Private Sub Command3_Click()
    For a = -3 To 3 Step Pi / 6000
        Dot = DrawDot(a, a ^ 2, RGB(0, 0, 0))
    Next a
```

```
        wor = PrintWord(4, 9, "二次曲线  y=x^2")
    End Sub
```

- **"双曲线"命令按钮 Command4 的 Click 事件代码**

```
Private Sub Command4_Click()
    For a = -8 To 8 Step Pi / 6000
        If a = 0 Then GoTo err0 '除数不能为 0
        Dot = DrawDot(a, 1 / a, RGB(255, 0, 255))
err0:
    Next a
    wor = PrintWord(6, 2, "双曲线  y=1/x")
End Sub
```

- **"清空"命令按钮 Command5 的 Click 事件代码**

```
Private Sub Command5_Click() '清空屏幕
    XY
End Sub
```

- **窗体 From1 的 Load 事件代码**

```
Private Sub Form_Load()
    Me.Caption = "数学函数作图器"
    Me.Show
    Me.AutoRedraw = True : Picture1.BackColor = vbWhite
    Command1.Caption = "正弦曲线" : Command2.Caption = "余弦曲线"
    Command3.Caption = "二次曲线" : Command4.Caption = "双曲线"
    Command5.Caption = "清空"
    XY
End Sub
```

- **窗体 From1 的 Resize 事件代码**

```
Private Sub Form_Resize()
    Picture1.Width = Me.Width * 0.77
End Sub
```

8.3.4　PaintPicture 方法

使用 PaintPicture 方法，可以在窗体、图片框和 Printer 对象上的任何地方，绘制图形。PaintPicture 方法的语法格式如下：

[对象.]PaintPicture 图片,x1,y1[,宽度 1[,高度 1[,x2[,y2[,宽度 2[,高度 2[,绘图模式]]]]]]]

说明：

（1）图片。指源图形文件，包括.bmp，.ico，.wmf，.emf，.cur，.ico 和.dib 等类型。

（2）x1，y1。指在目标对象上绘制图片的左上角坐标(x,y)，由对象的 ScaleMode 属性决定度量单位。

（3）宽度 1，高度 1。指目标对象绘制图片的宽度或高度。如果省略，则使用源图片的宽度或高度。

（4）x2，y2：指源图片剪贴区的左上角坐标，默认为(0,0)。

（5）宽度 2，高度 2：指图形内剪贴区的宽度或高度，默认为整个图形的宽度或高度。如果宽度1、高度1 比宽度 2、高度 2 大或小，将适当地拉伸或压缩图形。

（6）绘图模式。指定绘制的模式（方法），即绘制出的图形中每一点使用什么颜色。此颜色由被绘制图片中的每一个点的颜色（源像素）、窗体（或图片框）上现有像素点的颜色（目标像素）和填充颜色（由 FillColor 和 FillStyle 属性决定）计算得到。计算机上是表示颜色的长整数进行按位逻辑运算。

绘图模式的默认模式是使用源像素颜色覆盖目标像素，绘图模式的其他常数，如表 8-6 所示。

表 8-6　绘图模式常数

常数	描述
vbDstInvert	反转源位置
vbMergeCopy	合并模式和源位置
vbMergePaint	用 Or 运算合并反转的源位图和目标位图
vbSrcInvert	用 Xor 运算合并目标像素与源位图
VbSrcPaint	用 Or 运算合并目标像素与源位图
vbNotSrcCopy	将反转的源位图复制到目标中
vbNotSrcErase	用 Or 运算合并源位图和目标位图，然后反转
VbPatCopy	将模式复制到目标位图
vbPatInvert	用 Xor 运算合并目标位图与模式
VbPatPaint	用 Or 运算合并反转的源位图与模式，然后用 Or 运算合并上述结果与目标位图
VbSrcAnd	用 And 运算合并目标像素与源位图
vbSrcCopy	将源位图复制到目标位图
vbSrcErase	反转目标位图并用 And 运算合并所得结果与源位图

【例 8-10】放大图片。如图 8-13 所示，用鼠标在 Picture 中选择部分图片区域，再单击"放大"图形按钮，图片框 Picture2 中将显示出放大的部分图形。

图 8-13　例 8-10 程序运行界面

分析：源图片放在图片框 Picture1 中，被放大的区域图形放在图片框 Picture2 中。源图片对象就是用鼠标在 Picture 中选择的区域，可在 Picture1 的 MouseDown 事件中获取区域的左上角坐标，在 Picture1 的 MouseMove 事件中获取区域最终的右下角坐标。通过将 Picture1 的 DrawMode 属性设置为 7，可以在 MouseMove 事件中不断地擦除原有线框，再画新线框以使得显示选择区域的线框大小能动态地变化。

程序设计步骤如下：

①在新工程窗体上添加两个图片框控件 Picture1～2 和一个命令按钮控件 Command1。

②调整窗体和控件的大小和布局，并设置好相关属性，如表 8-7 所示。

表8-7 例8-10窗体及控件的相关属性设置

窗体及控件	属性	属性值
Form1	Caption	放大图片
Command1	Caption	放大图形
Picture1	DrawMode	7
	ForColor	&HFFFFFF&（白色）

③编写相关控件的事件代码。

- "放大图形"命令按钮 Command1 的 Click 事件代码

```
Dim x1!, y1!, x2!, y2!
Private Sub Command1_Click()
    Picture2.Cls
    Picture2.PaintPicture Picture1, 0, 0, Picture2.Width, Picture2.Height, _
    x1, y1, x2 - x1, y2 - y1     '图片框 Picture2 中绘制放大图片
End Sub
```

- 图片框 Picture1 的 MouseDown 事件代码

```
Private Sub Picture1_MouseDown(Button As Integer, Shift As Integer, X As Single, Y As Single)
    Picture1.Cls      '清除以前绘制的图形，但不能清除 Picture 属性所指图像
    x1 = X : y1 = Y   'X 和 Y 表示鼠标当前坐标点
    x2 = X : y2 = Y
End Sub
```

- 图片框 Picture1 的 MouseMove 事件代码

```
Private Sub Picture1_MouseMove(Button As Integer, Shift As Integer, X As Single, Y As Single)
    If Button = 1 Then
        Picture1.Line (x1, y1)-(x2, y2), , B '擦除原有线框
        x2 = X
        y2 = Y
        Picture1.Line (x1, y1)-(x2, y2), , B '画新线框
    End If
End Sub
```

④按下 F5 功能键，运行程序，用鼠标拖放操作，在左边图片框中选定图片区域，再单击"放大图形"按钮，在右边图片框中将显示出被放大的选定区域图像。

8.3.5 Point 方法

Point 方法用于返回窗体或图形框上指定点的 RGB 颜色，其使用语法格式如下：

[对象.]Point (x, y)

说明：如果由(x,y)指定的点在对象外面，Point 方法返回一个-1（False）。

【例8-11】将窗体图片框 Picture1 中的图像动态地复制到图片框 Picture2 中，程序运行的界面，如图 8-14 所示。

分析：复制图片的方法有多种，本题使用 Point 方法从图片框 Picture1 中从左到右、从上到下逐点取出对应颜色值，然后再使用 PSet 方法用同样的颜色在图片框 Picture2 中画出。

图 8-14 例 8-11 程序运行界面

命令按钮"复制图片"按钮 Command1 的 Click 事件代码

```
Private Sub Command1_Click()
    Dim Xs%, Ys% '分别表示图片框 Picture1 中的坐标点
    Dim Xd%, Yd% '分别表示图片框 Picture2 中的坐标点
    Dim Color As Long    '代表颜色值
    For Xs = 1 To Picture1.ScaleWidth
        For Ys = 1 To Picture1.ScaleHeight    '逐点取出源图像的颜色
            Color = Picture1.Point(Xs, Ys)
            Xd = Picture2.ScaleWidth / Picture1.ScaleWidth * Xs
            Yd = Picture2.ScaleHeight / Picture1.ScaleHeight * Ys
            '按比例计算坐标点(Xs,Ys)对应于图片框 Picture2 中的坐标点(Xd,Yd)
            Picture2.PSet (Xd, Yd), Color
        Next
    Next
End Sub
```

习题八

一、单选题

1. 坐标度量单位可通过（　　）来改变。
   A）DrawStyle 属性　　　　　　　　B）DrawWidth 属性
   C）Scale 方法　　　　　　　　　　D）ScaleMode 属性

2. 以下的属性和方法中，（　　）可重定义坐标系。
   A）DrawStyle 属性　　　　　　　　B）DrawWidth 属性
   C）Scale 方法　　　　　　　　　　D）ScaleMode 属性

3. 默认情况下，VB 中的图形坐标的 y 轴方向是（　　）。
   A）向下　　　　　B）向上　　　　　C）向左　　　　　D）向右

4. 默认情况下，VB 中的图形坐标的原点在图形控件的（　　）。
   A）左下角　　　　B）右上角　　　　C）左上角　　　　D）右下角

5. 当使用 Line 方法画线后，当前坐标在（　　）。
   A）(0, 0)　　　　B）直线起点　　　C）直线终点　　　D）容器的中心

6. 语句"Circle(1000,1000),800,,-3.1415926/3,-3.1415926/2"绘制的是（　　）。
   A）画圆　　　　　B）椭圆　　　　　C）圆弧　　　　　D）扇形

7. 执行指令"Line (1200,1200)-Step(1000,500),B"后，CurrentX=（　　）。
   A）2200　　　　　B）1200　　　　　C）1000　　　　　D）1700

8. 描述以(1000,1000)为圆心、以 400 为半径画 1/4 圆弧的语句，以下正确的是（　　）。
   A）Circle(1000,1000),400,0,3.1415926/2　　B）Circle(1000,1000),,400,0,3.1415926/2
   C）Circle(1000,1000),400,,0,3.1415926/2　　D）Circle(1000,1000),400,,0,90

9. 语句"Circle(1000,1000),800,,,,2"绘制的是（　　）。
   A）弧　　　　　　B）椭圆　　　　　C）扇形　　　　　D）同心圆

10. 上题 Circle 语句中最后的 2 表示的是（　　）。
    A）椭圆的纵轴和横轴长度比　　　　B）椭圆的横轴和纵轴长度比
    C）同心圆的半径比　　　　　　　　D）圆弧两半径间的夹角

11. 对象的边框类型由属性（　　）来决定。
    A）DrawStyle　　B）DrawWidth　　C）BorderStyle　　D）ScaleMode

12. 窗体和各种控件都具有图形属性，下列（　　　）属性可用于显示处理。
    A）DrawStyle、DrawMode
    B）AutoRedraw、ClipControls
    C）FillStyle、FillColor
    D）ForeColor、BorderColor

13. 当窗体的 AutoRedraw 属性采用默认值时，若在窗体装入时用绘图方法绘制图形，则应用程序放在（　　　）。
    A）Paint 事件
    B）Load 事件
    C）Initialize 事件
    D）Click 事件

14. 当使用 Line 方法时，参数 B 与 F 可组合使用，下列组合中（　　　）不允许。
    A）BF
    B）F
    C）不使用 B 与 F
    D）B

15. 下列所使用方法中，（　　　）不能减少内存的开销。
    A）将窗体设置得尽量小
    B）使用 Image 控件处理图形
    C）设置 AutoRedraw=False
    D）不设置 DrawStyle

16. 当对 DrawWidth 进行设置后，将影响（　　　）。
    A）Line、Circle、PSet 方法
    B）Line、Shape 控件
    C）Line、Circle、Point 方法
    D）Line、Circle、PSet 方法和 Line、Shape 控件

17. 在程序运行过程中，不能指定颜色参数值的方式是（　　　）。
    A）QBColor 函数
    B）RGB 函数
    C）使用 VB 的颜色常量
    D）Color 函数

18. 在窗体中利用 Print 方法输出文本信息时，信息的输出位置由（　　　）属性设置。
    A）Left
    B）Top
    C）x,y
    D）CurrentX,CurrentY

19. （　　　）可以在窗体上绘制一个半径为 1000 的圆。
    A）Form1.Circle (1000, 1000), 1000
    B）Line (1000, 1000)-(2000, 2000)
    C）Point 1000,1000
    D）Pset 1000,1000

20. 以下有关 VB 颜色的表示中，（　　　）是错误的。
    A）vbRed
    B）QbColor(4)
    C）RGB(255,0,0)
    D）RGB(-255,0,0)

21. 下面选项中，能绘制填充矩形的语句是（　　　）。
    A）line(100,100)-(200,200),B
    B）line(100,100)-(200,200),BF
    C）line(100,100)-(200,200),,BF
    D）line(100,100)-(200,200)

22. 下面选项中，能绘制一组同心圆的程序是（　　　）。
    A）Private Sub Form_Click
    　　　　a=1000:b=1000:c=100
    　　　　For I=1 to 10
    　　　　　　Circle (a+I*c,b+I*c),c
    　　　　Next I
    　　End Sub

    B）Private Sub Form_Click
    　　　　a=1000:b=1000:c=100
    　　　　For I=1 to 10
    　　　　　　Circle (a+I*c,b),c
    　　　　Next I
    　　End Sub

    C）Private Sub Form_Click
    　　　　a=1000:b=1000:c=100
    　　　　For I=1 to 10
    　　　　　　Circle (a,b+I*c),c
    　　　　Next I
    　　End Sub

    D）Private Sub Form_Click
    　　　　a=1000:b=1000:c=100
    　　　　For I=1 to 10
    　　　　　　Circle (a,b),c+I*C
    　　　　Next I
    　　End Sub

23. 下列关于 ScaleLeft 属性说法不正确的是（　　　）。
    A）它是可作为容器的对象持有的属性
    B）该属性值为容器的左上角的横坐标，缺省值为 0
    C）该属性值最小为 0
    D）该属性值可以在程序过程中修改

24. 如果执行"Scale (-100,-200)-(500,500)"，则（　　　）。

A）当前窗体的宽度变为 600　　　　　　B）当前窗体的宽度变为 500

C）当前窗体的宽度变为 400　　　　　　D）程序出错

25. 关于 CurrentX、CurrentY 属性的说法不正确的是（　　　）。

A）表示当前点在容器内的横坐标、纵坐标

B）设置的值是下一个输出方法的当前位置

C）只能通过命令语句而不能通过属性窗口设置

D）可以通过命令语句也可以通过属性窗口设置

26. 方法 Point(X,Y)的功能是（　　　）。

A）(X,Y)点的 RGB 颜色值　　　　　　B）返回该点在 Scale 坐标系中的坐标值

C）在(X,Y)画点　　　　　　　　　　　D）将点移动到(X,Y)处

27. 执行 Form1.Scale (10,-20)-(-30,20)语句后，Form1 窗体坐标系 X 和 Y 轴的正方向是（　　　）。

A）向左和向下　　　B）向右和向上　　　C）向左和向上　　　D）向右和向下

28. 改变了容器的坐标后，该容器的（　　　）属性值不会改变。

A）Name（名称）　　B）ScaleLeft　　　C）ScaleTop　　　D）ScaleWidth

29. 下列可以把当前目录下的图形文件 pic.jpg 载入图片框 Picture1 中的语句是（　　　）。

A）Picture="pic.jpg"　　　　　　　　B）Picture1.Handle="pic.jpg"

C）Picture1.Picture=LoadPicture("pic.jpg")　　D）Picture1=LoadPicture("pic.jpg")

30. 在执行了语句 "Line (500,500)-(1000,500) : line (750,300)-(750,700)" 后，所绘制的图形是（　　　）。

A）一条折线　　　　　　　　　　　　B）两条分离的线段

C）一个人字形图形　　　　　　　　　D）一个十字形图形

二、填空题

1. 改变容器对象的 ScaleMode 属性值，容器的大小___【1】___改变，它在屏幕上的位置不会改变。

2. 容器的实际高度和宽度由___【2】___和___【3】___属性确定。

3. 有下列语句：

　　　Picture1.ScaleLeft=-200 : Picture1.ScaleTop=250

　　　Picture1.ScaleWidth=500 : Picture1.ScaleHeight=-400

则 Picture1 右下角的坐标为___【4】___。

4. 窗体 Form1 的左上角坐标为(-300,350)，右下角坐标为(400,-250)。X 轴的正向向___【5】___，Y 轴的正向向上。

5. 当 Scale 方法不带参数，则采用___【6】___坐标系。

6. 使用 Line 方法画矩形，必须在指令中使用关键字___【7】___。

7. 使用 Circle 方法画扇形，起始、终止角取值范围为___【8】___。

8. Circle 方法正向采用___【9】___时针方向。

9. DrawStyle 属性用于设置所画线的形状，此属性受到___【10】___属性的限制。

10. 有关图形方法有：___【11】___（清除所有图形和 Print 输出）；___【12】___画圆、椭圆或圆弧；___【13】___画线、矩形或填充框；___【14】___返回指定点的颜色值；___【15】___设置各个像素的颜色；___【16】___在任意位置画出图形。

11. VB 坐标系的默认单位是 Twip，除此之外，需要通过对象的___【17】___属性来实现用户选用的其他度量单位。

12. 以窗体 Form1 的中心为圆心，画一个半径为 800 的圆的方法是___【18】___。

13. PSet 方法设置指定坐标点处的___【19】___，是最简单的图形操作。

14. 在画椭圆的方法中，半径以后的参数依次是___【20】___、___【21】___、___【22】___、___【23】___。

15. 选择形状、边框后，图片框中控件 Shape1 发生相应变化。界面设计如下图所示。

窗体和控件的相关事件过程代码如下：

```
Private Sub Combo1_Click()
    Shape1.Shape = Combo1.List(____【24】____)
End Sub
Private Sub Combo2_Click()
    _____【25】_____ = Combo2.List(Combo2.ListIndex)
End Sub
Private Sub Form_Load()
    Dim i As Integer
    For i = 0 To 5
        Combo1.AddItem Str(i)
    Next i
    For i = 0 To 6
        ____【26】____
    Next i
End Sub
```

三、判断题

（   ）1．用长整型数表示的颜色要比使用 RGB 函数返回的颜色多。

（   ）2．改变图形对象的坐标系可以用 Scale 方法。

（   ）3．对于 VB 中的对象，缺省刻度把坐标(0,0)放置在对象的左上角，单位为像素。

（   ）4．ScaleMode 的所有属性值均表示打印长度。

（   ）5．已知窗体的 FillColor=RGB(255,0,0)红，ForeColor=RGB(0,255,0)绿，FillStyle=0(Solid)。语句 Circle(200,100),500,,,,2 的输出结果是红边绿心的长椭圆。

（   ）6．用 Cls 方法能清除窗体或图片框中用 Print 方法打印的文本或用 Circle 或 Line 方法绘制的图形。

（   ）7．Visual Basic 提供的几种标准坐标系统的原点都是在绘图区域的左上角，如果要把坐标原点放在其他位置，则需使用自定义坐标系统。

（   ）8．VB 的 RGB 函数可以返回的不同颜色值有 256×256×256 种。

（   ）9．Circle 方法绘制扇形或圆弧图形时，图形的形状不仅与起始角、终止角的大小相关，而且与起始角、终止角的正或负相关。

（   ）10．Line(500,500) – (2500,2500) 命令能够正确画出矩形。

（   ）11．命令 Picture1.Circle(500,800),800 能够在图片框 Picture1 中画出的图形是圆心在 (500,800) 的一个圆。

（   ）12．无论坐系如何改变，窗体的中心坐标都不会改变，其位置为：(Form1.ScaleWidth/2, Form1.ScaleHeight/2)。

（   ）13．Circle Step(200,300),800, ,-1,-4 表示画了一个圆弧。

（   ）14．VB 默认的 Y 轴正方向为向上。

（   ）15．坐标度量单位可通过 ScaleMode 属性来改变。

（   ）16．Scale 方法可重定义坐标系。

（   ）17．当使用 Line 方法画线后，当前坐标在直线起点。

（　　）18．执行指令"Line (1200,1200)-Step(1000,500),B"后，CurrentX=1200。

（　　）19．当窗体的 AutoRedraw 属性采用默认值时，若在窗体装入时用绘图方法绘制图形，则应用程序放在 Paint 事件中。

（　　）20．当使用 Line 方法时，参数 B 与 F 可组合使用。

参考答案

一、单选题

1	2	3	4	5	6	7	8	9	10	11	12	13	14	15
D	C	A	C	C	D	A	C	B	A	C	B	A	B	D

16	17	18	19	20	21	22	23	24	25	26	27	28	29	30
A	D	A	C	D	C	D	C	A	D	A	A	A	C	D

二、填空题

【1】不会　　　　　　　　　【2】ScaleHeight

【3】ScaleWidth　　　　　　【4】(300,-150)

【5】右　　　　　　　　　　【6】默认

【7】B　　　　　　　　　　【8】0～2π

【9】逆　　　　　　　　　　【10】DrawWidth

【11】Cls　　　　　　　　　【12】Circle

【13】Line　　　　　　　　　【14】Point

【15】PSet　　　　　　　　　【16】PaintPicture

【17】ScaleMode　　　　　　【18】Circle (ScaleWidth / 2, ScaleHeight / 2), 800

【19】点　　　　　　　　　　【20】颜色

【21】起点角度　　　　　　　【22】终点角度

【23】纵横比　　　　　　　　【24】Combo1.ListIndex

【25】Shape1.BorderStyle　　【26】Combo2.AddItem Str(i)

三、判断题

1	2	3	4	5	6	7	8	9	10	11	12	13	14	15
×	√	×	×	×	√	√	√	√	×	√	×	√	×	√

16	17	18	19	20
√	×	×	√	√

第 9 章　文件操作

本章学习目标

- 掌握数据文件的概念、文件结构和分类。
- 重点掌握文件和随机文件的读写操作。

本章将重点介绍 VB 中数据文件的基本概念、文件结构以及文件、随机文件和二进制文件的读写操作，并对不同类型的文件结合具体例子进行操作应用示例。

在 VB 中，我们把保存在外部存储介质上的一批有内在相关联系的数据集合，称之为文件（File），区别一个文件的方法是为每一个文件取一个文件名。存放在文件中的一个数据，称为数据项。应用程序在以下情况下需要进行磁盘文件操作：

（1）大量的数据需要以文件的形式传递给程序进行处理，而不是通过鼠标和键盘输入。

（2）程序计算的结果、得到的大量数据需要以文件的形式保存，以供其他程序处理，而不仅仅是显示在屏幕上。

（3）程序的运行参数，用户的设置需要以文件形式保存，供以后本程序再次使用。

除非功能极其简单的程序，几乎所有的程序都需要进行文件操作。总之，文件与其操作在 VB 程序设计中，地位十分重要。

9.1　文件的分类和操作步骤

9.1.1　文件的分类

在 VB 系统中，根据文件读写方式和保存格式的不同，把文件分为：顺序访问文件（Sequential Access File）、随机访问文件（Random Access File）和二进制文件（Binary File）等三种类型。

1. 顺序文件

顺序文件的结构比较简单，文件中的数据项一个接一个地顺序存放。在这种文件中要读取某个数据项，必须从文件头开始，一个数据项一个数据项地顺序读取。

顺序文件的组织比较简单，占用空间少、容易使用，但维护困难，不能灵活地存取和增减数据。要修改文件中的某个数据项，必须把整个文件读入内存，修改完后再重新写入磁盘。因此，顺序文件适用于有一定规律且不经常修改的数据存储。

2. 随机文件

随机文件是一个文本文件（ASCII 码文件），又称直接存取文件，与顺序文件不同，在访问随机文件的数据时，不必考虑数据项的位置，可以根据需要直接访问文件中的任意数据项。在随机文件中，每个数据项（称为记录）的长度都是固定的，每个记录都有一个记录号。可以根据记录号，直接存取随机文件中的记录（数据项）。

为了能在随机文件有效地存取数据，随机文件中的数据必须以某种特定的方式存储，这种特定的方式称为记录。随机文件中的数据就是由一条一条的记录组成的。每条记录由若干个字段组成，字段由不同种类的数据组成。随机文件中的数据结构，如图 9-1 所示。

记录号	学号	姓名	性别	出生日期	笔试	上机
1	A01	樱桃小丸子	False	1986-8-7	41	65
2	A02	蜡笔小新	True	1986-9-12	80	69
3	A03	贱狗	False	1988-3-25	76	71
4	A04	樱木花道	True	1988-1-2	46	54
5	B05	史努比	True	1987-8-5	90	80
6	B06	小甜甜	True	1987-5-19	67	39
7	C07	皮卡丘	True	1988-10-21	54	75
8	C08	米老鼠	False	1988-5-19	80	32
9	D01	碱蛋超人	True	1988-3-5	46	57
10	D12	哈利波特	True	1987-8-21	50	87
……	……	……	……	……	……	……

图 9-1　随机文件的组织结构

文件（随机文件）由一条一条记录组织而成，记录由若干个字段构成，字段的内容是不同种类的数据值。

（1）字段（Field）。在图 9-1 中的一列，称为字段。字段有字段名，在 VB 中可看作是一个变量，字段的内容是特定类型的数据值。如，"学号"就是一个字段，而"姓名"也是一个字段，每个字段的数据类型可以相同，也可以不同。

字段的顺序无关紧要，既可以放在前面，也可以放在后面，但字段名不能相同。

（2）记录（Record）。指图 9-1 中字段名称下面的一行，如第 5 行。记录由相关字段组成，若干个记录的集合就组成了文件。

（3）记录号（Record No）。每条记录存储在文件时，都有一个看不见的序列号（从 1, 2, … 开始编码）。因此，在存取数据时，只要找到记录的记录号即可对该记录进行操作。

（4）文件指针（File Pointer）。文件被打开后，系统自动生成一个文件指针（隐含），该指针指向某条记录。文件的读写从指针所指的位置开始操作。

随机文件具有存取灵活、易于修改、访问速度快等优点；但占用空间比较大，组织结构比较复杂。

3．二进制文件

二进制文件是指文件的数据以二进制的方式存储，占用空间较小。但二进制文件不能用普通的字处理软件进行编辑。它与随机文件的访问类似，以字节来定位数据，在程序中可以按任何方式组织和访问数据，对文件中各字节数据直接进行存取。

9.1.2　文件的操作步骤

在 VB 中，数据文件的操作按以下步骤进行。

（1）打开（或建立）文件。一个文件必须先打开或建立后才能使用。如果一个文件已经存在，则打开该文件；如果不存在，则建立该文件。文件打开后都有相应的文件号与之相关。文件号是一个整数，可以看作是文件的代表，在文件读写时都要指定文件号。

（2）对文件进行处理。根据用户的需要，在打开或建立的文件上执行所要求的输入输出操作。在文件操作中，把内存中的数据传输到相关的设备上（如磁盘）并作为文件存放的操作叫做写数据。而把数据文件中的数据传输到内存中的操作，叫做读数据。

（3）关闭文件。文件的读写操作结束后，必须关闭文件。

9.2 顺序文件

在顺序文件中，数据的逻辑与存储顺序相一致，对文件的操作只能按顺序进行。顺序文件的操作也分为三步：打开文件、读或写文件、关闭文件。

9.2.1 打开文件

如前所述，对文件进行操作之前，必须先打开或建立文件。VB 用 Open 语句打开或建立一个文件，其使用语法一般格式如下：

Open 文件名 For Input|OutPut|Append As [#]文件号

说明：

（1）Open 语句的功能是：按指定的方式打开一个文件，并为文件指定一个文件号。

（2）"文件名"是一个字符串，可以包含驱动器及目录，此参数不能省略。

（3）For Input|OutPut|Append。决定文件的输入输出模式，其含义如下：

- Input：以输入方式打开顺序文件，文件指针定位在文件开头，只能读取文件。如果文件不存在，则会出错。
- Output：以输出方式打开顺序文件，文件指针定位在文件开头，只能向文件写入内容。如果打开的文件中已有内容，则覆盖原有内容（相当于打开了一个空文件）。
- Append：以输出方式打开顺序文件，文件指针定位在文件尾，只能向文件写入内容。与 Output 不同的是，如果打开的文件中已有内容，并不覆盖原有内容，而是从文件的尾部开始继续写入数据，即追加文件内容。

（4）文件号，用来标识打开文件的文件句柄，是一个整数表达式，其值在 1～511 之间的范围内。文件号前面的 "#" 可有可无，使用 Open 打开文件时指定的文件名不能是正在被使用的文件号，否则会出错。

在 Input（或以后介绍的 Binary 和 Random）方式下，可以用不同的文件号打开同一文件，而不必先将该文件关闭。而在 Append 和 Output 方式下，如果要用不同的文件号打开同一文件，则必须在打开文件之前先关闭该文件。

例如：

①打开 VB 系统安装目录所在磁盘（默认安装在 C 盘）根目录下名为 data1.txt 的顺序文件，以便从中读取数据。

Open "\data1.txt" For Input As #1

②在 D 盘 VBdata 目录下建立并打开一个新的数据文件 data2.txt，使数据可以写入文件，写数据的方式是覆盖而不是追加。

```
Open "d:\VBdata\data2.txt" For Output As #12
```

③在工程所在目录下打开数据文件 data3.txt，使数据可以追加到文件末尾。

```
Open App.Path & "\" & "data3.txt" For Append As #123
```

9.2.2　文件的关闭

一般来说，文件在使用完毕后，需要关闭。可以使用 Close 语句关闭由 Open 语句打开的顺序文件等各类文件。Close 语句的使用语法格式如下：

Close [[#]文件号 1] [,[#]文件号 2],…

说明：

（1）Close 语句用来关闭文件。关闭一个数据文件具有两方面的作用，一是把文件缓冲区的所有数据写到文件中，二是释放与该文件相关的文件号，供其他 Open 语句使用。

（2）Close 语句一次可以关闭多个文件，如果指定了文件号，则把指定的文件关闭；如果省略所有的文件号，则关闭打开的所有文件。

（3）除了用 Close 语句关闭文件外，在程序结束时，系统将自动关闭所有打开的数据文件。此外，Reset 语句也可关闭所有 Open 语句打开的文件。

下面是打开和关闭文件的语句。

```
Open "d:\myfirst.dat" For Output As #1        '打开文件
Close #1                                       '关闭文件
```

9.2.3　写顺序文件

写顺序文件之前，应该以 Output 或 Append 模式打开文件，然后使用下面的语句将变量、常量、表达式的值或属性值写入顺序文件中。顺序文件的写操作可以用 Print #或 Write #语句来完成。

1．Print #语句

Print #语句的功能是把数据写入指定文件号所代表的文件中，使用语法格式如下：

Print #文件号,[[Spc(n)|Tab[(n)]] [一个或多个表达式] [;|,]]

Print #语句和 Print 方法功能类似，只不过一个输出的对象是文件，一个输出的对象是窗体、打印机或控件。Print #语法中除了比 Print 方法多了一个文件号，其他各参数，包括 Spc 函数、Tab 函数、"表达式"以及尾部的分号、逗号都和 Print 方法相同。

说明：

（1）写数据时，多个表达式可以用逗号"，"或分号"；"隔开。用逗号时，写入文件中的数据项之间有较多的空格分隔；用分号时，写入文件中的数据项之间的间隔最多一个空格。

【例 9-1】执行下面程序代码后，观察数据在文件中的格式。

```
Private Sub Command1_Click()
    Open "d:\mydata1.txt" For Append As #111
    Print "abc", 123, #10/1/2008#
    Print #111, "abc", 123, #10/1/2008#
    Print "abc"; 123; #10/1/2008#
    Print #111, "abc"; 123; #10/1/2008#
End Sub
```

文件中的数据格式，如图 9-2 所示。

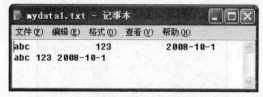

图 9-2 Print #语句输出的数据格式

（2）如果 Print #语句最后一项表达式后面没有以分号或逗号结束，则下次 Print #语句将把数据写到文件的下一行。

（3）如果省略 Print #语句的输出参数，则输出一个空行，使用格式为：Print #,。

【例 9-2】将自然数 1～100，以每行 10 个数存入到文件"outdata.txt"中，同时计算并保存所有偶数之和。

编写新建窗体的单击事件代码如下：

```
Private Sub Form_Click()
    Dim i As Integer, EvenSum As Integer
    Open App.Path & "\" & "outdata.tx" For Output As #1
    For i = 1 To 100
        Print #1, i;
        If i Mod 10 = 0 Then Print #1,            '每行 10 个数
        If i Mod 2 = 0 Then EvenSum = EvenSum + i  '求偶数和
    Next
    Print #1, "1-100 的所有偶数和是：" & EvenSum
    Close #1
End Sub
```

2. Wrtie #语句

Wrtie #语句也是用来把数据写入到文件中。其使用语法格式如下：

Write #文件号, [一个或多个表达式] [;|,]]

Write #语句和 Print #语句的功能类似，都是把数据写入到文件中。但是输出到文件中的结果不一样，主要表现在以下几点：

（1）表达式依然可以由多项组成，各项之间用逗号或分号分隔。但在 Write #语句中，逗号和分号只是一个各项间的分隔符。如果最后一项参数后面没有逗号或分号，那么下一个 Write #语句将从下一行写入数据，否则，下一个 Write #语句在本行继续输出。

（2）用 Write #语句向文件写数据的时候，数据以紧凑格式存放。Write #语句能自动在各项数据之间插入逗号，并给字符串数据两端加上双引号，日期型和逻辑型数据两端加上"#"号。例如，语句"Write #1, 12.3, "abc", #2010-10-1#, True"，文件中存储数据的格式如下：

12.3,"abc",#2010-10-01#,#TRUE#

（3）Print #和 Write #语句不能将整个数组或自定义类型变量的值写入文件中，只能一个元素（成员）一个元素（成员）地写。

为了能正确读取输出的文件，除了数值数据可以用 Print #语句写入到文件外，其他类型的数据尽量使用 Write #语句写入。

【例 9-3】如图 9-3 所示，设计一个窗体，在三个文本框 Text1～3 中输入学生的学号、姓名、年龄。然后分别单击"用 Print #写"和"用 Write #写"按钮，将学生的信息写到当前工程所在文件夹中的"out.txt"文件中。打开"out.txt"文件，观察 Print #和 Write #语句写数据的格式。

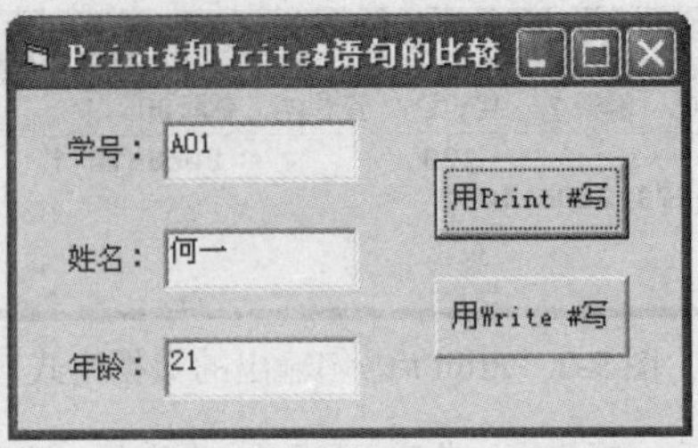

图 9-3　例 9-3 程序运行界面

分析：首先在窗体"通用"声明区定义一个自定义数据类型 Student，包含三个成员 sNum、sName 和 sAge，分别表示学生的学号、姓名和年龄。然后，再创建两个命令按钮"用 Print # 写"和"用 Write #写"，完成数据的写入工作。

程序设计步骤如下：

①在新建工程窗体 Form1 上添加三个标签控件 Label1～3、三个文本框控件 Text1～3 和两个命令按钮控件 Command1～2。

②对窗体和各控件的大小和位置做适当的调整和布局，并修改相关的属性值。

③编写窗体与各控件的相关事件代码。

- 窗体的"通用"声明区

```
Private Type Student
    sNum As String
    sName As String
    sAge As Integer
End Type
Dim stud As Student '定义一个 Student 类型变量
```

- 窗体 Form1 的 Load 事件代码

```
Private Sub Form_Load()
    Open App.Path & "\out.txt" For Output As #1 '建立一个空白文件
    Close #1
End Sub
```

- "用 Print #写"命令按钮 Command1 的 Click 事件代码

```
Private Sub Command1_Click()
    Open App.Path & "\out.txt" For Append As #1   '用于追加数据
    stud.sNum = Text1
    stud.sName = Text2
    stud.sAge = Val(Text3)
    Print #1, stud.sNum, stud.sName, stud.sAge
    Close #1
End Sub
```

- "用 Write#写"命令按钮 Command2 的 Click 事件代码

```
Private Sub Command2_Click()
    Open App.Path & "\out.txt" For Append As #1   '用于追加数据
    stud.sNum = Text1
    stud.sName = Text2
    stud.sAge = Val(Text3)
    Write #1, stud.sNum, stud.sName, stud.sAge
    Close #1
End Sub
```

④按下 F5 功能键，运行程序，在输入了三个学生的
信息并保存后关闭窗体。然后，在工程所在文件夹中找
到 out.txt 文件，使用"记事本"打开，观察数据的格式。
数据保存的结果，如图 9-4 所示。

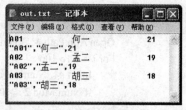

9.2.4　读顺序文件

图 9-4　out.txt 文件中的数据格式

保存到顺序文件中的数据，可以使用 Input 语句和
Line Input 语句或 Input 函数读出并保存到变量中，供以后操作这变量。要顺序读取文件中的
数据，必须以 Input 方式打开文件。

1．Input #语句

Input #语句用于从文件中读取数据，其使用语法格式如下：

Input #文件号,变量列表

说明：

（1）功能。Input #语句一次可以读入一项或多项内容，读入的值依次赋给相应的变量。

（2）#文件号。表示以 Input 方式打开的顺序文件。

（3）变量列表。可以由一个或多个变量组成，与变量列表相对应，文件中数据项的类型
应该和变量列表中变量的类型相同。如果数值类型不同，则指定变量的值为类型默认值。

（4）Input #语句以字符串的形式读出数据。读出数据时，将忽略数值前面的空格、回车
和换行符，从遇到的第一个非空格、回车和换行字符开始读取，遇到空格、回车、换行符或逗
号则结束读取。读出的数字串会自动转换成数值型数据赋给数值型变量，如果读出的数据赋给
字符型变量，则数据项后面的空格被认为是数据项的一部分，而不是结束符。

（5）为了能够用 Input #语句将文件中的数据正确读入到变量中，要求文件中各数据项用
分隔符分开，所以 Input #语句与 Write #语句配合使用。

（6）完成一次读写操作后，文件指针自动移到下一个读写操作的开始位置，移动量的长
度与它读写的字符串的长度相同。

注意：

①Input #语句一般是按行读取，而不是按数据项读取。如果存储的数据是：12.1 13.1 abc 12
13 14，则执行语句 Input #1, a!, b!, c$后，变量 a、b、c 的内容分别为 12.1、13.1 和"abc 12 13
14"；执行语句 Input #1, c$后，变量 c 的内容为"12.1 13.1 abc 12 13 14"。

例如，某文件中存储了"12,56ab,cd13,2010-10-1,TRUE"，则用语句 Input #1, a, b, c, d, e
能够将数据读入。虽然，数据能够读出，但意义可能不同，如"2010-10-1"，本来认为是日期
型，但读出的数据却是整数。

又如，如果文件中存储的数据格式为"2 56ab　cd13 2010-10-1,TRUE"或"2 56ab　cd13
2010-10-1 True"，语句 Input #1, a, b, c, d, e 不能正确读入。

②如果存储的数据是：12,"56ab","cd13",#2010-10-1#,#TRUE#，即用 Write #语句写数据的
保存格式，语句 Input #1, a!, b$, c$, d$, e$不但能读入，而且还能正确区别数据类型。

【例 9-4】读入例 9-2 保存文件"outdata.txt"中的数据，计算并输入所有奇数之和。

程序设计的操作步骤如下：

①将例 9-2 保存的文件"outdata.txt"，复制到当前工程所在文件夹之中。

②编写窗体的鼠标单击事件（Click）代码如下：

```
Private Sub Form_Click()
    Dim i%, Num%, Oddsum%
    Open App.Path & "\outdata.txt" For Input As #1
    For i = 1 To 100
        Input #1, Num    '读入数据并赋给变量 Num
        If Num Mod 2 <> 0 Then Oddsum = Oddsum + Num
    Next
    Print "1-100 所有奇数之和是：" & Oddsum
    Close #1
End Sub
```

③运行程序，单击窗体空白处，观察结果。

2．Line Input #语句

Line Input #语句是整行读入语句，功能是从文件中读取一行，并把它赋给一个字符串变量。其使用语法格式如下：

Line Input #文件号,字符串变量

在文件操作中 Line Input #语句十分有用，它可以读顺序文件中一行的全部字符，遇到回车或换行结束读取，但回车和换行不会赋给字符串。常与 Print 语句配合使用。

例如，以下程序可以将例 9-3 中建立的文件"out.txt"内容全部显示在立即窗口。

```
Private Sub Form_Click()
    Dim Lstr As String
    Open App.Path & "\out.txt" For Input As #1    '用于读入数据
    Do While Not EOF(1)    'Not EOF(1)用于判断读数据时，是否到达文件尾
        Line Input #1, Lstr
        Debug.Print Lstr                '在立即窗口中显示一行数据
    Loop
    Close #1
End Sub
```

3．Input 函数

Input 函数用于从文件中读出指定的字符数，其使用语法格式如下：

Input(读取字符数,文件号)

说明：与 Input # 语句不同，Input 函数返回它读出的所有字符，包括逗号、回车符、空白列、换行符、引号和前导空格等。

4．InputB 函数

InputB 函数用于从文件中读出指定字节数的数据，其使用语法格式如下：

InputB(读取字符数,文件号)

说明：InputB 函数读出的数据是 ANSI（美国国家标准）格式的字符，必须使用 StrConv 函数转换成 Unicode 字符才能被正确地显示在屏幕上。

对于二进制（Binary）文件，不能使用 EOF 函数，而要将 LOF 和 Loc 函数配合使用；如使用 EOF 函数，则要配合 Get 语句一起，才能读出整个文件。

例如，以下程序可以将例 9-3 中建立的文件"out.txt"内容全部显示在文本框中。

```
Private Sub Command1_Click()
    Dim ch As String * 1
    Text1 = ""
    Open App.Path & "\out.txt" For Input As #1    '用于读入数据
    Do While Not EOF(1)    'Not EOF(1)用于判断读数据时，是否到达文件尾
```

```
        ch = Input(1, #1)              '取出一个字符
        '也可使用语句 ch = StrConv(InputB(1, #1), 64)
        Text1 = Text1 & ch
    Loop
    Close #1
End Sub
```

9.2.5　与文件有关语句和函数

VB 提供了许多与文件操作有关的语句和函数，用户可以很方便地将这些语句和函数应用到文件的读写操作和对文件、目录进行复制、删除等维护工作中。

1. 文件操作函数

（1）EOF 函数。EOF 函数用于测试文件的指针是否到达文件末尾。如果文件指针到达了文件末尾，EOF 函数返回的值是 True，否则返回的值是 False。EOF 函数的使用语法格式如下：

EOF(文件号)

说明：对于用 Input 方式打开的顺序文件，如果已经读到文件尾，则返回 True，否则返回 False。对于以 Output、Append 方式打开的顺序文件，EOF 函数总返回 True。

对于随机文件，如果最后执行的 Get（读数据）语句未能读出完整的记录时，EOF 函数返回 True，否则返回 False。

EOF 函数常用于在循环中测试是否到达文件的末尾，一般结构如下：

```
Do While Not EOF(文件号)
    ……          '读或操作语句块
Loop
```

具体的实例，请参考上节介绍"Input 函数"和"InputB 函数"时的有关代码。

（2）FileAttr 函数。FileAttr 函数用于判断 Open 语句所打开文件的文件打开方式，其语法格式如下：

FileAttr(文件号)

说明：FileAttr 函数返回打开文件的方式，返回值如表 9-1 所示。

表 9-1　FileAttr 函数的返回值

返回值	文件打开方式
1	Input
2	Output
4	Random
8	Append
32	Binary

例如：

```
Open "in.dat" For Input As #1
Mode = FileAttr(1) '  返回值是 1，表示文件打开方式是 Input
Close #1
```

（3）FreeFile 函数。使用 FreeFile 函数可得到一个在程序中没有使用的文件号，该函数返回一个整型数据。当在程序中打开多个文件时非常有用，可以避免出现相同的文件号。该函数语法格式如下：

FreeFile[(范围)]

其中："范围"是一个可选参数，用来决定返回的文件号的取值范围，缺省值为 0（或不写）。当参数为 0 时，则返回一个介于 1～255 之间的文件号；为 1 时，则返回一个介于 256～511 之间的文件号。

例如：

FileNum = FreeFile '返回一个 1～255 之间的尚未使用的文件号

Open "out.dat" For Output As FileNum

（4）Loc 函数。Loc 函数返回由"文件号"指定的文件的当前读写位置，返回值是一个长整型值。Loc 函数的使用语法格式如下：

Loc(文件号)

说明：Loc 函数对于随机文件，返回上一次读取或写入的记录号；对于二进制文件，返回上一次读取或写入的字节位置；对于顺序文件，返回的是该文件打开以来读或写的数据项个数。

例如，下面一条语句可以取得文件号 1 的当前读取位置。

LocationN = Loc(1)

（5）LOF 函数。LOF 函数表示用 Open 语句打开的文件的大小，该大小以字节为单位。其使用语法格式如下：

LOF(文件号)

例如：

Open App.Path & "\out.txt" For Input As #1　'用于读入数据

FileLength = LOF(1) '取得文件长度

Close #1

（6）Seek 函数。在 Open 语句打开的文件中指定当前的读/写位置，该函数的使用语法格式如下：

Seek(文件号)

说明：Seek 函数返回值是一个长整型数，介于 1～2147483647（相当于 $2^{31}-1$）之间。该函数对各种文件访问方式的返回值，如表 9-2 所示。

表 9-2　Seek 函数返回值

方式	返回值
Random	下一个读出或写入的记录号
Binary、Output、Append、Input	下一个操作将要发生时所在的字节位置。文件中的第一个字节位于位置 1，第二个字节位于位置 2，依此类推

（7）FileLen 函数。FileLen 函数的功能是获得文件的长度，其使用的语法格式如下：

FileLen (文件名)

说明：必要的"文件名"是一个包含目录或文件夹以及驱动器的字符串表达式。该函数带回一个长整型的整数，表示文件的长度，单位是字节。

当使用 FileLen 函数时，如果所指定的文件已经打开，则返回的值是这个文件在打开前的大小。

例如：

FL& = FileLen(App.Path & "\out.txt")

Open App.Path & "\out.txt" For Input As #1　'用于读入数据

FCL& = LOF(1)

```
Print FL, FCL    '比较 FL 和 FCL 的大小
Close #1
```

说明：LOF()函数与 FileLen()函数，测试的文件长度相同，均为文件实际保存内容的长度（多少），而不是操作系统显示的文档长度（大小）。

（8）FileDateTime 函数。使用 FileDateTime 函数，可以获得文件被创建或最后修改后的日期和时间。其使用语法格式如下：

FileDateTime(文件名)

说明："文件名"是一个包含目录或文件夹以及驱动器的字符串表达式。该函数带回一个日期型数据。

（9）Dir 函数。Dir 函数在文件查找操作中非常有用，用于查找指定文件名是否包含在目录（文件夹）以及驱动器中；如果没有找到，该函数返回一个零长度字符串""。Dir 函数的使用语法格式如下：

Dir(文件名[,文件属性])
Dir[(文件名)]

及

Dir

说明：待查找的文件名是一个可以含有路径及通配符的字符串。Dir(文件名)用于首次查找，以后每次查找可以只使用 Dir 而不带参数。

参数"文件属性"，用于指定文件和文件夹的属性，属性常数请参考表 9-3。

由于找到的文件可能有多个，所有 Dir 函数常用于循环中。

例如，下面程序代码的功能是查找"C:\WINDOWS\Web\Wallpaper"下的所有 jpg 文件，若找到，则将文件名显示到列表框中。

```
Private Sub Command1_Click()
    fileName$ = Dir("C:\WINDOWS\Web\Wallpaper\*.jpg")
    Do While fileName <> ""
        fileName = Dir
        If fileName = "" Then Exit Do
        List1.AddItem fileName
    Loop
End Sub
```

2．目录及文件操作语句

（1）Kill 语句。Kill 语句可用来删除文件，其语法格式如下：

Kill 文件名

说明："文件名"是一个字符串表达式，其中可以包含路径。Kill 支持通配符"*"和"？"的使用，用以一次删除多个文件。

例如：

```
Kill "out.dat" '删除当前目录下的文件 out.dat
Kill "d:\test\out.dat" '删除目录"d:\test"下的文件 out.dat
Kill "d:\test\*.dat" '删除目录"d:\test"下所有扩展名为 dat 的文件
```

（2）FileCopy 语句。FileCopy 语句用于复制文件，其语法格式如下：

FileCopy 源文件名,目标文件名

说明：源文件名和目标文件名都可以包含路径，但不能含有通配符。如果对一个已打开的文件使用 FileCopy 语句，则会产生错误。

例如：

    FileCopy "d:\test\out.dat ","d:\vb\in.dat"

（3）Name 语句。Name 语句用于重命名一个文件、目录或文件夹，其使用语法格式如下：

    Name　原文件名　As　新文件名

说明：Name 语句只能重新命名已经存在的目录或文件夹，不能创建新文件、目录或文件夹。如果是一个已打开的文件，必须先关闭该文件，否则将会产生错误。此外，Name 语句不支持"*"和"?"通配符的使用。

例如：

    Name "oldfile.dat " As "newfile.dat"　'把当前目录下的 oldfile.dat 改名为 newfile.dat

    Name "d:\test" As "d:\test1"　　　　'把目录"d:\test"改名为"d:\test1"

    Name "d:\test\oldfile.txt ","d:\vbtest\newfile.txt"

    '将文件 oldfile.txt 移动到目录"d:\vbtest"中，并更改名为 newfile.txt

需要注意的是，Name 语句不能跨驱动器移动文件，也不能移动目录。例如：

    Name "e:\test\out.dat ","d:\test1\in.dat" '错误，跨驱动器移动文件

（4）MkDir 语句。使用 MkDir 语句建立目录，其使用语法格式如下：

    MkDir　目录名

（5）RmDir 语句。使用 RmDir 语句可以删除一个目录（文件夹），其使用语法格式如下：

    RmDir　目录名

说明：删除目录时，所删除的目录应为空目录，即该目录下没有任何文件及子目录。

（6）ChDir 语句。使用 ChDir 语句可以改变当前目录，其使用语法格式如下：

    ChDir　路径

ChDir 可以改变当前目录，但不能改变当前驱动器。如要改变当前驱动器，需要使用 ChDriver 语句。

（7）ChDriver 语句。ChDriver 语句可以改变当前驱动器，其语法使用格式如下：

    ChDriver [驱动器]

如果参数"驱动器"省略，则不会改变当前驱动器。如果"驱动器"有多个字母，则以首字母为准。

例如，假设当前使用的磁盘为 C 盘，则以下：

    ChDrive"D"

    ChDir "MyDir"

语句的功能，可将当前磁盘改变为 D 盘，当前的目录（文件夹）改为 MyDir。

（8）CurDir 语句。使用 CurDir 语句可以确定驱动器的当前目录，其语法格式如下：

    CurDir [驱动器]

说明：省略"驱动器"，则返回当前目录的驱动器。

例如，设 C 为当前驱动器，当前路径为"C:\Windows"，使用下面语句可返回当前路径。

    Cdpath$=CurDir("C")　'或　Cdpath$=CurDir

（9）GetAttr 语句。使用 GetAttr 语句可以获得文件及目录的属性，其语法格式如下：

    GetAttr (文件名)

说明："文件名"是一个包含目录或文件夹以及驱动器的字符串表达式，若文件不存在，则出现错误。GetAttr 语句可带回一个整数，其含义如表 9-3 所示。

表 9-3　GetAttr 语句返回值的含义

常数	值	描述	常数	值	描述
vbNormal	0	常规	vbDirectory	16	目录或文件夹
vbReadOnly	1	只读	vbArchive	32	上次备份以后，文件已经改变
vbHidden	2	隐藏	vbalias	64	指定的文件名是别名
vbSystem	4	系统文件			

若要判断文件或（文件夹）是否设置了某个属性，需要将 GetAttr 函数与表中所列的属性值按位进行 And 运算，如果所得的结果不为零，则表示设置了这个属性值。

例如，用下面语句判断文件是否具有隐藏属性。

```
ff = GetAttr(App.Path & "\out.txt")
Print ff and 2    '2 表示 vbHidden，得到的结果为 0，表示文件不具有隐藏性
```

【例 9-5】如图 9-5 所示，应用程序在运行时，单击"读入串"按钮，从文件中读出一个字符串并显示在 Text1 中；单击"排序"按钮，将字符串按字母的 ASCII 码值从小到大的顺序排列，并显示在 Text2 中；单击"追加"按钮，将排序后的字符串添加到文件末尾（要求采用冒泡排序）。

分析：从文件中读出一个字符串，可使用 Line Input # 语句。采用冒泡排序法对读入的字符串排序，具体方法请参考 4.5 节有关内容。将排序好的字符串追加到文件末尾，可使用文件 Append 模式，并使用 Write #语句将字符串写入。

图 9-5　例 9-5 程序运行界面

程序设计操作步骤如下：

①在新建工程窗体上添加两个标签控件 Label1～2，用于设置文本框的标题；添加两个文本框控件 Text1～2，用于显示读入和排序后的字符串；三个命令按钮 Command1～3。

②调整窗体与各控件的大小、位置布局；依照图 9-5 所示，设置各控件的属性。

③编写窗体和命令按钮的相关事件代码。

● 窗体 Form1 的"通用"声明区

```
Option Base 1
Dim putstr As String    '表示读入的数据
Dim objstr As String    '表示排序后的数据
```

● "读入串"命令按钮 Command1 的 Click 事件代码

```
Private Sub Command1_Click()   '读入字符串
    Command1.Enabled = False
    Command2.Enabled = True
    Command3.Enabled = False
    Open App.Path & "\" & "test5.txt" For Input As #1
    Line Input #1, putstr
    Close #1
    Text1.Text = putstr
End Sub
```

● "排序"命令按钮 Command2 的 Click 事件代码

```
Private Sub Command2_Click()   '对字符串排序
    Command1.Enabled = False
```

```
        Command2.Enabled = False
        Command3.Enabled = True
        Dim inlen As Integer, i As Integer, j As Integer
        Dim str() As String, temp As String
        inlen = Len(putstr)
        ReDim str(inlen)
        For i = 1 To inlen
            str(i) = Mid(putstr, i, 1)
        Next i
        For i = 1 To inlen - 1
            For j = 1 To inlen - i
                If str(j) >= str(j + 1) Then
                    temp = str(j)
                    str(j) = str(j + 1)
                    str(j + 1) = temp
                End If
            Next j
        Next i
        objstr = ""
        For i = 1 To inlen
            objstr = objstr + str(i)
        Next i
        Text2.Text = objstr
    End Sub
```

- “追加”命令按钮 Command3 的 Click 事件代码

```
Private Sub Command3_Click()    '写入数据
    Command1.Enabled = True
    Command2.Enabled = False
    Command3.Enabled = False
    Open App.Path & "\" & "text5.txt" For Append As #1
    Write #1, objstr
    Close #1
End Sub
```

- 窗体 Form1 的 Load 事件代码

```
Private Sub Form_Load()
    Text1.Text = "" : Text2.Text = ""
    Command2.Enabled = False : Command3.Enabled = False
End Sub
```

【例 9-6】建立如图 9-6 所示的应用程序。

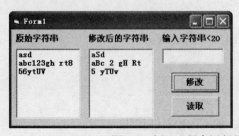

图 9-6　例 9-6 程序运行界面

程序功能要求如下：

①在 Text1 中输入任意字符串并按回车键后，判断 Text1 中字符串长度。若长度小于 20 则将其内容添加到列表框 List1 中，否则，提示错误信息。

②单击"修改"按钮后，将 List1 中各字符串偶数位的字符进行如下变化：大写字母变为小写字母，小写字母变为大写字母，数字变为空格，其他字符不变化，并且把变化后的字符串依次写入文件"test.txt"中。

③单击"读取"按钮后，从文件"test.txt"中读出数据，并显示在列表框 List2 中。

分析：判断文本框中的文本是否符合长度大小，可使用语句"Len(Text1) > 20"，若符合规定，则使用语句"List1.AddItem Text1"添加到列表框中。单击"修改"命令按钮，则要从列表框 List1 中取出一个字符串，然后使用函数 Mid()取出偶数位的字符进行大小写变换即可。

程序设计步骤如下：

①在新建工程窗体上添加三个标签控件 Label1～3，用于设置文本框和列表框的标题；添加一个文本框控件 Text1，用于输入字符串；添加两个列表框控件 List1～2，用于显示原始和修改后的字符串；添加两个命令按钮控件 Command1～2。

②调整窗体与各控件的大小、位置布局；依照图 9-6 所示，设置各控件的属性。

③编写窗体和命令按钮的相关事件代码。

● "修改"命令按钮 Command1 的 Click 事件代码

```
Private Sub Command1_Click() '修改
    List2.Clear
    Open App.Path & "\" & "t18.txt" For Output As #1
    For c = 0 To List1.ListCount - 1
        s1 = List1.List(c)
        s2 = ""
        L = Len(s1)
        For k = 1 To L
            If k Mod 2 = 0 Then
                s3 = Mid(s1, k, 1)
                Select Case s3
                    Case "a" To "z"
                        s3 = UCase(s3)
                    Case "A" To "Z"
                        s3 = LCase(s3)
                    Case "0" To "9"
                        s3 = " "
                End Select
                s2 = s2 + s3
            Else
                s3 = Mid(List1.List(c), k, 1)
                s2 = s2 + s3
            End If
        Next
        List2.AddItem s2
        Print #1, s2
    Next
    Close #1
End Sub
```

- "读取"命令按钮 Command2 的 Click 事件代码

```
Private Sub Command2_Click()    '读取
    Open App.Path & "\" & "test.txt" For Input As #1
    Do While Not EOF(1)
        Line Input #1, linedata
        List2.AddItem linedata
    Loop
    Close #1
End Sub
```

- 文本框 Text1 的 KeyPress 事件代码

```
Private Sub Text1_KeyPress(KeyAscii As Integer) '长度判断
    If KeyAscii = 13 Then
        If Len(Text1) > 20 Then
            MsgBox "字符串长度太长", , "出错"
            Text1 = ""
        Else
            List1.AddItem Text1
            Text1 = ""
        End If
    End If
End Sub
```

9.3　随机文件

随机文件中的数据是以记录的形式存放的。只要指定记录号，就可以快速地访问随机文件中的记录。

为了能准确地对随机文件的数据进行读写，在对随机文件操作前常先定义一种自定义数据类型来存放写入或读取的数据，然后再打开文件进行读写操作，操作完成后也要关闭文件。

随机文件的读写操作一般分为以下 4 步：

①用 Type…End Type 语句定义用户的数据类型。

②以随机方式打开文件。

③对文件进行读写操作。

④关闭文件。

9.3.1　打开和关闭随机文件

和顺序文件一样，使用随机文件的第一步也是用 Open 语句打开文件，文件使用完后，必须使用 Close 语句关闭该文件。

1. 打开随机文件

和顺序文件一样，使用 Open 语句打开随机文件，其语法格式如下：

Open 文件名 [For Random] As 文件号 Len=记录长度

说明：

（1）功能。打开一个随机文件。

（2）"文件名"。是一个可以包含磁盘符号、路径和文件名的字符串表达式。

（3）[For Random]。表示打开随机文件，可省略。

（4）"记录长度"。等于一条记录中各字段长度之和，以字节为单位，其值是一个整型数值。如果写入的实际记录比定义的记录长，则发生错误；反之，虽然可以写入，但会浪费存储空间。

"记录长度"通常是自定义类型的大小（也就是用户自定义数据类型占用的存储空间），如果省略，则记录的默认长度为 128，可以用 Len 函数来得到用户自定义数据类型的长度。

例如：

```
FileName = App.Path & "\test.dat"
Open FileName For Random As #1 Len = 56 'FileName 为存储文件名的字符串变量
```

2．关闭随机文件

随机文件的关闭与关闭顺序文件所使用的语句相同，即使用 Close 语句。

9.3.2　读写随机文件

打开随机文件以后，就可以进行读或写的操作。随机文件的读和写语句是 Get 和 Put。本节将为读者介绍 Get 和 Put 语句的使用方法。

1．随机文件的写操作

随机文件的写操作可以用 Put 语句来实现。其语法格式如下：

Put #文件号,[记录号],变量名

说明：

（1）功能。将"变量名"中的数据写入随机文件指定的记录位置处。

（2）"记录号"。记录号是一个大于 0 的整数，若文件中已有此记录，则记录被新数据覆盖；若文件中无此记录，则在文件中添加一条新记录；如果忽略记录号，则表示在当前记录后写入一条记录。

例如，在例 9-3 中我们已定义了一个自定义数据类型 Student，以下代码可将 100 个学生信息写到文件"d:\vb\test.dat"中。

```
Private Sub Command1_Click()
    Dim i As Integer
    Dim stud As Srudent
    Open "d:\vb\test.dat" For Random As #1 Len = Len(stud) 'stud 是自定义类型的变量
    For i = 1 To 100
        stud.sNum = Text1
        stud.sName = Text2
        stud.sAge = Val(Text3)
        Put #1, i, stud
    Next
    Close #1
End Sub
```

2．随机文件的读操作

随机文件的读操作可以用 Get 语句来实现，其语法格式如下：

Get #文件号,[记录号],变量名

说明：

（1）功能。将一个已打开的随机文件指定的记录内容取出并存放到相应变量中。

（2）记录号。如果省略记录号，则在上一个 Get 或 Put 语句之后（或上一个 Seek 函数指出的）的下一个记录读入。省略记录号时，用于分界的逗号不能省略。

（3）完成一次读写操作后，文件指针自动移到下一个读写操作的开始位置，移动量的单位是一个记录的长度。

【例 9-7】建立一个应用程序，窗体界面如图 9-7 所示。

程序功能要求如下：

①单击"建立文件"按钮后，建立随机文件"gz.dat"，并通过键盘向文件中写入若干条记录。其中，文件的每条记录有五个数据项，分别为：工资号（GZH）、基本工资（JB）、津贴（JT）、应扣工资（YK）、实发工资（SF）。用户只需输入前四项，第五项由公式"实发工资=基本工资+津贴-应扣工资"计算得到。当用户输入的工资号为"0"时输入结束。

②单击"读文件"按钮后，将随机文件 gz.dat 中的所有工资号读出并显示在 List1 中。同时，设置初始值为选中 List1 的第一项，并在文本框 Text1～4 中分别显示相应的基本工资、津贴、应扣工资和实发工资。

③当单击 List1 中任意一个工资号后，在文本框 Text1～4 中显示对应的数据。

④当单击"退出"按钮后，程序结束。

要求：使用记录类型，其类型名为 gz，其中数据段为 GZH、JB、JT、YK、SF。gz.dat 部分数据如图 9-8 所示。

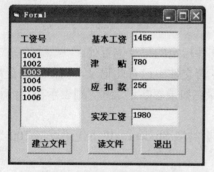

图 9-7　例 9-7 程序运行界面

GZH	JB	JT	YK	SF
1001	760	400	100	
1002	930	650	189	
1003	1456	780	256	
1004	580	300	85	
1005	1864	900	405	
1006	510	200	58	

图 9-8　gz.dat 部分数据

分析：

● 单击"建立文件"按钮后，建立随机文件"gz.dat"，并通过键盘向文件中写入若干条记录。通过键盘向文件中输入数据可使用 InputBox 函数。

● 将随机文件 gz.dat 中的所有工资号读出并显示在 List1 中，可使用列表框的 AddItem 方法。

● 当单击 List1 中任意一个工资号后，在文本框 Text1～4 中显示对应的数据，可使用列表框 List1 的 Click 事件。

程序设计方法和步骤如下：

①在新建工程窗体上添加五个标签控件 Label1～5，用于设置文本框和列表框的标题；添加四个文本框控件 Text1～4 和一个列表框控件 List1，分别用于显示数据；添加三个命令按钮控件 Command1～3。

②为工程添加一个标准模块 Module1，用于声明自定义数据类型。

③调整窗体与各控件的大小、位置布局；依照图 9-7 所示，设置各控件的属性。

④编写窗体和命令按钮的相关事件代码。

● 在标准模块 Module1 "通用"声明区自定义一个用户数据类型 gz

```
'在 Module1 模块中自定义数据类型
Public Type gz
    gzh As String * 4
    jb As Single
    jt As Single
    yk As Single
    sf As Single
End Type
```

- "建立文件"命令按钮 Command1 的 Click 事件代码

```
Private Sub Command1_Click()  '建立文件
    Dim gz1 As gz
    Dim gzh1 As String * 4, jb1 As Single, jt1 As Single
    Dim yk1 As Single, sf1 As Single, no As Integer
    '变量 gzh1、jb1、jt1、yk1 和 sf1 分别表示工资号、工资、津贴、扣款和实发工资
    Open App.Path & "\" & "gz.dat" For Random As #1 Len = Len(gz1)
    no = 1
    Do While True    '输入数据
        gz1.gzh = InputBox("请输入工资号(输入 0000 退出)", "工资号")
        If gz1.gzh = "0000" Then Exit Do
        gz1.jb = Val(InputBox("请输入基本工资", "工资"))
        gz1.jt = Val(InputBox("请输入津贴", "津贴"))
        gz1.yk = Val(InputBox("请输入扣款", "扣款"))
        gz1.sf = gz1.jb + gz1.jt - gz1.yk
        Put #1, no, gz1
        no = no + 1
    Loop
    Close #1
End Sub
```

- "读文件"命令按钮 Command2 的 Click 事件代码

```
Private Sub Command2_Click()  '读文件
    Dim gz1 As gz, no%
    Open App.Path & "\" & "gz.dat" For Random As #1 Len = Len(gz1)
    List1.Clear
    no = 1
    Do While Not EOF(1)
        Get #1, no, gz1
        List1.AddItem gz1.gzh
        no = no + 1
    Loop
    Close #1
End Sub
```

- 列表框 List1 的 Click 事件代码

```
Private Sub List1_Click()  '查看工资
    Dim gz1 As gz, no%
    no = List1.ListIndex
    Open App.Path & "\" & "gz.dat" For Random As #1 Len = Len(gz1)
    Get #1, no + 1, gz1
    Text1 = gz1.jb:Text2 = gz1.jt
    Text3 = gz1.yk:Text4 = gz1.sf
```

```
        Close #1
     End Sub
```

思考题：如何添加和删除一条记录？解题的思路如下：

（1）增加记录。

在随机文件中增加记录，就是在文件的末尾添加记录。首先找到文件中一个记录的记录号，然后把要增加的记录写在它的后面。

（2）删除记录。

通过清除其字段可以删除一个记录，但是该记录仍在文件中存在。通常文件中不能有空记录，因为它们会浪费空间且会干扰排序操作。最好把余下的记录拷贝到一个新文件，然后删除旧文件。要清除随机访问文件中删除的记录，一般按如下步骤执行：

①创建一个新文件。

②把所有有用的记录从原文件复制到新文件。

③关闭原文件并用 Kill 语句删除它。

④使用 Name 语句把新文件以原文件的名字重新命名。

9.4　二进制文件*

二进制文件，又称"流式文件"。是以字节为单位进行访问的文件。二进制文件与随机文件相比，没有特别的结构（随机文件的数据是一个有确定长度的记录块），整个文件都可以当作一个长的字节序列来处理，所以可用二进制文件来存放非记录形式的数据或变长记录形式的数据。利用二进制文件可以存取任意文件的原始字节，它不仅能获取 ASCII 文件，而且还能读取和修改非 ASCII 格式存储的文件，例如图像格式的文件等。

9.4.1　打开二进制文件

使用 Open 语句可以打开二进制文件，其语法格式如下：

Open　文件名　For Binary As #文件号

说明："For Binary"表示打开一个二进制文件，不能省略。如果已存在"文件名"所表示的文件，就打开它；若不存在，就创建一个二进制文件。

例如，打开一个名为"test.dat"的二进制文件，可使用下面的 Open 语句：

```
Open "test.dat" For Binary As #1
```

9.4.2　关闭二进制文件

二进制文件的关闭同样使用 Close 语句，使用方法与前面介绍的一样。

9.4.3　读写二进制文件

二进制文件打开以后，就可以同时对文件进行读和写的操作。

在二进制文件中进行读和写数据的语句是 Get 和 Put 语句，其语法格式如下：

Get | Put #文件号,[位置],变量

说明：

（1）功能。Get 语句可将指定位置的数据（以字节或记录大小代表的数据）取出，并存放到指定的变量中；Put 语句可将一个变量的数据写到指定位置的文件中。

（2）"变量"，可以是任何类型，包括变长字符串和记录类型；"位置"，指明 Get 或 Put 操作在文件的什么地方进行。

二进制文件的"位置"相对于文件开头而言。即第一个字节（或记录）的"位置"是 1，第二个字节的"位置"是 2 等。如果省略"位置"，则 Get 和 Put 操作将文件指针从第一个字节（或记录）到最后一个字节顺序进行扫描。

（3）完成一次读写操作后，文件指针自动移到下一个读写操作的开始位置。对二进制文件操作来说，文件指针可以移到文件中的任意位置。

文件指针的定位可通过 Seek 语句和 Seek 函数来处理。

（4）Get 语句从文件中读出的字节数等于"变量"的长度。同样，Put 语句向文件中写入的字节数与"变量"的长度相同。例如，如果变量为整型，Get#语句把读取的 2 个字节赋给变量，如果变量为单精度型，Get 就读取 4 个字节。如果 Get 和 Put 语句没有指定"位置"，则文件指针每次移过一个与"变量"长度相同的距离。

（5）不需要在读和写之间切换。在执行 Open 语句打开文件后，对该文件既可以读，也可以写，并且利用二进制存取可以在一个打开的文件中前后移动。

例如，若要从 test.dat 文件的指定位置（如 500）起写入一个字符串"Hello China!"，则在打开文件后，输入：

```
Open "test.dat" For Binary As #1
Str = "Hello China!"
Put #1, 500, Str
Close #1
```

（6）二进制文件只能通过 Get 语句或 Input$函数读取数据，而 Put 则是向以二进制方式打开的文件中写入数据的唯一方法。

【例 9-8】编写一个应用程序，程序运行界面如图 9-9 所示。单击"源文件名"文本框 Text1 右侧的"…"按钮，可选择要复制的文件，如图形文件（*.bmp）；在"新文件名"文本框 Text2 中输入，或单击右侧的"…"按钮，可选择一个目标文件；单击"开始复制"按钮，文件开始复制，同时伴有复制进程不断变化。

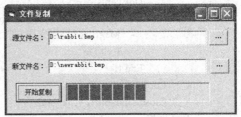

图 9-9 例 9-8 程序运行界面

分析：题意要求窗体中需要一个对话框控件 CommonDialog1、一个进度条控件 ProgessBar1、两个标签控件 Label1～2，两个文本框控件 Text1～2 和三个命令按钮控件 Command1～3。对话框控件和进度条控件需要添加部件 Microsoft Common Dialog Control 6.0（Sp6）和 Microsoft Windows Common Controls 6.0（Sp6）。

程序设计方法和步骤如下：

①在新建工程窗体上添加如图 9-9 所示的所有控件。

②设置两个标签控件 Label1～2 的 Caption 属性分别为"源文件名"和"新文件名"，AutoSize 属性值为 True；命令按钮控件 Command1～2 的 Caption 属性值为"…"，命令按钮控件 Command3 的 Caption 属性值为"开始复制"。

③调整窗体与各控件的大小、位置布局。

④编写命令按钮控件 Command1～3 的相关事件代码。

- "源文件名"命令按钮 Command1 的 Click 事件代码
  ```
  Private Sub Command1_Click()  ' "源文件名" 按钮
      CommonDialog1.Action = 1
      Text1 = CommonDialog1.FileName
  End Sub
  ```
- "新文件名"命令按钮 Command2 的 Click 事件代码
  ```
  Private Sub Command2_Click() ' "新文件名" 按钮
      CommonDialog1.Action = 2
      Text2 = CommonDialog1.FileName
  End Sub
  ```
- "开始复制"命令按钮 Command3 的 Click 事件代码
  ```
  Private Sub Command3_Click()
      Dim char As Byte '字节型变量
      Dim L As Long
      Dim filenum1, filenum2
      filenum1 = FreeFile
      L = FileLen(Text1)
      ProgressBar1.Max = L
      Open Text1 For Binary As filenum1
      filenum2 = FreeFile
      Open Text2 For Binary As filenum2
      Do While Not EOF(filenum1)
          Get #filenum1, , char '从源文件中读出一个字节数据
          Put #filenum2, , char '将一个字节数据写到另一个文件
          ProgressBar1.Value = ProgressBar1.Value + 1
          DoEvents
          If ProgressBar1.Value >= L Then
              MsgBox "复制完毕！"
              Exit Do
          End If
      Loop
      Close #filenum1, #filenum2
  End Sub
  ```

⑤按下 F5 功能键，运行程序，观察运行效果。

思考题：仿照例 7-10，在例 9-8 中添加一个 Animation 控件。实现文件在复制时，有一个类似 Windows 系统中复制文件的动画。

习题九

一、单选题

1. 关于顺序文件的描述，下面正确的是（   ）。
    A）每条记录的长度必须相同
    B）可通过编程对文件中的某条记录方便地修改
    C）数据只能以 ASCII 码形式存放在文件中，所以可通过文本编辑软件显示
    D）文件的组织结构复杂

2．关于随机文件的描述，下面不正确的是（　　）。

A）每条记录的长度必须相同　　　　　B）一个文件的记录号不必唯一

C）可通过编程对文件中的记录方便地修改　D）文件的组织结构比顺序文件复杂

3．下面关于文件的叙述中错误的是（　　）。

A）随机文件中各条记录的长度是相同的

B）打开随机文件时采用的文件存取方式应该是 Random

C）向随机文件中写数据应使用语句 Print #文件号

D）打开随机文件与打开顺序文件一样，都使用 Open 语句

4．设有语句：Open "d:\Text.txt" For Output As #1，以下叙述中错误的是（　　）。

A）若 d 盘根目录下无 Text.txt 文件，则该语句创建此文件

B）用该语句建立的文件的文件号为 1

C）该语句打开 d 盘根目录下一个已存在的文件 Text.txt，之后就可以从文件中读取信息

D）执行该语句后，就可以通过 Print #语句向文件 Text.txt 中写入信息

5．以下叙述中错误的是（　　）。

A）顺序文件中的数据只能按顺序读写

B）对同一个文件，可以用不同的方式和不同的文件号打开

C）执行 Close 语句，可将文件缓冲区中的数据写到文件中

D）随机文件中各记录的长度是随机的

6．随机文件是因为（　　）。

A）文件中的内容是通过随机数产生的

B）文件中的记录号是通过随机数产生的

C）可对文件中的记录根据记录号随机地读写

D）文件中的记录长度是随机的

7．文件号最大可取的值为（　　）。

A）255　　　　　　B）511　　　　　　C）512　　　　　　D）256

8．Print #1, STR$ 中的 Print 是（　　）。

A）文件的写语句　　　　　　　　　　B）在窗体上显示的方法

C）子程序名　　　　　　　　　　　　D）文件的读语句

9．为了建立一个随机文件，其中每条记录由多个不同数据类型的数据项组成，应使用（　　）。

A）记录类型　　　B）数组　　　C）字符串类型　　　D）变体类型

10．要从磁盘上读入一个文件名为 "c:\t1.txt" 的顺序文件，下列（　　）是正确的语句。

A）F = "c:\t1.txt"　　　　　　　　　B）F = "c:\t1.txt"

　　Open F For Input As #2　　　　　　Open "F" For Input As #2

C）Open c:\t1.txt For Input As #2　　D）Open "c:\t1.txt" For Output As #2

11．要从磁盘上新建一个文件名为 "c:\t1.txt" 的顺序文件，下列（　　）是正确的语句。

A）F = "c:\t1.txt"　　　　　　　　　B）F = "c:\t1.txt"

　　Open F For Input As #2　　　　　　Open "F" For Input As #2

C）Open c:\t1.txt For Input As #2　　D）Open "c:\t1.txt" For Output As #2

12．以下能判断是否到达文件尾的函数是（　　）。

A）BOF　　　　B）LOC　　　　C）LOF　　　　D）EOF

13．假定在窗体（名称为 Form1）的代码窗口中定义如下记录类型：

```
Private Type animal
    animalName As String*20
    aColor As String*10
End Type
```

在窗体上画一个名称为 Command1 的命令按钮，然后编写如下事件过程：

```
        Private Sub Command1_Click()
            Dim rec As animal
            Open "c:\vbTest.dat" For Random As #1 Len=len(reC)
            rec.animalName="Cat"
            rec.aColor="White"
            Put #1,,rec
            Close #1
        End Sub
```

则以下叙述中正确的是（　　　）。

　　A）记录类型 animal 不能在 Form1 中定义，必须在标准模块中定义

　　B）如果文件 c:\vbTest.dat 不存在，则 Open 命令执行失败

　　C）由于 Put 命令中没有指明记录号，因此每次都把记录写到文件的末尾

　　D）语句 "Put #1,,rec" 将 animal 类型的两个数据元素写到文件中

14．在随机文件中（　　　）。

　　A）记录号是通过随机数产生的　　　　　B）可以通过记录号随机读取记录

　　C）记录的内容是随机产生的　　　　　　D）记录的长度是任意的

15．假定在工程文件中有一个标准模块，其中定义了如下记录类型

```
    Type Books
        Name As String * 10
        TelNum As String * 20
    End Type
```

要求当执行事件过程 Command1_Click 时，在顺序文件 Person.txt 中写入一条记录。下列能够完成该操作的事件过程是（　　　）。

```
        A）Private Sub Command1_Click()
                Dim B As Books
                Open "c:\Person.txt" For Output As #1
                B.Name = InputBox("输入姓名")
                B.TelNum = InputBox("输入电话号码")
                Write #1, B.Name, B.TelNum
                Close #1
            End Sub
        B）Private Sub Command1_Click()
                Dim B As Books
                Open "c:\Person.txt" For Input As #1
                B.Name = InputBox("输入姓名")
                B.TelNum = InputBox("输入电话号码")
                Print #1, B.Name, B.TelNum
                Close #1
            End Sub
        C）Private Sub Command1_Click()
                Dim B As Books
                Open "c:\Person.txt" For Output As #1
                Name = InputBox("输入姓名")
                TelNum = InputBox("输入电话号码")
                Write #1, B
                Close #1
            End Sub
```

D）Private Sub Command1_Click()

  Dim B As Book

  Open "c:\Person.txt" For Input As #1

  Name = InputBox("输入姓名")

  TelNum = InputBox("输入电话号码")

  Print #1, B.Name, B.TelNum

  Close #1

End Sub

16. 在窗体上有一个文本框，代码窗口中有如下代码，则下述有关该段程序代码所实现的功能的错误的说法是（　　）。

```
Private Sub form_load()
    Open "C:\data.txt" For Output As #3
    Text1.Text = ""
End Sub
Private Sub text1_keypress(keyAscii As Integer)
    If keyAscii = 13 Then
        If UCase(Text1.Text) = "END" Then
            Close #3
        End
    Elsc
            Write #3, Text1.Text
            Text1.Text = ""
        End If
    End If
End Sub
```

 A）在 C 盘当前目录下建立一个文件

 B）打开文件并输入文件的记录

 C）打开顺序文件并从文本框中读取文件的记录，若输入 End 则结束读操作

 D）在文本框中输入的记录按回车键存入，然后文本框内容被清除

17. 执行语句"Open"C:StuData.dat"For Input As #2"后，系统（　　）。

 A）将 C 盘当前文件夹下名为 StuData.dat 的文件的内容读入内存

 B）在 C 盘当前文件夹下建立名为 StuData.dat 的顺序文件

 C）将内存数据存放在 C 盘当前文件夹下名为 StuData.dat 的文件中

 D）将某个磁盘文件的内容写入 C 盘当前文件夹下名为 StuData.dat 的文件中

18. 如果在 C 盘当前文件夹下已存在名为 StuData.dat 的顺序文件，那么执行语句"Open"C:StuData.dat" For Append As #1"之后将（　　）。

 A）删除文件中原有的内容

 B）保留文件中原有的内容，可在文件尾添加新内容

 C）保留文件中原有内容，在文件头开始添加新内容

 D）以上均不对

19. 以下关于文件的叙述中，错误的是（　　）。

 A）使用 Append 方式打开文件时，文件指针被定位于文件尾

 B）当以输入方式（Input）打开文件时，如果文件不存在，则建立一个新文件

 C）顺序文件各记录的长度可以不同

 D）随机文件打开后，既可以进行读操作，也可以进行写操作

20. 为了把一个记录型变量的内容写入文件中指定的位置，所使用的语句的格式为（　　）。

 A）Get 文件号，记录号，变量名   B）Get 文件号，变量名，记录号

C）Put 文件号，变量名，记录号　　　　D）Put 文件号，记录号，变量名

21．执行语句"Open " Tel.dat" For Random As #1 Len = 50"后，表示对文件能够执行的操作是（　　）。

　　A）只能写，不能读　　　　　　　　　B）只能读，不能写

　　C）既可以读，也可以写　　　　　　　D）不能读，不能写

22．以下程序的功能是把当前目录下的顺序文件 smtext1.txt 的内容读入内存，并在文本框 Text1 中显示出来。括号内应填写（　　）。

```
Private Sub Command1_Click()
    Dim inData As String
    Text1.Text = ""
    Open ".\smtext1.txt"    (    ) As #1
    Do While Not EOF(1)
        Input #1, inData
        Text1.Text = Text1.Text & inData
    Loop
    Close #1
End Sub
```

　　A）For Input　　　　B）For Output　　　　C）For Random　　　　D）For Binary

23．在窗体上画一个名称为 Command1 的命令按钮和一个名称为 Text1 的文本框，在文本框中输入以下字符串：Microsoft Visual Basic Programming。

　　然后编写如下事件过程：

```
Private Sub Command1_Click()
    Open "d:\temp\outf.txt" For Output As #1
    For i = 1 To Len(Text1.Text)
        c = Mid(Text1.Text, i, 1)
        If c >= "A" And c <= "Z" Then
            Print #1, LCase(C)
        End If
    Next i
    Close
End Sub
```

程序运行后，单击命令按钮，文件 outf.txt 中的内容是（　　）。

A）MVBP	B）mvbp	C）M	D）m
		V	v
		B	b
		P	p

24．下面叙述中不正确的是（　　）。

　　A）随机文件中记录的长度不是固定不变的

　　B）随机文件由若干条记录组成，并按记录号引用各个记录

　　C）可以按任意顺序访问随机文件中的数据

　　D）可以同时对打开的随机文件进行读写操作

25．以下程序段实现的功能是（　　）。

```
Option Explicit
Sub appeS_file1()
    Dim StringA As String, X As Single
    StringA="Appends a new number:"
    X=-85
    Open "d:\S_file1.dat" For Append As #1
    Print #1, StringA; X
```

```
        Close
    End Sub
```

  A）建立文件并输入字段   B）打开文件并输出数据

  C）打开顺序文件并追加记录   D）打开随机文件并写入记录

26. 窗体上有一个名称为 Text1 的文本框和一个名称为 Command1 的命令按钮。要求程序运行时，单击命令按钮，就可把文本框中的内容写到文件 out.txt 中，每次写入的内容附加到文件原有内容之后，下面能够正确实现上述功能的程序是（   ）。

  A）Private Sub Command1_Click()   B）Private Sub Command1_Click()

        Open"out.txt"For Input As#1   Open"out.txt"For Output As#1

        Print#1.Text1.Text   Print#1,Text1.Text

        Close#1   Close#1

    End Sub   End Sub

  C）Private Sub Command1_Click()   D）Private Sub Command1_Click()

        Open"out.txt"For Append As #1   Open"out.txt"ForRandom As #1

        Print#1 Text1.Text   Print#1 Text1.Text

        Close#1   Close#1 s

    End Sub   End Sub

27. 窗体上有两个名称分别为 Text1、Text2 的文本框，一个名称为 Command1 的命令按钮。运行后的窗体外观如下图所示。

设有如下的类型声明

```
    Type Person
        name As String*8
        major As String*20
    End Type
```

当单击"保存"按钮时，将两个文本框中的内容写入一个随机文件 Test29.dat 中。设文本框中的数据已正确地赋值给 Person 类型的变量 p。则能够正确地把数据写入文件的程序段是（   ）。

  A）Open "c:\Test29.dat" For Random As#1

      Put #1,1,p

      Close #1

  B）Open "c:\Test29.dat" For Random As #1

      Get #1,1,p

      Close #1

  C）Open "c:\Test29.dat" For Random As #1 Len＝Len(p)

      Put #1,1,p

      Close #1

  D）Open "c:\Test29.dat " For Random As #1=Len(p)

      Get #1,1,p

      Close #1

28. 设有语句"Open "C:\Test.dat" For Output As #1"后，以下错误的叙述是（   ）。

  A）该语句打开 C 盘根目录下一个已存在的文件 Test.Dat

B）该语句在 C 盘根目录下建立一个名为 Test.Dat 的文件

C）该语句建立的文件的文件号为 1

D）执行该语句后，就可以通过 Print #语句向文件 Test.Dat 中写入信息

29．下面叙述中不正确的是（　　）。

A）用 Write #语句将数据输出到文件，则各数据项之间自动插入逗号，并且将字符串加上双引号

B）若使用 Print #语句将数据输出到文件，则各数据项之间没有逗号分隔，且字符串不加双引号

C）Write #语句和 Print #语句建立的顺序文件格式完全一样

D）Write #语句和 Print #语句均实现向文件中写入数据

30．有如下程序：

```
Option Explicit
Private sub Command1_Click()
    Dim I as Integer,pa As String
    Dim a As Single,b As Single,c As String
    pa=app.path
    If Right(pa,1)<>"\" then pa =pa+"\"
    Open pa +"data.dat" for input    as #1
    Input #1,a,b,c
    Close #1
End sub
```

设数据文件"data.dat"的内容如下：

12.1 13.1 abc 12 13 14

执行上面程序的"input #1,a,b,c"语句后，a、b、c 的内容是（　　）。

A）a=12.1，b=13.1，c=空　　　　　　　　B）a=12.1，b=13.1，c="abc 12 13 14"

C）a=12.1，b=13.1，c=13　　　　　　　　D）出错信息

二、填空题

1．全局记录类型定义语句应出现在　　【1】　　。

2．VB 提供的对数据文件的三种访问方式为随机访问方式、　　【2】　　和二进制访问方式。

3．建立文件名为"C:\stud1.txt"的顺序文件，内容来自文本框，每按 Enter 键写入一条记录，然后清除文本框的内容，直到文本框内输入"END"字符串。

```
Private Sub Form_Load()
       【3】
    Text1.text = ""
End Sub
Private Sub Text1_KeyPress(KeyAscii As Integer)
If KeyAscii = 13 Then
    If     【4】     Then
        Close #1 : End
    Else
            【5】
        Text1.text = ""
    End If
End If
End Sub
```

4．将 C 盘根目录下的一个文本文件 old.txt 复制到新文件 new.txt 中，并利用文件操作语句将 old.txt 文件从磁盘上删除。

```
Private Sub Command1_Click()
```

```
        Dim str1$
        Open "C:\old.txt"      【6】      As #1
        Open "C:\new.txt"      【7】
        Do While      【8】
              【9】
            Print #2 , str1
        Loop
              【10】
              【11】
    End Sub
```

5. 下面程序的功能是将文本文件合并。即将文本文件 "t1.txt" 合并到 "t.txt" 文件中，请将程序填写完整。

```
    Private Command1_Click()
        Dim s$
        Open "t.txt"      【12】
        Open "t1.txt"      【13】
        Do While Not EOF(2)
            Line Input #2 , s
            Print #1 , s
        Loop
        Close #1, 2#
    End Sub
```

6. 在窗体上画一个文本框，名称为 Text1，然后编写如下程序：

```
    Private Sub Form_Load()
        Open"d:\temp\dat.txt"For Output As#1
        Text1.Text=""
    End Sub
    Private Sub Text1_KeyPress(KeyAscii As Integer)
        If      【14】      =13 Then
            If UCase(Text1.Text)=      【15】      Then
                Close 1 : End
            Else
                Write#1,      【16】
                Text1.Text=""
            End If
        End If
    End Sub
```

以上程序的功能是，在 D 盘 temp 目录下建立一个名为 dat.txt 的文件，在文本框中输入字符，每次按回车键（回车符的 ASCII 码是 13）都把当前文本框中的内容写入文件 dat.txt，并清除文本框中的内容；如果输入 "END"，则结束程序。请填空。

7. 在窗体上画一个命令按钮 Command1 和一个文本框 Text1，编写如下事件过程代码。程序的功能是，打开 D 盘根目录下的文本文件 myfile.txt，读取它的全部内容并显示在文本框中。请填空。

```
    Private Sub Command1_Click()
        Dim inData As String
        Text1.Text = ""
        Open "d:\myfile.txt" For      【17】      As #1
        Do While      【18】
            Input #1, inData
            Text1.Text = Text1.Text + inData
        Loop
```

```
        Close #1
    End Sub
```

8. 在 C 盘当前文件夹下建立一个名为 StuData.txt 的顺序文件。要求用 InputBox 函数输入 5 名学生的学号（StuNo）、姓名（StuName）和英语成绩（StrEng），并且写入文件的每个字段以双引号隔开，试填写下面程序段的空白。

```
    Private Sub Form_Click( )
        ____【19】____
        For i=1 To 5
            StuNo=InputBox("请输入学号")
            StuName=InputBox("请输入姓名")
            SutEng=Val(InputBox("请输入英语成绩"))
            ____【20】____  #1,StuNo,StuName,StuEng
        Next i
        Close #1
    End Sub
```

9. 下列程序的功能是把文件 file1.txt 中重复字符去掉后（即若有多个字符相同，则只保留 1 个）写入文件 file2.txt，请填空。

```
    Private Sub Command1_Click( )
        Dim inchar As String, temp As String, outchar As String
        outchar=" "
        Open "file1.txt" For Input As #1
        Open "file2.txt" For Output As ____【21】____
        n=LOF(____【22】____)
        inchar=Input$(n,1)
        For k=1 To n temp=Mid(inchar,k,1)
            If InStr(outchar,temp)= ____【23】____  Then
                outchar=outchar & temp
            End If
        Next k
        Print #2, ____【24】____
        Close #2
        Close #1
    End Sub
```

10. 在名称为 Form1 的窗体上画一个文本框，其名称为 Text1，在属性窗口中把文本框的 MultiLine 属性设置为 True，然后编写如下事件过程：

```
    Private Sub Form_Click()
        Open "d:\test\smtext1.txt" For Input As #1
        Do While Not ____【25】____
            Line Input #1, aspect$
            whole$ = whole$ + aspect$ + Chr(13)+ Chr(10)
        Loop
        Text1.Text = whole$
        Close #1
        Open "d:\test\smtext2.txt" For Output As #1
        Print #1, ____【26】____
        Close #1
    End Sub
```

上述程序的功能是，把磁盘文件 smtext1.txt 的内容读到内存并在文本框中显示出来，然后把该文本框中的内容存入磁盘文件 smtext2.txt，请填空。

11. 当前目录有一个名为"myfile.txt"的文本文件，文件中有若干行文本。下面程序的功能是读入此文件中的所有文本行，按行计算每行字符的 ASCII 码之和，并显示在窗体上。

```
Private Sub Commandl_Click()
    Dim ch$,ascii As Integer
    Open "myfile.txt" For Input As #1
    While Not EOF
        Line Input #1,ch
        ascii=toascii (    【27】    )
        Print ascii
    Wend
    Close #1
End Sub
Private Function toascii(mystr$)As Integer
    n=0
    For k=1 To    【28】
        n=n+Asc(Mid(mystr,k,l))
    Next k
    toascii=n
End Function
```

三、判断题

（   ）1. 在一个过程中用 Open 语句打开的文件，可以不用 Close 语句关闭，因为当过程执行结束后，系统会自动关闭在本过程中打开的所有文件。

（   ）2. 以操作模式 Append 打开的文件，既可以进行写操作，也可以进行读操作。

（   ）3. 已经打开的文件，只有先将其关闭，才能以其他方式重新打开。

（   ）4. 用 Output 和 Append 方式打开文件时，不用将文件关闭，就能重新打开文件。

（   ）5. 若某文件已存在，用 Output 方式打开该文件，等同于用 Append 方式打开该文件。

（   ）6. Open 语句中的文件号，必须是当前未被使用的、最小的作为文件号的整数值。

（   ）7. 若要新建一个磁盘上的顺序文件，可用 Output，Append 方式打开文件。

（   ）8. 用 Output 模式打开一个顺序文件，即使不对它写，原来内容也将被清除。

（   ）9. 用 Write#语句向文本文件输出时，VB 自动为同一行上的不同数据间加逗号作间隔符。

（   ）10. 在随机文件中使用用户自定义数据类型时，要注意它对成员的要求，它的成员可以是变长字符串和动态数组。

（   ）11. 语句"Open "Rizhi.dat" For OutPut As #1"的功能是，如果 Rizhi.dat 文件已存在，则打开该文件，新写入的数据将添加到文件末尾。

（   ）12. 在 VB 中，随机文件中的每个记录的长度是固定的。

（   ）13. 在 VB 文件操作时，判断是否到达文件尾的函数是 LOF()。

（   ）14. 语句 Open "f1.dat" For Random As #1 Len=15，表示文件 f1.dat 中每个记录的长度等于或小于 15 个字节。

（   ）15. 向顺序文件中写数据，必须先打开文件。

（   ）16. 有以下程序：

```
Open "dat1.dat" For Output As #1
Write #1,s
Close #1
```

其功能是将变量 s 中的内容写入一个顺序文件 dat1.dat 中。

参考答案

一、单选题

1	2	3	4	5	6	7	8	9	10	11	12	13	14	15
C	B	C	C	D	C	B	A	A	A	D	D	D	B	A

16	17	18	19	20	21	22	23	24	25	26	27	28	29	30
C	A	B	B	D	C	A	D	A	C	C	C	A	C	B

二、填空题

【1】标准模块

【2】顺序访问方式

【3】Open "C:\stud1.txt" For Output As #1

【4】UCase(Text1.Text) = "END"

【5】Print #1 , Text1.Text

【6】For Input

【7】For Output As #2

【8】Not EOF(1)

【9】Line Input #1,str1

【10】Close #1,#2

【11】Kill "C:\old.txt"

【12】For Append As #1

【13】For Input As #2

【14】KeyAscii

【15】"END"

【16】Text1.Text

【17】Input

【18】Not EOF(1)或 EOF(1)=False 或 EOF(1)<>True

【19】Open "C:StuData.txt" For OutPut As #1

【20】Write

【21】#2

【22】1

【23】0

【24】outchar

【25】EOF(1)

【26】Text1.Text（或 whole$）

【27】ch

【28】Len(mystr)

三、判断题

1	2	3	4	5	6	7	8	9	10	11	12	13	14	15
×	×	×	×	×	×	√	√	×	×	×	√	×	×	√

16
√

第 10 章　数据库应用

本章学习目标

- 了解关系数据库的基本概念和如何使用 Access 程序建立数据库。
- 了解数据库中记录的查询和记录集的方法和概念。
- 了解数据库的结构化查询语言（SQL）和基本使用方法。
- 了解数据库 ADO 访问技术和数据访问对象。
- 熟练掌握使用 ADO 数据控件和数据绑定控件创建窗体的方法和步骤。
- 初步学会制作报表的方法。

本章主要介绍数据库的概念、记录的查询、记录集的生成和分类。重点介绍 VB 中利用 ADO 数据控件访问数据库的方法。

随着计算机应用的不断深入，各种行业的信息管理系统经常用到数据库技术，如学校的学生信息管理系统、教务处的选课系统等。因此数据库技术是一种广泛受到人们关注的信息管理技术。

所谓数据库（Data Base，DB）就是存储有组织、有结构的大量数据的集合。数据库中的数据允许用户进行修改、添加、打印等操作，用户也可以从数据库中检索出符合一定条件的数据（记录）。为此，VB 提供了强大的数据库操作功能，提供包括数据管理器（Data Manager）、数据控件（Data Control）以及 ADO（Active Data Object）等工具，将 Windows 的各种先进性与数据库有机地结合在一起，开发出实用便利的数据库应用程序，实现对数据库存取的人机界面。

本章将为读者介绍数据库的基本知识、Access 数据库的建立、SQL 查询语句的使用以及 ADO 数据控件的使用。如何创建一个完整的数据库应用程序，请参考本书的配套教材《Visual Basic 程序设计上机实践教程（第二版）》一书。

10.1　数据库基本知识

现代社会是一个知识爆炸式发展的时代，每时每刻都会产生大量的数据。要对大量的数据进行统一、集中和独立的管理，就要采用数据库。数据库中可存放大量的数据，要将大量数据组织成易于读取的格式，则要通过数据库管理系统（Data Base Management System，DBMS）来实现。

10.1.1　数据库的基本概念

1. 数据库

数据库通俗地讲就是存储数据的仓库。准确地说，数据库是以一定的组织方式存储的相互有关的数据集合。

数据库具有数据的共享性、数据的独立性、数据的完整性和数据冗余少等特点。

2. 数据处理

存储在数据库中的数据，可以进行相关处理，目的是把所获得的资料和有用的数据作为决策的依据。数据处理是对原始数据进行收集、整理、存储、分类、排序、加工、统计和传输等一系列活动的总称。

3. 数据库管理系统

一个完整的数据库系统是由硬件系统、数据库集合、数据库管理系统及相关软件、数据库管理员 DBA 和用户等五个部分组成。其中，数据库管理系统是为数据库建立、使用和维护而配置的软件，是数据库系统的核心组成部分。

数据库管理系统具有如下几方面的功能。

（1）数据库的定义功能。提供了数据定义语言或者操作命令，以便对各级数据模式进行精确的描述以及完整性和保密限制等约束。

（2）数据操作。提供了数据操作语言，供用户实现对数据的操作。

（3）数据库运行控制功能。数据库中的数据能够提供给多个用户共享使用，用户对数据进行并发的存取，多个用户同时使用同一个数据库。

（4）数据字典。数据字典是对数据库结构的描述和管理手段，对数据库使用的操作都要通过查阅数据字典进行。它是在系统设计、实现、运行和扩充各个阶段管理和控制数据库的工具。

另外，一个完整的数据库管理系统还需具备对数据库的保护、维护和通信等功能。

常见的数据库管理系统有 Oracle、Sybase、Informix、Microsoft SQL Server、MySQL、Visual FoxPro 和 Microsoft Access 等产品。其中 MySQL 和 Visual FoxPro 是中小型数据库管理系统，而 Microsoft Access 主要用于程序调试用的数据库管理系统。

本章主要使用 Microsoft Access 数据库管理系统。

4. 数据库应用系统

数据库应用系统（Data Base Application System，DBAS）是在 DBMS 支持下根据实际问题，利用某种程序设计开发平台（如 VB）开发出来的数据库应用软件。一个 DBAS 通常由数据库和应用程序两部分组成，它们都需要在 DBMS 支持下开发。

一个数据库应用系统的体系结构由用户界面、数据库引擎（接口）和数据库三部分组成，如图 10-1 所示。其中，数据库引擎位于应用程序与数据库文件之间，是一种管理数据如何被存储和检索的软件系统。VB 使用 Microsoft Access 的数据引擎 Microsoft Jet 和 ADO 技术。Jet 主要用于连接一些小型数据库，如 Access、Visual FoxPro、Paradox 等；ADO 则是通过 OLE DB 来实现数据的访问。

用户界面 ←——→ 数据库引擎 ←——→ 数据库

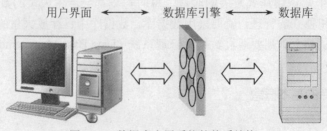

图 10-1　数据库应用系统的体系结构

一个数据库应用系统的基本工作流程就是用户通过用户界面向数据库引擎发出服务请求，再由数据库引擎向数据库发出请求，并将所需的结果返回给应用程序。

5. 关系数据库

数据库按照存储在其中的数据结构，可分为层次数据库、网状数据库和关系数据库。关系数据库提供了结构化查询语言（SQL），它的功能强大、性能稳定，是目前应用最广泛的一种数据库。

在关系数据库中，数据库是由若干个有关联的二维数据表（Table）组成。二维表用于存储数据，并通过关系（Relation）将这些表联系在一起。

数据表是由行和列组成的数据集合，每一行数据称为一个（条）记录（Record）。每一条记录又包含若干个数据项，每一个数据项称为一个字段（Field），每一个字段具有不同或相同的数据类型，如图 10-2 所示。

学号	姓名	性别	出生日期	专业号	入学总分	团员	备注	照片
s0801101	何晓余	男	1989-10-23	01	520	☐		位图图像
s0801102	王庆林	男	1988-12-22	02	518	☐		
s0801103	刘雨	女	1990-1-2	02	585	☑		位图图像
s0801104	刘明华	男	1990-12-24	03	550	☐		
s0801105	吴心	女	1988-9-16	03	538	☑		
s0801106	杨海	男	1990-5-25	04	564	☑		
s0801107	陈丹玉	女	1989-11-23	01	506	☐		
s0801108	李敏	女	1989-9-30	05	521	☑		
s0801109	张元伟	男	1990-2-15	05	592	☑		
s0801110	胡雪松	男	1991-3-18	04	547	☐		

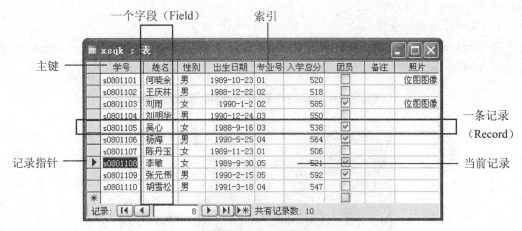

图 10-2　xsqk 表

为了保证数据表中能唯一标识一条记录，可为数据表设置一个主键。主键是数据表某个字段或某些字段的组合。

表中的记录按一定的顺序排列，如 xsqk 表中的数据以“学号”排序。为了提高数据的访问效率，如要查询“入学总分”字段中的一个数据，显然，事先数据表的顺序不是按学号而是按入学总分的顺序重新排序，查询速度可得到提高。为此，数据表中可设置一个或多个排序的依据（或关键字），这样的关键字称为索引标识。以索引标识名建立的排序称为索引。

多个相互关联的数据表组成一个数据库。例如，一个学生管理数据库（xsgl.mdb）由 xsqk（学生情况）表、xscj（学生成绩）表和 zymc（专业名称）表组成。

xscj 和 zymc 表的结构和部分数据，如图 10-3 所示。

学号	高等数学	大学英语	计算机基础
s0801101	86.0	74.5	90.0
s0801102	56.0	80.0	78.0
s0801103	87.5	58.0	69.0
s0801104	79.0	92.5	63.0
s0801105	68.0	87.0	82.5
s0801106	59.0	93.0	96.0
s0801107	86.0	60.0	65.0
s0801108	84.0	85.0	76.0
s0801109	98.0	84.0	88.5
s0801110	89.0	64.0	88.0

专业号	专业名称
01	机械制造
02	计算机科学
03	微电子
04	生物工程
05	电子商务

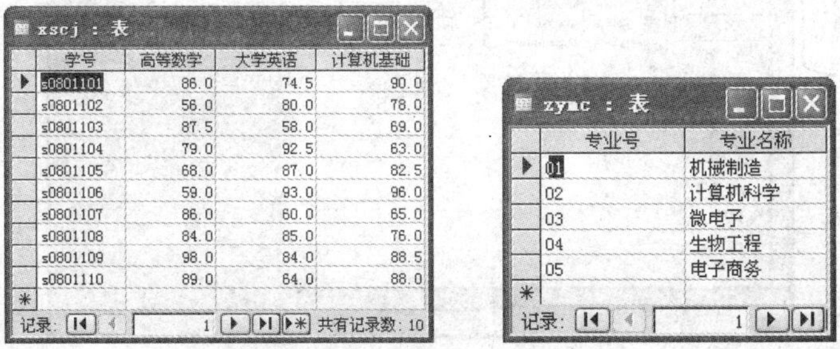

图 10-3　xscj 和 zymc 表

表与表之间可以用不同的方式相互关联。若第一个表中的一条记录内容与第二个表中的多条记录的数据相符，但第二个表中的一条记录只能与第一个表中的一条记录的数据相符，这样的表间关系类型叫做一对多关系。若第一个表的一条记录的数据内容可与第二个表的多条记录的数据相符，反之亦然，这样的表间关系类型叫做多对多关系。若第一个表中的一条记录的数据内容只能与第二个表中的一条记录的数据相符，这样的表间关系类型叫做一对一关系。

10.1.2 建立 Access 数据库

要使用 Access 数据库，首先要建立数据库，同时还要创建数据库中的多张数据表。建立数据库的方法可以使用 Microsoft Office Access 2003 软件，也可以使用 VB 本身自带的可视化数据管理器（Visual Data Manager），来创建所需要的数据库 xsgl.mdb 以及数据库中的三张表，即 xsqk 表、xscj 表和 zymc 表。

1. Access 数据库管理器

在 Windows 系统下，依次执行"开始"→"所有程序"→Microsoft Office→Microsoft Office Access 2003 命令，可打开 Access 数据库管理器窗口，如图 10-4 所示。

图 10-4　Access 数据库管理器

（1）新建或打开一个数据库。执行"文件"菜单中的"新建"命令或"打开"命令，新建或打开一个数据库，如 xsgl.mdb。Access 数据库管理器窗口中出现一个新建或打开的"数据库"窗口，如图 10-5 所示。

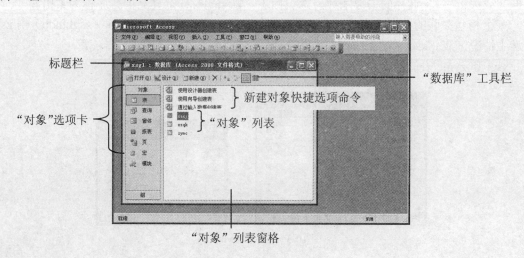

图 10-5　"数据库"窗口

（2）建立数据表。双击"数据库"窗口中的"使用设计器创建表"快捷选项命令（或"数据库"工具栏上的"设计"按钮 设计(D)），出现表结构设计视图窗口，如图 10-6 所示。在表结构设计视图窗口中，可建立数据表所需要的结构。

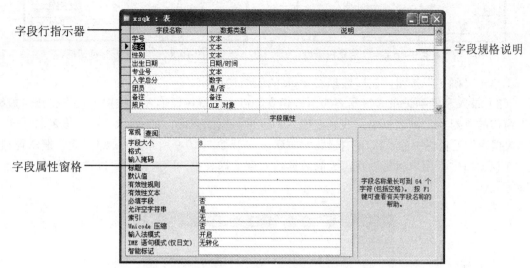

图 10-6　"表设计视图"窗口

【例 10-1】利用 Access 数据库程序建立 xsqk 表的结构。xsqk 表的结构，如表 10-1 所示。

表 10-1　xsqk 表的结构

字段名	字段类型	字段长度	是否索引
学号	文本	8	主键，索引：有（无重复）
姓名	文本	8	
性别	文本	2	
出生日期	日期/时间	短日期	
专业号	文本	2	索引：有（有重复）
入学总分	数字	整型	
团员	是/否		
备注	备注		
照片	OLE 对象		

建立 xsqk 表结构的操作步骤如下：

①在图 10-6 上面的窗格中，单击"字段名称"列中的一行，键入字段名，如"学号"；在"数据类型"列中选择一种数据类型；在"说明"列给出该字段的说明。

②在图 10-6 下面的字段属性窗格中，确定字段的大小、默认值、是否必填字段、是否允许空字符串，是否索引（重复索引，还是不重复索引）等属性。单击 Access 窗口上"数据库"工具栏上的"主键"按钮，可将字段"学号"设置为主键。

③依次添加表 10-1 中的所有字段和设置所需属性。按下 Ctrl+W 组合键（或单击"表设计器"窗口右上角的"关闭"按钮），这时弹出一个信息提示对话框，如图 10-7 所示。

单击图 10-7 所示对话框中的"是"按钮，出现"另存为"对话框，在"表名称"处输入要保存的数据表名称，如 xsqk，如图 10-8 所示。

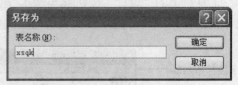

图 10-7 "是否进行保存"信息提示框   图 10-8 "另存为"对话框

④单击"确定"按钮，完成数据表 xsqk 的表结构设计。

（3）录入和维护记录。数据表的结构建立好以后，就可以输入和维护记录了。在"数据库"窗口的"对象"列表框中，找到要输入和维护数据的表名，如 xsqk，双击该表名（或单击"数据库"工具栏中的"打开"按钮 打开(O)，打开如图 10-9 所示的"xsqk：表"编辑窗口。

在该窗口中，用户就可以将需要的数据输入到数据表中，同时，也可以进行修改、添加、删除等操作。

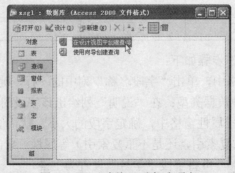

图 10-9 "xsqk：表"编辑窗口

数据修改后，按下 Ctrl+W 组合键（或单击"表设计器"窗口右上角的"关闭"按钮 ），对数据进行保存。

2. 创建查询

有了数据库和其中的各个表以后，我们就可以对数据进行查询。设计一个数据查询的操作步骤如下：

（1）在如图 10-5 所示的"数据库"窗口左侧的"对象"选项卡上，单击"查询"按钮 查询，弹出"查询"对象选项卡，如图 10-10 所示。

图 10-10 "查询"对象选项卡

（2）在"查询"对象选项卡中，双击"在设计视图中创建查询"命令，弹出如图 10-11 所示"查询设计器"窗口。

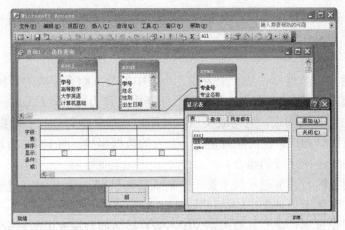

图 10-11 "查询设计器"窗口

新建查询将出现"显示表"对话框,从中可选择要查询的数据表。单击"关闭"按钮,
完成数据表的添加。如果没有出现"显示表"对话框,则执行 Access 窗口"查询"主菜单中
的"显示表"命令(或在"查询设计器"上面的窗格中单击鼠标右键,选择快捷菜单中的"显
示表"命令)。

(3)如图 10-12 所示,在"查询设计器"窗口下面的窗体中,在"字段"行的一列,单击
鼠标,这时该列的右侧出现下拉列表框符号"∨"。单击,将列出已添加到表的所有字段,选择
一个字段名,如 xsqk.学号,"表"行对应的列出现该字段所在表名。选择的字段名将出现在查
询结果中。类似地,选择"xsqk.姓名、xsqk.性别、zymc.专业名称和 xscj.计算机基础"等字段。

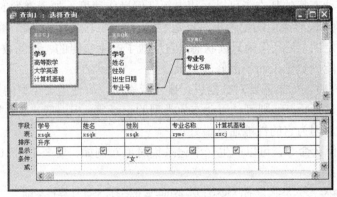

图 10-12 设计查询条件

(4)在字段"xsqk.性别"的条件行处,输入"女",表示查询结果是所有女同学。

如果在"xscj.计算机基础"的条件行处,输入">=80",则表示查询结果是计算机基础大
于等于 80 分以上的所有女同学。

如果将"xscj.计算机基础"放在"或"行上,则表
示既要显示女同学,又要显示满足计算机基础大于等于
80 分以上的所有同学。

(5)单击 Access 窗口"查询"主菜单中的"运行"
命令(或在"查询"工具栏上的"运行"按钮），Access
系统运行查询,得到如图 10-13 所示的查询结果。

图 10-13 查询结果

单击图 10-13 查询结果窗口中右上角的"关闭"按钮，可将查询结果进行保存。生成查询结果，我们称为"记录集"（RecordSet）。

3．记录集

所谓记录集就是由数据库中的一个表或几个表中的数据组合而成的一种数据集合（也可以是一个查询的结果），这种数据集合类似于一张新表，称为记录集对象。

记录集也是由行和列构成，它与表类似，只不过记录集中每一行的数据项可能由几个数据表中的字段抽取组合而成，也可能就是由一个表的数据组成。图 10-13 所示的记录集（查询结果）就是三张表中不同字段的组合。

打开记录集对象时，当前记录位于第一个记录（如果有），如果没有记录，当前记录既位于集合中的开始，又位于记录集中的结尾处。

为什么要使用记录集对象？其原因是 VB 不能直接访问数据库中的记录，只能通过记录集对象进行记录的操作和浏览。因此，记录集是实现对数据库记录操作和浏览的桥梁。

记录集对象有三种类型：表（Table）类型、动态集（DynaSet）类型和快照（SnapShot）类型。

（1）表类型。表类型的记录集对象是当前数据库真实的数据表，因此记录集的数据等同于一个完整的表。表类型记录集比其他两种类型的记录集在处理速度上要快，但内存要求大。

（2）动态集（DynaSet）类型。动态集类型的记录集对象是可以更新的数据集，它实际上是对一个或几个表中的记录的引用，图 10-13 所示的记录集是对三张表的记录引用，该记录集从 xsqk 表选取了"学号"、"姓名"和"性别"，从 xscj 表和 zymc 选取了"专业名称"和"计算机基础"，三张表通过关键字"学号"和"专业号"建立了表间的关系。

动态集和产生动态集的基本表可以互相更新，但操作速度不如表类型的记录集。

（3）快照类型。快照类型的记录集对象是数据表的拷贝，它记录某一瞬间数据库的状态。它包含的数据是固定的，记录集为只读状态，它反映了产生快照的一瞬间数据库的状态。快照类型的记录集，只能浏览记录而不能修改记录。

VB 操作数据库时，如果需要对数据进行排序或索引，可使用表类型的记录集，如果能够对查询选定的记录进行更新，则可使用动态集类型的记录集。但一般来说，尽可能使用表类型的记录集对象为好，因为它的性能通常最好。

在 VB 中使用什么命令，可以产生一个记录集对象？例如，要产生图 10-13 的记录集，就要使用以下的语句：

```
SELECT xsqk.学号, xsqk.姓名, xsqk.性别, zymc.专业名称, xscj.计算机基础
FROM (xsqk INNER JOIN xscj ON xsqk.学号 = xscj.学号) INNER JOIN zymc ON xsqk.专业号 = zymc.专业号
WHERE (((xsqk.性别)="女"))
ORDER BY xsqk.学号
```

上面的语句，我们称为 SQL 查询语句。

10.1.3　使用 SQL 查询数据库

SQL（Structure Query Language）语言，即结构化查询语言，是一种用于数据库查询和编程的语言。SQL 功能丰富、使用方式灵活、语言简洁易学，现已成为关系数据库语言的国际标准，广泛用于各种数据查询。VB 和其他的应用程序，包括 Access、Visual FoxPro、Oracle、

Microsoft SQL Server 等。使用 SQL 可以完成定义关系模式，录入数据，建立数据库，查询、更新、维护数据库，数据库重构，数据库安全控制等操作。

SQL 的主要语句，如表 10-2 所示。

表 10-2　SQL 的主要语句

语句	分类	功能
SELECT	数据查询	在数据库查询满足指定条件的记录
DELETE	数据操作	删除记录
INSERT…INTO	数据操作	向表中插入一条记录
UPDATE	数据操作	更新记录

下面主要介绍 SQL 的 SELECT 查询语句的各种用法，读者可借用 Access 数据库来验证。其验证的方法步骤如下：

（1）首先进入 Access 程序主窗口，然后在相关数据库窗口的"查询"对象选项卡中，双击"在设计视图中创建查询"快捷选项命令，打开"查询"设计器窗口，并弹出"显示表"对话框。

（2）由于 SQL 语句中已包括要打开的表，不需要使用"显示表"对话框来指定，故可以直接单击"关闭"按钮将该对话框关闭，建立一个空查询。

（3）执行"视图"主菜单中的"SQL 视图"命令，打开 SQL 视图窗口，并在其中键入 SQL 语句。

（4）单击数据库窗口工具栏中的"运行"按钮，立即显示查询结果。也可执行"视图"菜单中的其他命令，切换到查询设计视图等其他视图中。

1．SELECT 语句

SELECT 语句的语法格式如下：

> SELECT [ALL|DISTINCT|TOP <数值表达式>[PERCENT]]
> 　　{ * | 表名.* | [表名.]表达式 1 [AS 别名 1] [, [表名.]|表达式 2 [AS 别名 2] [, ...]]}
> [INTO <表名>]
> FROM 表名 1 [,表名 2[, ...]] [IN 外部数据库名]
> [[INNER|LEFT|RIGHT JOIN] <表名> [ON <联接条件>]…],…
> [WHERE <搜索条件>]
> [GROUP BY <组表达式 1>[,<组表达式 2>...]] [HAVING <搜索条件>]
> [UNION [ALL] <SELECT 语句>
> [ORDER BY <关键字表达式 1>[ASC|DESC][, <关键字表达式 2>[ASC|DESC]...]]

说明：

（1）FROM 子句。用于指定查询的表与联接类型。其中，<表名>指出要打开的表；JOIN 关键字用于联接左右两个<表名>所指的表；INNER|LEFT|RIGHT JOIN 选项指定两表的联接类型，分别表示内部联接、左和右外部联接；ON 子句用于指定联接条件。

（2）SELECT 子句。用于指定输出表达式和记录范围。<表达式>既可以是字段名，也可以包含聚合函数。<别名>用于指定输出结果中的列标题。

当<表达式>中包含聚合函数时，输出行数不一定与表的记录相同。

在 SELECT 语句中主要使用的聚合函数如表 10-3 所示。

表 10-3　几种聚合函数

函数	功能	说明
Sum	求字段值的总和	用于对数字、日期/时间、货币等
Avg	求字段的平均值	
Min/Max	求字段的最小值和最大值	
Count	求记录的个数	

若用一个"*"号表示 SELECT 子句的<表达式>，则指所有的字段。

ALL 选出的记录中包括重复记录，这是默认值，可以不写；DISTINCT 表示选出的记录不包括重复记录。

TOP 子句中的<数值表达式>，表示在符合条件的记录中选取的开始记录数。含 PERCENT 选项时的<数值表达式>给出百分比，如子句"TOP 30 PERCENT"。TOP 子句通常与 ORDER BY 子句同时使用。

（3）INTO 子句。用于从查询生成新表，<表名>为新表的名称。例如下面语句：

SELECT 学号,姓名,性别,入学总分 INTO xs1 FROM xsqk

（4）WHERE 子句。若已用 JOIN…ON 子句指定了联接，WHERE 子句中只须指定搜索条件，表示在已有联接条件产生的记录中搜索记录。也可省略 JOIN…ON 子句，一次性地在 WHERE 子句中指定联接条件和搜索条件，此时的"联接条件"通常为内部联接。

在 WHERE 子句中也可以使用关系运算符和逻辑运算符，如表 10-4 所示。

表 10-4　WHERE 子句中的运算符

运算符类型	符号	含义
关系运算符	<	小于
	<=	小于等于
	>	大于
	>=	大于等于
	=	等于
	<>	不等于
	BETWEEN…AND	指定值的范围
	LIKE	在模式匹配中使用
	IN	指定可选项
逻辑运算符	NOT	逻辑非
	AND	逻辑与
	OR	逻辑或

例如，以下语句可查询女生的计算机基础成绩。

SELECT 计算机基础 FROM XSCJ WHERE 学号 IN (SELECT 学号 FROM XSQK WHERE 性别='女')

注：条件 WHERE 性别='女'也可写成 WHERE 性别="女"，建议使用一对单引号'。

（5）GROUP BY 子句。对记录按<组表达式>值分组，常用于分组统计。

（6）HAVING 子句。含有 GROUP BY 子句时，HAVING 子句用作记录查询的限制条件。

（7）UNION 子句。UNION 子句用于在一个 SELECT 语句中嵌入另一个 SELECT 语句，使两个 SELECT 语句的查询结果合并输出。例如，以下查询语句显示所有计算机基础成绩和男生的学号。

> SELECT 计算机基础 FROM xscj union select 学号 FROM XSqk Where 性别="男"

UNION 子句默认从组合的结果中排除重复行，若使用 ALL 选项则允许包含重复行。

（8）ORDER BY 子句。指定查询结果中记录按<关键字表达式>排序，默认为升序。<关键字表达式>只可以是字段名，或表示查询结果中列的位置的数字。选项 ASC 表示升序，DESC 表示降序。

2．SELECT 语句应用举例

（1）从表 xsqk 中查询学生的所有信息。

> SELECT * FROM xsqk

（2）从表 xsqk.dbf 中查询入学总分最高的前 5 名的学生记录，按分数从高到低进行排序，同时指定部分表中的字段在查询结果中的显示标题。

> SELECT TOP 5 学号 AS 学生的学号，姓名 AS 学生的名字，性别，入学总分 FROM xsqk
> ORDER BY 入学总分 DESC

（3）从表 xsqk.dbf 中查询专业号为"01"的学生记录。

> SELECT * FROM xsqk WHERE 专业号='01'

（4）从表 xsqk.dbf 中查询入学总分大于等于 550 分的学生的信息。

> SELECT 学号,姓名,性别,出生日期,入学总分 FROM xsqk WHERE 入学总分>=550

（5）从表 xsqk.dbf 中查询男团员的学号、姓名、性别和入学总分。

> SELECT 学号, 姓名, 性别, 入学总分 FROM xsqk WHERE 性别='男' AND 团员

（6）从表 xsqk.dbf 中查询专业号为"02"或"04"且入学总分小于 550 分的记录。

> SELECT * FROM xsqk WHERE (专业号='02' OR 专业号='04') AND 入学总分<550

（7）从表 xsqk.dbf 中查询入学总分在 530～580 分之间的记录。

> SELECT * FROM xsqk WHERE 入学总分 BETWEEN 530 AND 580

（8）从表 xsqk.dbf 中查询入学总分不在 530～580 分之间的记录。

> SELECT * FROM xsqk WHERE 入学总分 NOT BETWEEN 530 AND 580

（9）从表 xsqk.dbf 中查询专业号为"03"或"05"且入学总分大于等于 550 分的记录。

> SELECT * FROM xsqk WHERE 专业号 IN('02' , '05') AND 入学总分>=550

（10）从表 xsqk、xscj 和 zymc 中查询学号、姓名、性别、专业名称和课程平均分。

> SELECT xsqk.学号, xsqk.姓名, xsqk.性别, zymc.专业名称, (xscj.高等数学+xscj.大学英语+xscj.计算机基础)/3 as 平均分 FROM zymc,xsqk,xscj
> where zymc.专业号 = xsqk.专业号 and xsqk.学号 = xscj.学号

（11）从表 xsqk.dbf 中查询专业号不是"02"，也不是"05"，并且入学总分在 550～580 分之间的记录。

> SELECT * FROM xsqk WHERE 专业号 NOT IN('02', '05')
> AND 入学总分 BETWEEN 550 AND 580

（12）从表 xsqk.dbf 中查询专业号为"01"、"03"和"05"的学号、姓名、性别、出生日期、专业号和入学总分，查询结果按专业号升序排列，专业号相同再按入学总分降序排列。

> SELECT 学号, 姓名, 性别, 出生日期, 专业号, 入学总分 FROM xsqk
> WHERE 专业号 IN ('01' , '03', '05') ORDER BY 专业号, 入学总分 DESC

（13）查询学号为"s0401107"的姓名、性别、出生日期、专业、专业名称，以及该学生的高等数学、大学英语和计算机基础 3 门课程的成绩。

SELECT xsqk.姓名, xsqk.性别, xsqk.出生日期, xsqk.专业号,
zymc.专业名称 AS 所学专业的具体名称,
xscj.高等数学, xscj.大学英语, xscj.计算机基础
FROM xsqk, zymc, xscj
WHERE xsqk.学号=xscj.学号 AND xsqk.专业号=zymc.专业号
AND xsqk.学号='s0401107'

（14）从表 xsqk.dbf 中查询各专业的人数。

SELECT 专业号, COUNT(*) AS 记录个数 FROM xsqk GROUP BY 专业号

（15）从表 xsqk.dbf 中查询男生和女生的人数。

SELECT 性别, COUNT(*) AS 记录个数 FROM xsqk GROUP BY 性别

3. 其他 SQL 语句

（1）DELETE 语句。

DELETE 语句的语法格式如下：

DELETE [表名.*] FROM <表名> WHERE <条件表达式>

功能：用于从 FROM 子句中列出的一个或多个表中删除满足 WHERE 子句的记录。

例如，删除姓名是"杨海"所在的记录。

DELETE xs1.姓名 FROM xs1 WHERE 姓名='杨海'

或

DELETE FROM xs1 WHERE 姓名="杨海"

（2）INSERT…INTO 语句。

INSERT 语句的语法格式如下：

INSERT INTO 表名 [(field1[，field2[，...]])] VALUES (value1[，value2[，...])

功能：将一个记录添加到指定表的末尾。

例如，在 xsqk 表追加一条记录。

INSERT INTO xs1(学号,姓名,性别,入学总分) VALUES ("s0801111","钱多多","女",600)

（3）UPDATE 语句。

UPDATE 语句的语法格式如下：

UPDATE 表名 SET 字段名=新值 WHERE <条件表达式>

功能：按照指定的条件去更改指定表的字段值。

例如，将 xsqk 表中是团员的学生，入学总分增加 10 分。

UPDATE xsqk SET 入学总分=入学总分+10 WHERE 团员

10.2　ADO 数据库访问技术

在 VB 中，用户可用的数据访问技术有三种，即 ADO ActiveX 数据对象（Active Data Object）、DAO 数据访问对象（Data Access Object）和 RDO 远程数据对象（Remote Data Object）。数据访问技术是一个对象模型，它代表了数据访问的各个方面。使用 VB 可以在任何应用程序中通过编程来访问及控制数据库连接、命令语句并获得访问数据。

ADO 是 Microsoft 处理数据库信息的最新技术，它是一种 ActiveX 对象，采用了被称为 OLE DB 的数据访问模式。它是数据访问对象 DAO、远程数据对象 RDO 和开放数据库互连 ODBC 三种方式的扩展。ADO 对象模型更为简化，不论是存取本地的还是远程的数据，都提供了统一的接口，是连接应用程序和 OLE DB 数据源之间的一座桥梁。

ADO 数据控件是可视的 ADO 对象，由三个对象成员（Connection、Command 和 RecordSet）

和几个集合对象（Errors、Parameters 和 Fields）组成，可以快速建立数据绑定的控件和数据提供者之间的连接。

ADO 数据控件使用灵活、适应性强，建议用户在开发新的数据库应用程序时使用 ADO 数据控件来替代内嵌的 Data 控件▥。

10.2.1 ADO 数据控件使用基础

要使用 ADO 数据控件访问数据库，其过程通常需要经过以下几步。

（1）在窗体上添加 ADO 数据控件"Adodc"▤。

在使用 ADO 数据控件前，必须先通过"工程"→"部件"菜单命令选择"Microsoft ADO Data Control 6.0（SP6）（OLEDB）"选项，将 ADO 数据控件添加到工具箱，如图 10-14 所示。

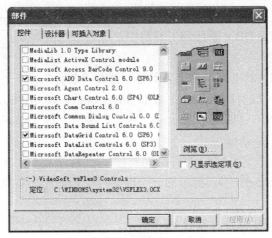

图 10-14 "部件"对话框

ADO 数据控件与 Visual Basic 的内部数据控件很相似，它允许使用 ADO 数据控件的基本属性快速地创建与数据库的连接。

（2）设置 ConnectionString 属性，即 ADO 使用连接对象通过什么方式连接数据库。当创建连接时，可以使用 3 种数据源：即 OLE DB 文件（.UDL）、ODBC 数据源（.DSN）或连接字符串。本书使用连接字符串，即 ConnectionString 属性。如果创建 OLE DB 数据连接，则打开"Windows 资源管理器"，新建一个.UDL 文件，设置属性与数据库连接；如果需要创建 ODBC 数据源，则通过在 Windows 系统的"控制面板"中使用"ODBC 数据源管理器"来实现。

（3）使用 ADO 命令对象操作数据库，从数据库中产生记录集并存放在内存中。

（4）设置 ADO 绑定控件及其属性，即建立记录集与 ADO 绑定控件的关联，在窗体具体显示数据。

10.2.2 ADO 数据绑定控件

ADO 数据控件本身只能进行数据库中数据的操作，不能独立进行数据的浏览，所以需要把具有数据绑定功能的控件同 ADO 数据控件结合起来使用，共同完成数据的显示、查询等。这样的控件称为数据绑定控件。

下面以一个例子，介绍数据绑定控件的使用方法。

【例 10-2】利用数据库 xsgl.mdb 中的三张数据表 xsqk、xscj 和 zymc，建立学生信息查询界面，如图 10-15（a）所示。查询结果界面，如图 10-15（b）所示。

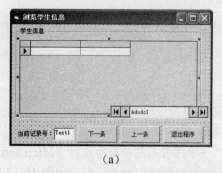
（a）

（b）

图 10-15　例 10-2 程序运行界面

分析：在创建控件之前，需要将部件 Microsoft ADO Data Control 6.0（OLE DB）和 Microsoft DataGrid Control 6.0（OLE DB）添加到工具箱中。

设计方法和步骤如下：

①创建一个标准 EXE 新工程。右击工具箱，选择"部件"命令，弹出"部件"对话框。在"控件"选项卡中，分别选择 Microsoft ADO Data Control 6.0（SP6）（OLEDB）和 Microsoft DataGrid Control 6.0（SP6）（OLEDB），单击"确定"按钮，将 Adodc 控件和 DataGrid 控件添加到工具箱中。

②在窗体 Form1 添加一个 ADO 控件 Adodc1、一个标签控件 Label1、一个文本框控件和三个命令按钮控件 Command1～3；再添加一个框架控件 Frame1，在框架控件中添加一个数据表格控件 DataGrid1。

③窗体及各控件的属性值设置如表 10-5 所示。

表 10-5　窗体及各控件属性设置

控件名称	属性	属性值	说明
Form1	Caption	浏览学生信息	设置窗体的标题
Frame1	Caption	学生信息	设置框架的标题
Adodc1	Caption	学生信息	设置 Adodc 的标题
	Visible	False	窗体运行不可见
DataGrid1	名称	DataGrid1	控件名称
	DataSource	Adodc1	和 Adodc1 关联
Label1	Caption	当前记录号：	设置标签的标题
Command1～3	Caption	下一条/上一条/退出程序	设置命令按钮的标题

④右击窗体的 Adodc 控件，在弹出的快捷菜单中选择"ADODC 属性"命令，弹出"属性页"对话框，如图 10-16 所示。

⑤单击"使用连接字符串"处的"生成"按钮，打开如图 10-17 所示的"数据链接属性"对话框中的"OLE DB 提供程序"列表框。

在该列表框中选择"Microsoft Jet 4.0 OLE DB Privider"。单击"下一步"按钮，弹出如图 10-18 所示的"连接"选项卡。

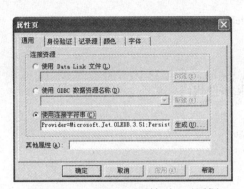

图 10-16　"ADODC 属性页"对话框　　　　　图 10-17　"提供程序"列表框

⑥在"选择或输入数据库名称"文本框中，输入数据库名"f:\VB\xsgl.mdb"，单击"确定"按钮。

在 Adodc 控件"属性"窗口中，找到 RecordSource 属性，单击右侧的 <span></span> 按钮，打开如图 10-19 所示"属性页"对话框（或直接单击图 10-16 中的"记录源"选项卡）。

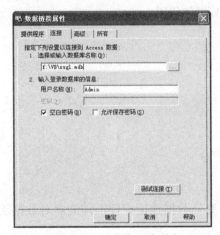

图 10-18　"连接"选项卡　　　　　　　图 10-19　"属性页"对话框

在记录源"命令类型"列表框中选择"1-adCmdText"，在"命令文本（SQL）"文本框中，输入如下代码并单击"确定"按钮，设置好 RecordSource 属性。

> SELECT xsqk.学号, xsqk.姓名, xsqk.性别, xsqk.出生日期, zymc.专业名称, xscj.高等数学+xscj.大学英语+xscj.计算机基础 as 课程总分 FROM zymc,xsqk,xscj
>
> where zymc.专业号 ＝xsqk.专业号 and xsqk.学号 ＝xscj.学号

⑦单击 DataGrid 控件，在其属性窗口中，找到 DataSource 属性，在其列表框中选择 Adodc1。

⑧为命令按钮编写相关事件过程。

● "下一条"命令按钮 Command1 的 Click 事件代码

```
Private Sub Command1_Click()
        Adodc1.Recordset.Move 1    '记录指针向下移动
        Command2.Enabled = True
        If Adodc1.Recordset.EOF Then    '判断是否到达记录的尾部
            Adodc1.Recordset.Move -1
```

```
            Text1.Text = Adodc1.Recordset.AbsolutePosition
            Command1.Enabled = False
        Else
            Text1.Text = Adodc1.Recordset.AbsolutePosition    '显示记录号
        End If
        DataGrid1.Refresh
    End Sub
```

● "上一条"命令按钮 Command2 的 Click 事件代码

```
    Private Sub Command2_Click()
        Adodc1.Recordset.Move -1
        Command1.Enabled = True
        If Adodc1.Recordset.BOF Then
            Adodc1.Recordset.Move 1
            Text1.Text = Adodc1.Recordset.AbsolutePosition
            Command2.Enabled = False
        Else
            Text1.Text = Adodc1.Recordset.AbsolutePosition
        End If
        DataGrid1.Refresh
    End Sub
```

● "退出程序"命令按钮 Command3 的 Click 事件代码

```
    Private Sub Command3_Click()
        End
    End Sub
```

● 窗体 Form 的 Load 事件代码

```
    Private Sub Form_Load()
        Text1 = ""
        Me.Show
        Text1.Text = Adodc1.Recordset.AbsolutePosition
    End Sub
```

最后运行该程序，出现图 10-15 所示的结果。

通过本例，可以看出，数据绑定的作用是能够感知数据连接控件，并能够对数据连接控件获取的记录集进行显示和编辑。

在通过数据绑定控件感知数据时，需要设置数据绑定控件的属性，主要有：

（1）DataSource 属性。用于设置数据绑定控件和数据连接控件之间的联系。

（2）DataField 属性。用于确定数据绑定控件显示或编辑的字段。需要设置该属性的控件有 PictureBox、Label、TextBox、CheckBox、Image、ListBox、ComBox 等标准控件，此外需要设置该属性的还有 DataList、DataComboDTPicker、ImageCombo 等 ActiveX 控件。

DataGrid 等控件的 DataField 属性不用设置，因此其本身代表一张表格，只需要和记录集相连，也就是设置好 DataSource 属性就可以了。

10.2.3　ADO 数据控件的属性、方法和事件

添加到窗体上的 ADO 数据控件的默认名称为 Adodc1，其外观如图 10-20 所示。

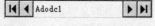

图 10-20　ADO 数据控件对象

1. ADO 数据控件的属性和方法

ADO Data 控件的常用属性主要有以下 6 种，如表 10-6 所示。

表 10-6　ADO 数据控件的常用属性

属性	说明
ConnectionString	设置到数据源的连接信息，可以是一个 OLE DB 文件（.udl）、ODBC 数据源（.dsn）或连接字符串
RecordSource	返回或设置一个记录集的查询，用于决定从数据库中查询什么信息
CommnadType	设置或返回 RecordSource 的类型
Mode	设定当前被打开的连接中的模式。有以下 9 种模式： 0-adModeUnknown 1-adModeRead 2-adModeWrite 3-adModeReadWrite 4-adModeShareDenyRead 8-adModeShareDenyRwrite 12-adModeShareExclusive 16-adModeShareDenyNone 4194304-adModeRecursive
UserName	用户名称，当数据库受密码保护时，需要指定该属性
Password	设置 Recordset 对象创建过程所使用的口令。与 UserName 一样，这个属性可在设置 ConnectionString 属性时设置。该属性是只写的，不能从 Password 属性中读出

ADO 数据控件的大多数属性，可以通过该控件的"属性页"对话框进行设置。设置方法请读者参考例 10-2 所给出的步骤和方法。

常用的 ADO 数据控件其他属性还有：

（1）EOFAction 和 BOFAction 属性。当记录指针指向 Recordset 对象的开始（第一个记录前）或结束（最后一个记录后）时，数据控件的 EOFAction 和 BOFAction 属性的设置或返回值决定了数据控件要采取的操作。当设置 EOFAction 为 2（AdoAddNew）时，可向记录集加入新的空记录，在输入数据后，只要移动记录指针就可将新记录写入数据库。

（2）Recordset 属性。产生 ADO 数据控件实际可操作的记录集对象。ADO 产生的 Recordset 是一个像电子表格的集合。记录集对象中的每个字段值用 Recordset.Fields（"字段名"）获得。

（3）Refresh 方法。ADO 数据控件的常用方法是 Refresh 方法。

Refresh 方法用于刷新 ADO 数据控件的连接属性，并能重建控件的 Recordset 对象。使用的语法格式如下：

对象名.Refresh

当在运行状态改变 ADO 数据控件的数据源连接属性后，必须使用 Refresh 方法激活这些变化。例如在例 10-2 中，程序中执行了 Adodc1.RecordSource="xscj"命令后，必须再执行 Adodc1.Refresh 命令，才能使记录集的内容改变为"xscj"表。如果不使用 Refresh 方法，记录集的内容还是来源于"xsqk"表中的数据。

2. 记录集对象的属性

ADO 数据控件记录集对象的主要属性如下：

（1）AbsolutePosition 属性。测试当前记录的位置。若当前显示的是第一条记录，则 AbsolutePosition=1。例如，要在 Adodc1 控件上显示当前记录的位置，可用如下语句。

Adodc1.Caption = Adodc1.Recordset.AbsolutePosition

（2）BOF 和 EOF 属性。这两个属性是反映记录指针是否到记录头部和记录尾部的标志。如果记录指针位于第一条记录之前，则 BOF=True；否则 BOF=False。如果记录指针位于最后一条记录之后，则 EOF=True；否则 EOF=False。

BOF 和 EOF 属性具有以下两个特点：

- 如果记录集是空的，则 EOF 和 BOF 的值都是 True。
- EOF 和 BOF 的值成为 True 之后，只有当记录指针移到实际存在的记录上，二者的值才会变为 False。

（3）Bookmark 属性。系统为当前记录生成一个称为书签的标识值，包含在 Recordset 对象的 Bookmark 属性中，每个记录都有唯一的书签（用户无法查看书签的值）。

要保存当前记录的书签，可将 Bookmark 属性的值赋给一个变体类型的变量。反之，通过设置 Bookmark 属性，可将 Recordset 对象的当前记录快速移动到设置为由有效书签所标识的记录上。

（4）RecordCount 属性。测试记录集中的记录总数。例如，要在 Adodc1 控件上显示记录总数，可用如下语句：

Adodc1.Caption = Adodc1.Recordset.RecordCount

3．记录集的方法

ADO 数据控件对数据的操作主要由记录集对象 Recordset 的属性与方法来实现，常用的方法有以下 8 种。

（1）AddNew 方法。AddNew 方法用于添加 1 条新记录。新记录的每一个字段如果有默认值将以默认值表示，如果没有则为空白。其使用语法格式如下：

对象名.AddNew

例如，给 Adodc1 控件对应的记录集添加新记录，可使用如下语句。

Adodc1.Recordset.AddNew

（2）Update 和 CancelUpdate 方法。Update 方法用来把添加的新记录或修改的记录保存到数据表中，该方法只能在 AddNew 方法被执行之后才能进行。语法格式如下：

对象名. Update

增加记录可分为以下三步：

- 调用 RecordSet 对象的 AddNew 方法，增加一个空记录，语句格式如下：
  Adodc1.Recordset.AddNew
- 在数据绑定控件中输入记录值，或用代码给字段赋值，语句格式如下：
  Adodc1.Recordset.Fields("字段名") = 值
- 调用 Update 方法，将输入的新记录值保存到数据表中，语句格式如下：
  Adodc1.Recordset.Update

如果要放弃对数据的所有修改，必须在 Update 前使用 CancelUpdate 方法。

（3）Delete 方法。Delete 方法可以删除当前记录，保存时须调用 Update 方法。语法格式如下：

对象名.Delete

（4）Find 方法。使用 Find 方法可在 Recordset 对象中查找与指定条件相符的一条记录，并使之成为当前记录。如果条件不符合，则记录集指针将设置在记录集的末尾。语法格式如下：

Recordset.Find 搜索条件 [,[位移] , [搜索方向], [开始位置]]

说明：

①搜索条件是一个字符串，包含用于搜索的字段名、比较运算符和数据。

例如，语句"Adodc1.Recordset.Find "学号 = 's0801101'"，表示在由 Adodc1 数据控件所连接的数据库 xsgl.mdb 的记录集内查找学号为 s0801101 的一条记录。这里，学号为记录集中的字段名。

如果条件部分的数据来自变量，例如，xh="s0801101"，则必须使用字符串连接运算符"&"组合条件，"&"两侧必须加空格。例如：

```
xh="s0801101"
Adodc1.Recordset.Find   "学号=" & " ' " & xh & " ' "
……
```

如果搜索的字段类型为数值型，则变量两侧不要加单引号。

当使用 Like 运算符时，常量值可以包含"*"，"*"代表任意字符。例如：

语句：Adodc1.Recordset.Find "学号 Like 's080110*'"，将在记录集内查找以"s080110"开始的所有学号，这样就可产生模糊查询的功能。

②位移是可选项，其默认值为零。它指定从开始位置位移 n 条记录后开始搜索。

③搜索方向是可选项，其值可为 adSearchForward（向前）或 adSearchBackward（向后）。

④开始位置是可选项，变体型书签，用作搜索的开始位置。

（5）Seek 方法。使用 Seek 方法必须打开表的索引，在表（Table）类型的记录集中查找与指定索引规则相符的第 1 条记录，并使之成为当前记录。其语法格式如下：

对象名. Seek "比较运算符",查找的值 1，查找的值 1, ...

其中，"比较运算符"用于确定比较的类型。当比较运算符为=、>=、<>时，Seek 方法从索引开始出发向后查找。当比较运算符为<、<=时，Seek 方法从索引尾部出发向前查找。

"查找的值"可以是一个或多个值，分别对应于记录集当前索引中的字段值。在使用 Seek 方法定位记录时，必须通过 Index 属性设置索引。

例如，设数据库 xsgl.mdb 中 xsqk 表的索引字段为学号，索引名称为 xh，则查找表中满足学号字段值大于"s0801120"的第 1 条记录可使用以下代码。

```
Adodc1.CommandType = adCmdTable
Adodc1.RecordSource = "xsqk"
Adodc1.Refresh
Adodc1.Recordset.Index = "xh"
Adodc1.Recordset.Seek ">", "s0801120"
```

（6）Move 方法。利用 ADO 数据控件编程的方法进行数据库浏览时，需要用到 ADO 数据控件的 RecordSet 对象的 Move 方法在记录集之间移动记录指针。主要有以下几种方法。

- MoveFirst 方法。记录指针移动到第一条记录上。
- MoveLast 方法。记录指针移动最后一条记录上。
- MoveNext 方法。记录指针移动到下一条记录上。
- MovePrevious 方法。记录指针移动到上一条记录上。
- Move [n]方法。记录指针前移或后移 n 条记录。n 为正数时，表示向后移动；n 为负数时，表示向前移动。

例如，可用 InputBox 输入要移动的记录数，然后在记录集中移动当前记录：

```
With Adodc1.Recordset
    .MoveFirst
    MoveNo = InputBox("请输入移动记录数:", "移动记录")
    If MoveNo = "" Then End
    .Move CLng(MoveNo)
    If .BOF Or .EOF Then MsgBox "移动出界"
End With
```

（7）Requery 方法。Requery 方法用于重新执行 RecordSet 对象的查询，更新其中的数据，可刷新全部内容。

（8）Resync 方法。Resync 方法用于从现行数据库刷新当前 Recordset 对象中的数据，使用 Resync 方法将当前 Recordset 对象中的记录与现行数据库同步。其语法格式如下：

对象名.Resync 刷新记录范围，刷新参数

其中：

- 刷新记录范围：adAffectAll（默认）刷新所有记录，adAffectCurrent 只刷新当前记录，adAffectGroup 刷新满足当前 Filter 属性设置的记录。

- 刷新参数：adResyncAllValues（默认）覆盖数据，取消挂起的更新，adResyncUnderlyingValues 不覆盖数据，不取消挂起的更新。

4. ADO 数据控件的事件

ADO 数据控件的常用事件有下面 5 个，分别是：

（1）WillMove 与 MoveComplete 事件。WillMove 事件在执行记录集对象的 Open、Move、MoveNext、MoveLast、MoveFirst、MovePrevious、Bookmark、AddNew、Delete、Requery、Resync 方法时触发。MoveComplete 事件发生在一条记录成为当前记录后，它出现在 WillMove 事件之后。

（2）WillChangeField 事件。该事件在对记录集对象中的一个或多个字段（Field）对象值进行修改之前触发。

（3）FieldChangeComplete 事件。该事件在对记录集对象中的一个或多个字段（Field）对象值进行修改之后触发。

（4）WillChangeRecord 事件。该事件在对记录集对象中的一个或多个记录（Record）更改之前，执行记录集对象的 Requery、Resync、Close 和 Filter 方法时触发。

（5）RecordChangeComplete 事件。该事件在对记录集对象中的一个或多个记录（Record）更改之后触发。

10.2.4 ADO 数据控件的 Fields 集合

Fields 集合包含记录集对象的所有 Field 对象。在打开记录集对象前通过调用集合上的 Refresh 方法可以填充 Fields 集合。Fields 集合的主要属性和方法如下：

（1）Count 属性。返回一个长整型数值，表示 Fields 集合中的 Field（字段）对象的数目。Count 属性为零时，表示集合中不存在对象。因为集合成员的编号从零开始，因此应该始终以零成员开头且以 Count 属性的值减 1 结尾而进行循环编码。

（2）Append 方法。将 Field 对象追加到 Fields 集合中，Field 对象可以是新创建的 Field 对象。使用语法格式如下：

对象名. Fields.Append 名称, 类型, 大小

说明：

①名称。是一个新 Field 对象的名称，追加时不得与 Fields 集合中的任何其他对象同名。

②类型。用于指定新字段的数据类型，数据类型是一个枚举类型。

③大小。长整型数据，表示新字段的定义大小（以字符或字节为单位）。

（3）Delete 方法。Delete 方法用于从 Fields 集合中删除对象，其使用语法格式如下：

    对象名. Fields.Delete

（4）Item 方法。功能是根据名称或顺序号返回 Fields 集合的特定 Field 对象。语法格式如下：

    对象名. Fields.Item(Index)

其中，Index 是 Fields 集合中对象的名称或顺序号。

（5）Refresh 方法。更新集合中的对象以便反映来自特定提供者的对象，其使用语法格式如下：

    对象名. Fields. Refresh

在 Fields 集合上使用该方法时，要看到实际效果，如从现行数据库结构中检索更改，必须使用 Requery 方法。

10.3　应用举例

10.3.1　基本绑定控件

我们把能与 ADO 数据控件相关联的基本控件，称为基本绑定控件。基本绑定控件的功能如下：

- 文本框：显示或输入数据，可绑定除 OLE 类型和超链接以外的所有类型的字段。
- 标签：用于显示数据，可绑定的数据类型同文本框。
- 复选框：显示逻辑类型字段，即 True（Yes）/False（No）。
- 列表框和组合框：显示数据列表。
- 图像框和图片框：显示图片，要求字段为二进制类型。

使用绑定控件的方法和步骤如下：

（1）将绑定控件添加到窗体上，并调整大小和布局。

（2）设置控件的一般属性，如 Name、BackColor、Enabled、Font、Height、Width 等。

（3）设置控件的 DataSource 属性，即与 ADO 数据控件相绑定，从而可得到记录集中的数据信息。

（4）设置控件的 DataField 属性，即绑定到 ADO 数据控件的记录集对象（Recordset）的某个字段上。

【例 10-3】利用 ADO 数据控件编写程序，实现 xsqk 表记录的录入。程序运行界面如图 10-21 所示。

分析：首先，在窗体上添加一个 ADO 数据控件 Adodc1，并将其连接到数据源 xsgl.mdb。在"记录源"选项卡中，选择"命令类型"为 2-adCmdTable，在"表或存储过程名称"中选择 xsqk 表。Adodc1 控件的 Visible 属性设置为 False。

在窗体上添加四个文本框 Text1～4。分别设置其 DataSource 属性为 Adodc1，DataField 属性为相应的字段名，并给各字段框配置合适的标签。

在窗体上再添加两个组合框 Combo1～2，分别设置其 DataSource 属性为 Adodc1，DataField 属性为相应的字段名。组合框 Combo1 的 List 属性值有"男"和"女"两个值；组合框 Combo2 的 List 属性值有"01"、"02"、"03"、"04"和"05"。

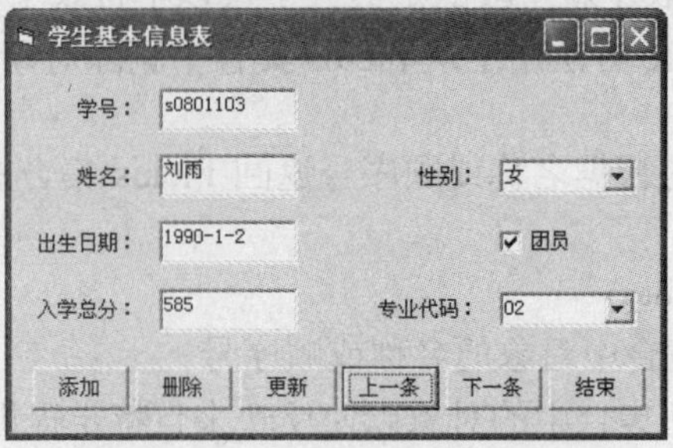

图 10-21 例 10-3 程序运行界面

程序设计步骤如下：

①按照分析中的思路，完成例 10-3 界面设计。

②编写命令按钮控件数组 Command1()的 Click 事件代码如下：

```
Private Sub Command1_Click(Index As Integer)
    Select Case Index
        Case 0 '添加记录
            Adodc1.Recordset.AddNew
        Case 1 '删除记录
            mb = MsgBox("要删除吗?", vbYesNo, "删除记录")
    If mb = vbYes Then
            Adodc1.Recordset.Delete
            Adodc1.Recordset.MoveLast
    End If
        Case 2 '更新记录
            Adodc1.Recordset.Update
        Case 3 '上一条记录
            Adodc1.Recordset.MovePrevious
            If Adodc1.Recordset.BOF Then Adodc1.Recordset.MoveFirst
        Case 4 '下一条记录
            Adodc1.Recordset.MoveNext
            If Adodc1.Recordset.EOF Then Adodc1.Recordset.MoveLast
        Case 5 '退出
            Unload Me
    End Select
End Sub
```

提示：Access 数据库的 OLE 型字段中存放的图形是按 OLE 格式存放的图像，而不是 VB 的 Image 控件或 PictureBox 控件所支持的标准图片格式（.bmp、.rle、.ico、.gif、.jpg、.emf 和.wmf），所以不能使用图像框控件或图片框控件来查看。

由于 ADO 数据控件也不提供对 OLE 控件的支持，因此也不能使用 OLE 控件来观察数据库中的图像。为能观察图片，必须另想办法，具体实例请参考例 10-7。

【例 10-4】设计如图 10-22 所示的窗体，将"结束"按钮改成"查找"按钮，其功能可通过 InputBox()输入学号，使用 Find 方法查找记录。

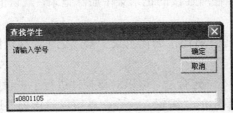

图 10-22　例 10-4 程序运行界面

程序设计步骤这里略去，只给出"查找"命令按钮的程序代码。

```
……
Case 5 '查找
    Dim xh As String
    xh = InputBox("请输入学号", "查找学生")
    Adodc1.Recordset.Find "学号=" & "'" & xh & "'", , , 1
    If Adodc1.Recordset.EOF Then MsgBox "无此学号！", , "提示"
……
```

10.3.2　复杂绑定控件*

在上节我们已经看到，任何具有 DataSourec 属性的控件都可以绑定到 ADO 数据控件上，用于数据的输出和输入。除了基本绑定控件外，VB 还提供了一些复杂的数据绑定控件，如 DataGrid、DataList、DataCombo、RichTextBox 等。由于这些控件都是 ActiveX 控件，因此在使用前，须先使用"工程"菜单中的"部件"命令，然后选择 Microsoft DataGrid Control 6.0（SP6）及 Microsoft DataList Controls 6.0（SP3）等，将控件对象添加到工具箱上。

1. DataGrid 控件

DataGrid 控件是一种类似于表格的数据绑定控件，可以通过行和列来显示记录集对象的记录和字段，用于浏览和编辑完整的数据库表和查询。DataGrid 控件在部件 Microsoft DataGrid Control 6.0（SP6）（OLEDB）中定义。

在运行时可以动态地更改网格中的字段，还可以通过在程序中切换 DataSource 来查看不同的表。当有若干个 ADO Data 控件，每个控件可以连接不同的数据库，或设置为不同的 RecordSource 属性，可以简单地将 DataSource 从一个 ADO 数据控件重新设置为另一个 ADO 数据控件。

DataGrid 控件的常用属性有：

- Caption 属性。设置表格的标题文字。
- HeadFont 属性。设置表头和标题字体。
- Font 属性。设置表格中显示的字体。
- DataSource 属性。指定需要绑定的 ADO 数据控件的名称。
- Col 属性。表示当前列号（从 0 开始）。利用该属性可在 DataGrid 控件"属性页"对话框中，设置用户定义的显示列标题文字和显示字段内容。
- Row 属性。表示当前行号（即当前记录号，从 0 开始）。
- Text 属性。存放选中单元格的文本。
- AllowAddNew 属性。确定是否允许向控件所连接的记录集中增加新记录，默认值是

False（不允许），允许则是 True。

- AllowDelete 属性。确定是否允许在控件所连接的记录集中删除记录，默认值是 False（不允许），允许则是 True。
- AllowUpdate 属性。确定是否允许在控件所连接的记录集中修改记录，默认值是允许 True，不允许则是 False。

一般情况下，DataGrid 控件的默认设置并不一定合适，可以对该控件进行手工设置。其方法是，右击 DataGrid 控件，执行弹出快捷菜单中的"编辑"命令，就可以对该控件进行字段列删除、插入、追加，以及改变字段列的显示宽度等操作。然后，再通过使用控件"属性页"对话框的选项卡则可以更好地设置该控件的适当属性。DataGrid 控件的"编辑"快捷菜单和"属性页"对话框，如图 10-23 所示。

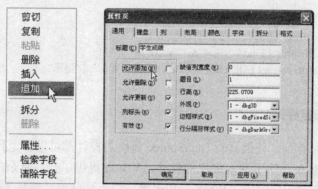

图 10-23　DataGrid 控件的"编辑"快捷菜单与"属性页"对话框

【例 10-5】在窗体上添加一个列表框控件 List1、一个 ADO 数据控件 Adodc1、一个数据表格控件 DataGrid-1。程序运行时，单击右侧列表框的一个表名，左侧表格中对应显示该表格的记录信息，如图 10-24 所示。

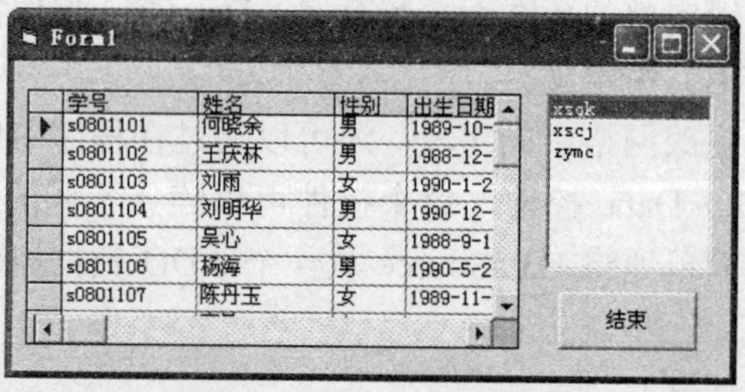

图 10-24　例 10-5 程序运行界面

程序设计的步骤如下：

①在新建工程窗体上添加所需要的各个控件。

②设置 Adodc1 控件的 Visible 属性值为 False；设置 Adodc1 控件的 ConnectionString 属性为：Provider=Microsoft.Jet.OLEDB.4.0;Data Source=D:\ 例 题 \xsgl\xsgl.mdb;Persist Security Info=False。

③设置 Adodc1 控件的 CommandType 属性值为：1-adCmdText；RecordSource 属性值为：select * from xsqk。

④设置 DataGrid1 控件的 DataSource 属性为 Adodc1。

⑤在窗体 Form 的 Load 事件代码中，添加 List1 列表框中所需要的数据表名称。其 Load 事件代码如下：

```
Private Sub Form_Load()
    List1.AddItem "xsqk"
    List1.AddItem "xscj"
    List1.AddItem "zymc"
End Sub
```

⑥单击列表框 List1 中的一个项目时，表格控件 DataGrid1 可显示对应表的记录，为此编写的列表框 List1 的 Click 事件代码如下：

```
Private Sub List1_Click()
    Adodc1.RecordSource = "select * from " & List1.List(List1.ListIndex)
    Adodc1.Refresh
    DataGrid1.Refresh
End Sub
```

2. DataList 和 DataCombo 控件

数据列表框控件 DataList 和数据组合框控件 DataCombo 与列表框控件 ListBox 和组合框控件 ComboBox 相似，所不同的是这两个控件不再是用 AddItem 方法来填充列表项，而是由这两个控件所绑定的数据字段自动填充，而且还可以有选择地将一个选定的字段传递给第二个数据控件。

DataList 控件和 DataCombo 控件的常用属性有：

- DataSource 属性：设置所绑定的数据控件。
- DataField 属性：用于更新记录集的字段，是控件所绑定的字段。
- RowSource 属性：设置用于填充下拉列表的数据控件。
- ListField 属性：表示 RowSource 属性所指定的记录集中用于填充下拉列表的字段。
- BoundColumn 属性：表示 RowSource 属性所指定的记录集中的一个字段，当在下拉列表中的选择回传到 DataField，必须与用于更新列表的 DataField 的类型相同。
- BoundText 属性：BoundColumn 字段的文本值。

【例 10-6】设计一个窗体，输入或选择一个姓名并单击"查找"按钮，可显示对应同学的成绩信息，单击"全部"按钮，可显示全部同学的成绩，如图 10-25 所示。

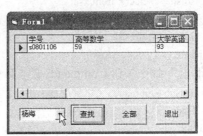

图 10-25　成绩查询界面

分析：本题需要两个数据表 xsqk 和 xscj。数据表 xscj 用于查询显示结果，数据表 xsqk 中的姓名与数据组合框控件 DataCombo1 相连接。通过查询姓名，找到对应的学号，然后利用学号去查询数据表 xscj 对应的学生成绩。

程序设计步骤如下：

①在新建工程窗体上添加两个 ADO 数据控件 Adodcdc1～2、一个 DataCombo 控件、一个

DataGrid 控件以及三个命令按钮控件 Command1～3，设置各控件的属性，如表 10-7 所示。

表 10-7　例 10-6 窗体各控件属性值

控件	属性	属性值
Adodc1	ConnectionString	D:\…\St.mdb
	RecordSource	Select * From xscj
	Visible	False
Adodc2	ConnectionString	D:\…\St.mdb
	RecordSource	xsqk
	Visible	False
DataGrid1	DataSource	Adodc1
DataCombo1	RowSource	Adodc2
	ListField	姓名
	BoundColum	学号
	Text	何晓余

②调整窗体与各控件的大小和布局。

③编写各命令按钮的 Click 事件代码。

- "查找"命令按钮 Command1 的 Click 事件代码

```
Dim sqlstr As String
Private Sub Command1_Click()
    sqlstr = "select * from xscj where " _
            & "xscj.学号 ='" & DataCombo1.BoundText & "'"
    Adodc1.RecordSource = sqlstr
    Adodc1.Refresh
End Sub
```

- "全部"命令按钮 Command2 的 Click 事件代码

```
Private Sub Command2_Click()
    sqlstr = "select * from xscj"
    Adodc1.RecordSource = sqlstr
    Adodc1.Refresh
End Sub
```

- "退出"命令按钮 Command3 的 Click 事件代码

```
Private Sub Command3_Click()
    End
End Sub
```

最后，运行程序，通过下拉列表选择用户名称后，单击"查找"按钮就会在网格中显示出指定学生姓名的成绩，单击"全部"按钮则显示所有学生的成绩。

【例 10-7】设计一个程序，实现功能：在浏览记录时能添加照片；单击"照片输入"按钮，打开通用对话框，选择指定图形文件将数据写入到数据库，并通过图像框显示照片。单击"删除照片"按钮，可将数据库中相应记录中"照片"字段内容清空，同时图像框空白。程序设计界面和运行界面，如图 10-26 和图 10-27 所示。

图 10-26　　例 10-7 窗体设计界面

图 10-27　　例 10-7 程序运行界面

分析：在使用数据库的过程中，除了保存大量的文字信息以外，我们经常要存储一些较大的二进制数据对象，像图形、长文本、多媒体（视频、音频文件）等，例如：一个人事管理系统，就需要对每个人的照片进行保存，以便可以方便地对每个人的信息进行处理。这些数据被称之为二进制大对象 BLOB（Binary Large Object），亦称为大对象类型数据。

对 ADO 控件来说，二进制大对象的存取，可以使用 Fields 对象的 AppendChunk 和 GetChunk 方法来进行。

（1）AppendChunk 方法的语法格式如下：

对象名. Recordset. Fields(字段名). AppendChunk data

其中，参数 data 包含追回到数据库中的 BLOB 数据。

（2）GetChunk 方法的语法格式如下：

变量=对象名. Recordset. Fields(字段名). GetChunk(dataSize)

其中，参数 dataSize 为长整型表达式，表示读取字段内的数据的字节数。如果 Size 大于数据实际的长度，则 GetChunk 方法仅返回数据，而不填充空白。如果字段为空，则 GetChunk 方法返回一个 Null。每个后续的 GetChunk 方法调用将检索从前一次 GetChunk 方法调用停止处开始的数据。

二进制大对象的处理方法如下：

在数据处理中，对于每个大对象字段的数据，首先选择相应的大对象读取方法，把此大对象数据取出后保留在一个临时文件中，然后在目的数据库插入数据，遇到大对象字段时，选择相应的大对象存取方法，再从临时文件中依次读出数据插入到指定字段中。

下面是使用 VB 实现 Access 数据库中图片的上传以及保存到数据库的功能。在得到图片数据并将其保存到数据库中时，使用 ADO 的 AppendChunk 方法，同样的，读出数据库中的图片数据，要使用 GetChunk 方法。表中图片字段"照片"的字段类型为 OLE 对象。

程序设计步骤如下：

①根据图 10-26 中所示，在窗体上放置一个 ADO 数据控件、六个标签控件 Label1～6、

五个文本框控件 Text1～5、一个图像框控件 Image1、一个通用对话框控件 CommonDialog1 和两个命令按钮控件 Command1～2。

②设置 Image1 控件的 DataSource 属性为 Adodc1。并设置 Stretch 属性为 True，使图形能适应图像框控件的大小。

设置好文本框控件 Text1～5 的 DataSource 属性为 Adodc1，DataField 属性为 xsqk 对应字段。

根据图 10-26 所示，完成标签控件 Label1～6 和命令按钮的 Caption 属性设置，调整窗体和各控件的大小与布局。

③编写窗体与命令按钮相关的事件代码。

- 窗体 Form 的 Activate 事件代码

```
'ADO 控件显示记录号
Private Sub Form_Activate()
    Adodc1.Caption = Adodc1.Recordset.AbsolutePosition
End Sub
```

- 窗体 Form 的 Load 事件代码

```
Private Sub Form_Load()
    Me.Show
    '设置 ADO 控件的 ConnectionString 属性和 CommandType 属性
    Dim mlink As String, mpath As String
    mpath = App.Path    '获取程序所在的路径
    If Right(mpath, 1) <> "\" Then mpath = mpath + "\"   '判断是否为子目录
    mlink = "Provider=Microsoft.Jet.OLEDB.4.0;"
    mlink = mlink + "Data Source=" + mpath & "..\xsgl\xsgl.mdb" '在数据库文件名前插入路径
    Adodc1.ConnectionString = mlink
    Adodc1.CommandType = 2 - adCmdTable
    Adodc1.RecordSource = "xsqk"
    Adodc1.Refresh
End Sub
```

- ADO 控件的 MoveComplete 事件代码

```
'单击 ADO 控件的左右箭头，显示当前记录号
Private Sub Adodc1_MoveComplete(ByVal adReason As ADODB.EventReasonEnum, ByVal pError As ADODB.Error, adStatus As ADODB.EventStatusEnum, ByVal pRecordset As ADODB.Recordset)
    Adodc1.Caption = Adodc1.Recordset.AbsolutePosition
End Sub
```

- "照片输入"命令按钮 Command1 的 Click 事件代码

```
Private Sub Command1_Click()
    Dim strb() As Byte
    CommonDialog1.ShowOpen
    Open CommonDialog1.FileName For Binary As #1
    Open App.Path & "\tempFile.jpg" For Binary Access Write As #2
    f1 = LOF(1)
    ReDim strb(f1)
    Get #1, , strb
    Adodc1.Recordset.Fields("照片").AppendChunk strb
    Put #2, , strb
    Close #1
    Close #2
    Image1.Picture = LoadPicture(App.Path & "\TempFile.jpg")
```

```
            Kill (App.Path & "\TempFile.jpg")      '删除临时文件
        End Sub
```

● "删除照片"命令按钮 Command2 的 Click 事件代码

```
        Private Sub Command2_Click()
            Adodc1.Recordset.Fields("照片").AppendChunk ""     '单击本按钮实现数据库中图片的删除
            Adodc1.Recordset.Update
            Image1.Picture = LoadPicture("")
        End Sub
```

思考题 1：如何将 xsqk 数据表"照片"字段中已有的图片读出并显示的图像框中。

思考题 2：设计一个简单的 VB+Access 开发的登录程序，要求如下：

（1）验证。验证用户名的正确与否、密码与用户名符合与否。

（2）人性化设计。在程序开始时，有一个快闪界面，界面上出现显示本企业形象的一幅图。按键或单击该界面进入用户验证界面，如图 10-28 所示。

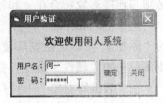

① 输入用户名后，无论是鼠标移动到密码框，还是按 Tab 键到密码框，都搜索用户名的存在与否，但不报错。

② 输入密码后，选择状态在"确定"按钮上。

③ 确定后检验，用户名为空时，光标停在用户名框，密码空时光标停在密码输入框。

图 10-28　"用户验证"对话框

10.4　制作报表*

一个数据库应用系统一般都有数据打印输出的要求，制作打印报表是不可缺少的工作。为此，VB 提供了一个专门用于设计数据报表的工具——数据报表（DataReport）设计器，它是一个多功能的报表生成器。当报表需要和数据相结合时，其数据源可以由数据环境（Data Environment）设计器提供。

10.4.1　数据环境设计器

在"工程"菜单中执行"添加 DataEnvironment"命令，就会打开数据环境设计器，同时在当前工程中添加了一个数据环境 DataEnvironment1，并包含一个连接对象 Connection1，如图 10-29 所示。

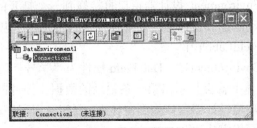

图 10-29　数据环境设计器

数据环境设计器为数据库应用程序提供了能够可视化地创建和修改表、表集和报表的数据环境，为建立连接和定义命令提供了很好的图形接口。DataEnvironment 设计器保存在.dsr 文件中。

1. 创建连接

数据环境设计器中的 Connection 对象用于管理到数据库的连接，在 DataEnvironment 设计器中定义一个 Connection 对象的方法与 ADO Data 控件的 ConnectionString 属性的设置相同。

例如，用鼠标右击 Connection1 对象，在快捷菜单中选择"属性"命令，打开"数据连接属性"对话框。在"提供者"选项卡中选择"Microsoft Jet 4.0 OLE DB Provider"，在"连接"选项卡中选择数据库名称，如"D:\例题\xsgl\xsgl.mdb"。单击"测试连接"按钮，如果测试连接成功则建立了连接。

2. 定义命令

Command 对象定义了有关数据库数据的详细信息，它可以建立在数据表、视图、SQL 查询基础上，也可在命令对象之间建立一定的关系，从而获得一系列相关的数据集合。命令对象必须与连接对象结合在一起使用。

选中 Connection1 对象，单击工具栏上的"添加命令"按钮 □（或右击，执行快捷菜单中的"添加命令"，为数据环境添加一个命令对象 Command1）。右击 Command1 对象，执行快捷菜单中的"属性"命令，打开属性对话框，如图 10-30 所示。

在"数据库对象"下拉列表中选择"表"，在"对象名称"下拉列表框中选择"xsqk"。单击"确定"按钮后，在数据环境设计器中就可看到 xsqk 的结构，如图 10-31 所示。

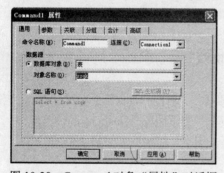

图 10-30　Command 对象"属性"对话框

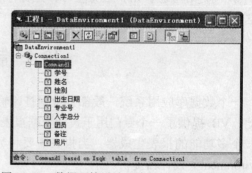

图 10-31　数据环境设计器中的"xsqk"表的结构

如果在数据源中选择 SQL 查询作为数据源，则在 SQL 语句框中选择合法的 SQL 查询，也可以单击"SQL 生成器"启动查询设计器来建立一个 SQL 查询。

3. 使用数据环境

一个数据环境对象创建好了以后，就可以利用该数据环境对象访问数据库了。例如，可以把 Command1 从 DataEnvironment 设计器窗口直接拖到一个打开的窗体中，则 Command1 中定义的所有字段都会自动添加到窗体上。并且各控件的相关属性也会自动设置，如"学号"标签的 Name 属性为"lblFieldLabel(0)"，显示"学号"字段的文本框 Name 属性为"txt 学号"，DataSource 属性为"DataEnvironment1"，DataField 属性为"学号"等。

运行应用程序，在窗体上就会显示出第一条记录的数据。控件的属性可以重新设置，也可以只将某个字段从数据环境设计器窗口拖到窗体中。要想应用程序比较完整，还需在窗体上添加一些命令按钮，并编写相应代码。

例如，在窗体上创建一个命令按钮 Command1，用于移动学生基本情况表中的记录：

```
Private Sub Command1_Click()
With DataEnvironment1.rsCommand1
    .MoveNext
```

```
                If .EOF Then .MoveFirst
            End With
        End Sub
```

其中，rsCommand1 为 Command1 对象的记录集。Recordset 对象作为 Command 对象的属性，创建一个 Command 对象后，记录集的名称就自动定为"rs+Command 对象名"。

也可用代码来编辑和创建自己的 DataEnvironment 对象。例如，定义 DataEn1 为 DataEnvironment 对象：

```
        Dim DataEn1 As DataEnvironment1
```

10.4.2　报表设计器

在"工程"菜单中选择"添加 DataReport"，即可在工程中添加一个 DataReport 对象，并同时打开数据报表设计器，如图 10-32 所示。

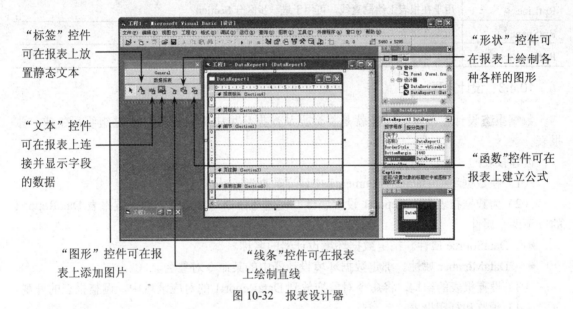

图 10-32　报表设计器

从图中可以看出，数据报表设计器由 DataReport 对象、Section 对象和 DataReport 控件三部分组成。

1. DataReport 对象

DataReport 对象与 VB 窗体类似，同时具有一个可视的设计器和一个代码模块。

2. Section 对象

数据报表设计器的每一部分由 Section 对象表示。设计时，每一个 Section 对象由一个窗格表示，可以单击窗格以选择"页标头"，也可以在窗格中放置和定位控件。还可以在程序中，对 Section 对象及其属性进行动态配置。

- 报表标头：指显示在一个报表开始处的文本，如报表标题、作者或数据库名等。一个报表最多只能有一个报表标头，而且出现在数据报表的最上面。
- 页标头：指在每一页顶部出现的信息，如报表的标题、页数和时间等。
- 分组标头/脚注：用于分组的重复部分，每一个分组标头与一个分组注脚相匹配。
- 细节：指报表的最内部的重复部分（记录），与数据环境中最底层的 Command 对象相关联。

- 页注脚：指在每一页底部出现的信息，如页数据、时间等。
- 报表注脚：报表结束时出现的文本，如摘要信息、一个地址或联系人姓名等。

3. DataReport 控件

在一个工程中添加了一个数据报表设计器以后，VB 将自动创建一个名为"数据报表"的工具箱，工具箱中列出了 6 个控件，功能如表 10-8 所示。

表 10-8　Data Report 工具箱中的控件及其功能

控件	描述
RptLabel	在报表上放置标签，可用作报表标题，但不能绑定到数据字段上
RptTextBox	显示所有在运行过程中应用程序通过代码或命令提供的数据，可绑定到数据字段上
RptImage	用于在报表上放置图形，该控件不能被绑定到数据字段
RptLine	用于在报表上绘制直线，可用于进一步区分 Section
RptShape	用于在报表上放置矩形、三角形、圆形或椭圆
RptFunction	用于在报表生成时计算数值，如分组数据的合计，常用于报表汇总

10.4.3　设计报表

数据报表设计器的主要功能就是将数据从数据环境中提取出来，经过组织后生成一张报表。

创建报表的一般步骤如下：

（1）在数据环境 DataEnvironment1 中建立数据源，并创建命令对象。

（2）为数据报表 DataReport1 设置属性，使之与命令对象绑定，即设置报表 DataReport1 的以下两个属性。

- DataSource 属性。指定数据环境设计器的名称。
- DataMember 属性。绑定数据环境设计器中的某命令对象名。

（3）设置报表的结构，将命令对象拖放到 DataReport1 的对应区域中，调整报表的外观。

（4）预览和打印报表。

【例 10-8】使用 xsgl.mdb 数据库"xsqk"表，建立的窗体和报表，如图 10-33 和图 10-34 所示。

图 10-33　例 10-8 程序中的窗体

图 10-34　例 10-8 程序中的报表

建立报表的步骤如下：

①建立新工程，在窗体上放置两个命令按钮，分别设置标题为"显示"和"打印"，如图 10-32 所示。

②执行"工程"菜单中"添加 DataEnvironment"命令，在当前工程内加入一个 DataEnvironment1 对象，如图 10-34 所示。用鼠标右击 Connection1，选择快捷菜单中的"属性"选项，打开数据连接属性对话框，在"提供者"选项卡内选择"Microsoft Jet 4.0 OLE DB Provider"，在"连接"选项卡内选择指定的数据库文件，完成与指定数据库的连接。

③再次用鼠标右击 Connection1，选择快捷菜单中的"添加命令"选项，在 Connection1 下创建 Command1 对象。

④鼠标右击 Command1，选择快捷菜单中的"属性"选项，打开"Command1 属性"对话框，如图 10-35 所示，设置 Command1 对象连接的数据源为"xsqk"，单击"确定"按钮后产生图 10-36 所示结果。

图 10-35　"Command1 属性"对话框

图 10-36　数据环境 Connection1 的结构

如果 Command1 对象不显示记录集的字段名，右击 Connection1 对象，执行快捷菜单中"全部展开"命令即可。

⑤执行"工程"菜单中的"添加 DataReport"命令，将报表设计器加入到当前工程中，产生一个 DataReport1 对象，如图 10-37 所示。设置 DataReport1 的 DataSource 属性为数据环境 DataEnvironment1 对象，DataMember 属性为 Command1 对象，使 DataReport1 从 Command1 对象获取数据源。

图 10-37　DataReport 设计器

⑥在页标头处，添加 5 个标签控件 RptLabel1～5，调整好各控件的位置，并调整页标头和细节的高度。

在细节处添加 5 个文本框 RptTextBox1～5，调整好各控件的位置。将 5 个文本框控件的 DataMember 属性设置为：Command1；DataFields 属性分别设置为：学号、姓名、性别、出生日期和入学总分。

⑦使用"标签"控件，通过标签的 Caption 属性在报表标头区插入报表名，页标头区设置报表每一页顶部的标题信息等，使用标签的 Font 属性设置字体大小。使用"线条"控件在报表内加入直线，使用"图形"控件和"形状"控件加入图案或图形。

⑧要显示报表，可使用 DataReport1 对象的 Show 方法。在主控窗体的"显示"命令按钮或菜单的 Click 事件内加入代码：

> DataReport1.Show

⑨报表打印可直接使用预览窗口左上角的打印按钮来控制，也可以使用 DataReport1 对象的 PrintReport 方法，使用 PrintReport 方法时可以配合一个 Boolean 值来控制是否显示打印对话框。在主控窗体的"打印"命令按钮或菜单的 Click 事件内加入代码：

> DataReport1. PrintReport True

功能是为用户提供选取打印机、打印范围、份数等操作。

⑩使用预览窗口工具栏上的"导出"按钮可将报表内容输出成文本文件或 HTML 文件，也可以使用 DataReport1 对象的 ExportReport 方法将报表内容输出成文本文件或 HTML 文件。

习题十

一、单选题

1. 要使用数据控件返回数据库中记录集，则需设置（　　）属性。
   A）Connect
   B）DatabaseName
   C）RecordSource
   D）RecordType

2. 在记录集中进行查找，如果找不到相匹配的记录，则记录定位在（　　）。
   A）首记录之前
   B）末记录之后
   C）查找开始处
   D）随机记录

3. 下列（　　）组关键字是 Select 语句中不可缺少的。
   A）Select、From
   B）Select、Where
   C）Select、OrderBy
   D）Select、All

4. 与"SELECT COUNT(cost)FROM Supplies"等价的语句是（　　）。
   A）SELECT COUNT(*)FROM Supplies WHERE cost ◇ NULL
   B）SELECT COUNT(*)FROM Supplies WHERE cost = NULL
   C）SELECT COUNT(DISTINCT prod_id)FROM Supplies WHERE cost ◇ NULL
   D）SELECT COUNT(DISTINCT prod_id)FROM Supplies

5. 在 SQL 的 UPDATE 语句中，要修改某列的值，必须使用关键字（　　）。
   A）Select
   B）Where
   C）DISTINCT
   D）Set

6. 在使用 Delete 方法删除当前记录后，记录指针位于（　　）。
   A）被删除记录上
   B）被删除记录的上一条
   C）被删除记录的下一条
   D）记录集的第一条

7. 在新增记录调用 Update 方法写入记录后，记录指针位于（　　）。
   A）记录集的最后一条
   B）记录集的第一条

C）新增记录上   D）添加新记录前的位置上

8. 使用 ADO 数据控件的 ConnectionString 属性与数据源建立链接的相关信息，在"属性页"对话框中可以有（   ）种不同的链接方式。

    A）1   B）2   C）3   D）4

9. 数据绑定列表框 DBList 和下拉式列表框 DBCombo 控件中的列表数据通过属性（   ）从数据库中获得。

    A）DataSource 和 DataField   B）RowSource 和 ListField

    C）BoundColumn 和 BoundText   D）DataSource 和 ListField

10. DBList 控件和 DBCombo 控件与数据库的绑定通过属性（   ）来实现。

    A）DataSource 和 DataField   B）RowSource 和 ListField

    C）BoundColumn 和 BoundText   D）DataSource 和 ListField

11. 下面说法错误的是（   ）。

    A．一个表可以构成一个数据库

    B．多个表可以构成一个数据库

    C．表中的每一条记录中的各数据项具有相同的类型

    D．同一个字段的数据具有相同的类型

12. 在 ADO 对象模型中，使用 Field 对象的（   ）属性可以返回字段名。

    A）Name   B）FieldName   C）Caption   D）Text

13. 通过设置 Adodc 控件的（   ）属性可以确定具体能访问的数据，这些数据构成了记录集对象 Recordset。

    A）RecordSource   B）Recordset   C）ConnectionString   D）DataBase

14. 通过设置 Adodc 控件的（   ）属性可以建立该控件到数据源的连接信息。

    A）RecordSource   B）Recordset   C）ConnectionString   D）DataBase

15. Seek 方法用于在（   ）类型的记录集中查找满足条件的记录。

    A）Dynaset   B）Snapshot   C）Table   D）Recordset

二、填空题

1. 要使绑定控件能通过数据控件 Adodc1 链接到数据库上，必须设置控件的 ____【1】____ 属性为 Adodc1。

2. 记录集的 ____【2】____ 属性返回当前指针值。

3. 要设置记录集的当前指针，则需通过 ____【3】____ 属性。

4. 记录集的 RecordCount 属性用于对 Recordset 对象中的记录计数，为了获得准确值，应先使用 ____【4】____ 方法，再读取 RecordCount 属性值。

5. 使用 ADO 打开数据库的方法是 ____【5】____。

6. 报表设计器"数据报表"工具箱内的文本控件用于显示 ____【6】____ 数据。

7. 预览 DataReport1 对象产生的报表，需要通过代码 ____【7】____ 来实现。

8. 如果要直接将预览 DataReport1 对象产生的报表打印出来，打印时不显示打印对话框，则需要通过代码 ____【8】____ 来实现。

9. 要设置记录集的当前记录的序号位置，需通过 ____【9】____ 属性。例如，要定位在由 Adodc1 控件所确定的记录集的第 5 条记录，应使用语句： ____【10】____。

10. VB 允许对 3 种类型的记录集进行访问，即 ____【11】____、动态集类型（Dynaset）和 ____【12】____。以快照类型方式打开的表或由查询返回的数据是只读的。

11. 要使用数据绑定控件显示数据库记录集中的数据，必须首先在设计时或在运行时设置这些控件的两个属性，即使用 ____【13】____ 属性设置数据源，使用 ____【14】____ 属性设置要连接的数据源字段的名称。

12. 在数据控件 Adodc1 所确定的记录集中，将当前记录的"姓名"字段值改成"王红"，应使用语句： ____【15】____。

13. 在由数据控件 Adodc1 所确定的记录集中，要将当前记录从第 8 条移到第 2 条，应使用语句： ____【16】____。

14．在画线位置给以下程序中相应的语句添加功能注释：

```
Dim conl As New ADODB.Connection '    【17】      。
Dim rec1 As New ADODB.Recordset '     【18】      。
Private Sub Form_Load()
    Conl.ConnectionString =" Provider=Microsoft.Jet.OLEDB.3.51;" &_
    " Data Source=D:\学生统计.mdb" '   【19】      。
    conl.Open '    【20】      。
    recl.Open "select *from 专业", conl '   【21】      。
    rec1.MoveFirst '    【22】      。
End Sub
Private Sub Commandl_Click()
    If Not recl.EOF Then '    【23】      。
        Textl.Text=recl.Fields("专业编号") '    【24】      。
        Text2.Text=recl.Fields("专业名称") '    【25】      。
        Rec1.MoveNext '    【26】      。
    End If
End Sub
```

15．要设置 Adodc1 控件所连接的数据库类型，需设置其____【27】____属性。

16．记录集的____【28】____属性用于指示 Recordset 对象中记录的总数。

17．在由数据控件 Adodc1 所确定的记录集中，查找"姓名"字段值为"李德胜"的第一条记录，应使用语句____【29】____。

18．要在程序中通过代码使用 ADO 对象，必须先为当前工程引用：____【30】____。

三、判断题

（　　）1．Access 数据库也是关系型的。

（　　）2．数据库表中的属性名不能相同。

（　　）3．关系实际上是一张二维表格。

（　　）4．视图是从基本表或其他视图中导出的表，本身不独立存储在数据库中，是一个虚表。

（　　）5．将记录指针下移一条记录的方法是 MoveLast。

（　　）6．查找符合条件的下一条记录的方法是 FindNext。

（　　）7．增加新记录的方法是 AddNew。

（　　）8．删除当前记录的方法是 DeleteRecord。

（　　）9．将新记录添加到记录集后，将结果保存到数据库所使用的方法是 Refresh。

（　　）10．对非空的记录集 Rs1，执行命令 Rs1.MoveLast 后，结果是 rs1.EOF=False 且 rs1.BOF=False。

（　　）11．将一个文本框与数据控件相绑定，只需要设置文本框的 DataField 即可。

（　　）12．在 ADO 中，从数据源获取的记录用 Recordset 对象表示。

（　　）13．将数据控件的 Visible 属性设置为 True，则数据绑定控件无法绑定到该数据控件上。

（　　）14．一个数据控件的 RecordSource 属性一经确定就不允许更改。

（　　）15．命令 Adodc1.Recordset.Delete 执行一次只能删除当前这条记录。

（　　）16．SQL 语言的 Select 语句可以对查询结果实现按照升序或降序排列。

（　　）17．采用 ADO 模型时，当使用 Open 方法打开一个记录集后，与 ADOrs.Fields("学号")等效的语句是 ADOrs("学号")。

（　　）18．假设 ADOcn 为一个 Connection 对象，那么在 VB 程序中声明 ADOcn 的语句是 Dim ADOcn As Connection。

（　　）19．ADO 模型中一般可通过 Connection 对象的 Execute 方法执行增加、删除、修改 SQL 语句。

（　　）20．使用 ADO 模型时，可通过 ActiveConnection 属性建立 Recordset 和 Connection 对象的连接。

参考答案

一、单选题

1	2	3	4	5	6	7	8	9	10	11	12	13	14	15
C	C	A	A	D	A	D	C	B	A	C	A	A	C	C

二、填空题

【1】DataSource

【2】AbsolutePosition

【3】BookMark

【4】MoveLast

【5】OpenDatabase()

【6】字段

【7】DataReport1.show

【8】DataReport1.PrintReport False

【9】AbsolutePosition

【10】Adodc1.Recordset.AbsolutePosition=5

【11】表类型（Table）

【12】快照类型（Snapshot）

【13】DataSource

【14】DataField

【15】Adodc1.Recordset.Fields("姓名")="王红"

【16】Adodc1.Recordset.Move -6

【17】定义 con1 为 Connection 对象

【18】定义 rec1 为 Recordset 对象

【19】定义了要打开数据库所使用的数据库引擎的名称为："Microsoft.Jet.OLEDB 3.51"，要打开的数据库为："D:\学生统计.mdb"

【20】按 con1 指定的连接打开数据库

【21】打开一个由查询"select *from 专业"指定的记录集

【22】将当前记录指针移动到记录集的第一条记录

【23】如果记录集的当前记录还没有移动到最后一条记录之后

【24】将当前记录的"专业编号"字段的值显示在文本框 Text1 中

【25】将当前记录的"专业名称"字段的值显示在文本框 Text2 中

【26】将当前记录指针移动到记录集的下一条记录

【27】ConnectionString

【28】RecordCount

【29】Adodc1.Recordset.FindFirst "姓名"=""李德胜""

【30】Microsoft ActiveX Data Object 2.x Library

三、判断题

1	2	3	4	5	6	7	8	9	10	11	12	13	14	15
√	√	√	√	√	×	√	×	×	√	×	√	×	×	√

16	17	18	19	20
√	×	×	√	√

参考文献

[1] 明日科技. VB 函数参考大全[M]. 北京：人民邮电出版社，2006.

[2] 明日科技. Visual Basic 开发经验技巧宝典[M]. 北京：人民邮电出版社，2007.

[3] 明日科技. Visusl Basic 控件参考大全[M]. 北京：人民邮电出版社，2006.

[4] 求是科技. Visual Basic 6.0 程序设计与开发技术大全[M]. 北京：人民邮电出版社，2004.

[5] 薛小龙，编程大讲坛. Visual Basic 核心开发技术从入门到精通[M]. 北京：电子工业出版社，2009.

[6] 王加松等. Visual Basic 通用范例开发金典[M]. 北京：电子工业出版社，2008.

[7] 龚沛曾等. Visual Basic 程序设计教程（第 3 版）[M]. 北京：高等教育出版社，2007.

[8] 何振林等. Visual Basic 程序设计教程[M]. 北京：中国水利水电出版社，2011.

[9] 徐安东等. Visual Basic 数据库应用开发教程[M]. 北京：清华大学出版社，2006.

[10] 刘志妩等. 基于 VB 和 SQL 的数据库编程技术[M]. 北京：清华大学出版社，2008.

[11] NCRE 研究组. 全国计算机等级考试考点解析、例题精解与实战练习——二级语言 Visual Basic 程序设计[M]. 北京：高等教育出版社，2008.

[12] NCRE 研究组. 全国计算机等级考试考点解析、例题精解与实战练习——二级公共基础知识[M]. 北京：高等教育出版社，2008.